Oracle 19c 数据库应用
（全案例微课版）

张 华 编著

清华大学出版社
北 京

内 容 简 介

本书是针对零基础读者编写的入门教材，侧重案例实训，并提供扫码微课来讲解当前热点案例。

本书分为25章，前22章包括数据库与Oracle概述，安装与配置Oracle环境，Oracle管理工具，数据库的基本操作，数据类型和运算符，数据表的创建与操作，插入、更新与删除数据，Oracle数据的简单查询，Oracle数据的复杂查询，视图的创建与使用，触发器的创建与使用，Oracle系统函数的应用，PL/SQL编程基础，存储过程的创建与使用，游标的创建与使用，事务与锁的应用，Oracle表空间的管理，管理控制文件和日志文件，Oracle数据的备份与还原，用户与角色的安全管理，Oracle的性能优化，Java操作Oracle数据库等内容，最后3章是3个综合项目，进一步提升读者的项目开发能力。

本书案例丰富、实用，可以让初学者快速掌握Oracle数据库应用技术，既适合作为自学教材，也可作为计算机相关专业的实训辅导教材。

图书在版编目(CIP)数据

Oracle 19C 数据库应用：全案例微课版 / 张华编著 . —北京：清华大学出版社，2022.1
ISBN 978-7-302-59357-7

Ⅰ . ① O… Ⅱ . ①张… Ⅲ . ①关系数据库系统 Ⅳ . ① TP311.132.3

中国版本图书馆 CIP 数据核字 (2021) 第 210639 号

责任编辑：张彦青
封面设计：李 坤
责任校对：李玉茹
责任印制：曹婉颖

出版发行：清华大学出版社
  网   址：http://www.tup.com.cn，http://www.wqbook.com
  地   址：北京清华大学学研大厦 A 座   邮   编：100084
  社 总 机：010-83470000   邮   购：010-62786544
  投稿与读者服务：010-62776969，c-service@tup.tsinghua.edu.cn
  质 量 反 馈：010-62772015，zhiliang@tup.tsinghua.edu.cn
印 装 者：大厂回族自治县彩虹印刷有限公司
经   销：全国新华书店
开   本：185mm×260mm   印   张：29.75   字   数：721 千字
版   次：2022 年 2 月第 1 版   印   次：2022 年 2 月第 1 次印刷
定   价：98.00 元

产品编号：087772-01

前　　言

"全案例微课版"系列图书是专门为网站开发和数据库初学者量身定做的一套学习用书。整套书涵盖网站开发、数据库设计等方面的内容。

整套书具有以下特点。

前沿科技

无论是数据库设计还是网站开发，精选的都是较为前沿或者用户群最多的领域，以帮助大家认识和了解行业技术的最新发展。

权威的作者团队

组织国家重点实验室和资深应用专家联手编著本套图书，其中融入了丰富的教学经验与优秀的管理理念。

学习型案例设计

以技术的实际应用过程为主线，全程采用图解和多媒体同步结合的教学方式，生动、直观、全面地剖析软件使用过程中的各种应用技能，降低学习难度，提升学习效率。

扫码看视频

通过微信扫码看技能对应的视频，可以随时在移动端学习。

为什么要写这样一本书

目前，Oracle 的技术广泛应用于各行各业，电信、电力、金融、政府及大量制造业都需要 Oracle 技术人才，而且各个大学的计算机相关专业中有 Oracle 课程，学生也需要做毕业设计。通过本书的实训，读者能够迅速掌握 Oracle 最新的核心技术，并能胜任企业大型数据库管理、维护、开发工作，从而帮助解决企业与学生的双重需求问题。

本书特色

零基础、入门级的讲解

无论您是否从事计算机相关行业，也无论您是否接触过 Oracle 数据库设计，都能从本书中找到最佳起点。

实用、专业的范例和项目

本书在编排上紧密结合深入学习 Oracle 数据库设计的过程，从 Oracle 的基本操作开始，逐步带领读者学习 Oracle 的各种应用技巧，侧重实战技能，使用简单易懂的实际案例进行分析和操作指导，让读者学起来简明轻松，操作起来有章可循。

全程同步教学录像

涵盖本书所有知识点，详细讲解每个实例及项目开发的过程与技术关键点。比看书能更轻松地掌握书中所有的 Oracle 数据库开发知识，而且扩展的讲解部分可使您收获更多。

超多容量王牌资源

赠送大量王牌资源，包括实例源代码、教学幻灯片、本书精品教学视频、Oracle 常用命令速查手册、数据库工程师职业规划、数据库工程师面试技巧、数据库工程师常见面试题、Oracle 常见错误及解决方案、Oracle 数据库经验及技巧大汇总等。

读者对象

本书是一本完整介绍 Oracle 数据库应用技术的教程，内容丰富、条理清晰、实用性强，适合以下读者学习使用：

- 零基础的数据库自学者
- 希望快速、全面掌握 Oracle 数据库应用技术的人员
- 高等院校或培训机构的老师和学生
- 参加毕业设计的学生

创作团队

本书由张华编著，参加编写的人员还有刘春茂、李艳恩和李佳康。在编写过程中，我们虽竭尽所能将最好的讲解呈现给读者，但难免有疏漏和不妥之处，敬请读者不吝指正。

编　者

本书案例源代码

精美幻灯片

精品赠送资源

目 录
Contents

第1章　数据库与 Oracle 概述 **001**

1.1 认识数据库 ·················· 002
1.1.1 什么是数据库 ·············· 002
1.1.2 数据库的基本概念 ·········· 002
1.1.3 常见的数据库产品 ·········· 003
1.2 数据库技术构成 ·············· 005
1.2.1 数据库系统 ················ 005
1.2.2 认识 SQL ·················· 006
1.2.3 数据库访问技术 ············ 006

1.3 Oracle 数据库概述 ············ 007
1.3.1 Oracle 的发展历程 ·········· 007
1.3.2 认识数据库中的对象 ········ 008
1.3.3 Oracle 19c 的新功能 ········ 009
1.3.4 Oracle 数据库的优势 ········ 011
1.4 如何学习数据库 ·············· 011
1.5 疑难问题解析 ················ 012
1.6 实战训练营 ·················· 012

第2章　安装与配置 Oracle 环境 **014**

2.1 Oracle 数据库安装条件 ········ 015
2.1.1 硬件条件 ·················· 015
2.1.2 软件条件 ·················· 015
2.2 安装与配置 Oracle 软件 ······ 015
2.2.1 下载 Oracle 19c 软件 ······ 016
2.2.2 安装 Oracle 19c 软件 ······ 016
2.2.3 配置 Oracle 监听程序 ······ 018
2.2.4 创建全局数据库 orcl ······ 020
2.3 启动与停止 Oracle 数据库服务 ·· 021
2.3.1 启动 Oracle 数据库服务 ···· 021

2.3.2 停止 Oracle 数据库服务 ···· 022
2.3.3 重启 Oracle 数据库服务 ···· 023
2.4 移除 Oracle 数据库软件 ······ 023
2.4.1 卸载 Oracle 产品 ·········· 023
2.4.2 删除注册表项 ·············· 024
2.4.3 删除环境变量 ·············· 025
2.4.4 删除目录并重启计算机 ······ 026
2.5 疑难问题解析 ················ 026
2.6 实战训练营 ·················· 026

第3章　Oracle 管理工具 **028**

3.1 SQL Developer 管理工具 ······ 029
3.1.1 认识 SQL Developer 工具 ·· 029
3.1.2 使用 SQL Developer 登录 ·· 031
3.2 SQL Plus 管理工具 ·········· 032
3.2.1 认识 SQL Plus 工具 ········ 032
3.2.2 连接指定的数据库 ·········· 033

3.2.3 使用 SQL Plus 编辑命令 ···· 033
3.2.4 使用 SQL Plus 格式化查询结果 ········ 038
3.2.5 在 SQL Plus 中输出查询结果 ·· 043
3.2.6 在 SQL Plus 中为语句添加注释 ·· 044
3.3 疑难问题解析 ················ 045
3.4 实战训练营 ·················· 045

第4章　数据库的基本操作 **047**

4.1 Oracle 数据库实例 ············ 048
4.1.1 认识数据库实例 ············ 048
4.1.2 创建数据库实例 ············ 048
4.1.3 启动数据库实例 ············ 051

4.2 登录 Oracle 数据库 ·········· 053
4.2.1 通过 DOS 窗口登录 ········ 053
4.2.2 直接利用 SQL Plus 登录 ···· 053
4.3 Oracle 数据字典 ·············· 054

4.3.1　Oracle 数据字典概述 ················· 054 　　4.5　疑难问题解析 ···························· 058
4.3.2　Oracle 常用数据字典 ················· 054 　　4.6　实战训练营 ······························ 058
4.4　删除数据库 ····························· 056

第 5 章　数据类型和运算符 ·· 059

5.1　Oracle 数据类型介绍 ················· 060 　　5.2.3　字符类型 ······························· 073
5.1.1　数值类型 ······························· 060 　　**5.3　常见运算符介绍** ····················· 074
5.1.2　日期与时间类型 ······················ 064 　　5.3.1　算术运算符 ··························· 074
5.1.3　字符串类型 ··························· 070 　　5.3.2　比较运算符 ··························· 076
5.1.4　其他数据类型 ························· 072 　　5.3.3　逻辑运算符 ··························· 078
5.2　数据类型的选择 ····················· 073 　　5.3.4　运算符的优先级 ······················ 079
5.2.1　整数和小数 ··························· 073 　　**5.4　疑难问题解析** ························ 079
5.2.2　日期与时间类型 ······················ 073 　　**5.5　实战训练营** ·························· 080

第 6 章　数据表的创建与操作 ·· 081

6.1　创建与查看数据表 ··················· 082 　　6.2.7　设置表字段自增约束 ·················· 100
6.1.1　创建数据表的语法形式 ··············· 082 　　**6.3　修改数据表** ·························· 102
6.1.2　创建不带约束条件的数据表 ··········· 082 　　6.3.1　修改数据表的名称 ···················· 102
6.1.3　查看数据表的结构 ···················· 083 　　6.3.2　修改字段数据类型 ···················· 103
6.2　设置数据表的约束条件 ··············· 084 　　6.3.3　修改数据表的字段名 ·················· 104
6.2.1　添加主键约束 ························· 084 　　6.3.4　在数据表中添加字段 ·················· 105
6.2.2　添加外键约束 ························· 089 　　**6.4　删除数据表** ·························· 106
6.2.3　添加非空约束 ························· 092 　　6.4.1　删除没有被关联的表 ·················· 106
6.2.4　添加唯一性约束 ······················ 095 　　6.4.2　删除被其他表关联的主表 ·············· 107
6.2.5　添加检查性约束 ······················ 097 　　**6.5　疑难问题解析** ························ 109
6.2.6　添加默认约束 ························· 099 　　**6.6　实战训练营** ·························· 109

第 7 章　插入、更新与删除数据 ·· 111

7.1　向数据表中插入数据 ················· 112 　　7.2.2　更新表中指定的单行数据 ·············· 119
7.1.1　给表里的所有字段插入数据 ··········· 112 　　7.2.3　更新表中指定的多行数据 ·············· 120
7.1.2　向表中添加数据时使用默认值 ········· 115 　　**7.3　删除数据表中的数据** ················· 120
7.1.3　一次插入多条数据 ···················· 115 　　7.3.1　根据条件清除数据 ···················· 121
7.1.4　通过复制表数据插入数据 ············· 116 　　7.3.2　清空表中的数据 ······················ 122
7.2　更新数据表中的数据 ················· 118 　　**7.4　疑难问题解析** ························ 123
7.2.1　更新表中的全部数据 ·················· 118 　　**7.5　实战训练营** ·························· 123

第 8 章　Oracle 数据的简单查询 ·· 125

8.1　认识 SELECT 语句 ··················· 126 　　8.2.3　对查询结果进行计算 ·················· 130
8.2　数据的简单查询 ····················· 126 　　8.2.4　为结果列使用别名 ···················· 131
8.2.1　查询表中所有数据 ···················· 126 　　8.2.5　在查询时去除重复项 ·················· 132
8.2.2　查询表中想要的数据 ·················· 129 　　8.2.6　在查询结果中给表取别名 ·············· 132

8.2.7 使用 ROWNUM 限制查询数据 ········· 133

8.3 使用 WHERE 子句进行条件查询 ·····134

8.3.1 比较查询条件的数据查询 ······ 134

8.3.2 带 BETWEEN…AND 的范围查询 ····· 135

8.3.3 带 IN 关键字的查询 ············· 136

8.3.4 带 LIKE 的字符匹配查询 ·········· 137

8.3.5 未知空数据的查询 ··············· 140

8.3.6 带 AND 的多条件查询 ············ 141

8.3.7 带 OR 的多条件查询 ············· 143

8.4 操作查询的结果 ··················145

8.4.1 对查询结果进行排序 ············· 145

8.4.2 对查询结果进行分组 ············· 147

8.4.3 对分组结果过滤查询 ············· 149

8.5 使用集合函数进行统计查询 ·········149

8.5.1 使用 SUM() 求列的和 ············ 150

8.5.2 使用 AVG() 求列平均值 ·········· 151

8.5.3 使用 MAX() 求列最大值 ·········· 151

8.5.4 使用 MIN() 求列最小值 ·········· 152

8.5.5 使用 COUNT() 进行统计 ········· 153

8.6 疑难问题解析 ····················154

8.7 实战训练营 ······················154

第 9 章 Oracle 数据的复杂查询 ···············157

9.1 多表嵌套查询 ····················158

9.1.1 使用比较运算符的嵌套查询 158

9.1.2 使用 IN 的嵌套查询 ············· 160

9.1.3 使用 ANY 的嵌套查询 ··········· 161

9.1.4 使用 ALL 的嵌套查询 ··········· 162

9.1.5 使用 SOME 的子查询 ··········· 162

9.1.6 使用 EXISTS 的嵌套查询 ········ 163

9.2 多表内连接查询 ··················165

9.2.1 笛卡儿积查询 ··················· 165

9.2.2 内连接的简单查询 ··············· 166

9.2.3 相等内连接的查询 ··············· 167

9.2.4 不等内连接的查询 ··············· 167

9.2.5 带条件的内连接查询 ············· 168

9.3 多表外连接查询 ··················169

9.3.1 认识外连接查询 ················· 169

9.3.2 左外连接的查询 ················· 170

9.3.3 右外连接的查询 ················· 171

9.4 使用排序函数 ····················171

9.4.1 ROW_NUMBER() 函数 ·········· 171

9.4.2 RANK() 函数 ···················· 172

9.4.3 DENSE_RANK() 函数 ··········· 173

9.4.4 NTILE() 函数 ···················· 173

9.5 使用正则表达式查询 ··············174

9.5.1 查询以特定字符或字符串开头的记录 · 175

9.5.2 查询以特定字符或字符串结尾的记录 · 176

9.5.3 用符号 "." 代替字符串中的任意一个
字符 ······························ 177

9.5.4 匹配指定字符中的任意一个 ······ 177

9.5.5 匹配指定字符以外的字符 ········ 178

9.5.6 匹配指定字符串 ················· 179

9.5.7 用 "*" 和 "+" 来匹配多个字符 ····· 180

9.5.8 使用 {M} 或者 {M,N} 指定字符串连续
出现的次数 ······················ 181

9.6 疑难问题解析 ····················182

9.7 实战训练营 ······················182

第 10 章 视图的创建与使用 ·················186

10.1 创建与修改视图 ·················187

10.1.1 创建视图的语法规则 ············ 187

10.1.2 在单表上创建视图 ·············· 187

10.1.3 在多表上创建视图 ·············· 190

10.1.4 创建视图的视图 ················ 190

10.1.5 创建没有源表的视图 ············ 191

10.2 修改视图 ·······················192

10.2.1 修改视图的语法规则 ············ 192

10.2.2 使用 CREATE OR REPLACE VIEW
语句修改视图 ·················· 193

10.2.3 使用 ALTER 语句修改视图约束 ······· 194

10.3 通过视图更新数据 ···············195

10.3.1 通过视图插入数据 ·············· 195

10.3.2 通过视图修改数据 ·············· 197

10.3.3 通过视图删除数据 ·············· 198

10.4 查看视图信息 ···················199

10.5　删除视图 ·················· 200
10.5.1　删除视图的语法 ············ 200
10.5.2　删除不用的视图 ············ 200
10.6　限制视图的数据操作 ········· 201

10.6.1　设置视图的只读属性 ········· 201
10.6.2　设置视图的检查属性 ········· 202
10.7　疑难问题解析 ·············· 203
10.8　实战训练营 ·············· 203

第 11 章　触发器的创建与使用 ······················· 205

11.1　了解 Oracle 触发器 ·········· 206
11.1.1　什么是触发器 ·············· 206
11.1.2　触发器的组成 ·············· 206
11.1.3　触发器的类型 ·············· 206
11.2　创建触发器 ·············· 207
11.2.1　创建触发器的语法格式 ······· 207
11.2.2　创建触发器时的注意事项 ····· 209
11.2.3　为单个事件定义触发器 ······· 209
11.2.4　为多个事件定义触发器 ······· 212

11.2.5　为单个事件触发多个触发器 ··· 213
11.2.6　通过条件触发的触发器 ······· 214
11.3　查看触发器 ·············· 216
11.3.1　查看触发器的名称 ··········· 216
11.3.2　查看触发器的内容信息 ······· 217
11.4　修改触发器 ·············· 217
11.5　删除触发器 ·············· 219
11.6　疑难问题解析 ·············· 219
11.7　实战训练营 ·············· 220

第 12 章　Oracle 系统函数的应用 ····················· 221

12.1　数学函数 ·················· 222
12.1.1　求绝对值函数 ABS() ········· 222
12.1.2　求余函数 MOD() ············ 222
12.1.3　求平方根函数 SQRT() ······· 223
12.1.4　四舍五入函数 ROUND() 和取整函数 TRUNC() ·················· 223
12.1.5　幂运算函数 POWER() 和 EXP() ···· 224
12.1.6　对数运算函数 LOG() 和 LN() ··· 225
12.1.7　符号函数 SIGN() ············ 226
12.1.8　正弦函数 SIN() 和余弦函数 COS() ···· 226
12.1.9　正切函数 TAN() 与反正切函数 ATAN() ·················· 227
12.1.10　随机数函数 DBMS_RANDOM.RANDOM 和 DBMS_RANDOM.VALUE() ······· 228
12.1.11　整数函数 CEIL(x) 和 FLOOR(x) ··· 229
12.2　字符串函数 ·············· 230
12.2.1　计算字符串长度的函数 LENGTH (str) ·················· 230
12.2.2　合并字符串的函数 CONCAT() ··· 230
12.2.3　获取指定字符在字符串中位置的函数 INSTR() ·················· 231
12.2.4　字母大小写转换函数 LOWER() 和 UPPER() ·················· 231

12.2.5　获取指定字符串长度的函数 SUBSTR() ·················· 232
12.2.6　填充字符串的函数 LPAD() ····· 233
12.2.7　删除字符串空格的函数 LTRIM(s)、RTRIM(s) 和 TRIM(s) ········· 233
12.2.8　删除指定字符串的函数 TRIM(s1 FROM s) ·················· 234
12.2.9　替换字符串函数 REPLACE() ···· 235
12.2.10　字符串逆序函数 REVERSE(s) ··· 235
12.2.11　字符集名称和 ID 互换函数 NLS_CHARSET_ID(string) 和 NLS_CHARSET_NAME(number) ·················· 236
12.3　日期和时间函数 ············ 237
12.3.1　获取当前日期和当前时间函数 SYSDATE 和 SYSTIMESTAMP ·················· 237
12.3.2　获取时区的函数 DBTIMEZONE ··· 238
12.3.3　获取指定月份最后一天的函数 LAST_DAY() ·················· 239
12.3.4　获取指定日期后一周的日期函数 NEXT_DAY() ·················· 239
12.3.5　获取指定日期特定部分的函数 EXTRACT() ·················· 240
12.3.6　获取两个日期之间的月份数 ···· 240

12.4	转换函数	241	12.4.6	字符串转数字函数 TO_NUMBER()	243

12.4.1 任意字符串转 ASCII 类型字符串
函数 241

12.5 系统信息函数 244

12.5.1 返回登录名函数 USER 244

12.4.2 二进制转十进制函数 241

12.5.2 返回会话及上下文信息函数
USERENV() 244

12.4.3 数据类型转换函数 242

12.4.4 数值转换为字符串函数 242

12.6 疑难问题解析 245

12.4.5 字符转日期函数 TO_DATE() 243

12.7 实战训练营 245

第 13 章 PL/SQL 编程基础 **247**

13.1 PL/SQL 概述 248

13.4.1 顺序结构 258

13.1.1 PL/SQL 是什么 248

13.4.2 选择结构 259

13.1.2 PL/SQL 的结构 248

13.4.3 循环结构 259

13.1.3 PL/SQL 的编程规范 253

13.5 PL/SQL 的控制语句 260

13.2 使用常量和变量 254

13.5.1 IF 条件控制语句 260

13.2.1 认识常量 254

13.5.2 CASE 条件控制语句 262

13.2.2 认识变量 255

13.5.3 LOOP 循环控制语句 265

13.3 使用表达式 256

13.6 PL/SQL 中的异常 266

13.3.1 算术表达式 256

13.6.1 异常概述 266

13.3.2 关系表达式 257

13.6.2 异常处理 267

13.3.3 逻辑表达式 257

13.7 疑难问题解析 268

13.4 PL/SQL 的控制结构 258

13.8 实战训练营 269

第 14 章 存储过程的创建与使用 **271**

14.1 创建存储过程 272

14.3 修改存储过程 279

14.1.1 创建存储过程的语法格式 272

14.4 查看存储过程 281

14.1.2 创建不带参数的存储过程 272

14.5 存储过程的异常处理 282

14.1.3 创建带有参数的存储过程 274

14.6 删除存储过程 283

14.2 调用存储过程 276

14.7 疑难问题解析 284

14.2.1 调用不带参数的存储过程 276

14.8 实战训练营 285

14.2.2 调用带有参数的存储过程 279

第 15 章 游标的创建与使用 **286**

15.1 认识 Oracle 中的游标 287

15.2.4 关闭显式游标 291

15.1.1 游标的概念 287

15.3 显式游标的使用 291

15.1.2 游标的优点 287

15.3.1 读取单条数据 291

15.1.3 游标的分类 287

15.3.2 读取多条数据 292

15.1.4 游标的属性 288

15.3.3 批量读取数据 294

15.2 游标的使用步骤 288

15.3.4 通过遍历游标提取数据 295

15.2.1 声明游标 288

15.4 显式游标属性的应用 296

15.2.2 打开显式游标 290

15.4.1 %ISOPEN 属性 296

15.2.3 读取游标中的数据 290

15.4.2 %FOUND 属性 297

15.4.3 %NOTFOUND 属性 ················ 299

15.4.4 %ROWCOUNT 属性 ·············· 300

15.5 隐式游标的使用 ···················· 301

15.5.1 使用隐式游标 ······················ 301

15.5.2 游标使用中的异常处理 ········ 303

15.6 隐式游标的属性 ···················· 304

15.6.1 %ISOPEN 属性 ···················· 304

15.6.2 %FOUND 属性 ····················· 305

15.6.3 %NOTFOUND 属性 ·············· 307

15.6.4 %ROWCOUNT 属性 ·············· 308

15.7 疑难问题解析 ······················· 309

15.8 实战训练营 ·························· 310

第 16 章 事务与锁的应用 ·· 311

16.1 事务管理 ······························ 312

16.1.1 事务的概念 ·························· 312

16.1.2 事务的特性 ·························· 312

16.1.3 设置只读事务 ······················ 314

16.1.4 事务管理的语句 ··················· 315

16.1.5 事务实现机制 ······················ 315

16.1.6 事务的类型 ·························· 315

16.1.7 事务的保存点 ······················ 316

16.2 锁的应用 ······························ 318

16.2.1 锁的概念 ···························· 318

16.2.2 锁的分类 ···························· 319

16.2.3 锁的类型 ···························· 320

16.2.4 锁等待和死锁 ······················ 321

16.3 死锁的发生过程 ···················· 322

16.4 疑难问题解析 ······················· 323

16.5 实战训练营 ·························· 323

第 17 章 Oracle 表空间的管理 ······································· 324

17.1 了解表空间 ··························· 325

17.1.1 什么是表空间 ······················ 325

17.1.2 表空间的分类 ······················ 325

17.2 管理表空间的方案 ·················· 326

17.2.1 通过数据字典管理表空间 ······ 326

17.2.2 通过本地管理表空间 ············ 327

17.3 表空间的类型 ······················· 328

17.3.1 查看表空间 ·························· 328

17.3.2 永久表空间 ·························· 328

17.3.3 临时表空间 ·························· 329

17.3.4 还原表空间 ·························· 330

17.4 创建表空间 ··························· 330

17.4.1 创建表空间的语法规则 ········· 330

17.4.2 创建本地管理的表空间 ········· 331

17.4.3 创建还原表空间 ··················· 333

17.4.4 创建临时表空间 ··················· 335

17.4.5 创建临时表空间组 ··············· 337

17.4.6 默认临时表空间 ··················· 340

17.4.7 创建大文件表空间 ··············· 341

17.5 查看表空间 ··························· 342

17.5.1 查看默认表空间 ··················· 342

17.5.2 查看临时表空间 ··················· 343

17.5.3 查看临时表空间组 ··············· 344

17.6 表空间的状态管理 ·················· 344

17.6.1 表空间的三种状态 ··············· 345

17.6.2 表空间的脱机管理 ··············· 345

17.6.3 表空间的只读管理 ··············· 346

17.7 表空间的基本管理 ·················· 347

17.7.1 更改表空间的名称 ··············· 347

17.7.2 删除表空间 ························· 348

17.8 疑难问题解析 ······················· 349

17.9 实战训练营 ·························· 349

第 18 章 管理控制文件和日志文件 ··································· 350

18.1 管理控制文件 ························· 351

18.1.1 什么是控制文件 ··················· 351

18.1.2 查看控制文件的信息 ············ 351

18.1.3 控制文件的多路复用 ············ 352

18.1.4 手动创建控制文件 ··············· 355

18.1.5 删除控制文件 ······················ 358

18.2 管理日志文件 ························· 359

18.2.1 什么是日志文件 ··················· 359

18.2.2 查看日志文件信息 ··············· 360

18.2.3 查看归档日志信息 ··············· 361

18.2.4 查询日志文件 ············· 362
18.2.5 删除日志文件 ············· 363
18.3 管理日志文件组 ············· 363
18.3.1 新建日志文件组 ··········· 363
18.3.2 添加日志文件到组 ········· 364

18.3.3 查询日志文件组 ·········· 365
18.3.4 删除日志文件组 ·········· 365
18.4 疑难问题解析 ·············· 366
18.5 实战训练营 ··············· 366

第 19 章　Oracle 数据的备份与还原 ······················· 368
19.1 数据的备份与还原 ·········· 369
19.1.1 物理备份数据 ············· 369
19.1.2 数据的冷热备份 ··········· 369
19.1.3 数据的还原 ·············· 373
19.2 数据表的导出和导入 ········ 375
19.2.1 使用 EXP 工具导出数据 ····· 375

19.2.2 使用 EXPDP 工具导出数据 ·· 375
19.2.3 使用 IMP 工具导入数据 ···· 377
19.2.4 使用 IMPDP 工具导入数据 ·· 377
19.3 疑难问题解析 ·············· 377
19.4 实战训练营 ··············· 378

第 20 章　用户与角色的安全管理 ························· 379
20.1 认识 Oracle 中的用户 ······· 380
20.1.1 预定义用户 ·············· 380
20.1.2 用户的安全属性 ·········· 380
20.1.3 用户的登录方式 ·········· 381
20.2 用户的基本管理 ··········· 381
20.2.1 新建普通用户 ············ 381
20.2.2 修改用户信息 ············ 383
20.2.3 查询用户信息 ············ 384
20.2.4 删除无用的用户 ·········· 385
20.3 用户权限管理 ············· 385
20.3.1 查看系统权限 ············ 386
20.3.2 系统权限授予 ············ 386
20.3.3 系统权限收回 ············ 388
20.3.4 对象权限授予 ············ 388
20.3.5 对象权限收回 ············ 389
20.3.6 查看用户权限 ············ 390
20.4 数据库角色管理 ··········· 391

20.4.1 创建角色 ··············· 391
20.4.2 设置角色 ··············· 392
20.4.3 修改角色 ··············· 394
20.4.4 查看角色 ··············· 394
20.4.5 删除角色 ··············· 395
20.5 概要文件的管理 ··········· 395
20.5.1 创建概要文件 ············ 395
20.5.2 修改概要文件 ············ 396
20.5.3 查询概要文件 ············ 397
20.5.4 删除概要文件 ············ 397
20.6 资源限制与口令管理 ······· 398
20.6.1 资源限制管理 ············ 398
20.6.2 数据库口令管理 ·········· 399
20.7 锁定与解锁用户 ··········· 400
20.8 疑难问题解析 ············· 402
20.9 实战训练营 ·············· 402

第 21 章　Oracle 的性能优化 ·························· 403
21.1 性能优化的原则 ··········· 404
21.2 优化 Oracle 内存 ·········· 404
21.2.1 优化系统全局区 ·········· 404
21.2.2 优化进程全局区 ·········· 406
21.3 优化查询 ··············· 407
21.3.1 分析查询语句的执行计划 ·· 407
21.3.2 优化子查询 ············· 409

21.4 优化数据库结构 ··········· 409
21.4.1 分解多个表 ············· 409
21.4.2 增加中间表 ············· 411
21.4.3 增加冗余字段 ············ 414
21.4.4 优化插入记录的速度 ······ 414
21.5 优化 Oracle 服务器 ········ 415
21.5.1 优化服务器硬件 ·········· 415

IX

21.5.2 优化 Oracle 的参数 ··············· 415
21.6 疑难问题解析 ····························· 417
21.7 实战训练营 ······························· 417

第 22 章 Java 操作 Oracle 数据库 ·· 418

22.1 JDBC 概述 ······························· 419
22.2 Java 连接数据库 ······················· 419
22.2.1 加载数据库驱动程序 ············· 419
22.2.2 以 Thin 方式连接 Oracle 数据库 ····· 422
22.2.3 以 JDBC-ODBC 桥方式连接 Oracle
        数据库 ································· 423
22.3 操作 Oracle 数据库 ·················· 424
22.3.1 创建 Statement 对象 ··············· 425
22.3.2 使用 SELECT 语句查询数据 ·········· 425
22.3.3 插入、更新和删除数据 ·········· 425
22.3.4 执行任意 SQL 语句 ················ 426
22.3.5 关闭创建的对象 ·················· 427
22.4 疑难问题解析 ························· 427

第 23 章 设计人事管理系统数据库 ·· 428

23.1 系统概述 ································ 429
23.2 系统功能 ································ 429
23.3 数据库的设计和实现 ··············· 430
23.3.1 设计表 ································· 430
23.3.2 设计视图 ····························· 434
23.3.3 设计触发器 ························· 435

第 24 章 设计学生信息管理系统数据库 ·· 436

24.1 系统概述 ································ 437
24.2 系统功能 ································ 437
24.3 数据库的设计和实现 ··············· 438
24.3.1 设计表 ································· 438
24.3.2 设计视图 ····························· 441
24.3.3 设计触发器 ························· 442

第 25 章 综合项目——开发网上购物商城 ·· 444

25.1 案例运行及配置 ······················ 445
25.1.1 开发及运行环境 ·················· 445
25.1.2 系统运行 ·························· 445
25.1.3 项目开发及导入步骤 ············· 448
25.2 系统分析 ······························· 453
25.2.1 系统总体设计 ····················· 453
25.2.2 系统界面设计 ····················· 453
25.3 功能分析 ······························· 453
25.3.1 系统主要功能 ····················· 453
25.3.2 系统文件结构 ····················· 454
25.4 系统主要功能实现 ················· 454
25.4.1 数据库与数据表的设计 ·········· 454
25.4.2 实体类创建 ························· 457
25.4.3 数据库访问类 ····················· 458
25.4.4 控制器实现 ························· 459
25.4.5 业务数据处理 ····················· 461

第1章 数据库与Oracle概述

本章导读

数据库是指以一定的方式存储在一起，能被多个用户共享，具有尽可能小的冗余度，并且与应用程序彼此独立的数据集合。目前，使用最为广泛的是关系型数据库，它是建立在关系模型基础上的数据库，借助于集合代数等数学概念和方式来处理数据库中的数据。本章就来认识什么是数据库，以及用于管理大量数据的关系型数据库工具——Oracle。

知识导图

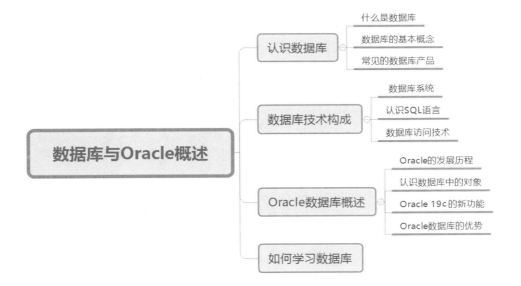

1.1 认识数据库

数据库技术主要研究如何科学地组织和存储数据，如何高效地获取和处理数据。数据库技术作为数据管理的最新技术，目前已广泛应用于各个领域。

1.1.1 什么是数据库

数据库的概念诞生于 60 年前，随着信息技术和市场的快速发展，数据库技术层出不穷。随着应用的拓展和深入，数据库的数量和规模越来越大，其诞生和发展给计算机信息管理带来了一场巨大的革命。

数据库的发展大致划分为如下几个阶段：人工管理阶段、文件系统阶段、数据库系统阶段、高级数据库阶段。其种类大概有 3 种：层次式数据库、网络式数据库和关系式数据库。不同种类的数据库按不同的数据结构来联系和组织。

数据库没有一个完全固定的定义，随着数据库历史的发展，定义的内容也有很大的差异。其中一种比较普遍的观点认为，数据库（DataBase，DB）是一个长期存储在计算机内的，有组织的、可共享的、统一管理的数据集合。它是一个按数据结构来存储和管理数据的计算机软件系统。即数据库包含两层含义：保管数据的"仓库"，以及数据管理的方法和技术。

数据库的特点包括：实现数据共享，减少数据冗余；采用特定的数据类型；具有较高的数据独立性；具有统一的数据控制功能。

1.1.2 数据库的基本概念

数据、数据库、数据库管理系统、数据库系统、数据库系统管理员等，都是与数据库有关的基本概念，了解这些基本概念，有助于我们更深入地学习数据库技术。

1. 数据

数据（Data）是描述客观事物的符号记录，可以是数字、文字、图形、图像等，经过数字化处理后存入计算机。事物可以是可触及的对象，如一个人、一棵树、一个零件等，也可以是抽象事件，如一次球赛、一次演出等，还可以是事务之间的联系，如一张借书卡、一张订货单等。

2. 数据库

在数据库中集中存放了一个有组织的、完整的、有价值的数据资源，如学生管理、人事管理、图书管理等。它可以供各种用户共享，有最小冗余度、较高的数据独立性和易扩展性。

3. 数据库管理系统

数据库管理系统（DataBase Management System，DBMS）是指位于用户与操作系统之间的一层数据管理系统软件。数据库在建立、运行和维护时由数据库管理系统统一管理、统一控制。实际上，数据库管理系统是一组计算机程序，能够帮助用户方便地定义数据和操纵数据，并能够保证数据的安全性和完整性。用户使用数据库是有目的的，而数据库管理系统是帮助用户达到这一目的的工具和手段。

4. 数据库系统

数据库系统（DataBase System，DBS）是指在计算机系统中引入数据库后的系统构成，一般由数据、数据库管理系统、应用系统、数据库管理员和用户构成。

5. 数据库系统管理员

数据库系统管理员（DataBase Administrator，DBA）是负责数据库的建立、使用和维护的专门人员。

6. 数据类型

数据类型决定了数据在计算机中的存储格式，代表不同的信息类型。常用的数据类型有整数数据类型、浮点数数据类型、精确小数类型、二进制数据类型、日期/时间数据类型、字符串数据类型。数据表中的每一个字段就是某种指定的数据类型，比如 student 表中的"学号"字段为整数数据类型，"性别"字段为字符串数据类型。

1.1.3 常见的数据库产品

目前常见的数据库产品包括 Access、MySQL、Oracle、SQL Server 等，下面分别进行介绍。

1. Access

Microsoft Office Access 是由微软公司发布的关联式数据库管理系统。它结合了 Microsoft Jet Database Engine 和图形用户界面两项特点，是 Microsoft Office 的系统程序之一。专业人士用来进行数据分析，目前的开发一般不用。图 1-1 所示为 Access 数据库工作界面。

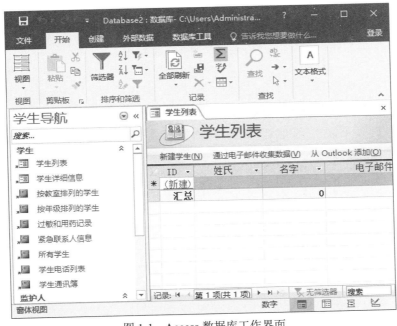

图 1-1　Access 数据库工作界面

2. MySQL

MySQL 是一个小型关系型数据库管理系统，目前 MySQL 被广泛地应用在 Internet 上的中小型网站中。由于其体积小、速度快、总体拥有成本低，尤其是开放源码这一特点，许多中小型网站为了降低网站总体成本而选择 MySQL 作为网站数据库。图 1-2 所示为 MySQL Community Server 8.0.20 数据库的下载界面。

图 1-2　MySQL Community Server 8.0.20 数据库的下载界面

MySQL 是一种关联数据库管理系统，关联数据库将数据保存在不同的表中，而不是将所有数据放在一个大仓库内，这样就提高了数据应用的灵活性。

3. Oracle

Oracle 前身叫 SDL，由 Larry Ellison 和另两个编程人员在 1977 年研发。在 1979 年，Oracle 公司引入了第一个商用 SQL 关系数据库管理系统，其产品支持最广泛的操作系统平台，目前 Oracle 关系数据库产品的市场占有率名列前茅。图 1-3 所示为 Oracle 19c 数据库的安装配置界面。

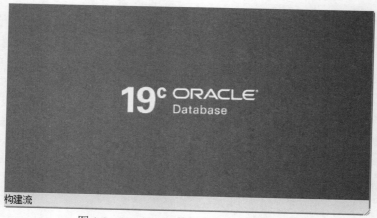

图 1-3　Oracle 19c 数据库的安装配置界面

4. SQL Server

Microsoft SQL Server 是微软公司开发的大型关系型数据库系统。SQL Server 的功能比较全面、效率高，可以作为中型企业或单位的数据库平台，为用户提供更安全、可靠的存储功能。图 1-4 所示为 SQL Server 2019 数据库的下载页面。

图 1-4　SQL Server 2019 数据库的下载页面

1.2　数据库技术构成

数据库系统由硬件部分和软件部分共同构成。硬件主要用于存储数据库中的数据，包括计算机、存储设备等。软件部分则主要包括 DBMS、支持 DBMS 运行的操作系统，以及支持多种语言进行应用开发的访问技术等。本节将介绍数据库的技术构成。

1.2.1　数据库系统

数据库系统有 3 个主要的组成部分。

（1）数据库：用于存储数据的空间。

（2）数据库管理系统：用于管理数据库的软件。

（3）数据库应用程序：为了提高数据库系统的处理能力所使用的管理数据库的软件补充。

数据库系统示意图如图 1-5 所示。

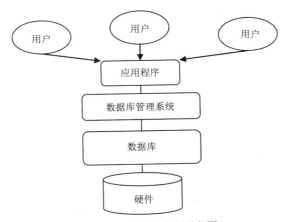

图 1-5　数据库系统示意图

数据库提供了一个存储空间，用于存储各种数据，可以将数据库视为一个存储数据的容器。一个数据库可能包含许多文件，一个数据库系统中通常包含许多数据库。

数据库管理系统是用户创建、管理和维护数据库时所使用的软件，位于用户与操作系统之间，对数据库进行统一管理。数据库管理系统能定义数据存储结构，提供数据的操作机制，维护数据库的安全性、完整性和可靠性。

数据库应用程序虽然已经有了数据库管理系统，但是在很多情况下，数据库管理系统无法满足对数据管理的要求。数据库应用程序可以满足用户对数据管理的更高要求，还可以使数据管理过程更加直观和友好。数据库应用程序负责与数据库管理系统进行通信，访问和管理数据库管理系统中存储的数据，允许用户插入、修改、删除数据库中的数据。

1.2.2　认识 SQL

SQL（Structured Query Language）是结构化查询语言的简称。数据库管理系统通过 SQL 来管理数据库中的数据。

SQL 是一种数据库查询和程序设计语言，用于存取数据以及查询、更新和管理关系数据库系统。SQL 是 IBM 公司于 1975—1979 年开发出来的，主要使用于 IBM 关系数据库原型 System R。在 20 世纪 80 年代，SQL 被美国国家标准学会和国际标准化组织认定为关系数据库语言的标准。

SQL 主要包含以下 3 个部分。

（1）数据定义语言（DDL）：数据定义语言主要用于定义数据库、表、视图、索引和触发器等，其中包括 CREATE（创建）语句、ALTER（修改）语句和 DROP（删除）语句。CREATE 语句主要用于创建数据库、表和视图等。ALTER 语句主要用于修改表的定义、视图的定义等。DROP 语句主要用于删除数据库、表和视图等。

（2）数据操作语言（DML）：数据操作语言主要用于插入数据、查询数据、更新数据和删除数据，其中包括 INSERT（插入）语句、UPDATE（修改）语句、SELECT（查询）语句、DELETE（删除）语句。

（3）数据控制语言（DCL）：数据控制语言主要用于控制用户的访问权限，其中包括 GRANT 语句、REVOKE 语句等。GRANT 语句用于给用户增加权限，REVOKE 语句用于收回用户的权限。

数据库管理系统通过这些 SQL 语句可以操作数据库中的数据。在应用程序中，也可以通过 SQL 语句来操作数据。例如，可以在 Java 语言中嵌入 SQL 语句。通过执行 Java 语言来调用 SQL 语句，这样即可在数据库中插入数据、查询数据。另外，SQL 语句也可以嵌入 C# 语言、PHP 语言等编程语言之中，可见 SQL 的应用十分广泛。

1.2.3　数据库访问技术

不同的程序设计语言会有各自不同的数据库访问技术，程序语言通过这些技术，执行 SQL 语句，进行数据库管理。主要的数据库访问技术有以下几种。

1. ODBC

Open Database Connectivity（开放数据库互联）技术为访问不同的 SQL 数据库提供了一个共同的接口。ODBC 使用 SQL 作为访问数据的标准。这一接口提供了最大限度的互操作性：一个应用程序可以通过共同的一组代码访问不同的 SQL 数据库管理系统（DBMS）。

一个基于 ODBC 的应用程序对数据库的操作不依赖任何 DBMS，不直接与 DBMS 打交道，所有的数据库操作由对应的 DBMS 的 ODBC 驱动程序完成。由此可见，ODBC 的最大优点是能以统一的方式处理所有的数据库。

2. JDBC

Java Database Connectivity（Java 数据库连接）是 Java 应用程序连接数据库的标准方法，也是一种用于执行 SQL 语句的 Java API（Java 应用程序接口）。

3. ADO.NET

ADO.NET 是微软在 .NET 框架下开发设计的一组用于和数据源进行交互的面向对象类库。ADO.NET 提供了对关系数据、XML 和应用程序数据的访问，允许和不同类型的数据源以及数据库进行交互。

4. PDO

PDO（PHP Data Object）为 PHP 访问数据库定义了一个轻量级的、一致性的接口，提供了一个数据访问抽象层，这样，无论使用什么数据库，都可以通过一致的函数执行查询和获取数据。

1.3　Oracle 数据库概述

Oracle 是以关系数据库的数据存储和管理作为构架基础而构建出的数据库管理系统。Oracle 数据库积聚了众多领先的数据库系统，在集群技术、高可用性、商业智能、安全性、系统管理等方面都领跑业界。Oracle 是一个大型关系数据库管理系统，目前已经成为企业级开发的首选。

1.3.1　Oracle 的发展历程

Oracle 是由甲骨文公司开发出来的数据库管理系统，于 1989 年正式进入中国市场，成为第一家进入中国的世界级软件巨头。Oracle 的发展历程大致如下。

1977 年，Larry Ellison、Bob Miner 和 Ed Oates 等人组建了 Relational 软件公司（Relational Software Inc., RSI）。他们决定使用 C 语言和 SQL 界面构建一个关系数据库管理系统（Relational Database Management System，RDBMS），并很快发布了第一个版本（仅是原型系统）。

1979 年，RSI 首次向客户发布了产品，即第 2 版。该版本的 RDBMS 可以在装有 RSX-11 操作系统的 PDP-11 机器上运行，后来又移植到了 DEC VAX 系统上。

1983 年，发布的第 3 个版本中加入了 SQL，而且性能也有所提升，其他功能也得到增强。与前几个版本不同的是，这个版本是完全用 C 语言编写的。同年，RSI 更名为 Oracle Corporation，也就是今天的 Oracle 公司。

1984 年，Oracle 的第 4 版发布。该版本既支持 VAX 系统，也支持 IBM VM 操作系统。这也是第一个加入了读一致性（Read-consistency）的版本。

1985 年，Oracle 的第 5 版发布。该版本可称作是 Oracle 发展史上的里程碑，因为它通过 SQL 引入了客户端 / 服务器的计算机模式，同时它也是第一个打破 640KB 内存限制的 MS-DOS 产品。

1988 年，Oracle 的第 6 版发布。该版本除了改进性能、增强序列生成与延迟写入（Deferred Writes）功能以外，还引入了底层锁。除此之外，该版本还加入了 PL/SQL 和热备份等功能。这时 Oracle 已经可以在许多平台和操作系统上运行。

1991 年，Oracle RDBMS 的 6.1 版在 DEC VAX 平台中引入了 Parallel Server 选项，很快该选项也可用于许多其他平台。

1992 年，Oracle 7 发布。Oracle 7 在对内存、CPU 和 I/O 的利用方面做了许多体系结构上的变动，这是一个功能完整的关系数据库管理系统，在易用性方面也做了许多改进，引入了 SQL*DBA 工具和 Database 角色。

1997 年，Oracle 8 发布。Oracle 8 除了增加许多新特性和管理工具以外，还加入了对象扩展（Object Extension）特性。

2001 年，Oracle 9i release 1 发布。这是 Oracle 9i 的第一个发行版，包含 RAC（Real Application Cluster）等新功能。

2002 年，Oracle 9i release 2 发布，它在 release 1 的基础上增加了集群文件系统（Cluster File System）等特性。

2004 年，针对网格计算的 Oracle 10g 发布。该版本中 Oracle 的功能、稳定性和性能的实现都达到了一个新的水平。

2007 年 7 月 12 日，甲骨文公司推出数据库软件 Oracle 11g，其有 400 多项功能，经过了 1500 万小时的测试，开发工作量达到了 3.6 万人 / 月。相对过往版本而言，Oracle 11g 具有与众不同的特性。

2013 年 6 月 26 日，Oracle Database 12c 版本正式发布，12c 里面的 c 是 cloud，也就是代表"云计算"的意思。

甲骨文公司在 2019 年第 1/2 季度发布 Oracle 19c 版本，这个版本是 Oracle 12cR2 的最终版本。

与 Oracle 数据库基本同时期的还有 Informix 数据库系统。两者的用户有所侧重。Oracle 数据库系统在银行业使用较多，Informix 数据库系统在通信业使用较多。Oracle 数据库产品是当前数据库技术的典型代表，除了数据库系统外，还有应用系统和开发工具等。

1.3.2　认识数据库中的对象

Oracle 数据库中的数据在逻辑上被组织成一系列对象，当一个用户连接到数据库后，所看到的是这些逻辑对象，而不是物理的数据库文件。Oracle 中有以下数据库对象。

（1）数据表：数据库中的数据表与我们日常生活中使用的表格类似，由列和行组成。其中，每一列都代表一个相同类型的数据。每列又称为一个字段，每列的标题称为字段名。每一行包括若干个列信息，一行数据称为一个元组或一条记录，它是有一定意义的信息组合，代表一个实体或联系。一个数据库表由一条或多条记录组成，没有记录的表称为空表。

（2）主键：每个表中通常都有一个主关键字，用于唯一标识一条记录。主键是唯一的，用户可以使用主键来查询数据。

（3）外键：用于关联两个表。

（4）复合键：复合键（组合键）将多个列作为一个索引键，一般用于复合索引。

（5）索引：使用索引可快速访问数据库表中的特定信息。索引是对数据库表中一列或多列的值进行排序的一种结构，类似于书籍的目录。

（6）视图：视图看上去同表相似，具有一组命名的字段和数据项，但它其实是一个虚拟的表，在数据库中并不实际存在。视图是由查询数据表或其他视图产生的，它限制了用户能看到和修改的数据。由此可见，视图可以用来控制用户对数据的访问，并能简化数据的显示，即通过视图只显示那些需要的数据信息。

（7）默认值：是当在表中创建列或插入数据时，为没有指定具体值的列或列数据项赋予事先设定好的值。

（8）约束：是数据库实施数据一致性和数据完整性的方法，或者说是一套机制，包括主键约束、外键约束、唯一性约束、默认值约束和非空约束。

（9）规则：用来限制数据表中字段的有限范围，以确保列中数据完整性的一种方式。

（10）触发器：一种特殊的存储过程，与表格或某些操作相关联，当用户对数据进行插入、修改、删除或对数据库表进行建立、修改、删除时激活，并自动执行。

（11）存储过程：一组经过编译的可以重复使用的 T-SQL 代码的组合，它是经过编译存储到数据库中的，所以运行速度要比执行相同的 SQL 语句块快。

Oracle 为关系型数据库管理系统，这种所谓的“关系型”可以理解为“表格”的概念，一个关系型数据库由一个或数个表格组成。图 1-6 所示为一个表格。

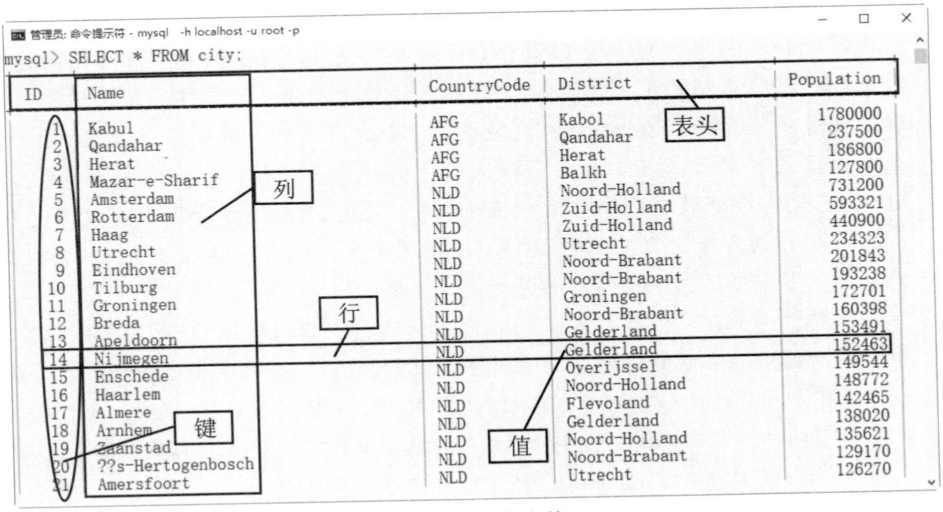

ID	Name	CountryCode	District	Population
1	Kabul	AFG	Kabol	1780000
2	Qandahar	AFG	Qandahar	237500
3	Herat	AFG	Herat	186800
4	Mazar-e-Sharif	AFG	Balkh	127800
5	Amsterdam	NLD	Noord-Holland	731200
6	Rotterdam	NLD	Zuid-Holland	593321
7	Haag	NLD	Zuid-Holland	440900
8	Utrecht	NLD	Utrecht	234323
9	Eindhoven	NLD	Noord-Brabant	201843
10	Tilburg	NLD	Noord-Brabant	193238
11	Groningen	NLD	Groningen	172701
12	Breda	NLD	Noord-Brabant	160398
13	Apeldoorn	NLD	Gelderland	153491
14	Nijmegen	NLD	Gelderland	152463
15	Enschede	NLD	Overijssel	149544
16	Haarlem	NLD	Noord-Holland	148772
17	Almere	NLD	Flevoland	142465
18	Arnhem	NLD	Gelderland	138020
19	Zaanstad	NLD	Noord-Holland	135621
20	??s-Hertogenbosch	NLD	Noord-Brabant	129170
21	Amersfoort	NLD	Utrecht	126270

图 1-6　一个表格

- 表头 (header)：列的名称。
- 列 (col)：具有相同数据类型的数据的集合。
- 行 (row)：用来描述某条记录的具体信息。
- 值 (value)：行的具体信息，每个值必须与所在列的数据类型相同。
- 键 (key)：键的值在当前列中具有唯一性。

1.3.3 Oracle 19c 的新功能

Oracle 19c 增加了一些新特性。在学习 Oracle 19c 之前，数据库管理员需要了解它的一些新功能、新特性。

（1）PL/SQL 性能增强：类似在匿名块中定义过程，现在可以通过 WITH 语句在 SQL 中定义一个函数，采用这种方式可以提高 SQL 调用的性能。

（2）改善 Defaults：包括序列作为默认值、自增列、当明确插入 NULL 时指定默认值，metadata-only default 值指的是增加一个新列时指定的默认值。

（3）放宽多种数据类型长度限制：增加了 VARCHAR2、NVARCHAR2 和 RAW 类型的长度到 32KB，且设置了初始化参数 MAX_SQL_STRING_SIZE 为 EXTENDED。

（4）TOP N 的语句实现：在 SELECT 语句中使用 FETCH next N rows 或者 OFFSET，可以指定前 N 条或前百分之多少的记录。

（5）行模式匹配：类似分析函数的功能，可以在行间进行匹配判断并进行计算。在 SQL 中新的模式匹配语句是 match_recognize。

（6）分区改进：Oracle 19c 中对分区功能做了较多的调整，其中共分成 6 个部分。

- INTERVAL-REFERENCE 分区：将 INTERVAL 分区和 REFERENCE 分区结合，这样主表自动增加一个分区后，所有的子表、孙子表、重孙子表……都可以自动随着外接列新数据增加，自动创建新的分区。
- TRUNCATE 和 EXCHANGE 分区及子分区：无论是 TRUNCATE 分区还是 EXCHANGE 分区，在主表上执行时，都可以级联地作用在子表、孙子表、重孙子表……上同时运行。对于 TRUNCATE 而言，所有表的 TRUNCATE 操作在同一个事务中，如果中途失败，会回滚到命令执行之前的状态。这两个功能通过关键字 CASCADE 实现。
- 在线移动分区：通过 MOVE ONLINE 关键字实现在线分区移动。在移动的过程中，对表和被移动的分区可以执行查询、DML 语句以及分区的创建和维护操作。整个移动过程对应用透明。这个功能极大地提高了整体可用性，减少了分区维护窗口。
- 多个分区同时操作：可以对多个分区同时进行维护操作，比如将一年的 12 个分区 MERGE 到 1 个新的分区中，又如将一个分区 SPLIT 成多个分区。可以通过 FOR 语句指定操作的每个分区，对于 RANGE 分区而言，也可以通过 TO 来指定处理分区的范围。多个分区同时操作自动并行完成。
- 异步全局索引维护：对于非常大的分区表而言，UPDATE GLOBAL INDEX 不再是棘手的事。Oracle 可以实现异步全局索引异步维护的功能，即使是几亿条记录的全局索引，在分区维护操作，比如 DROP 或 TRUNCATE 后，仍然是 VALID 状态，索引不会失效，不过索引的状态包含 OBSOLETE 数据，当维护操作完成后，索引状态恢复。
- 部分本地和全局索引：Oracle 的索引可以在分区级别定义。无论是全局索引还是本地索引都可以在分区表的部分分区上建立，其他分区上则没有索引。当通过索引列访问全表数据时，Oracle 通过 UNION ALL 实现，一部分通过索引扫描，另一部分通过全分区扫描。这可以减少对历史数据的索引量，极大地增加了灵活性。

（7）Adaptive 执行计划：拥有学习功能的执行计划，Oracle 会把实际运行过程中读取的返回结果作为进一步执行计划判断的输入。

（8）统计信息增强：动态统计信息收集功能增强；增加了混合统计信息用以支持包含大量不同值，且个别值数据倾斜的情况；添加了数据加载过程收集统计信息的能力；对于临时表增加了会话私有统计信息。

（9）临时 UNDO：将临时段的 UNDO 独立出来，放到 TEMP 表空间中，优点包括：减少 UNDO 产生的数量；减少 REDO 产生的数量；在 ACTIVE DATA GUARD 上允许对临时表进行 DML 操作。

（10）数据优化：新增了 ILM（数据生命周期管理）功能，添加了"数据库热图"（Database heat map），在视图中可以直接看到数据的利用率，找到哪些数据是最"热"的数据。可以自动实现数据的在线压缩和数据分级，其中，数据分级可以在线将定义时间内的数据文件转移到归档存储，也可以将数据表定时转移至归档文件，还可以实现在线的数据压缩。

（11）透明的应用连续性支持增强：在 Oracle 19c 中，持续改进和增强了连续性保持，数据库会自动记录会话状态，捕获用于重演的信息，以便在切换时，在新节点自动恢复事务。

（12）Oracle Pluggable Database：Oracle PDB 体系结构由一个容器数据库（CDB）和多个可组装式数据库（PDB）构成，PDB 包含独立的系统表空间和 SYSAUX 表空间等，但是所有 PDB 共享 CDB 的控制文件、日志文件和 UNDO 表空间。

1.3.4 Oracle 数据库的优势

Oracle 数据库的主要优势如下。

（1）速度：运行速度快。

（2）稳定性：Oracle 是目前数据库中稳定性较好的数据库。

（3）共享 SQL 和多线索服务器体系结构：Oracle 7.x 以来引入了共享 SQL 和多线索服务器体系结构。这减少了 Oracle 的资源占用，并增强了 Oracle 的能力，使之在低档软硬件平台上用较少的资源就可以支持更多的用户，而在高档平台上可以支持成百上千个用户。

（4）可移植性：能够工作在不同的系统平台上，如 Windows 和 Linux 等。

（5）安全性强：提供了基于角色（role）分工的安全保密管理。在数据库管理功能、完整性检查、安全性、一致性方面都有良好的表现。

（6）支持类型多：支持大量多媒体数据，如二进制图形、声音、动画以及多维数据结构等。

（7）方便管理数据：提供了新的分布式数据库能力。可通过网络较方便地读写远端数据库里的数据，并有对称复制的技术。

1.4 如何学习数据库

数据库已经成为软件系统的一部分，而学好数据库将是软件开发的一个必要条件。如何才能学好数据库，这个问题没有确切的答案，这里笔者分享一下自己学习数据库的经验。

1. 多练习

学好数据库最重要的一点，就是多练习。数据库系统具有极强的操作性，需要多动手上机操作，才能发现问题，然后思考解决问题的方法，只有这样才能提高实战的操作能力。

2. 培养兴趣

兴趣是最好的老师，不论学习什么知识，兴趣都可以极大地提高学习效率，当然学习数据库也不例外。

3. 多编写 SQL 语句

计算机领域的技术非常强调基础，刚开始学习可能还认识不到这一点，随着技术应用的深入，只有拥有扎实的基础功底，才能在技术的道路上走得更快、更远。对于数据库的学习来说，SQL 语句是最为基础的部分，很多操作都是通过 SQL 语句来实现的。所以在学习的过程中，读者要多编写 SQL 语句，对于同一个功能，使用不同的实现语句来完成，从而深刻理解其不同之处。

4. 及时学习新知识

正确、有效地利用搜索引擎，可以搜索到很多关于数据库的相关知识。同时，参考别人解决问题的思路，也可以吸取别人的经验，及时获取最新的技术资料。

5. 数据库理论知识不能丢

掌握数据库理论知识是学好数据库的基础。虽然理论知识有点枯燥，但这是学好数据库的前提。如果没有理论基础，学习的东西就不扎实。例如，数据库理论中会讲解数据库设计原则、什么是关系数据库等，如果不了解这些知识，就很难设计出一个很好的数据库以及数据表。因此，这里建议可以将数据库理论知识与上机实战结合起来学习，这样效率会提高。

1.5 疑难问题解析

疑问 1：如何选择适合自己的数据库？

答：选择数据库时，需要考虑运行的操作系统和管理系统的实际情况。一般情况下，要遵循以下原则。

（1）如果是开发大的管理系统，可以在 Oracle、SQL Server、DB2 中选择；如果是开发中小型的管理系统，可以在 Access、MySQL、PostgreSQL 中选择。

（2）Access 和 SQL Server 数据库只能运行在 Windows 系列的操作系统上，与 Windows 系列的操作系统有很好的兼容性。Oracle、DB2、MySQL 和 PostgreSQL 除了可以在 Windows 平台上运行外，还可以在 Linux 和 UNIX 平台上运行。

（3）Access、MySQL 和 PostgreSQL 都非常容易使用，Oracle 和 DB2 相对比较复杂，但是其性能比较好。

疑问 2：数据库系统与数据库管理系统的主要区别是什么？

答：数据库系统是指在计算机系统中引入数据库后的系统构成，一般由数据库、数据库管理系统、应用系统、数据库管理员和用户构成。数据库管理系统是位于用户与操作系统之间的一层数据管理软件，是数据库系统的一个重要组成部分。

1.6 实战训练营

实战 1：了解常用数据库产品的特点

目前常见的数据库产品包括 SQL Server、Oracle、MySQL、Access 等，了解它们的应用特点，可以选择出适合自己的数据库。图 1-7 所示为 Oracle 19c 数据库管理工具 SQL Developer 的工作界面。

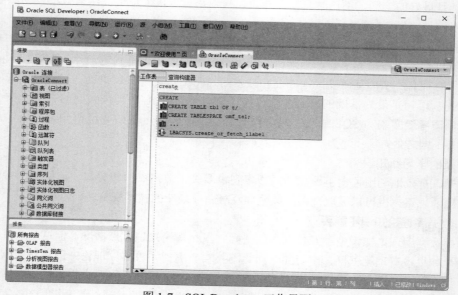

图 1-7 SQL Developer 工作界面

▍实战2：了解系统数据库管理系统的基本功能

数据库管理系统是位于用户与操作系统之间的一层数据管理软件，用于科学地组织和存储数据，高效地获取和维护数据，其基本功能可以使用如图1-8所示的示意图来表示。

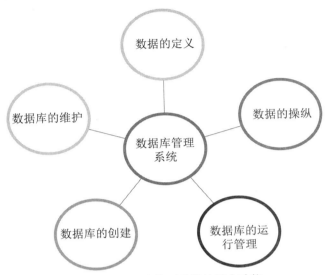

图1-8　数据库管理系统的基本功能

第2章　安装与配置Oracle环境

本章导读

    Oracle 19c 图形化的安装包提供了详细的安装向导，通过向导，读者可以一步一步地完成对 Oracle 的安装。本章将主要讲述 Windows 平台下 Oracle 的安装和配置过程，最后讲解 Oracle 的完全卸载方法。

知识导图

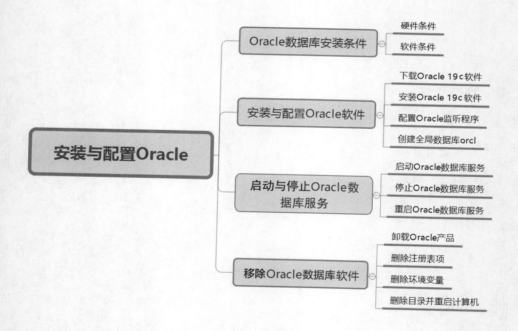

2.1 Oracle 数据库安装条件

Oracle 数据库的安装需要一定的计算机硬件条件与软件条件，当这些条件不满足时，安装过程就不能顺利完成。

2.1.1 硬件条件

Oracle 数据库的硬件安装条件主要包括磁盘空间大小、内存大小以及监视器配置等。下面列出满足 Oracle 数据库安装的硬件条件，如表 2-1 所示。

表 2-1 Oracle 数据库安装的硬件条件

硬件名称	最低配置要求	推荐配置大小
磁盘空间	至少 6GB	推荐大于 20GB
内存大小	至少 2GB	推荐 4GB
监视器配置	至少必须显示 256 种颜色	推荐高于 256 种颜色
处理器	至少是基于 64 位的处理器	推荐基于 64 位的处理器
CPU 主频	CPU 主频不小于 550MHz	推荐等于或大于 800MHz
Swap 分区空间	不少于 2GB	推荐等于或大于 4GB

2.1.2 软件条件

Oracle 数据库的安装软件条件要求比较简单，一般也会在检测条件时给出相应的提示，不过，最低软件条件是计算机的操作系统为 Windows 10，该系统是目前主流的操作系统。图 2-1 所示为计算机的【系统】窗口，显示当前计算机的操作系统版本为 Windows 10。

图 2-1　【系统】窗口

2.2 安装与配置 Oracle 软件

在使用 Oracle 数据库之前，需要安装 Oracle 数据库软件。下面介绍安装 Oracle 数据库软件的方法与步骤。

2.2.1 下载 Oracle 19c 软件

安装 Oracle 19c 之前，需要到 Oracle 官方网站（https：//www.oracle.com/database/ technologies/oracle-database-software-downloads.html）去下载该数据库软件。根据不同的系统，下载不同的 Oracle 版本，这里选择 Windows x64 系统的版本，如图 2-2 所示。

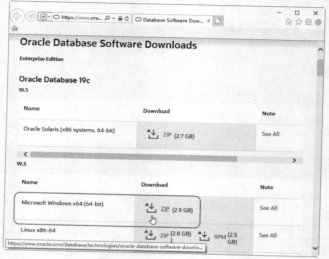

图 2-2　Oracle 下载界面

要想在 Windows 中运行 Oracle 19c 的 64 位版，需要 64 位 Windows 操作系统，通常，在安装时需要具有系统的管理员权限。

2.2.2 安装 Oracle 19c 软件

Oracle 下载完成后，找到下载文件，双击进行安装，具体操作步骤如下。

01 双击下载的 setup.exe 文件，提示用户正在启动 Oracle 数据库安装向导，如图 2-3 所示。

02 稍等片刻，打开【选择配置选项】对话框，选中【仅设置软件】单选按钮，单击【下一步】按钮，如图 2-4 所示。

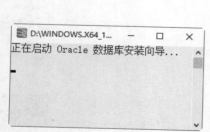

图 2-3　启动安装向导

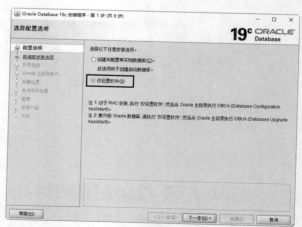

图 2-4　【选择配置选项】对话框

03 打开【选择数据库安装选项】对话框，这里选中【单实例数据库安装】单选按钮，单击【下一步】按钮，如图 2-5 所示。

04打开【选择数据库版本】对话框，这里选中【企业版】单选按钮，单击【下一步】按钮，如图 2-6 所示。

图 2-5　【选择数据库安装选项】对话框

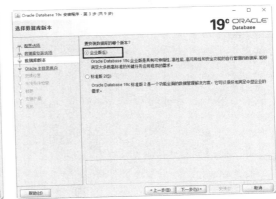

图 2-6　【选择数据库版本】对话框

05打开【指定 Oracle 主目录用户】对话框，这里选中【创建新 Windows 用户】单选按钮，在【用户名】文本框中输入用户名，在【口令】和【确认口令】文本框中输入口令，然后单击【下一步】按钮，如图 2-7 所示。

> **注意**：Oracle 为了安全起见，要求密码强度比较高，密码必须输入而非复制，Oracle 建议的标准密码组合为：小写字母 + 数字 + 大写字母，当然字符长度还必须保持在 Oracle 19c 数据库要求的范围之内。

06打开【指定安装位置】对话框，在这里指定 Oracle 数据库的基目录，单击【下一步】按钮，如图 2-8 所示。

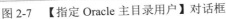

图 2-7　【指定 Oracle 主目录用户】对话框

图 2-8　【指定安装位置】对话框

07打开【执行先决条件检查】对话框，开始检查目标环境是否满足最低安装和配置要求，如图 2-9 所示。

08检查完成后进入【概要】对话框，单击【安装】按钮，如图 2-10 所示。

09进入【安装产品】对话框，开始安装 Oracle 文件，并显示具体内容和进度，如图 2-11 所示。

10数据库安装成功后，打开【完成】对话框，单击【关闭】按钮，即可完成 Oracle 的安装，如图 2-12 所示。

图 2-9 【执行先决条件检查】对话框

图 2-10 【概要】对话框

图 2-11 【安装产品】对话框

图 2-12 【完成】对话框

2.2.3 配置 Oracle 监听程序

Oracle 19c 数据库软件安装完毕后，还需要配置它的监听程序，具体操作步骤如下。

01 单击【开始】按钮，在弹出的菜单中选择 Oracle - OraDB19Home1 → Net Configuration Assistant 命令，如图 2-13 所示。

02 打开【欢迎使用】对话框，在其中选中【监听程序配置】单选按钮，单击【下一步】按钮，如图 2-14 所示。

图 2-13 选择 Net Configuration Assistant 菜单命令

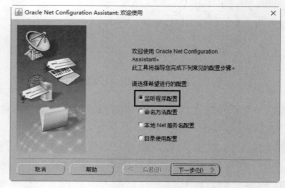

图 2-14 【欢迎使用】对话框

03 打开【监听程序配置，监听程序】对话框，选中【添加】单选按钮，单击【下一步】按钮，如图 2-15 所示。

04 打开【监听程序配置，监听程序名】对话框，在其中填写监听程序的名称和 Oracle 主目录用户口令，单击【下一步】按钮，如图 2-16 所示。

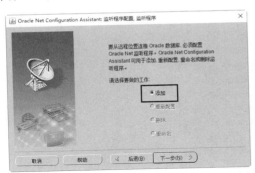
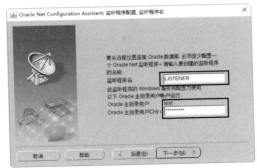

图 2-15 【监听程序配置，监听程序】对话框　　图 2-16 【监听程序配置，监听程序名】对话框

05 打开【监听程序配置，选择协议】对话框，在【选定的协议】列表框中选择 TCP 选项，单击【下一步】按钮，如图 2-17 所示。

06 打开【监听程序配置，TCP/IP 协议】对话框，选中【使用标准端口号 1521】单选按钮，单击【下一步】按钮，如图 2-18 所示。

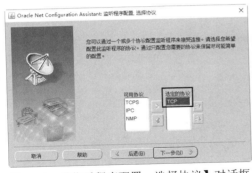
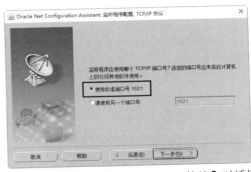

图 2-17 【监听程序配置，选择协议】对话框　图 2-18 【监听程序配置，TCP/IP 协议】对话框

07 打开【监听程序配置，更多的监听程序？】对话框，选中【否】单选按钮，单击【下一步】按钮，如图 2-19 所示。

08 打开【监听程序配置完成】对话框，提示用户监听程序配置完成，单击【下一步】按钮，如图 2-20 所示。

图 2-19 【监听程序配置，更多的监听程序？】对话框　　图 2-20 【监听程序配置，监听程序配置完成】对话框

09 打开【欢迎使用】对话框，单击【完成】按钮，即可关闭【欢迎使用】对话框，完成监听程序的配置操作，如图 2-21 所示。

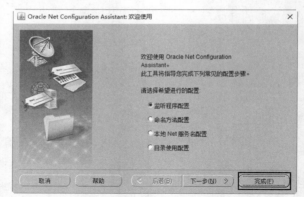

图 2-21　【欢迎使用】对话框

2.2.4　创建全局数据库 orcl

在正式使用 Oracle 19c 管理数据文件之前，还需要创建一个全局数据库，数据库的名称可以自己定义。具体操作步骤如下。

01 单击【开始】按钮，在弹出的菜单中选择 Oracle - OraDB19Home1 → Database Configuration Assistant 命令，如图 2-22 所示。

02 打开【选择数据库操作】对话框，这里选中【创建数据库】单选按钮，单击【下一步】按钮，如图 2-23 所示。

图 2-22　菜单命令列表

图 2-23　【选择数据库操作】对话框

03 打开【选择数据库创建模式】对话框，这里选中【典型配置】单选按钮，然后根据提示填写全局数据库名为 orcl，【存储类型】设置为【文件系统】，【数据库字符集】设置为【AL32UTF8 - Unicode UTF-8 通用字符集】，【数据库文件位置】和【快速恢复区】采用默认设置，然后填写管理口令和 Oracle 主目录用户口令，取消【创建为容器数据库】复选框的选中状态，单击【下一步】按钮，如图 2-24 所示。

04 打开【概要】对话框，在其中显示了全局数据库的设置信息，单击【完成】按钮，如图 2-25 所示。

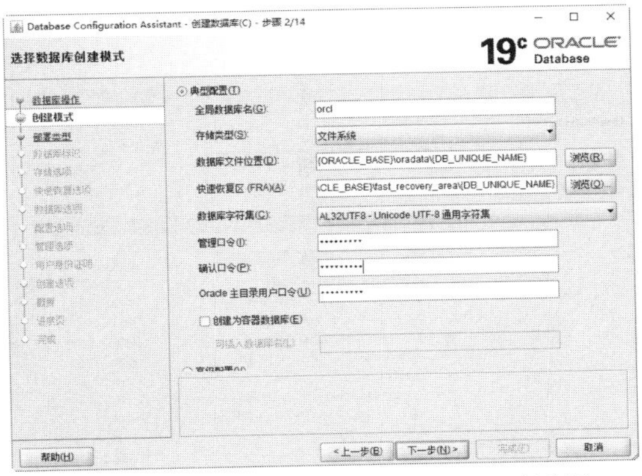

图 2-24　【选择数据库创建模式】对话框

图 2-25　【概要】对话框

05▶打开【进度页】对话框，在其中显示了全局数据库 orcl 的创建进度，如图 2-26 所示。

06▶创建完毕后，进入【完成】对话框，单击【关闭】按钮，即可完成数据库的创建，如图 2-27 所示。

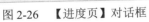

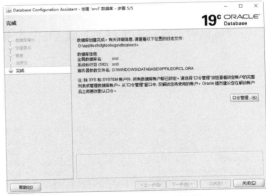

图 2-26　【进度页】对话框

图 2-27　【完成】对话框

2.3　启动与停止 Oracle 数据库服务

Oracle 安装完毕之后，需要启动 Oracle 服务进程，不然客户端无法连接数据库。下面介绍启动与停止 Oracle 数据库服务的方法。

2.3.1　启动 Oracle 数据库服务

在安装与配置 Oracle 数据库的过程中，已经将 Oracle 安装为 Windows 服务，当 Windows 启动、停止时，Oracle 也自动启动、停止。不过，用户还可以使用图形服务工具来控制 Oracle 服务，具体的操作步骤如下。

01▶单击【开始】按钮，在弹出的菜单中选择【运行】命令，打开【运行】对话框，在【打开】下拉列表框中输入 services.msc，如图 2-28 所示。

02▶单击【确定】按钮，打开 Windows 的【服务】窗口，在其中可以看到以 Oracle 开头的 5 个服务项，其状态全部为"正在运行"，表明该服务已经启动，如图 2-29 所示。

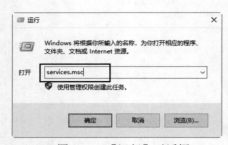

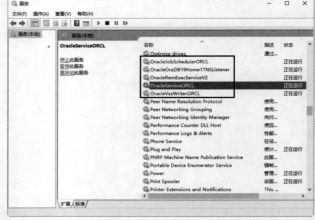

图 2-28　【运行】对话框　　　　　　　　　图 2-29　【服务】窗口

　　由于设置了 Oracle 为自动启动，因此可以看到服务已经启动，而且启动类型为自动。如果没有"正在运行"字样，说明 Oracle 服务未启动，此时可以选择服务并右击鼠标，在弹出的快捷菜单中选择【启动】命令启动，如图 2-30 所示；也可以直接双击 Oracle 服务，在打开的对话框中通过单击【启动】或【停止】按钮来更改服务状态，如图 2-31 所示。

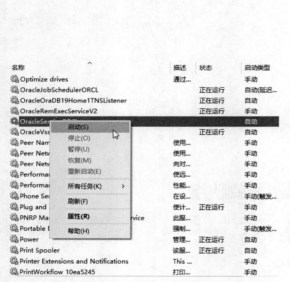

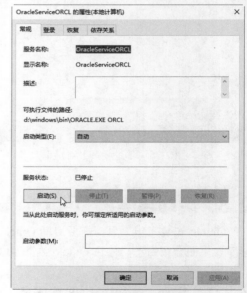

图 2-30　启动 Oracle 服务　　　　　　　　　图 2-31　Oracle 服务属性对话框

2.3.2　停止 Oracle 数据库服务

　　当不需要 Oracle 数据库服务时，可以将其停止运行，具体操作步骤如下。

01 在【服务】窗口中选中需要停止运行的 Oracle 数据库服务并右击鼠标，在弹出的快捷菜单中选择【停止】命令，如图 2-32 所示。

02 弹出【服务控制】对话框，在其中显示了停止的进度，稍等片刻，即可停止选中的 Oracle 数据库服务，如图 2-33 所示。

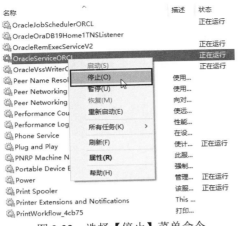

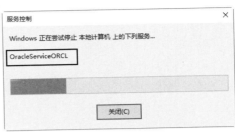

图 2-32　选择【停止】菜单命令　　　　图 2-33　【服务控制】对话框

2.3.3　重启 Oracle 数据库服务

将 Oracle 数据库服务暂停后，还可以通过菜单将其重新启动，具体操作步骤如下。

01 在【服务】窗口中选中暂停的 Oracle 数据库服务并右击鼠标，在弹出的快捷菜单中选择【重新启动】命令，如图 2-34 所示。

02 弹出【服务控制】对话框，在其中显示了重新启动 Oracle 数据库服务的进度，如图 2-35 所示。

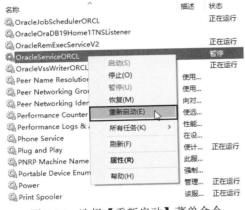

图 2-34　选择【重新启动】菜单命令　　　　图 2-35　【服务控制】对话框

2.4　移除 Oracle 数据库软件

当不需要 Oracle 数据库软件后，可以将 Oracle 数据库软件从本机中移除。下面介绍移除 Oracle 数据库软件的方法与步骤。

2.4.1　卸载 Oracle 产品

通过菜单命令可以卸载 Oracle 产品，具体操作步骤如下。

01 依次选择【开始】→ Oracle-OraDB19Home1 → Universal Installer 菜单命令，如图 2-36 所示。

02 打开 Oracle Universal Installer 窗口，在其中显示了相应的核实信息，如图 2-37 所示。

| 图 2-36　选择 Universal Installer 菜单命令 | 图 2-37　Oracle Universal Installer 窗口 |

03 稍等片刻，即可打开【Oracle Universal Installer：欢迎使用】对话框，如图 2-38 所示。

04 单击【卸载产品】按钮，打开【产品清单】对话框，选择需要删除的内容，单击【删除】按钮，即可开始卸载，如图 2-39 所示。

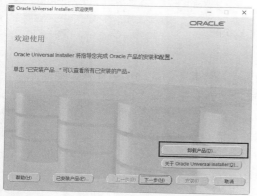

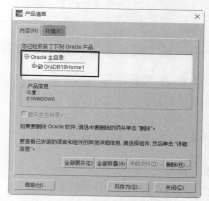

图 2-38　【Oracle Universal Installer：欢迎使用】对话框　　图 2-39　【产品清单】对话框

2.4.2　删除注册表项

在【运行】对话框中输入 regedit，单击【确定】按钮，启动注册表编辑器，图 2-40 所示为【注册表编辑器】窗口，要彻底删除 Oracle 19c，还需要把注册表中关于 Oracle 的相关信息删除。

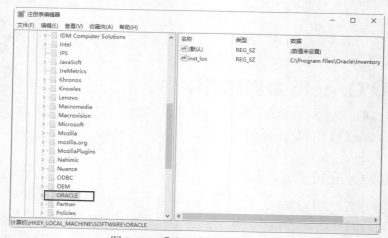

图 2-40　【注册表编辑器】窗口

需要删除的注册表项有以下几个。

（1）HKEY_LOCAL_MACHINE\SOFTWARE\ORACLE 项。

（2）HKEY_LOCAL_MACHINE\SYSTEM\CurrentControlSet\Services 节点下的所有 Oracle 项。

（3）HKEY_LOCAL_MACHINE\SYSTEM\CurrentControlSet\Services\Eventlog\
Application 节点下的所有 Oracle.VSSWriter.ORCL 项。

2.4.3 删除环境变量

在使用 Oracle 数据库时，需要配置环境变量，在移除 Oracle 数据库后，还需要删除环境变量，具体的操作步骤如下。

01 在系统桌面上右击【此电脑】图标，在弹出的快捷菜单中选择【属性】命令，如图 2-41 所示。

02 打开【系统】窗口，在其中可以查看有关计算机的基本信息，如图 2-42 所示。

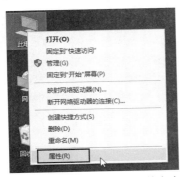

图 2-41　选择【属性】菜单命令　　　　图 2-42　【系统】窗口

03 单击【高级系统设置】超链接，打开【系统属性】对话框，并切换到【高级】选项卡，如图 2-43 所示。

04 单击【环境变量】按钮，打开【环境变量】对话框，在【系统变量】列表框中查找 Path 变量，然后单击【删除】按钮。如果发现有其他关于 Oracle 的选项，一并删除即可，如图 2-44 所示。

图 2-43　【系统属性】对话框　　　　图 2-44　【环境变量】对话框

2.4.4　删除目录并重启计算机

为了彻底删除 Oracle，还需要把安装目录下的内容全部删除，删除后还需要重新启动计算机，这样就可以把 Oracle 完全删除了。图 2-45 所示为 Oracle 文件在计算机中的位置。

删除目录后，需要重启计算机。重启计算机常用的方法是单击【开始】按钮，在弹出的菜单中单击【电源】图标，然后在弹出的菜单中选择【重启】命令，即可重启计算机，如图 2-46 所示。

图 2-45　Oracle 文件所在位置

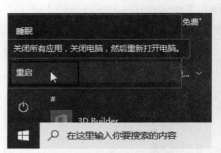

图 2-46　选择【重启】菜单命令

2.5　疑难问题解析

疑问 1：Oracle 对用户口令的设置有什么要求？

答：为了安全起见，Oracle 要求密码强度比较高，密码输入时不能复制。Oracle 建议的标准密码组合为：小写字母 + 数字 + 大写字母，当然字符长度还必须保持在 Oracle 19c 数据库要求的范围之内。

疑问 2：Oracle 19c 卸载完成后，仍然无法安装 Oracle 19c 怎么办？

答：在卸载 Oracle 时，除了按照书中的 4 个步骤去完成卸载外，还需要把安装目录下的内容全部删除，删除后还需要重新启动计算机，这样就可以把 Oracle 完全删除了，最后才能重新安装 Oracle。

2.6　实战训练营

实战 1：掌握安装 Oracle 的方法

按照 Oracle 19c 程序的安装步骤以及提示进行 Oracle 19c 的安装，最终效果如图 2-47 所示。

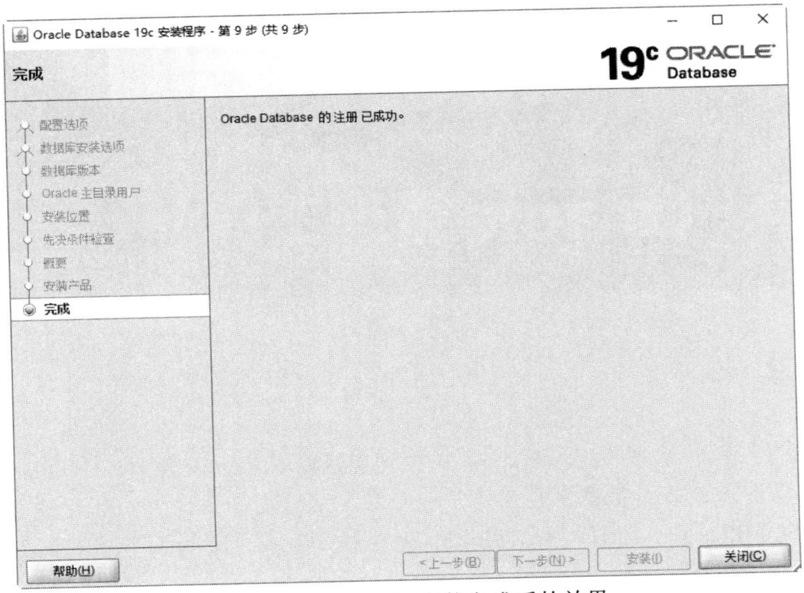

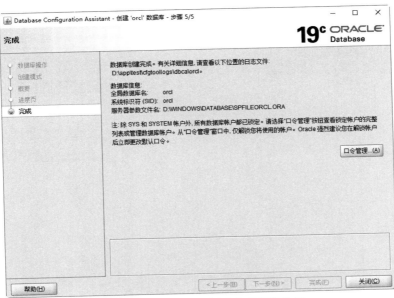

图 2-47　Oracle 19c 安装完成后的效果

实战 2：掌握创建全局数据库 orcl 的方法

按照创建全局数据库的方法，创建 orcl 数据库，图 2-48 所示为数据库 orcl 创建完成后的效果。

图 2-48　数据库 orcl 创建完成后的效果

第3章 Oracle管理工具

本章导读

Oracle 数据库中常用的管理工具包括 SQL Developer 工具与 SQL Plus 工具。SQL Developer 是以图形化方式管理数据库数据的工具，而 SQL Plus 是与 Oracle 进行交互的客户端工具，在 SQL Plus 中，可以运行 SQL Plus 命令和 SQL 语句。本章就来介绍 Oracle 管理工具的应用。

知识导图

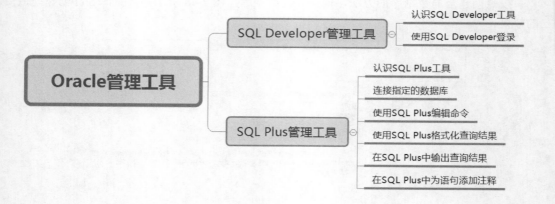

3.1 SQL Developer 管理工具

SQL Developer 是针对 Oracle 数据库的交互式开发环境（IDE）。使用 SQL Developer 可以浏览数据库对象、运行 SQL 语句和脚本、编辑和调试 PL/SQL 语句等。

3.1.1 认识 SQL Developer 工具

Oracle SQL Developer 是 Oracle 公司出品的一个免费的集成开发环境，该工具简化了 Oracle 数据库的开发和管理操作。SQL Developer 提供了 PL/SQL 程序的端到端开发、运行查询工作表的脚本、管理数据库的 DBA 控制台、报表接口、完整的数据建模的解决方案，并且能够支持将第三方数据库迁移至 Oracle。

要想使用 SQL Developer 工具管理 Oracle 数据库，首先需要下载并安装 SQL Developer 工具，具体操作步骤如下。

01 在地址栏中输入 SQL Developer 工具的下载地址：https://www.oracle.com/tools/downloads/sqldev-v192-downloads.html，进入下载页面，如图 3-1 所示。

图 3-1　SQL Developer 下载页面

02 选择适合自己电脑的版本进行下载。这里选择第一项，包含 JDK 8 安装包，如图 3-2 所示。

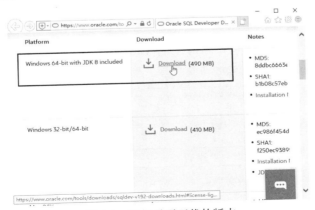

图 3-2　选择需要下载的版本

03 下载完成后，直接解压进行安装就可以用了。在解压包下找到 sqldeveloper.exe 双击启动，启动后默认只能连接 Oracle 数据库，如图 3-3 所示。

图 3-3　启动 SQL Developer

04 启动的过程中会弹出【确认导入首选项】对话框，在其中单击【否】按钮，如图 3-4 所示。

图 3-4　【确认导入首选项】对话框

05 开始启动 SQL Developer，并显示启动的进度，如图 3-5 所示。

图 3-5　SQL Developer 启动的进度

06 启动完毕后，会弹出【Oracle 使用情况跟踪】对话框，选中【允许自动将使用情况报告给 Oracle】复选框，如图 3-6 所示。

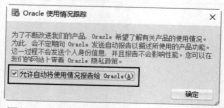

图 3-6　【Oracle 使用情况跟踪】对话框

07 单击【确定】按钮，即可进入 SQL Developer 工具的工作界面，如图 3-7 所示。

图 3-7　Oracle SQL Developer 工作界面

3.1.2　使用 SQL Developer 登录

启动 SQL Developer 工具后，还需要使用 SQL Developer 登录数据库，才能使用该工具管理 Oracle 数据库中的数据信息。具体操作步骤如下。

01 在 Oracle SQL Developer 窗口中，单击【连接】窗格中的下拉按钮 ，在弹出的下拉菜单中选择【新建数据库连接】命令，如图 3-8 所示。

02 打开【新建 / 选择数据库连接】对话框，输入连接名为 "OracleConnect"，设置【验证类型】为【默认值】，并输入用户名与密码，设置【角色】为 SYSDBA，设置【连接类型】为【基本】、【主机名】为 localhost、【端口】为 1521、SID 为 orcl，如图 3-9 所示。

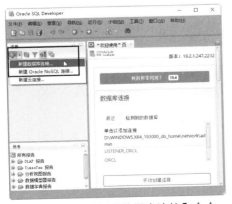

图 3-8　选择【新建数据库连接】命令

图 3-9　【新建 / 选择数据库连接】对话框

03 单击【连接】按钮，打开【连接信息】对话框，在其中输入用户名与密码，如图 3-10 所示。

图 3-10　【连接信息】对话框

04 单击【确定】按钮，即可打开 SQL Developer 主界面窗口，在打开的窗口中输入 SQL 命令，即可进行相关数据库文件的操作，如图 3-11 所示。

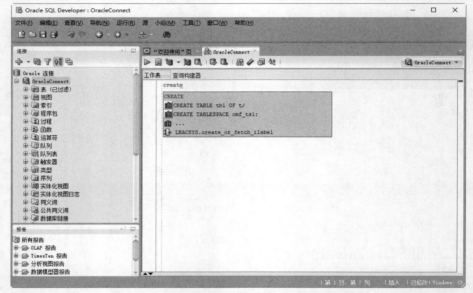

图 3-11　连接数据库后的 SQL Developer 主界面

3.2　SQL Plus 管理工具

　　SQL Plus 是与 Oracle 进行交互的客户端工具，借助 SQL Plus 可以查看和修改数据库记录。在 SQL Plus 中，可以运行 SQL Plus 命令与 SQL 语句。

3.2.1　认识 SQL Plus 工具

　　SQL Plus 是一个最常用的工具，具有很强的功能，主要功能如下。

　　（1）维护数据库，如启动、关闭等，一般在服务器上操作。

　　（2）执行 SQL 语句和 PL/SQL 程序。

　　（3）执行 SQL 脚本。

　　（4）导入和导出数据。

　　（5）开发应用程序。

　　（6）生成新的 SQL 脚本。

　　（7）供应用程序调用。

　　（8）用户管理及权限维护等。

3.2.2　连接指定的数据库

连接默认的数据库之后，用户还可以连接指定的数据库。命令如下：

```
SQL>connect username/password @Oracle net 名称
```

用户也可以在进入 SQL Plus 时直接连接其他数据库，命令如下：

```
C: >sqlplus username/password @Oracle net 名称
```

例如，连接 mytest 数据库，可以执行如下语句：

```
connect scott/Password123 @Oracle net mytest
```

或执行如下语句：

```
C: >sqlplus scott/Password123 @Oracle net mytest
```

3.2.3　使用 SQL Plus 编辑命令

在 SQL Plus 中，运行语句的方法比较简单，只需要输入语句后按 Enter 键即可。如果需要运行上一次的语句，直接按键盘上的"/"键即可。

为了演示如何使用 SQL Plus 命令，下面创建数据表 student，执行语句如下：

```
CREATE TABLE student
(
  id      NUMBER(9),
  name    VARCHAR2(10),
  class   VARCHAR2(10),
  addr    VARCHAR2(10)
);
```

执行结果如图 3-12 所示。

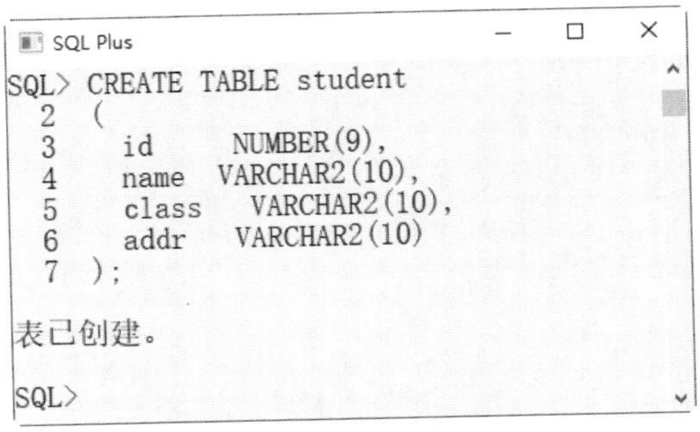

图 3-12　创建数据表 student

然后在该数据表中插入记录，执行语句如下：

```
INSERT INTO student (id ,name, class , addr) VALUES (101,'中宇', '一班', '北京市');
INSERT INTO student (id ,name, class ) VALUES (102,'明玉', '二班' );
INSERT INTO student (id ,name, class ) VALUES (103,'张欣', '三班');
INSERT INTO student (id ,name, class , addr) VALUES (104,'李煜', '三班', '上海市');
```

最后执行查询数据记录，执行语句如下：

```
SELECT * From student;
```

执行结果如图 3-13 所示。

```
SQL Plus                                          —    □    ×
SQL> SELECT * From student;

        ID NAME              CLASS            ADDR
———————————
       101 中宇              一班             北京市
       102 明玉              二班
       103 张欣              三班
       104 李煜              三班             上海市

SQL>
```

图 3-13　查询数据记录

1. 追加文本

一个语句执行完成后，如果想在此语句基础上增加一些内容，可以使用追加文本的命令来完成，具体语法如下：

```
Append text;
```

其中，text 就是需要追加的内容。

实例 1：通过追加文本查询数据

首先查询 student 表中指定的字段，然后追加 addr 不为空的条件。
首先查询指定的字段，执行语句如下：

```
SELECT id, name,addr FROM student;
```

查询结果如图 3-14 所示。

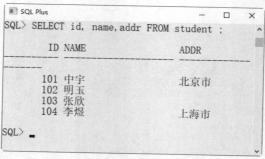

```
SQL Plus                                          —    □    ×
SQL> SELECT id, name,addr FROM student ;

        ID NAME                        ADDR
———————————    ——————————————    ——————————————
———————
       101 中宇                        北京市
       102 明玉
       103 张欣
       104 李煜                        上海市

SQL>
```

图 3-14　查询指定字段数据信息

然后追加 addr 不为空的条件，执行语句如下：

```
SQL> Append WHERE addr IS NOT NULL;
```

执行追加命令之后，会出现追加后的一条语句，然后输入 "/"，即可运行该语句，结果如图 3-15 所示。

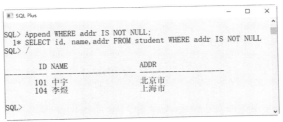

图 3-15 追加查询条件

2. 替换文本

在编辑时,如果需要对原有的语句进行更改,可以使用文本替换语句,如下所示:

```
Change  / old text / new text
```

其中,old text 为需要被替换的内容;new text 为替换后的新内容。

▌ 实例 2:通过替换文本查询数据

首先查询 student 表中的 id 字段和 name 字段,然后修改为查询 name 字段和 class 字段。
首先查询 id 字段和 name 字段,执行语句如下:

```
SQL> SELECT id, name FROM student ;
```

执行结果如图 3-16 所示。
然后修改为查询 name 字段和 class 字段,执行语句如下:

```
SQL> Change / name / class ;
```

然后修改命令之后,会出现替换后的一条语句,输入"/",即可运行该语句,查询结果
如图 3-17 所示。

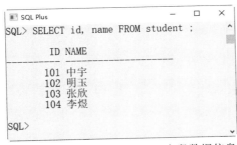

图 3-16 查询 id 字段和 name 字段数据信息

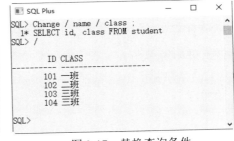

图 3-17 替换查询条件

> 注意:如果替换时没有输入 new text 的内容,则相当于把原来的字符串删除。

3. 删除命令

删除命令主要包括删除当前行、指定要删除的行数和删除的范围等命令。
删除指定行可以使用如下命令:

```
DEL n
```

其中，n 为要删除的行数。

▌实例 3：通过删除指定行查询数据

首先查询 student 表中包含特定条件的 id 字段和 addr 字段，然后删除特定条件查询 id 字段和 addr 字段。

首先查询 addr 不为空的 id 字段和 addr 字段，执行语句如下：

```
SELECT id, addr FROM student
WHERE addr IS NOT NULL;
```

执行结果如图 3-18 所示。

然后执行删除第二行的命令，如下所示：

```
DEL 2;
```

执行结果如图 3-19 所示。输入"/"即可运行该语句。

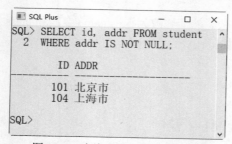

图 3-18 查询 id 字段和 addr 字段

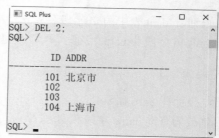

图 3-19 删除条件进行查询

▌实例 4：删除缓存区中的全部内容

删除缓存区中的全部内容，命令如下：

```
CLEAR BUFFER;
```

执行结果如图 3-20 所示。从结果可以看出，缓存区中的程序已经被全部删除了。

图 3-20 删除缓冲区中的内容

4. 添加行

添加行操作的命令如下：

```
INPUT text
```

▌实例 5：通过添加行查询数据

首先查询 student 表中指定的字段，然后添加行，内容为 addr 不为空的条件。

首先查询指定的字段，执行语句如下：

```
SQL> SELECT id, name,addr FROM student;
```

执行结果如图 3-21 所示。

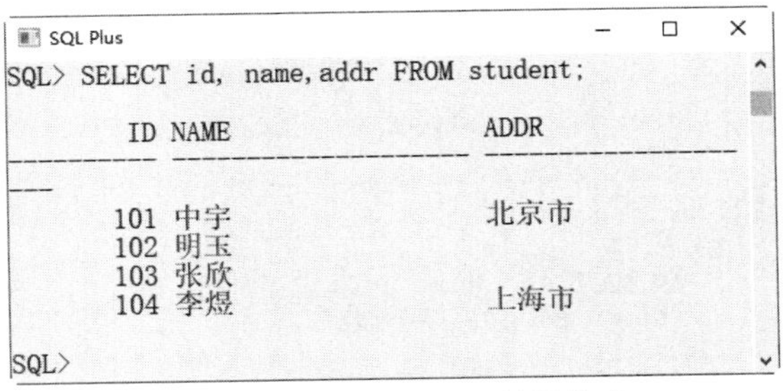

```
SQL Plus                                    —  □  ×
SQL> SELECT id, name,addr FROM student;

        ID NAME                      ADDR
————
        101 中宇                      北京市
        102 明玉
        103 张欣
        104 李煜                      上海市

SQL>
```

图 3-21　查看指定字段数据信息

然后添加行，执行语句如下：

```
INPUT WHERE addr IS NOT NULL;
```

执行结果如图 3-22 所示。

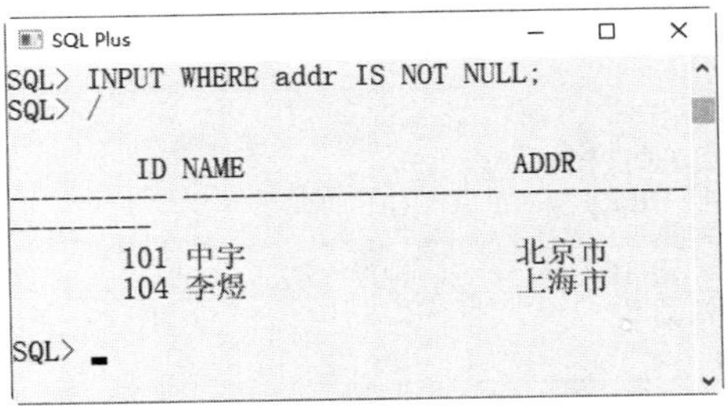

```
SQL Plus                                    —  □  ×
SQL> INPUT WHERE addr IS NOT NULL;
SQL> /

        ID NAME                      ADDR
————
        101 中宇                      北京市
        104 李煜                      上海市

SQL>
```

图 3-22　添加行后的查询结果

5. 显示缓存区中的内容

如果要显示缓存区中的内容，可以使用如下命令：

```
LIST [n/LAST]
```

其中，n 表示显示缓存区中指定行的内容；LAST 表示缓存区中最后一行语句。

实例 6：显示缓存区中的内容

（1）显示缓存区中的全部内容，命令如下：

```
LIST ;
```

执行结果如图 3-23 所示。

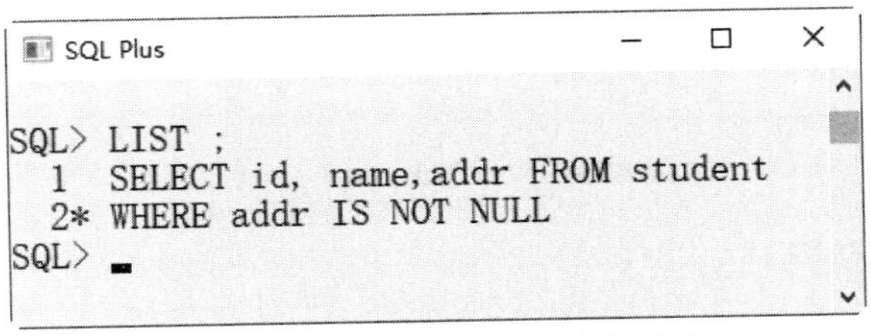

```
SQL Plus                                    —  □  ×

SQL> LIST ;
  1   SELECT id, name,addr FROM student
  2* WHERE addr IS NOT NULL
SQL>
```

图 3-23　显示缓存区中的全部内容

（2）显示缓存区中第 2 行的内容，命令如下：

```
LIST 2;
```

执行结果如图 3-24 所示。

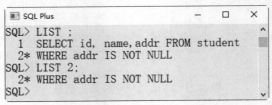

图 3-24　显示缓存区中第 2 行的内容

（3）显示缓存区中最后一行的内容，命令如下：

```
LIST LAST;
```

结果如图 3-25 所示。

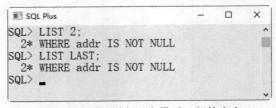

图 3-25　显示缓存区中最后一行的内容

3.2.4　使用 SQL Plus 格式化查询结果

默认情况下，如果查询的列比较多，会出现显示混乱的情况，此时可以使用 SQL Plus
提供的多种设置查询结果显示的方法。

1. 使用 COLUMN 命令设置列的别名和格式

使用 COLUMN 命令可以设置列的别名，具体语法如下：

```
COLUMN oldname HEADING newname
```

其中，oldname 表示要查询表的列名；newname 为列的别名。

▌ 实例 7：使用 COLUMN 命令设置列的别名

查询 student 表中指定的字段，并设置 name 的别名为"姓名"，执行语句如下：

```
SQL>COLUMN name HEADING 姓名
SQL>SELECT id, name,class,addr FROM student;
```

执行结果如图 3-26 所示。

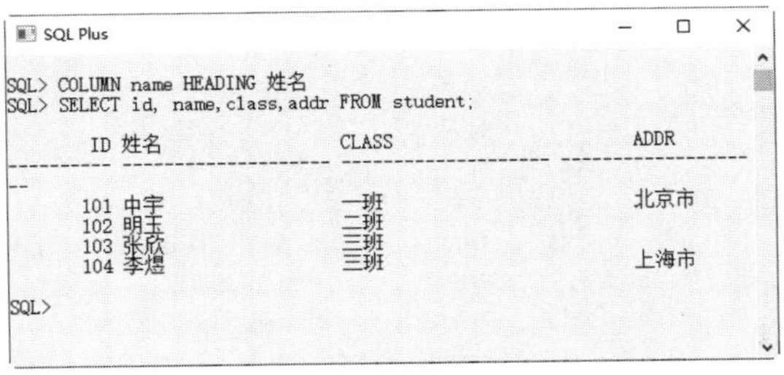

图 3-26 设置列的别名

使用 COLUMN 命令可以设置列的显示格式，具体语法如下：

```
COLUMN column_name  FORMAT  dataformat
```

其中，column_name 表示需要格式化查询结果的列名；dataformat 表示格式化后显示的格式。常见的数据格式如下。

（1）0：在指定的位置显示前导 0 或者后置 0。

（2）9：代表一个数字字符。

（3）B：显示一个空格。

（4）MI：显示负号。

（5）$：美元货币符号。

（6）G：显示千分之分组符号。

（7）L：显示本地区区域的货币符号。

（8）.：显示小数点。

实例 8：使用 COLUMN 命令设置列的格式

为了演示如何使用 SQL Plus 命令，下面创建数据表 fruits，执行语句如下：

```
CREATE TABLE fruits
(
f_id        varchar2(10)      NOT NULL,
s_id        number(6)         NOT NULL,
f_name      varchar2(10)      NOT NULL,
f_price     number (8,2)      NOT NULL
);
```

执行结果如图 3-27 所示，即可完成数据表的创建。

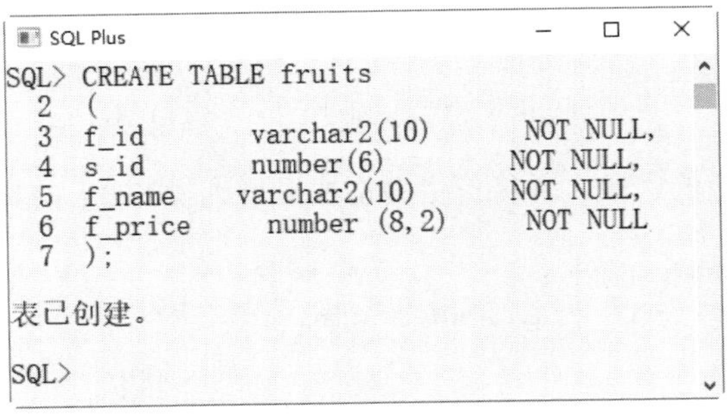

图 3-27 创建数据表 fruits

创建好数据表后，向 fruits 表中输入表数据，执行语句如下：

```
INSERT INTO fruits (f_id, s_id, f_name, f_price) VALUES  ('a1', 101,'苹果',5.2);
INSERT INTO fruits (f_id, s_id, f_name, f_price) VALUES  ('b1',101,'黑莓', 10.2);
INSERT INTO fruits (f_id, s_id, f_name, f_price) VALUES  ('bs1',102,'橘子', 11.2);
INSERT INTO fruits (f_id, s_id, f_name, f_price) VALUES  ('bs2',105,'甜瓜',8.2);
INSERT INTO fruits (f_id, s_id, f_name, f_price) VALUES  ('t1',102,'香蕉', 10.3);
INSERT INTO fruits (f_id, s_id, f_name, f_price) VALUES  ('t2',102,'葡萄', 5.3);
INSERT INTO fruits (f_id, s_id, f_name, f_price) VALUES  ('o2',103,'椰子', 9.2);
INSERT INTO fruits (f_id, s_id, f_name, f_price) VALUES  ('c0',101,'草莓', 3.2);
INSERT INTO fruits (f_id, s_id, f_name, f_price) VALUES  ('a2',103, '杏子',2.2);
INSERT INTO fruits (f_id, s_id, f_name, f_price) VALUES  ('l2',104,'柠檬', 6.4);
INSERT INTO fruits (f_id, s_id, f_name, f_price) VALUES  ('b2',104,'浆果', 7.6);
INSERT INTO fruits (f_id, s_id, f_name, f_price) VALUES  ('m1',106,'芒果', 15.6);
INSERT INTO fruits (f_id, s_id, f_name, f_price) VALUES  ('m2',105,'甘蔗', 2.6);
INSERT INTO fruits (f_id, s_id, f_name, f_price) VALUES  ('t4',107,'李子', 3.6);
INSERT INTO fruits (f_id, s_id, f_name, f_price) VALUES  ('m3',105,'山竹', 11.6);
INSERT INTO fruits (f_id, s_id, f_name, f_price) VALUES  ('b5',107,'火龙果', 3.6);
```

使用 SELECT 语句查询 fruits 表中所有字段的数据，执行语句如下：

```
SELECT f_id, s_id, f_name, f_price FROM fruits;
```

即可完成数据的查询，并显示查询结果，如图 3-28 所示。

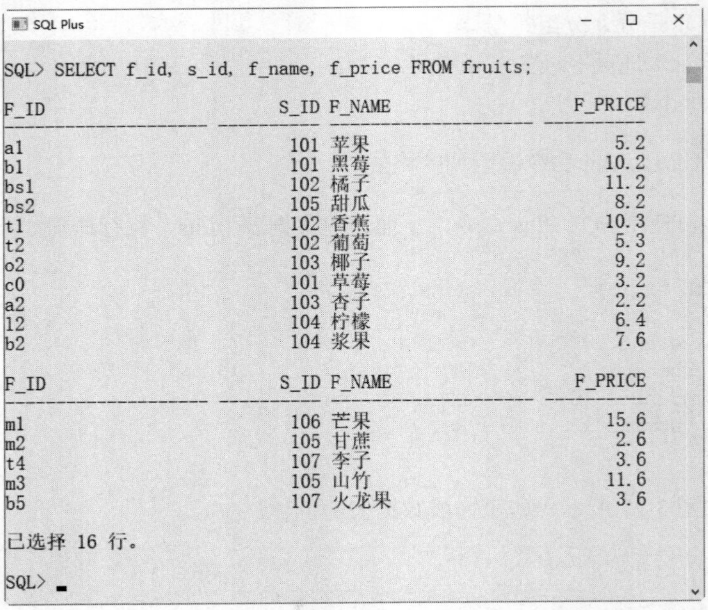

```
SQL Plus
SQL> SELECT f_id, s_id, f_name, f_price FROM fruits;

F_ID                       S_ID F_NAME                  F_PRICE
-------------------- ---------- -------------------- ----------
a1                          101 苹果                        5.2
b1                          101 黑莓                       10.2
bs1                         102 橘子                       11.2
bs2                         105 甜瓜                        8.2
t1                          102 香蕉                       10.3
t2                          102 葡萄                        5.3
o2                          103 椰子                        9.2
c0                          101 草莓                        3.2
a2                          103 杏子                        2.2
l2                          104 柠檬                        6.4
b2                          104 浆果                        7.6

F_ID                       S_ID F_NAME                  F_PRICE
-------------------- ---------- -------------------- ----------
m1                          106 芒果                       15.6
m2                          105 甘蔗                        2.6
t4                          107 李子                        3.6
m3                          105 山竹                       11.6
b5                          107 火龙果                      3.6

已选择 16 行。

SQL>
```

图 3-28　显示数据表中的全部记录

查询 fruits 表中指定的字段，并将价格的格式设置为“$0.0”的形式，执行语句如下：

```
SQL> COLUMN f_price FORMAT $0.0
SQL> SELECT f_price FROM fruits where f_name='苹果';
```

执行结果如图 3-29 所示。

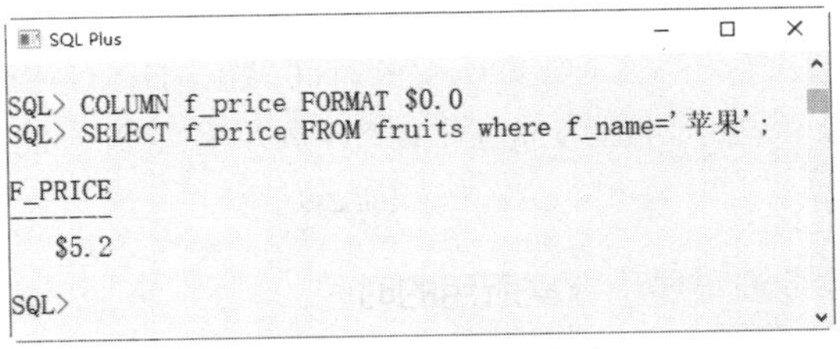

SQL Plus
SQL> COLUMN f_price FORMAT $0.0
SQL> SELECT f_price FROM fruits where f_name='苹果';
F_PRICE
$5.2
SQL>

图 3-29　设置列的格式

2. 使用 SET 命令设置格式

使用 SET 命令可以设置查询结果的格式，包括每一页显示的行数、每行显示的字符数、显示查询数据所用的时间、是否显示列标题、是否显示“已选择行数”等。

语法格式如下：

```
SET PAGESIZE/NEWPAGE/LINESIZE n
```

其中，PAGESIZE 表示设置显示页的格式；NEWPAGE 表示设置每页之间间隔的格式；LINESIZE 表示设置每行字符数的格式；n 表示对应格式的数量。

默认每页显示的行数为 24，如果需要设置为 20，命令如下：

```
SET PAGESIZE 20
```

设置每页之间间隔 2 个空格，命令如下：

```
SET NEWPAGE 2
```

实例 9：使用 SET 命令设置每行显示的字符数

查询目前每行显示的字符数，然后设置每行的显示字符数为 60，执行语句如下：

```
SQL> SHOW LINESIZE;
SQL> SET LINESIZE 60;
```

结果如图 3-30 所示。

再次查询每行显示的字符数，命令如下：

```
SQL> SHOW LINESIZE;
```

结果如图 3-31 所示，从结果中可以看出，设置已经生效。

SQL Plus
SQL> SHOW LINESIZE;
linesize 80
SQL> SET LINESIZE 60;
SQL>

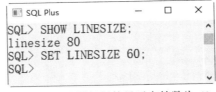

图 3-30　设置每行的显示字符数为 60

SQL Plus
SQL> SHOW LINESIZE;
linesize 60
SQL>

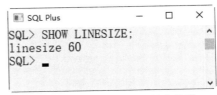

图 3-31　查询每行显示的字符数

使用 SET 命令还可以设置是否显示数据所用的时间、列标题、“已选择行”。语法格式如下：

```
SET TIMING/HEADING/FEEDBACK/  ON/OFF
```

其中，TIMING 用于设置是否显示数据所用的时间；HEADING 用于设置是否显示列标题；FEEDBACK 用于设置是否显示"已选择行"；ON 表示开启对应的功能，OFF 表示关闭对应的功能。

▌实例 10：使用 SET 命令设置显示数据所用的时间

设置显示数据所用的时间，然后测试是否成功，执行语句如下：

```
SQL> SET TIMING ON;
SQL> SELECT f_id, s_id, f_name FROM fruits;
```

执行结果如图 3-32 所示。

```
SQL Plus                                    —   □   ×
SQL> SET TIMING ON;
SQL> SELECT f_id, s_id, f_name FROM fruits;

F_ID                        S_ID F_NAME
--------------------- ---------- ----------
a1                           101 苹果
b1                           101 黑莓
bs1                          102 橘子
bs2                          105 甜瓜
t1                           102 香蕉
t2                           102 葡萄
o2                           103 椰子
c0                           101 草莓
a2                           103 杏子
l2                           104 柠檬
b2                           104 浆果

F_ID                        S_ID F_NAME
--------------------- ---------- ----------
m1                           106 芒果
m2                           105 甘蔗
t4                           107 李子
m3                           105 山竹
b5                           107 火龙果

已选择 16 行。

已用时间:  00: 00: 00.01
```

图 3-32　设置显示数据所用的时间

有时为了提高数据库的安全，会隐藏每列的标题。下面通过案例来理解。

▌实例 11：使用 SET 命令隐藏查询结果中每列的标题

隐藏查询结果中每列的标题，然后测试是否成功，命令如下：

```
SQL> SET HEADING OFF;
SQL> SELECT id, name,class,addr FROM student;
```

查询结果如图 3-33 所示。

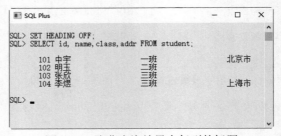

```
SQL Plus                                    —   □   ×
SQL> SET HEADING OFF;
SQL> SELECT id, name,class,addr FROM student;

    101 中宇                  一班              北京市
    102 明玉                  二班
    103 张欣                  三班
    104 李煜                  三班              上海市

SQL>
```

图 3-33　隐藏查询结果中每列的标题

如果需要显示每列的标题，命令如下：

```
SQL> SET HEADING ON;
```

实例 12：使用 SET 命令设置显示已选择行数

如果需要显示"已选择行数"，命令如下：

```
SET FEEDBACK ON;
```

运行查询命令进行测试，命令如下：

```
SQL> SELECT id, name,class,addr FROM student;
```

结果如图 3-34 所示。

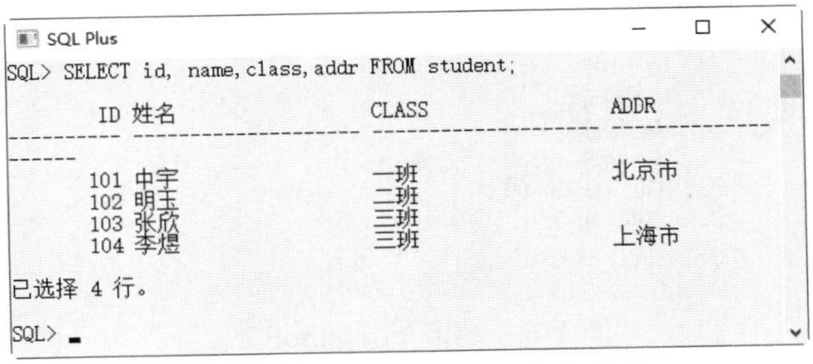

图 3-34　设置显示"已选择行数"

如果不再需要显示"已选择行数"，命令如下：

```
SET FEEDBACK OFF;
```

3.2.5　在 SQL Plus 中输出查询结果

在 SQL Plus 中经常需要把查询结果保存到文件中。使用 SPOOL 命令可以完成保存的操作，具体语法格式如下：

```
SPOOL filename
SPOOL OFF
```

其中，filename 为保存输出结果的文件名，扩展名为 .sql，可以包含保存路径；SPOOL OFF 的作用是开始把查询结果真正写入指定文件中。

实例 13：把查询结果写入指定文件中

把查询结果写入 myrest.sql 文件中，执行语句如下：

```
SQL>SPOOL d:/myrest.sql
SQL>SELECT id, name,addr FROM student;
SQL>SPOOL OFF;
```

执行结果如图 3-35 所示。

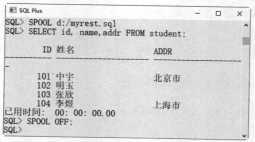

图 3-35　将查询结果写入 myrest.sql 文件

用记事本打开保存的文件 myrest.sql，内容如图 3-36 所示。

图 3-36　打开 myrest.sql 文件

3.2.6　在 SQL Plus 中为语句添加注释

添加注释可以提高程序的可读性，在 SQL Plus 中也可以为语句添加注释，主要方法如下。

1. 使用 /*……*/ 方法

通过 /*……*/ 方法可以为语句添加注释内容。注释在编译时不会被执行，并且注释可以写在语句中的任何地方，如图 3-37 所示。

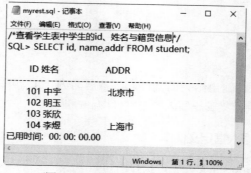

图 3-37　在记事本中添加注释

2. 使用 REMARK 命令添加注释

在 SQL Plus 中，可以使用 REMARK 命令添加注释，语法格式如下：

```
REMARK comment
```

其中，comment 为添加的注释信息。

实例 14：使用 REMARK 命令添加注释

实例执行语句如下：

```
SQL> SPOOL e:\mytest.sql
SQL> REMARK '查询学生的姓名与班级信息'
SQL>SELECT name,class FROM student;
SQL> SPOOL OFF;
```

执行结果如图 3-38 所示。

这样注释信息被添加到 mytest.sql 文件中，其内容如图 3-39 所示。

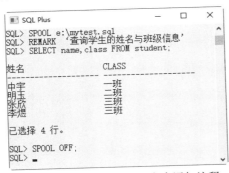

图 3-38　使用 REMARK 命令添加注释

图 3-39　查看注释信息

3.3　疑难问题解析

疑问 1：如何隐藏查询结果？

答：在 SQL Plus 中，可以隐藏查询结果，命令如下：

```
SET TERM ON/OFF;
```

其中，ON 表示显示查询结果，OFF 表示隐藏查询结果。

疑问 2：如何让 SQL Plus 中的查询结果不混乱？

答：在 SQL Plus 中，如果发现查询结果比较混乱，可以采用如下命令进行调整：

```
SQL> set wrap off;
SQL> set linesize 180;
```

3.4　实战训练营

实战 1：SQL Developer 管理工具的应用

（1）使用 SQL Developer 登录数据库。

（2）在 SQL Developer 窗口中创建数据表 student。

（3）在 SQL Developer 窗口中为数据表 student 插入数据。

（4）在 SQL Developer 窗口中查询数据表 student。

▌实战 2：SQL Plus 管理工具的应用

（1）使用 SQL Plus 连接指定数据库。

（2）使用 SQL Plus 编辑命令查询数据记录。

（3）使用 SQL Plus 格式化命令设置查看结果的格式。

（4）使用 SQL Plus 命令输出查询结果到记事本。

（5）在 SQL Plus 窗口中添加注释信息。

数据库的存储方式有特定的规律。本章就来介绍数据库的基本操作，包括认识数据库实例、登录数据库、创建数据库、删除数据库等。

📖 知识导图

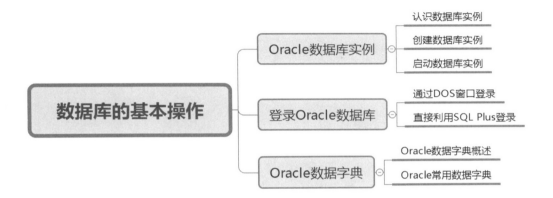

4.1 Oracle 数据库实例

　　Oracle 数据库实例是用户向数据库读写数据的媒介，在 Oracle 单实例数据库中，只有一个实例，而且只能通过当前实例访问数据库。安装 Oracle 时，通常会安装一个数据库实例，实例的名字与数据库的名字可以相同，也可以不同。

4.1.1 认识数据库实例

　　Oracle 数据库实例是一种访问数据库的机制，它由内存结构和一些后台进程组成，它的内存结构也称为系统全局区。

> **提示**：Oracle 数据库中的系统全局区是一组共享的内存结构，它里面存储了 Oracle 数据库实例（instance）的数据和控制文件信息。如果有多个用户同时连接到数据库，他们会共享这一区域。

　　系统全局区是数据库实例最基本的部件之一，数据库实例的后台进程中有 5 个是必需的，即只要这 5 个后台进程中的任何一个未能启动，则该实例将自动关闭，这 5 个进程分别是 SMON、DBWR、LGWR、CKPT、PMON。

　　（1）SMON 是系统监视器（System Monitor）的缩写。如果 Oracle 实例失败，那么在 SGA 中的任何没有写到磁盘中的数据都会丢失。有许多情况可能引起 Oracle 实例失败，例如，操作系统崩溃就会引起 Oracle 实例失败。当实例失败之后，如果重新打开该数据库，那么背景进程 SMON 自动执行实例的复原操作。

　　（2）DBWR 是数据库书写器（Database Write）的缩写。该服务器进程在缓冲存储区中记录所有的变化和数据，DBWR 把来自数据库的缓冲存储区中的临时数据写到数据文件中，以确保数据库缓冲存储区中有足够空闲的缓冲存储区。临时数据就是正在使用但是没有写到数据文件中的数据。

　　（3）LGWR 是日志书写器（Log Write）的缩写。LGWR 负责把重做日志缓冲存储区中的数据写入重做日志文件中。

　　（4）CKPT 进程是检查点（Checkpoint）的缩写。该进程可以用来同步数据库的文件，它可以把日志中的文件写入数据库中。

　　（5）PMON 是进程监视器（Process Monitor）的缩写。当取消当前的事务，或释放进程占用的锁以及释放其他资源之后，PMON 进程清空那些失败的进程。

4.1.2 创建数据库实例

　　数据库可以理解为是一个静态的概念，主要包括一些物理存在的数据库文件；而数据库实例则是一个动态概念，包括一些内存区域以及若干进程，数据库实例是对数据库进行操作的执行者。

　　安装完 Oracle 数据库系统后，需要创建数据库实例才能真正开始使用 Oracle 数据库服务。在 Oracle 19c 的安装过程中已经创建了名称为 orcl 的数据库。用户也可以在安装完成后重新创建数据库，具体操作步骤如下。

01 依次选择【开始】→ Oracle OraDB19Home1 → Database Configuration Assistant 菜单命令，如图 4-1 所示。

图 4-1 选择 Database Configuration Assistant 菜单命令

02 打开【选择数据库操作】对话框，选中【创建数据库】单选按钮，如图 4-2 所示。

图 4-2 【选择数据库操作】对话框

03 打开【选择数据库创建模式】对话框，输入全局数据库的名称，设置数据库文件的位置，输入管理口令和 Oracle 主目录用户口令，然后单击【下一步】按钮，如图 4-3 所示。

图 4-3 【选择数据库创建模式】对话框

04 打开【概要】对话框，查看创建数据库的详细信息，检查无误后，单击【完成】按钮，如图 4-4 所示。

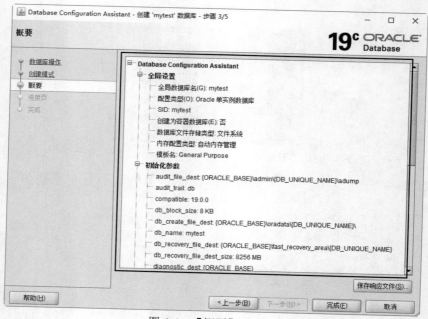

图 4-4　【概要】对话框

05 系统开始自动创建数据库，并显示数据库的创建过程和创建的详细信息，如图 4-5 所示。

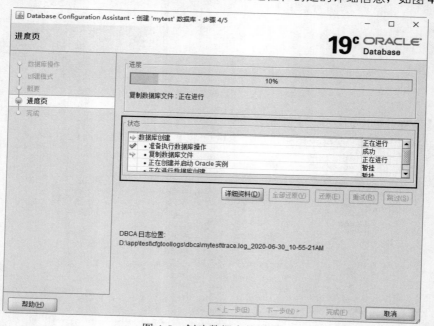

图 4-5　创建数据库的过程

06 数据库创建完成后，打开【完成】对话框，查看创建数据库的最终信息，单击【关闭】按钮即可完成数据库的创建操作，如图 4-6 所示。

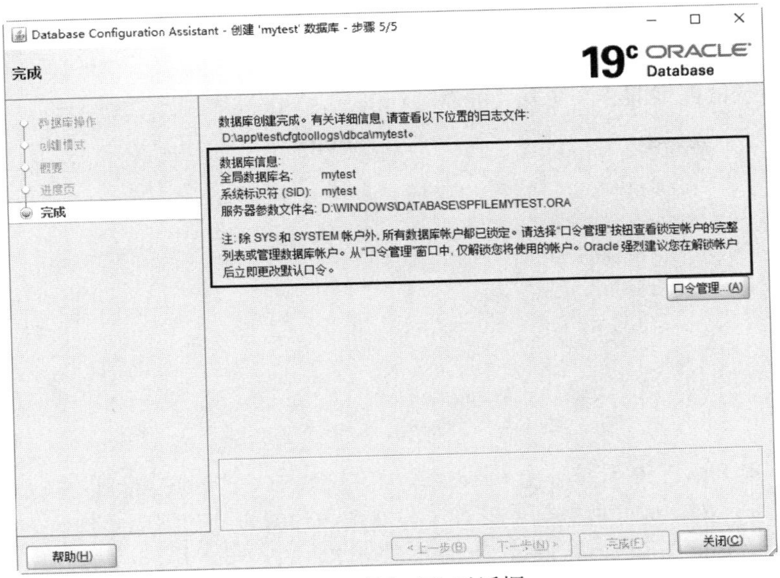

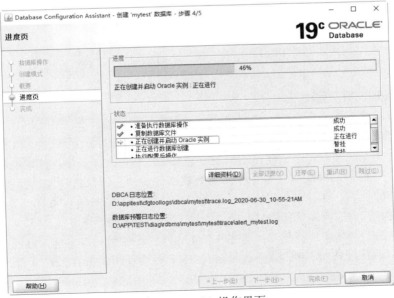

图 4-6　【完成】对话框

4.1.3　启动数据库实例

一般情况下，启动数据库实例有 3 种方式，下面分别进行介绍。

1. 通过 DBCA(Database Configuration Assistant) 启动

通过 DBCA 启动数据库是最常用也是最简单的方法，DBCA 是 Oracle 提供的一个图形界面的数据库实例配置工具，如图 4-7 所示。通过它可以创建、删除和配置数据库实例。它具有交互式的图形操作界面，非常准确有效的提示与配置，是一个比较方便的创建数据库实例的工具。按照 DBCA 给出的提示，很容易创建并启动一个新的数据库实例。

图 4-7　DBCA 操作界面

2. 通过脚本或命令行方式启动

通过脚本或命令行方式来启动数据库实例是结合 SQL Plus 工具实现的一种方法，SQL Plus 工具是 Oracle 提供的一个交互式的命令行工具，如图 4-8 所示。

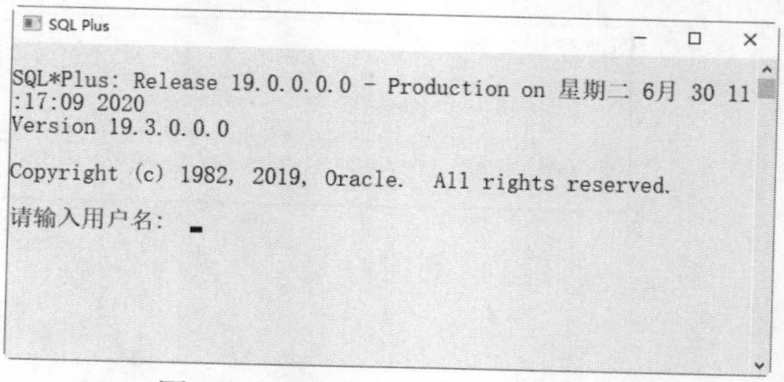

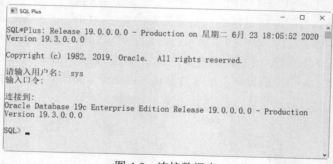

图 4-8　命令行工具——SQL Plus

可以将 SQL Plus 工具看作一个 Oracle 数据库管理工具，通过它可以执行一些 Oracle 的数据库管理命令，来完成一些数据库管理工作（这当然就包括数据库实例的创建）。同时还可以把它当作一个 SQL 语句执行器，直接在里边执行用户想要执行的 SQL 语句或者存储过程等，并获取执行结果。

另外，SQL Plus 可以直接在 shell 命令行中进行非交互式的调用执行（通常是调用执行一段 SQL Plus 语句，或者是一个由一些 SQL Plus 语句组成的 SQL 脚本，这里所说的 SQL Plus 语句包括 Oracle 数据库管理维护命令、SQL 语句和存储过程等），这就为在 shell 编程中使用 SQL Plus 完成数据库实例自动创建工作提供了可能，如图 4-9 所示。

图 4-9　连接数据库

3. 通过物理恢复法启动

严格来说这种方法不能算作一种创建 Oracle 数据库实例的方法，它是以已有的数据库实例为基础来完成新数据库实例的创建的。这种方法是首先通过第 1 种或者第 2 种方法来创建好一个数据库实例，然后将该数据库实例的物理文件进行备份，最后直接使用备份的物理文件恢复出一个与原数据库实例完全一样的新的数据库实例，所以这种方法需要和第 1、2 种方法相配合才能使用。这种方法其实已经属于 Oracle 数据备份与恢复的范畴了，就是 Oracle 数据备份恢复方式中的物理备份恢复，所以这种方法也叫作物理恢复法。

物理恢复法的具体实现过程是：首先将一个已经存在的数据库实例（最好已关闭）进行物理备份，所谓物理备份其实就是复制该数据库实例所使用的操作系统文件，这些文件主要包括 DataFiles、RedoLogs、ControlFiles 和 UndoFiles（这些文件一般存在于 $ORACLE_HOME/oradata 目录下），进行数据库实例恢复的时候只需将备份的操作系统文件复制到新的 oradata 目录下即可，可以直接启动使用恢复后的数据库实例。

4.2 登录 Oracle 数据库

当 Oracle 服务启动完成后，便可以通过客户端来登录 Oracle 数据库。在 Windows 操作系统下，可以通过两种方式登录 Oracle 数据库。

4.2.1 通过 DOS 窗口登录

`01` 单击【开始】按钮，在弹出的菜单中选择【运行】菜单命令，打开【运行】对话框，在其中输入命令"cmd"，如图 4-10 所示。

`02` 单击【确定】按钮，打开 DOS 窗口，输入以下命令并按 Enter 键确认，如图 4-11 所示。

```
sqlplus "/as sysdba"
```

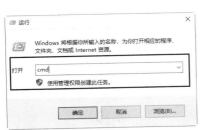

图 4-10 【运行】对话框

图 4-11 DOS 窗口

4.2.2 直接利用 SQL Plus 登录

`01` 单击【开始】按钮，在弹出的列表中选择 SQL Plus 菜单命令，如图 4-12 所示。

`02` 打开 SQL Plus 窗口，输入用户名和口令并按 Enter 键确认，如图 4-13 所示。

```
请输入用户名：sys
输入口令：安装时密码 as sysdba
```

图 4-12 选择 SQL Plus 菜单命令

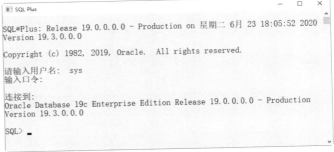

图 4-13 SQL Plus 窗口

> 提示：当窗口中出现如图 4-13 所示的说明信息，命令提示符变为"SQL>"时，表明已经成功登录 Oracle 服务器了，可以对数据库进行操作。

4.3　Oracle 数据字典

数据字典是 Oracle 数据库中最重要的组成部分，其记录了数据库的系统信息，是只读表和视图的集合，数据字典的所有者为 sys 用户。用户只能在数据字典上执行查询操作，而其维护和修改是由系统自动完成的。

4.3.1　Oracle 数据字典概述

Oracle 数据字典包括数据字典基表和数据字典视图，其中基表存储数据库的基本信息，普通用户不能直接访问数据字典的基表。数据字典视图是基于数据字典基表所建立的视图，普通用户可以通过查询数据字典视图获取系统信息。

数据字典视图主要包括 user_xxx、all_xxx、dba_xxx 三种类型。

- user_tables：用于显示当前用户拥有的所有表，比如：select table_name from user_tables。
- all_tables：用于显示当前用户可以访问的所有表，它不仅会返回当前用户方案的所有表，还会返回当前用户可以访问的其他方案的表，比如：select table_name from all_tables。
- dba_tables：显示所有方案拥有的数据库表。但是查询这种数据库字典视图，要求用户必须是 dba 角色或是有 select any table 系统权限。例如：当用 system 用户查询数据字典视图 dba_tables 时，会返回 system、sys、scott 等方案所对应的数据库表。

4.3.2　Oracle 常用数据字典

Oracle 数据字典主要由表 4-1 所示的几种视图构成。

表 4-1　Oracle 数据库的视图

视　图	说　明
user 视图	以 user_ 为前缀，用来记录用户对象的信息
all 视图	以 all_ 为前缀，用来记录用户对象的信息及被授权访问的对象信息
dba 视图	以 dba_ 为前缀，用来记录数据库实例的所有对象的信息
v$ 视图	以 v$ 为前缀，用来记录与数据库活动相关的性能统计动态信息
gv$ 视图	以 gv$ 为前缀，用来记录分布式环境下所有实例的动态信息

因此，Oracle 数据字典可以分为基本数据字典（如表 4-2 所示）、与数据库组件相关的数据字典（如表 4-3 所示）和常用动态性能视图（如表 4-4 所示）。

表 4-2　基本数据字典

字典名称	说　明
dba_tables	所有用户的所有表信息
dba_tab_columns	所有用户的表的字段信息
dba_views	所有用户的所有视图信息
dba_synonyms	所有用户的所有同义词信息
dba_sequences	所有用户的所有序列信息
dba_constraints	所有用户的表的约束信息

字典名称	说　明
dba_ind_columns	所有用户的表的索引的字段信息
dba_triggers	所有用户的触发器信息
dba_sources	所有用户的存储过程信息
dba_segments	所有用户的段的使用空间信息
dba_extents	所有用户的段的扩展信息
dba_objects	所有用户对象的基本信息
cat	当前用户可以访问的所有基表
tab	当前用户创建的所有基表、视图、同义词等
dict	构成数据字典的所有表的信息

表 4-3　与数据库组件相关的数据字典

数据库组件	数据字典中的表或视图	说　明
数据库	v$datafile	记录系统的运行情况
表空间	dba_tablespaces	记录系统表空间的基本信息
	dba_free_space	记录系统表空间的空闲空间信息
控制文件	v$controlfile	记录系统控制文件的基本信息
	v$control_record_section	记录系统控制文件中记录文档段的信息
	v$parameter	记录系统参数的基本信息
数据文件	dba_data_files	记录系统数据文件及表空间的基本信息
	v$filestat	记录来自控制文件的数据文件信息
	v$datafile_header	记录数据文件头部的基本信息
段	dba_segments	记录段的基本信息
区	dba_extents	记录数据区的基本信息
日志	v$thread	记录日志线程的基本信息
	v$log	记录日志文件的基本信息
	v$logfile	记录日志文件的概要信息
归档	v$archived_log	记录归档日志文件的基本信息
	v$archived_dest	记录归档日志文件的路径信息
数据库实例	v$instance	记录实例的基本信息
	v$system_parameter	记录实例当前有效的参数信息
内存结构	v$sga	记录 sga 区的信息
	v$sgastat	记录 sga 的详细信息
	v$db_object_cache	记录对象缓存的大小信息
	v$sql	记录 sql 语句的详细信息
	v$sqltext	记录 sql 语句的语句信息
	v$sqlarea	记录 sql 区的 sql 基本信息
后台进程	v$bgprocess	显示后台进程信息
	v$session	显示当前会话信息

表 4-4　常用动态性能视图

视图名称	说　明
v$fixed_table	显示当前数据库实例中的固定表信息
v$instance	显示当前实例的信息
v$latch	显示锁存器的统计数据
v$librarycache	显示有关库缓存性能的统计数据
v$rollstat	显示联机的回滚段的名字
v$rowcache	显示活动数据字典的统计
v$sag	记录 sga 区的信息
v$sgastat	记录 sga 的详细信息
v$sort_usage	显示临时段的大小及会话
v$sqltext	记录 sql 语句的语句信息
v$sqlarea	记录 sql 区的 sql 基本信息
v$stssstat	显示基本的实例统计信息
v$system_event	显示一个事件的总计等待时间
v$waitstat	显示块竞争统计数据

4.4　删除数据库

　　当不需要某个数据库后，可以将其从磁盘空间中清除。这里需要注意的是，数据库删除后，数据库中的表和表中的所有数据均被删除。因此，在执行删除操作时，最好对数据库进行备份。下面介绍删除数据库的删除方法，具体操作步骤如下。

01 依次选择【开始】→ Oracle OraDB19Home1 → Database Configuration Assistant 菜单命令，打开【选择数据库操作】对话框，选中【删除数据库】单选按钮，如图 4-14 所示。

02 打开【选择源数据库】对话框，选择需要删除的数据，本实例选择 MYTEST 数据库，输入数据库管理员的名称和管理口令，单击【下一步】按钮，如图 4-15 所示。

图 4-14　【选择数据库操作】对话框　　　　图 4-15　【选择源数据库】对话框

03 打开【选择注销管理选项】对话框，单击【下一步】按钮，如图 4-16 所示。

04 打开【概要】对话框，查看删除数据库的详细信息，检查无误后，单击【完成】按钮，如图 4-17 所示。

图 4-16　【选择注销管理选项】对话框　　　　图 4-17　【概要】对话框

05 弹出警告对话框，单击【是】按钮，如图 4-18 所示。

06 系统开始自动删除数据库，并显示数据库的删除过程和删除的详细信息，如图 4-19 所示。

图 4-18　警告对话框　　　　图 4-19　删除数据库的过程

07 删除数据库完成后，打开【完成】对话框，单击【关闭】按钮即可完成数据库的删除操作，如图 4-20 所示。

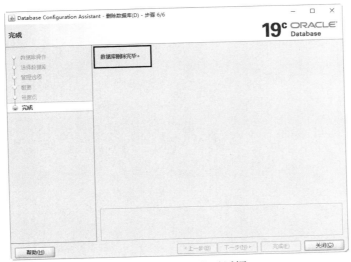

图 4-20　【完成】对话框

> **注意**：删除数据库时要非常谨慎，在执行该操作后，数据库中存储的所有数据表和数据也将一同被删除，而且不能恢复。

4.5 疑难问题解析

▌ 疑问 1：当删除数据库时，该数据库中的表和所有数据也会被删除吗？

答：是的。在删除数据库时，会删除该数据库中所有的表和所有数据，因此，删除数据库一定要慎重考虑。如果确定要删除某个数据库，可以先将其备份，然后再进行删除。

▌ 疑问 2：在 SQL Plus 窗口登录数据库时，为什么会提示协议适配器错误？

答：如果刚刚删除了新建的数据库，当再次使用 SQL Plus 登录数据库时，就会提示协议适配器错误。这是因为注册表中 ORACLE_SID 的值没有修改过来，此时需要恢复值为"orcl"。具体操作方法如下。

在系统的注册表窗口中，依次找到下面的注册表项目：

HKEY_LOCAL_MACHINE\SOFTWARE\ORACLE\KEY_OraDB12Home1

在项目下选中 ORACLE_SID 选项，单击鼠标右键，在弹出的快捷菜单中选择【修改】菜单命令，打开【编辑字符串】对话框，修改数据为"orcl"，最后单击【确定】按钮即可。

4.6 实战训练营

▌ 实战 1：创建数据库 mytest，并登录该数据库

（1）创建数据库 mytest。
（2）在 DOS 窗口中登录数据库 mytest。
（3）利用 SQL Plus 登录数据库 mytest。

▌ 实战 2：删除数据库

删除数据库 mytest。

第5章 数据类型和运算符

本章导读

数据库表由多列字段构成，每一个字段指定了不同的数据类型，不同的数据类型也决定了 Oracle 在存储时的使用方式，以及在使用时选择什么运算符号进行运算。本章将介绍 Oracle 的数据类型和运算符，主要内容包括常见数据类型的概念与应用、数据类型的选择方法、常见运算符的应用等。

知识导图

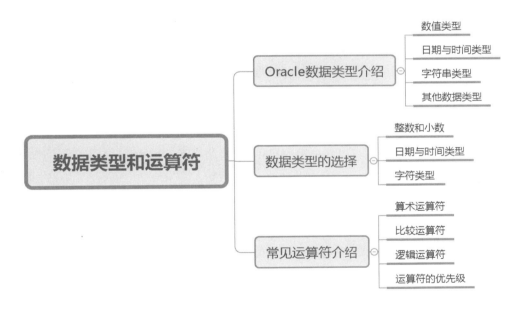

5.1 Oracle 数据类型介绍

Oracle 支持多种数据类型，按照类型来分，可以分为字符串类型、数值类型、日期类型、LOB 类型、LONG RAW&RAW 类型、ROWID&UROWID 类型。其中，最常用的数据类型包括数值类型、日期与时间类型和字符串类型等。

5.1.1 数值类型

数值数据类型主要用来存储数字，Oracle 提供了多种数值数据类型，不同的数据类型提供不同的取值范围，可以存储的值范围越大，其所需要的存储空间也会越大。表 5-1 所示为 Oracle 的常用数值类型。

表 5-1　Oracle 的常用数值类型

类型名称	描　　述
NUMBER(P,S)	数字类型，P 为整数位，S 为小数位
DECIMAL(P,S)	数字类型，P 为整数位，S 为小数位
INTEGER	整数类型，数值较小的整数
FLOAT	浮点数类型，NUMBER(38)，双精度
REAL	实数类型，NUMBER(63)，精度更高

Oracle 的数值类型主要通过 number(m,n) 类型来实现。使用的语法格式如下：

```
number(m,n)
```

其中，m 的取值范围为 1 ～ 38，n 的取值范围为 −84 ～ 127。

number(m,n) 是可变长的数值列，允许为 0、正值及负值，m 是所有有效数字的位数，n 是小数点后的位数。如：

```
number(5,3)
```

则这个字段的最大值是 99.999。

如果数值超出位数限制就会被截掉多余的位数。如：

```
number(5,2)
```

若在一行数据中的这个字段中输入 575.316，则真正保存到字段中的数值是 575.32。如：

```
number(3,0)
```

若输入 575.316，则真正保存的数据是 575。对于整数，可以省略后面的 0，直接表示如下：

```
number(3)
```

▎实例 1：NUMBER 数值类型的应用

创建表 table_01，其中，age 字段的数值最大设定为 2，在 SQL Plus 窗口中，执行语句如下：

```
CREATE TABLE table_01
(
id          NUMBER(11),
name        VARCHAR2(25),
age         NUMBER(2),
tel         NUMBER(11),
address     VARCHAR2(25)
);
```

语句执行结果如图 5-1 所示，即可完成数据表的创建。

图 5-1　创建表 table_01

这里可以看到 age 字段的数据类型为 NUMBER(2)，注意到后面的数字 2，这表示该数据类型指定的最大长度。如果插入数值的位数大于 2，则会弹出错误信息。例如这里插入一个大于 2 位的数值来表示年龄，在 SQL Plus 窗口中输入以下语句：

```
INSERT INTO table_01(age)VALUES(100);
```

语句执行结果如图 5-2 所示，可以看到提示的错误信息。

图 5-2　错误信息提示

在 SQL Plus 窗口中，修改语句如下：

```
INSERT INTO table_01(age)VALUES(50);
```

语句执行结果如图 5-3 所示，可以看到创建行成功。

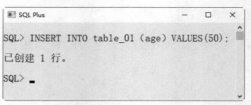

图 5-3　插入一行数据

在 SQL Plus 窗口中，输入查看表数据的语句：

```
SELECT * FROM table_01;
```

语句执行结果如图 5-4 所示，可以看到创建行成功。

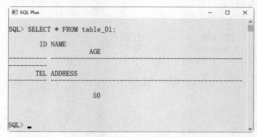

图 5-4　查看表结构

创建表 table_02，其中字段 a、b、c 的数据类型依次为 NUMBER(2)、NUMBER(4)、NUMBER(6)，在 SQL Plus 窗口中，执行语句如下：

```
CREATE TABLE table_02
(
a        NUMBER(2),
b        NUMBER(4),
c        NUMBER(6)
);
```

语句执行结果如图 5-5 所示，可以看到创建表成功。

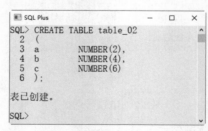

图 5-5　创建表 table_02

执行成功之后，便用 DESC 查看表结构，在 SQL Plus 窗口中，执行语句如下：

```
SQL> DESC table_02;
```

语句执行结果如图 5-6 所示，可以看到表的结构。

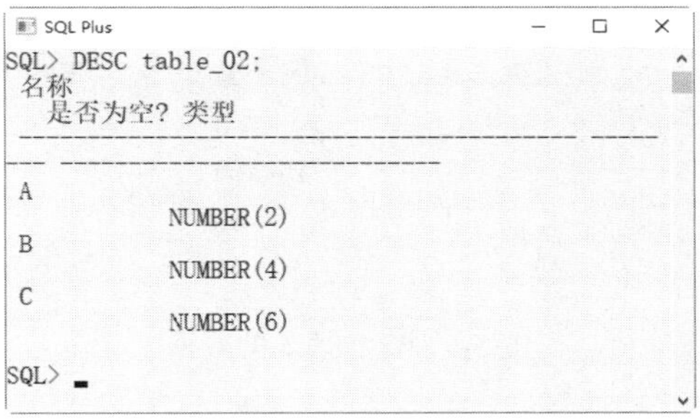

图 5-6　查询表结构

创建表 table_03，其中字段 a、b、c 的数据类型依次为 NUMBER(8,1)、NUMBER(8,3) 和 NUMBER(8,2)，向表中插入数据 5.12、5.15 和 5.123，在 SQL Plus 窗口中，执行语句如下：

```
CREATE TABLE table_03
(
a  NUMBER (8,1),
b  NUMBER (8,3),
c  NUMBER (8,2)
);
```

语句执行结果如图 5-7 所示，可以看到创建的数据表。

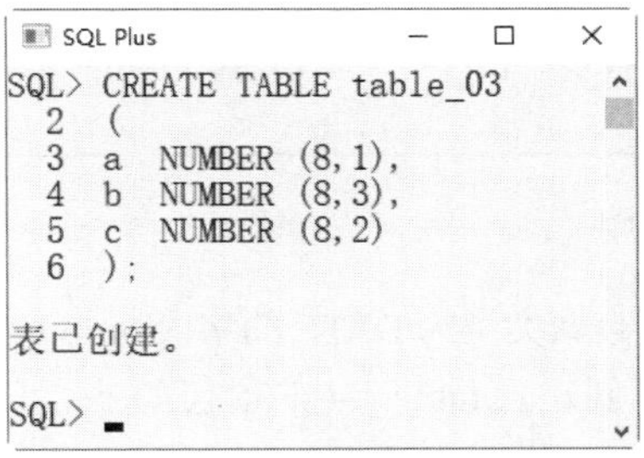

图 5-7　创建表 table_03

向表中插入数据，在 SQL Plus 窗口中，执行语句如下：

```
SQL>INSERT INTO table_03 VALUES(5.12, 5.15, 5.123);
```

语句执行结果如图 5-8 所示，可以看到创建的行。

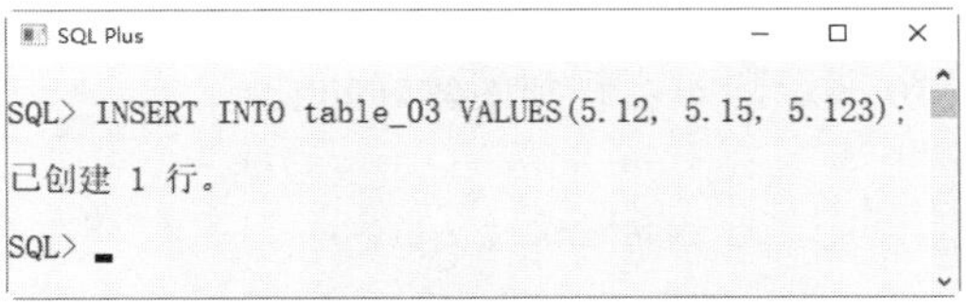

图 5-8　向表中插入数据

插入数据后，查看输入的数据信息。在 SQL Plus 窗口中，执行语句如下：

```
SQL> SELECT * FROM table_03;
```

语句执行结果如图 5-9 所示，从结果可以看出 5.12 和 5.123 分别被存储为 5.1 和 5.12。

```
■ SQL Plus                    —    □    ×
SQL> SELECT * FROM table_03;
            A          B          C
_____  _____  _____
          5.1       5.15       5.12

SQL> _
```

图 5-9　查看插入的数据

5.1.2　日期与时间类型

　　Oracle 中表示日期的数据类型，主要包括 DATE 和 TIMESTAMP，其具体含义和区别如表 5-2 所示。

表 5-2　Oracle 常用日期与时间类型

类型名称	描　述
DATE	日期（日 - 月 - 年），DD-MM-YY(HH-MI-SS)，用来存储日期和时间，取值范围是公元前 4712 年到公元 9999 年 12 月 31 日
TIMESTAMP	日期（日 - 月 - 年），DD-MM-YY(HH-MI-SS:FF3)，用来存储日期和时间，与 date 类型的区别就是显示日期和时间时更精确，date 类型的时间精确到秒，而 timestamp 的数据类型可以精确到小数秒，timestamp 存放日期和时间还能显示上午、下午和时区

▍实例 2：date 数据类型的应用

　　创建数据表 table_04，定义数据类型为 DATE 的字段 birthday，向表中插入值 '12-4 月 -2020'，在 SQL Plus 窗口中，执行用于创建表 table_04 的语句如下：

```
CREATE TABLE table_04
(
id          NUMBER(10),
name        VARCHAR2(25),
birthday    DATE,
tel         NUMBER(11),
address     VARCHAR2(25)
);
```

　　语句执行结果如图 5-10 所示，即可看到创建好的表。

图 5-10　创建表 table_04

在插入数据之前，需要知道数据库默认的时间格式，在 SQL Plus 窗口中，执行查询系统时间格式的语句如下：

```
SQL> select sysdate from dual;
```

语句执行结果如图 5-11 所示，可以看到系统默认的时间格式。

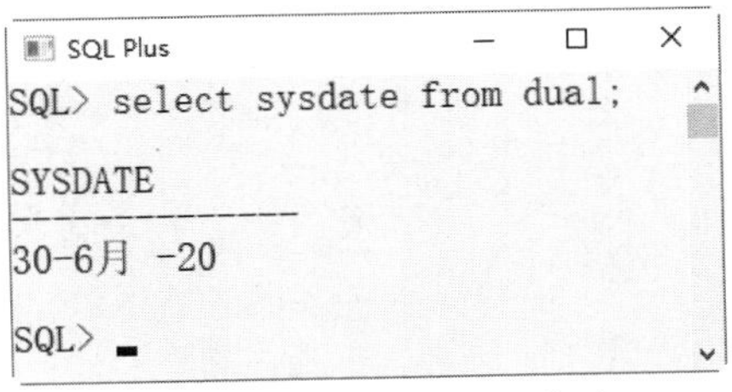

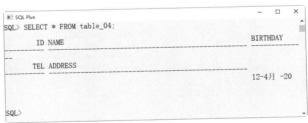

图 5-11　查询系统时间格式

向表中插入时间数据，在 SQL Plus 窗口中，执行语句如下：

```
SQL> INSERT INTO table_04(birthday) values('12-4月-2020');
```

语句执行结果如图 5-12 所示，即可创建 1 行。

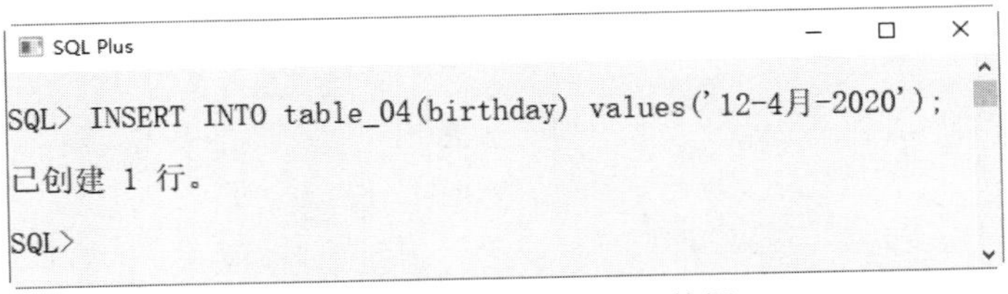

图 5-12　向表中插入时间数据

查看输入的时间数据，在 SQL Plus 窗口中，执行语句如下：

```
SQL> SELECT * FROM table_04;
```

语句执行结果如图 5-13 所示，即可看到创建的表内容。

图 5-13　查看输入的时间数据

如果用户想按照指定的格式输入时间，需要修改时间的默认格式。例如输入格式为年-月-日，执行语句如：

```
SQL> alter session set nls_date_format='yyyy-mm-dd';
```

语句执行结果如图 5-14 所示，即可看到会话已更改的信息提示。

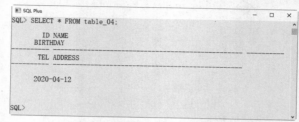

图 5-14　修改时间格式

然后再查看输入的时间数据，可以看到时间格式发生了改变，如图 5-15 所示。

图 5-15　查看输入的时间数据

创建数据表 table_05，定义数据类型为 DATE 的字段 birthday，向表中插入"YYYY-MM-DD"和"YYYYMMDD"字符串格式日期，在 SQL Plus 窗口中，执行语句如下：

```
CREATE TABLE table_05
(
name        VARCHAR2(25),
birthday    DATE,
age         NUMBER(2)
);
```

语句执行结果如图 5-16 所示，即可看到创建表成功。

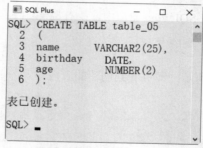

图 5-16　创建表 table_05

修改日期的默认格式，执行语句如下：

```
SQL> alter session set nls_date_format='yyyy-mm-dd';
```

语句执行结果如图 5-17 所示。

图 5-17　修改默认的日期格式

向表中插入"YYYY-MM-DD"格式日期，执行语句如下：

```
SQL> INSERT INTO table_05(birthday) values('2020-05-08');
```

语句执行结果如图 5-18 所示。

```
■ SQL Plus                                        —    □    ×
SQL> INSERT INTO table_05(birthday) values('2020-05-08');

已创建 1 行。

SQL> ▃
```

图 5-18　向表中插入时间数据

向表中插入"YYYYMMDD"格式日期，执行语句如下：

```
SQL> INSERT INTO table_05 (birthday) values('20200408');
```

语句执行结果如图 5-19 所示。

```
■ SQL Plus                                        —    □    ×
SQL> INSERT INTO table_05(birthday) values('2020-05-08');

已创建 1 行。

SQL> INSERT INTO table_05 (birthday) values('20200408');

已创建 1 行。

SQL>
```

图 5-19　再次向表中插入时间数据

查看插入日期数据结果，执行语句如下：

```
SQL> SELECT * FROM table_05;
```

语句执行结果如图 5-20 所示，可以看到，不同类型的日期值都正确地插入到了数据表中。

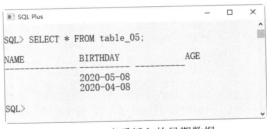

```
■ SQL Plus                                        —    □    ×
SQL> SELECT * FROM table_05;

NAME              BIRTHDAY              AGE
_____   _____   _____
                  2020-05-08
                  2020-04-08

SQL>
```

图 5-20　查看插入的日期数据

实例 3：在数据表中插入系统日期

创建表 table_06 并向表中插入系统当前日期。首先创建表，执行语句如下：

```
CREATE TABLE table_06
(
day     date
);
```

语句执行结果如图 5-21 所示。

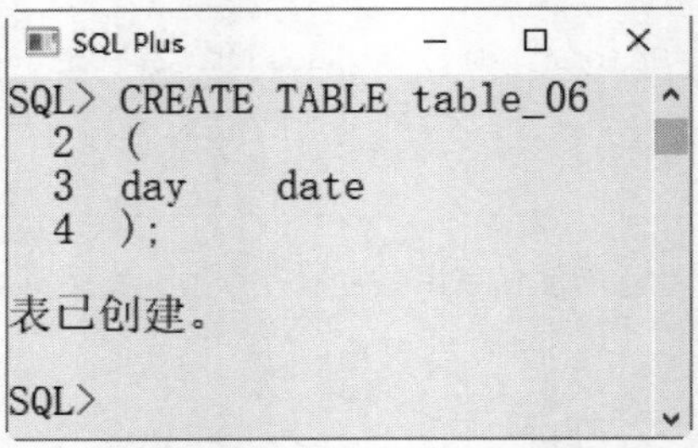

```
SQL Plus                              —    □    ×
SQL> CREATE TABLE table_06
  2  (
  3  day      date
  4  );

表已创建。

SQL>
```
图 5-21　创建表 table_06

向表中插入系统当前日期，执行语句如下：

```
SQL> INSERT INTO table_06 values(SYSDATE);
```

语句执行结果如图 5-22 所示。

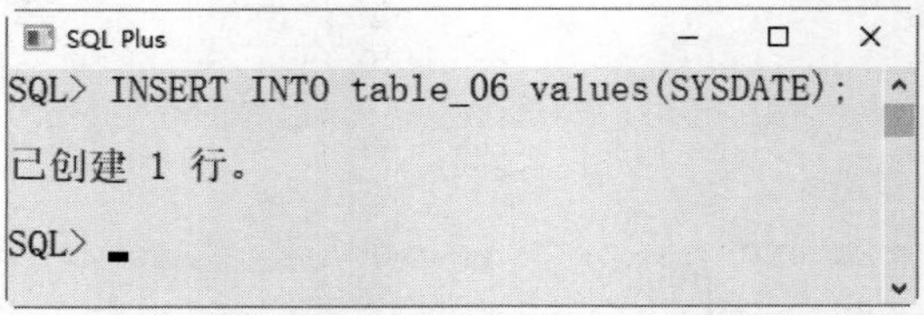

```
SQL Plus                              —    □    ×
SQL> INSERT INTO table_06 values(SYSDATE);

已创建 1 行。

SQL>
```
图 5-22　向表中插入系统当前日期

查看插入结果，执行语句如下：

```
SQL> SELECT * FROM table_06;
```

语句执行结果如图 5-23 所示。

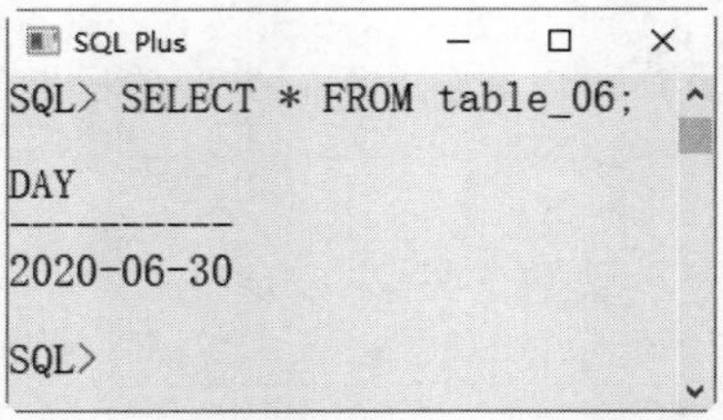

```
SQL Plus                              —    □    ×
SQL> SELECT * FROM table_06;

DAY
----------
2020-06-30

SQL>
```
图 5-23　查询插入的结果

向 table_06 表中插入系统日期和时间并指定格式，首先删除表中的数据，执行语句如下：

```
DELETE FROM table_06;
```

语句执行结果如图 5-24 所示。

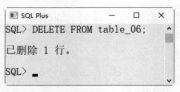

```
SQL Plus                              —    □    ×
SQL> DELETE FROM table_06;

已删除 1 行。

SQL>
```
图 5-24　删除表中的数据

向表中插入系统当前日期，执行语句如下：

```
SQL> INSERT INTO table_06 values(to_date('2020-06-30 23:3:20','yyyy-MM-dd HH24:mi:ss') );
```

语句执行结果如图 5-25 所示。

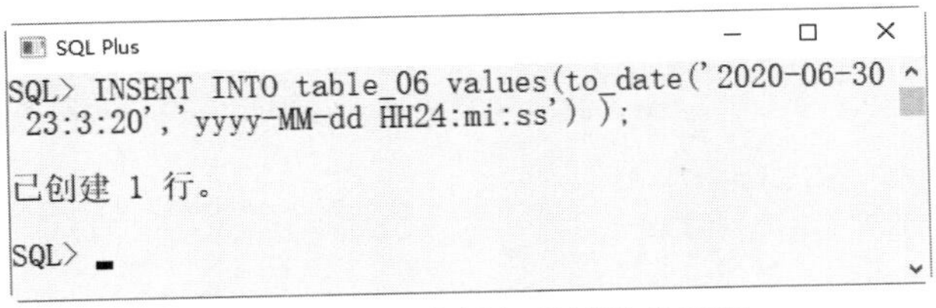

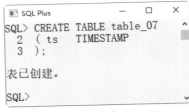

图 5-25　向表中插入系统当前日期

查看插入结果，执行语句如下：

```
SQL> SELECT * FROM table_06;
```

语句执行结果如图 5-26 所示，从结果可以看出，只显示日期，时间被省略掉了。

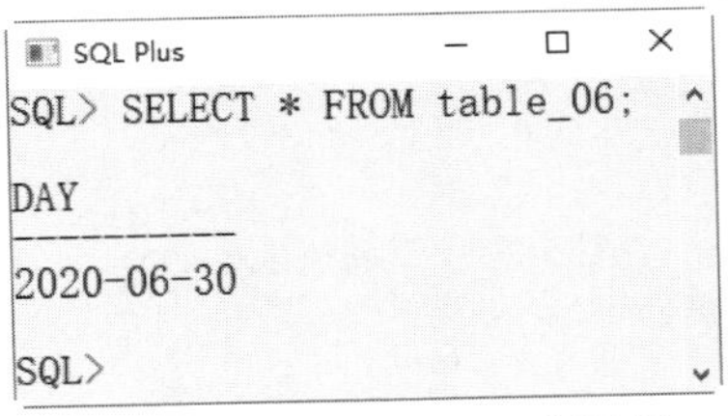

图 5-26　查询插入的日期数据

实例 4：TIMESTAMP 数据类型的应用

创建数据表 table_07，定义数据类型为 TIMESTAMP 的字段 ts，向表中插入值 '2020-9-16 17:03:00.9999'，执行语句如下：

```
CREATE TABLE table_07
( ts    TIMESTAMP
);
```

语句执行结果如图 5-27 所示。

图 5-27　创建表 table_07

向表中插入数据，SQL 语句如下：

```
INSERT INTO table_07 values (to_timestamp('2020-9-16 17:03:00.9999', 'yyyy-mm-dd hh24:mi:ss:ff'));
```

语句执行结果如图 5-28 所示。

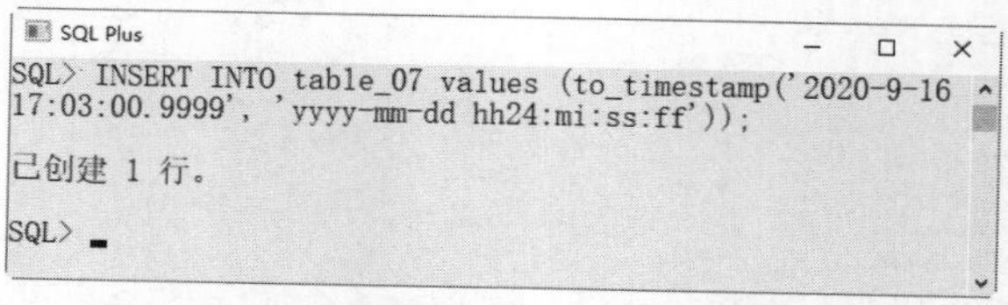

图 5-28　向表中插入数据

查看插入结果，执行语句如下：

```
SQL>SELECT * FROM table_07;
```

语句执行结果如图 5-29 所示。

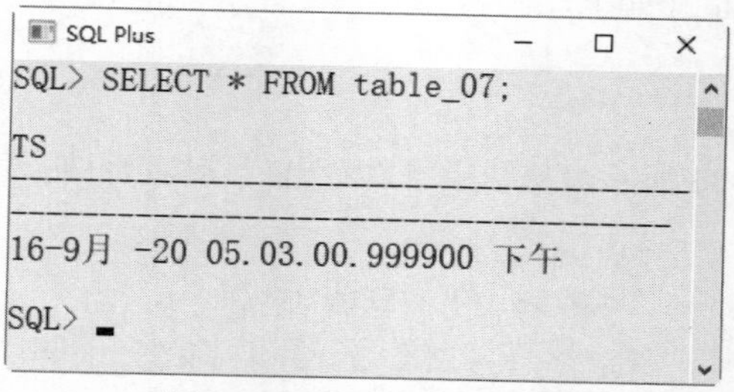

图 5-29　查询插入的数据

5.1.3　字符串类型

字符串类型用来存储字符串数据，包括 CHAR、VARCHAR2、NVARCHAR2、NCHAR 和 LONG 五种，如表 5-3 所示。

表 5-3　Oracle 中的字符串数据类型

类型名称	说　明	取值范围（字节）
CHAR	固定长度字符串	0 ～ 2000
NCHAR	根据字符集而定的固定长度字符串	0 ～ 1000
VARCHAR2	可变长度的字符串	0 ～ 4000
NVARCHAR2	根据字符集而定的可变长度字符串	0 ～ 1000
LONG	超长字符串	0 ～ 2G

VARCHAR2、NVARCHAR2 和 LONG 类型是变长类型，其存储需求取决于列值的实际长度，而不是取决于类型的最大可能尺寸。例如，一个 VARCHAR2(10) 列能保存最大长度为 10 个字符的一个字符串。

▍实例 5：字符串数据类型的应用

创建数据表 table_08，定义字段 ch 和 vch 数据类型依次为 CHAR(4)、VARCHAR2(4)，向表中插入数据"abc"。创建表 table_08，执行语句如下：

```
CREATE TABLE table_08(
ch   CHAR(4),
vch  VARCHAR2(4)
);
```

语句执行结果如图 5-30 所示，即可完成表的创建。

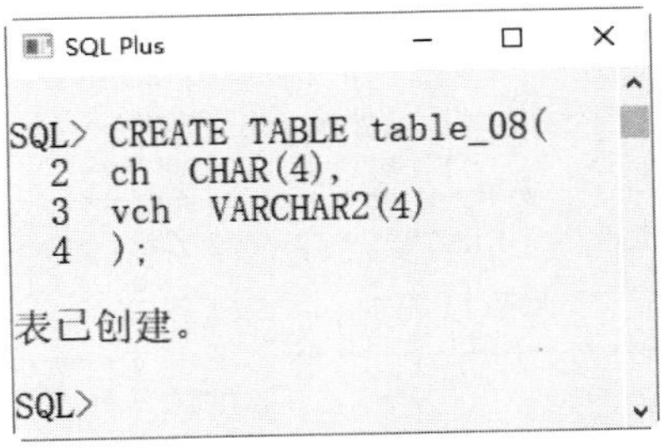

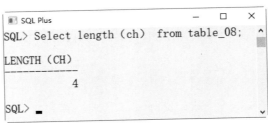

图 5-30　创建表 table_08

输入表数据，SQL 语句如下：

```
INSERT INTO table_08 VALUES('abc', 'abc');
```

语句执行结果如图 5-31 所示，即可完成行的创建。

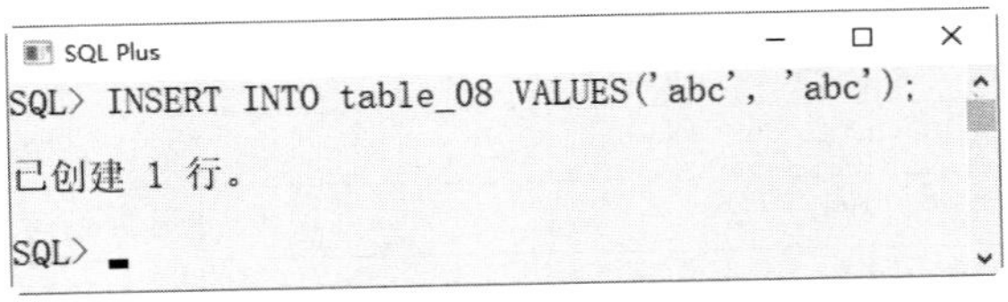

图 5-31　插入表数据

查询 ch 字段的存储长度，执行语句如下：

```
SQL> Select length(ch) from table_08;
```

语句执行结果如图 5-32 所示，即可看到 ch 字段的存储长度为 4。

图 5-32　查询字段 ch 的存储长度

查询 vch 字段的存储长度，执行语句如下：

```
SQL> Select length(vch) from table_08;
```

语句执行结果如图 5-33 所示，即可看到 vch 字段的存储长度为 3。

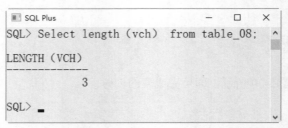

图 5-33　查询字段 vch 的存储长度

> **提示**：从上述两个实例可以看出，固定长度字符串在存储时长度是固定的，而变长字符串的存储长度根据实际插入的数据长度而定。

5.1.4　其他数据类型

除上面介绍的数值类型、日期与时间类型和字符串类型外，Oracle 还支持其他数据类型，如表 5-4 所示。

表 5-4　Oracle 支持的其他数据类型

类　　型	含　　义	存储描述（字节）
RAW	固定长度的二进制数据	最大长度 2000
LONG RAW	可变长度的二进制数据	最大长度 2G
BLOB	二进制数据	最大长度 4G
CLOB	字符数据	最大长度 4G
NCLOB	根据字符集而定的字符数据	最大长度 4G
BFILE	存放在数据库外的二进制数据	最大长度 4G
ROWID	数据表中记录的唯一行号	10
NROWID	二进制数据表中记录的唯一行号	最大长度 4000

实例 6：RAW 数据类型的应用

创建数据表 table_09，并插入一个固定长度的二进制数据，执行语句如下：

```
SQL> CREATE TABLE table_09
(
ra  RAW(4)
);
```

语句执行结果如图 5-34 所示，即可完成表的创建。

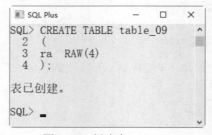

图 5-34　创建表 table_09

输入表数据，执行语句如下：

```
SQL> INSERT INTO table_09 VALUES('101010');
```

语句执行结果如图 5-35 所示，即可完成表数据的输入。

```
SQL Plus                                    —  □  ×
SQL> INSERT INTO table_09 VALUES('101010');
已创建 1 行。

SQL> ▮
```

图 5-35　向表中插入数据

查询 ra 字段的存储长度，执行语句如下：

```
SQL> Select length (ra) from table_09;
```

语句执行结果如图 5-36 所示，即可看到 ra 字段的存储长度为 6。

```
SQL Plus                                    —  □  ×
SQL> Select length (ra) from table_09;

LENGTH (RA)
-----------
          6

SQL>
```

图 5-36　查询 ra 字段的存储长度

5.2　数据类型的选择

Oracle 提供了大量的数据类型，为了优化存储，提高数据库性能，在任何情况下均应使用最精确的类型。即在所有可以表示列值的类型中，使用的存储空间最少。

5.2.1　整数和小数

数值数据类型只有 NUMBER，它可以存储正数、负数、零、定点数和精度为 30 位的浮点数。格式为 number(m,n)，其中，m 为精度，表示数字的总位数，它在 1 至 38 之间，n 为范围，表示小数点右边数字的位数，它在 -84 至 127 之间。

如果不需要小数部分，则使用整数来保存数据，可以定义为 number(m,0) 或者 number(m)；如果需要表示小数部分，则使用 number(m,n)。

5.2.2　日期与时间类型

如果只需要记录日期，可以使用 DATE 类型。如果需要记录日期和时间，则可以使用 IMESTAMP 类型。特别是需要显示上午、下午或者时区时，必须使用 IMESTAMP 类型。

5.2.3　字符类型

CHAR 是固定长度字符类型，VARCHAR 是可变长度字符类型；CHAR 会自动补齐插入数据的尾部空格，VARCHAR 不会补齐尾部空格。

CHAR 是固定长度，所以它的处理速度比 VARCHAR2 的速度要快，但是它的缺点就是浪费存储空间。所以对存储空间占用不大，但在速度上有要求的可以使用 CHAR 类型，反之可以使用 VARCHAR2 类型来实现。

5.3 常见运算符介绍

运用运算符可以更加灵活地使用表中的数据，常见的运算符类型有：算术运算符、比较运算符、逻辑运算符、位运算符等。下面介绍 Oracle 中各种运算符的使用方法。

5.3.1 算术运算符

算术运算符是 SQL 中最基本的运算符，用于各类数值运算，包括加（+）、减（−）、乘（*）、除（/）。Oracle 中的算术运算符如表 5-5 所示。

表 5-5　Oracle 中的算术运算符

运算符	作　用
+	加法运算
−	减法运算
*	乘法运算
/	除法运算，返回商

下面分别讨论不同算术运算符的使用方法。

实例 7：使用加减运算符

创建表 table_10，定义数据类型为 NUMBER 的字段 num，插入值为 50，对 num 值进行加减算术运算。

首先创建表 table_10，执行语句如下：

```
SQL> CREATE TABLE table_10
(
 num     NUMBER
);
```

语句执行结果如图 5-37 所示，即可完成表的创建。

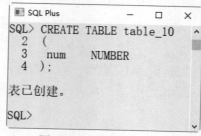

图 5-37　创建表 table_10

向字段 num 中插入数据 50，执行语句如下：

```
SQL> INSERT INTO table_10 values(50);
```

语句执行结果如图 5-38 所示，即可完成数据的插入。

```
SQL Plus
SQL> INSERT INTO table_10 values(50);

已创建 1 行。

SQL>
```

图 5-38　向表中插入数据

接下来，对 num 值进行加法和减法运算，执行语句如下：

```
SQL> SELECT num, num+10, num-3+5, num+5-3, num+36.5 FROM table_10;
```

语句执行结果如图 5-39 所示，即可完成数据的加法和减法运算。

```
SQL Plus
SQL> SELECT num, num+10, num-3+5, num+5-3, num+36.5 FROM table_10;

       NUM     NUM+10    NUM-3+5    NUM+5-3   NUM+36.5
---------- ---------- ---------- ---------- ----------
        50         60         52         52       86.5

SQL>
```

图 5-39　完成数据的加减运算

由计算结果可以看到，可以对 num 字段的值进行加法和减法的运算，而且由于“+”和“–”的优先级相同，因此先加后减和先减后加的结果是相同的。

实例 8：使用乘除运算符

对 table_10 表中的 num 进行乘法、除法运算。

```
SQL> SELECT num, num *2, num /2, num/3 FROM table_10;
```

语句执行结果如图 5-40 所示。由计算结果可以看到，对 num 进行除法运算时，由于 50 无法被 3 整除，因此 Oracle 对 num/3 求商的结果保存到了小数点后面 7 位，结果为 16.6666667。

```
SQL Plus
SQL> SELECT num, num *2, num /2, num/3 FROM table_10;

       NUM      NUM*2      NUM/2      NUM/3
---------- ---------- ---------- ----------
        50        100         25 16.6666667

SQL>
```

图 5-40　对数据进行乘法与除法运算

实例 9：将除法运算中的除数设置为 0

在数学运算时，除数为 0 的除法是没有意义的，因此除法运算中的除数不能为 0，如果被 0 除，则返回错误提示信息。例如，用 0 除 num，执行语句如下：

```
SQL> SELECT num/0 FROM table_10;
```

语句执行结果如图 5-41 所示。

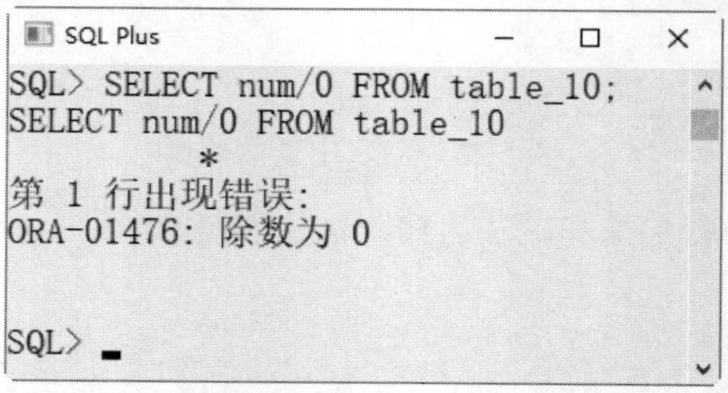

图 5-41　除数为 0 的错误提示

5.3.2　比较运算符

比较运算符用于比较运算，包括大于（>）、小于（<）、等于（=）、大于等于（>=）、小于等于（<=）、不等于（!=），以及 IN、BETWEEN…AND、IS NULL、LIKE 等。比较运算符经常在 SELECT 的查询条件子句中使用，用来查询满足指定条件的记录。Oracle 中的比较运算符如表 5-6 所示。

表 5-6　Oracle 中的比较运算符

运算符	作　用
=	等于
<>（!=）	不等于
<=	小于等于
>=	大于等于
>	大于
IS NULL	判断一个值是否为 NULL
IS NOT NULL	判断一个值是否不为 NULL
BETWEEN …AND	判断一个值是否落在两个值之间
IN	判断一个值是 IN 列表中的任意一个值
NOT IN	判断一个值不是 IN 列表中的任意一个值
LIKE	通配符匹配

下面分别讨论不同比较运算符的含义。

1. 等于运算符 =

等号"="用来判断数字、字符串和表达式是否相等。

例如，选出年龄为 35 的教师：

```
SELECT name FROM teacher
WHERE age=35;
```

2. 不等于运算符 !=

"!="用于判断数字、字符串、表达式是否不相等。

例如，选出年龄不等于 35 的教师：

```
SELECT name FROM teacher
WHERE   age!=35;
```

3. 小于或等于运算符 <=

"<="用来判断左边的操作数是否小于或者等于右边的操作数。

例如，选出年龄小于或等于 35 的教师：

```
SELECT name FROM teacher
WHERE   age<=35;
```

4. 小于运算符 <

"<"运算符用来判断左边的操作数是否小于右边的操作数。

例如，选出年龄小于 35 的教师：

```
SELECT name FROM teacher
WHERE   age<35;
```

5. 大于或等于运算符 >=

">="运算符用来判断左边的操作数是否大于或者等于右边的操作数。

例如，选出年龄等于或大于 35 的教师：

```
SELECT name FROM teacher
WHERE   age>=35;
```

6. 大于运算符 >

">"运算符用来判断左边的操作数是否大于右边的操作数。

例如，选出年龄大于 35 的教师：

```
SELECT name FROM teacher
WHERE   age>35;
```

7. BETWEEN…AND 运算符

BETWEEN…AND 运算符用于测试是否在指定的范围内，通常和 WHERE 子句一起使用，BETWEEN…AND 条件返回一个介于指定上限和下限之间的范围值。

例如下面的例子，选出在 1980 到 1990 年之间出生的教师姓名：

```
SELECT name FROM teacher
WHERE   birth   BETWEEN   '1980' AND '1990';
```

上述语句包含上限值和下限值，和下面的语句效果一样。

```
SELECT name FROM teacher
```

```
WHERE birth>= '1980' AND birth<= '1990';
```

8. IN 运算符

IN 运算符用来判断操作数是否为 IN 列表中的一个值，而 NOT IN 运算符用来判断操作数是否不是 IN 列表中的一个值。

例如，选出年龄为 35 和 45 的教师。

```
SELECT name FROM teacher
WHERE  age  IN(35,45);
```

9. LIKE

在一个学校中，教师有多位，如果想要查找符合某个条件的教师，可以使用 LIKE 进行查询。LIKE 运算符用来匹配字符串。

LIKE 运算符在进行匹配时，可以使用下面两种通配符：

（1）"%"，用来代表由零个或者多个字符组成的任意顺序的字符串。

（2）"_"，只能匹配一个字符。

例如，选出姓张的所有教师。

```
SELECT name FROM teacher
WHERE  name LIKE '张%';
```

5.3.3　逻辑运算符

在 Oracle 中，逻辑运算符的求值结果均为 1（TRUE）或 0（FALSE），这类运算符有逻辑非（NOT 或者 !）、逻辑与（AND 或者 &&）、逻辑或（OR 或者 ||）、逻辑异或（XOR）。Oracle 中的逻辑运算符如表 5-7 所示。

表 5-7　Oracle 中的逻辑运算符

运算符	作　　用
NOT	逻辑非
AND	逻辑与
OR	逻辑或

这 3 个运算符的作用如下。

（1）NOT 运算符：又称取反运算符，NOT 通常是单目运算符，即 NOT 的右侧才能包含表达式，是对结果取反。如果表达式的结果为 True，那么 NOT 的结果就为 False；如果表达式的结果为 False，那么 NOT 的结果就为 True。

NOT 运算符常常和 IN、LIKE、BETWEEN…AND 和 NULL 等关键字一起使用。

例如，选择学生年龄不是 25 或者 26 的学生姓名。

```
SELECT name FROM student
WHERE  age  NOT IN(25,26);
```

（2）AND 运算符：对于 AND 运算符来说，要求两边的表达式结果都为 True，因此通常称为全运算符。如果任何一方的返回结果为 NULL 或 False，那么逻辑运算的结果就为 False，也就是说，记录不匹配 WHERE 子句的要求。

例如，选择学生年龄是 25 而且姓张的学生姓名。

```
SELECT name FROM student
WHERE   age=25 AND   name LIKE '张%';
```

（3）OR 运算符：OR 运算符又称或运算符，也就是说，只要左右两侧的布尔表达式任何一方为 True，结果就为 True。

例如，选择学生年龄是 25 或者姓张的学生姓名。

```
SELECT name FROM student
WHERE   age=25 OR   name LIKE '张%';
```

这样无论年龄为 25 的学生还是姓张的学生，都会被选择出来。

5.3.4 运算符的优先级

运算符的优先级决定了不同的运算符在表达式中计算的先后顺序，表 5-8 列出了 Oracle 中的各类运算符及其优先级。

表 5-8 运算符按优先级由低到高排列

优先级	运算符
最低	=（赋值运算），:=
由低到高	OR
	AND
	NOT
	=（比较运算），>=, >, <=, <, <>, !=, IS, LIKE，REGEXP, IN
	&
	<<, >>
	-, +
	*, /
	-（负号）
最高	!

可以看到，不同运算符的优先级是不同的。一般情况下，级别高的运算符先进行计算，如果级别相同，Oracle 按表达式的顺序从左到右依次计算。当然，在无法确定优先级的情况下，可以使用圆括号 "()" 来改变优先级，并且这样会使计算过程更加清晰。

5.4 疑难问题解析

疑问 1：Oracle 中可以存储文件吗？

答：Oracle 中的 BLOB 字段类型可以存储数据量较大的文件，可以使用这个数据类型存储图像、声音或者大容量的文本内容，例如网页或者文档。虽然使用 BLOB 可以存储大容量的数据，但是对这些字段的处理会降低数据库的性能。如果并非必要，可以选择只储存文件的路径，这就需要使用 BFILE 数据类型了。

▎疑问2：Oracle 中如何区分字符的大小写？

答：在 Windows 平台下，Oracle 是不区分大小的，因此字符串比较函数也不区分大小写。但是如果需要区分字符串的大小写，则可以在字符串前面添加 BINARY 关键字。例如默认情况下，'a'='A' 的返回结果为 1，如果使用 BINARY 关键字，BINARY'a'='A' 的结果为 0，在区分大小写的情况下，'a' 与 'A' 并不相同。

5.5　实战训练营

▎实战1：创建数据表，并在数据表中插入一条数据记录

（1）创建表 flower，包含 VARCHAR 类型的字段 name 和 number 类型的字段 price。

（2）向表 flower 中插入一条记录，name 值为 Red Roses，price 值为 10。

▎实战2：对表中的数据进行运算操作，掌握各种运算符的使用方法

（1）对表 flower 中的整型数值字段 price 进行算术运算。

（2）对表 flower 中的整型数值字段 price 进行比较运算。

（3）判断 price 值是否落在 5 ～ 20 区间；判断 price 是否为 IN 列表（5, 10, 20, 25）中的某个值。

（4）对 flower 中的字符串数值字段 name 进行比较运算，判断表 flower 中的 name 字段是否为空；使用 LIKE 判断是否以字母"R"开头；使用 REGEXP 判断是否以字母"y"结尾；判断是否包含字母"g"或者"m"。

（5）将 price 字段值与 NULL、0 进行逻辑运算。

第6章　数据表的创建与操作

📋 **本章导读**

　　数据表是数据库的实体、数据的容器。如果说数据库是一个仓库，那么数据表就是存放物品的货架，物品的分类管理是离不开货架的。本章就来介绍数据表的基本操作，包括创建数据表、修改数据表、设置表字段的约束条件、查看数据表结构与删除数据表等。

📑 **知识导图**

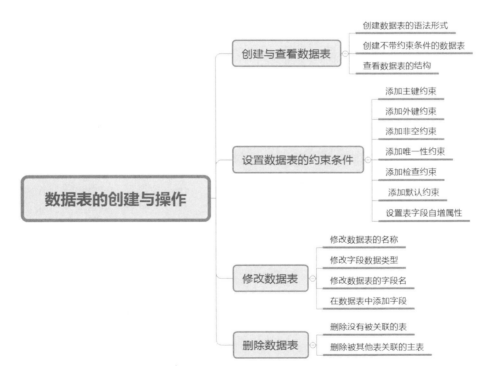

6.1 创建与查看数据表

创建完数据库之后，接下来就要在数据库中创建数据表。所谓创建数据表，就是在创建好的数据库中建立新表。

6.1.1 创建数据表的语法形式

创建数据表的语句为 CREATE TABLE，语法规则如下：

```
CREATE   TABLE <表名>
(
字段名1 数据类型 [完整性约束条件],
字段名2 数据类型 [完整性约束条件],
…
字段名3 数据类型
);
```

主要参数介绍如下。

● 表名：表示要创建的数据表的表名。

● 字段名：数据表中列的名称。

● 数据类型：数据表中列的数据类型，如 varchar、integer、decimal、date 等。

● 完整性约束条件：字段的某些特殊约束条件。

> 注意：在使用 CREATE TABLE 创建表时，必须指定要创建的表的名称，名称不区分大小写，但是不能使用 SQL 中的关键字，如 DROP、ALTER、INSERT 等。另外，必须指定数据表中每个列（字段）的名称和数据类型，如果创建多个列，要用逗号隔开。

6.1.2 创建不带约束条件的数据表

在了解了创建数据表的语法形式后，就可以使用 CREATE 语句创建数据表了。不过，在创建数据表之前，需要弄清楚表中的字段名和数据类型。

▌实例 1：创建数据表 student

在 Oracle 数据库系统中创建一个数据表，名称为 student，用于保存学生信息，表的字段名和数据类型如表 6-1 所示。

表 6-1　student 数据表的结构

字段名称	数据类型	备　　注
sid	NUMBER	学号
sname	VARCHAR2(4)	名称
sex	VARCHAR2(4)	性别

续表

字段名称	数据类型	备　注
smajor	VARCHAR2(10)	专业
sbirthday	VARCHAR2(10)	出生日期

首先登录数据库实例 orcl，打开 SQL Plus 工具，执行语句如下：

```
sys;
创建数据库orcl时的密码 as sysdba;
```

执行结果如图 6-1 所示，当出现"SQL>"时表示已经登录到数据库实例 orcl 中了。

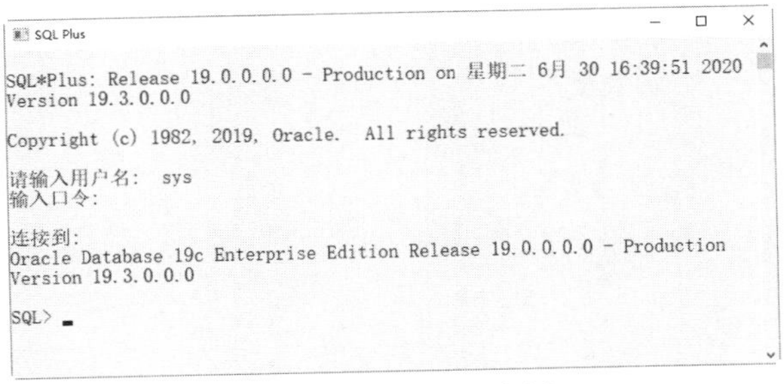

图 6-1　登录到数据库实例 orcl

然后开始创建数据表 student，执行语句如下：

```
CREATE TABLE student
(
sid        NUMBER(10),
sname      VARCHAR2(4),
sex        VARCHAR2(2),
smajor     VARCHAR2(10),
sbirthday    VARCHAR2(10)
);
```

执行结果如图 6-2 所示，这里已经创建了一个名称为 student 的数据表。

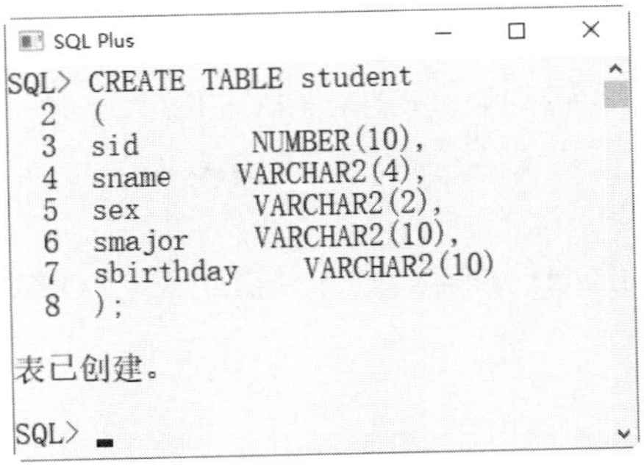

图 6-2　创建数据表 student

6.1.3　查看数据表的结构

数据表创建完成后，我们可以查看数据表的结构，以确认表的定义是否正确。使用 DESCRIBE/DESC 语句可以查看表字段信息，其中包括字段名、字段数据类型、是否为主键、是否有默认值等。语法规则如下：

```
DESCRIBE 表名;
```

或者简写为：

```
DESC 表名;
```

其中，表名为需要查看数据表结构的表的名称。

▍实例 2：查看数据表 student 的结构

使用 DESCRIBE 或 DESC 查看表 student 的结构。执行语句如下：

```
DESC student;
```

执行结果如图 6-3 所示。

图 6-3　查看表结构

6.2　设置数据表的约束条件

在数据表中添加字段约束可以确保数据的准确性和一致性，即表内的数据不相互矛盾，表之间的数据不相互矛盾，关联性不被破坏。为此，我们可以为数据表的字段添加以下约束条件。

（1）对列的控制，添加主键约束（PRIMARY KEY）、唯一性约束（UNIQUE）。

（2）对列数据的控制，添加默认值约束（DEFAULT）、非空约束（NOT NULL）、检查约束（CHECK）。

（3）对表之间及列之间关系的控制，添加外键约束（FOREIGN KEY）。

6.2.1　添加主键约束

主键，又称主码，是表中一列或多列的组合。主键约束（Primary Key Constraint）要求主键列的数据唯一，并且不允许为空。主键和记录之间的关系如同身份证和人之间的关系，它们之间是一一对应的。主键分为两种类型：单字段和多字段联合主键。

1. 创建表时添加主键约束

如果主键包含一个字段，则所有记录的该字段值不能相同或为空值；如果主键包含多个字段，则所有记录的该字段值的组合不能相同，而单个字段值可以相同。一个表中只能有一个主键，也就是说，只能有一个 PRIMARY KEY 约束。

> **注意**：数据类型为 IMAGE 和 TEXT 的字段列不能定义为主键。

创建表时创建主键的方法是在数据列的后面直接添加关键字 PRIMARY KEY，语法格式如下：

```
字段名 数据类型 PRIMARY KEY
```

主要参数介绍如下。

● 字段名：表示要添加主键约束的字段。
● 数据类型：表示字段的数据类型。
● PRIMARY KEY：表示所添加约束的类型为主键约束。

实例 3：给数据表添加单字段主键约束

在数据库管理系统中创建一个数据表，用于保存员工信息 tb_emp，并给员工编号添加主键约束，表的字段名和数据类型如表 6-2 所示。

表 6-2　员工信息表

编　号	字段名	数据类型	说　明
1	id	NUMBER(6)	编号
2	name	VARCHAR2(25)	姓名
3	sex	CHAR(2)	性别
4	age	NUMBER(2)	年龄
5	salary	NUMBER(9,2)	工资

定义数据表 tb_emp，为 id 创建主键约束。执行语句如下：

```
CREATE TABLE tb_emp
(
id       NUMBER(11)    PRIMARY KEY,
name     VARCHAR2(25),
sex      CHAR(2),
age      NUMBER(2),
salary   NUMBER(9,2)
);
```

执行结果如图 6-4 所示，即可完成创建数据表时添加单字段主键约束的操作。

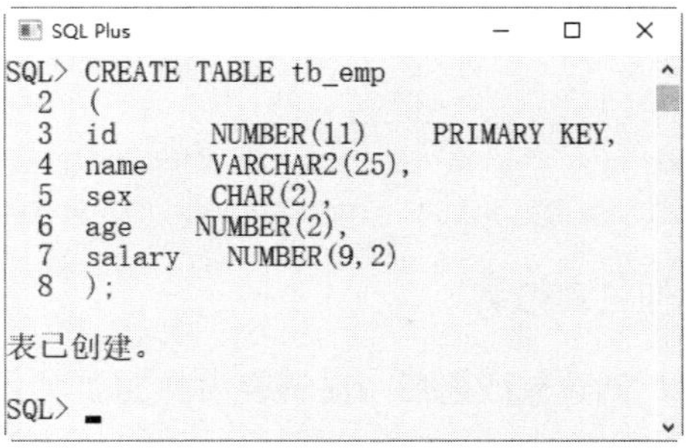

图 6-4　添加单字段主键约束

除了可以在定义字段列时添加主键之外，我们还可以在定义完所有字段列之后添加主键，语法格式如下：

```
[CONSTRAINT<约束名>] PRIMARY KEY [字段名]
```

主要参数介绍如下。

● **CONSTRAINT**：创建约束的关键字。

● 约束名：设置主键约束的名称。

● **PRIMARY KEY**：表示所添加约束的类型为主键约束。

● 字段名：表示要添加主键约束的字段。

例如，定义数据表 tb_emp_01，为 id 创建主键约束。执行语句如下：

```
CREATE TABLE tb_emp_01
(
id       NUMBER(11),
name     VARCHAR2(25),
sex      CHAR(2),
age      NUMBER(2),
salary   NUMBER(9,2),
PRIMARY KEY(id)
);
```

执行结果如图 6-5 所示，即可完成创建数据表并在定义完所有字段列之后添加主键的操作。

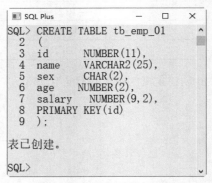

图 6-5　创建表时添加主键

2. 修改表时添加主键约束

数据表创建完成后，如果还需要为数据表创建主键约束，那么不需要再重新创建数据表。我们可以使用 ALTER 语句为现有表添加主键。使用 ALTER 语句在现有数据表中创建主键的语法格式如下：

```
ALTER TABLE table_name
ADD CONSTRAINT 约束名 PRIMARY KEY (column_name1, column_name2,…)
```

▌实例 4：给现有数据表添加主键约束

定义数据表 tb_emp_02，创建完成之后，在该表中的 id 字段上创建主键约束。

首先创建数据表，执行语句如下：

```
CREATE TABLE tb_emp_02
(
id       NUMBER(11),
name     VARCHAR2(25),
sex      CHAR(2),
age      NUMBER(2),
salary   NUMBER(9,2)
);
```

执行结果如图 6-6 所示，即可完成创建数据表的操作。

下面给 id 字段添加主键，执行语句如下：

```
ALTER TABLE tb_emp_02
ADD CONSTRAINT pk_id
PRIMARY KEY(id);
```

执行结果如图 6-7 所示，即可完成创建主键的操作。

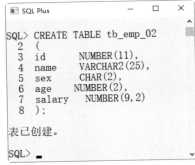

图 6-6 创建数据表 tb_emp_02

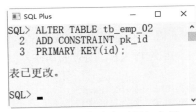

图 6-7 修改表时添加主键

> **注意**：数据表创建完成后，如果需要给某个字段创建主键约束，则该字段不允许为空，如果为空的话，在创建主键约束时会报错。

3. 多字段联合主键约束

在数据表中，可以定义多个字段为联合主键约束，如果对多字段定义了 PRIMARY KEY 约束，则一列中的值可以重复，但 PRIMARY KEY 约束定义中所有列的任何值组合必须唯一。添加多字段联合主键约束的语法规则如下：

```
PRIMARY KEY[字段1,字段2,…,字段n]
```

主要参数介绍如下。

- **PRIMARY KEY**：表示所添加约束的类型为主键约束。
- **字段 n**：表示要添加主键的多个字段。

实例 5：给数据表添加多字段联合主键约束

定义数据表 tb_emp_03，假设表中没有主键 id，为了唯一确定一个员工信息，可以把 name、tel 联合起来作为主键。执行语句如下：

```
CREATE TABLE tb_emp_03
(
name      VARCHAR2(25),
tel       VARCHAR2(11),
sex       CHAR(2),
age       NUMBER(2),
salary    NUMBER(9,2),
PRIMARY KEY(name,tel)
);
```

执行结果如图 6-8 所示，即可完成数据表的创建以及联合主键约束的添加操作。

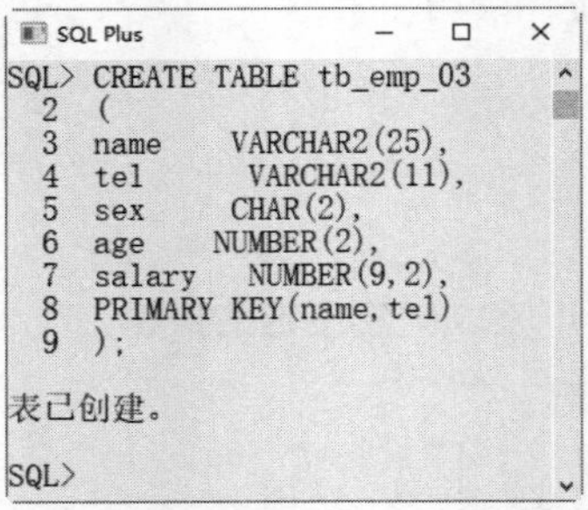

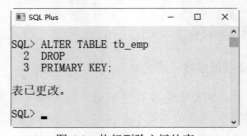

图 6-8　为表添加联合主键约束

4. 删除表中的主键约束

当表中不需要指定 PRIMARY KEY 约束时，可以使用 DROP 语句将其删除。通过 DROP 语句删除 PRIMARY KEY 约束的语法格式如下：

```
ALTER TABLE table_name
DROP PRIMARY KEY
```

主要参数介绍如下。

● table_name：要去除主键约束的表名。

● PRIMARY KEY：主键约束关键字。

▌实例 6：直接删除数据表中的主键约束

删除 tb_emp 表中定义的主键。执行语句如下：

```
ALTER TABLE tb_emp
DROP
PRIMARY KEY;
```

执行结果如图 6-9 所示，即可完成删除主键约束的操作。

图 6-9　执行删除主键约束

实例 7：通过约束名称删除主键约束

如果知道数据表中主键约束的名称，我们还可以通过约束名称来删除，具体的语法格式如下：

```
ALTER TABLE 数据表名称
DROP CONSTRAINTS 约束名称
```

删除数据表 tb_emp_02 的主键约束 pk_id，执行语句如下：

```
ALTER TABLE tb_emp_02
DROP CONSTRAINTS pk_id;
```

执行结果如图 6-10 所示，即可成功删除主键约束 pk_id。

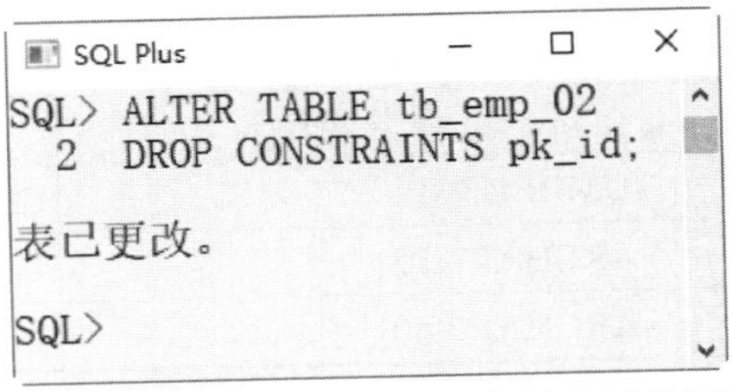

图 6-10　删除 tb_emp_02 表的主键约束

6.2.2　添加外键约束

外键用来在两个表的数据之间建立链接，它可以是一列或者多列。首先，应在被引用表的关联字段上创建 PRIMARY KEY 约束或 UNIQUE 约束，然后，在应用表的字段上创建 FOREIGN KEY 约束，从而创建外键。

1. 创建表时添加外键约束

外键约束的主要作用是保证数据引用的完整性，定义外键后，不允许删除另一个表中具有关联的行。例如：部门表 tb_dept 的主键 id，在员工表 emp 中有一个键 deptId 与这个 id 关联。外键约束中涉及的数据表有主表与从表之分，具体介绍如：

- 主表（父表）：对于两个具有关联关系的表，相关联字段中主键所在的那个表即是主表。
- 从表（自表）：对于两个具有关联关系的表，相关联字段中外键所在的那个表即是从表。

创建外键约束的语法规则如下：

```
CREATE TABLE table_name
(
col_name1  datatype,
col_name2  datatype,
col_name3  datatype
…
CONSTRAINT <外键名> FOREIGN KEY字段名1[,字段名2,…,字段名n] REFERENCES
<主表名>主键列1[,主键列2,…]
);
```

主要参数介绍如下。

- **外键名**：定义的外键约束的名称，一个表中不能有相同名称的外键。
- **字段名**：表示从表需要创建外键约束的字段列，可以由多个列组成。
- **主表名**：从表外键所依赖的表的名称。
- **主键列**：应用表中的列名，也可以由多个列组成。

一个表可以有一个或者多个外键。外键对应的是参照完整性，一个表的外键可以为空值，若不为空值，则每一个外键值必须等于另一个表中主键的某个值。

┃实例 8：创建数据表的同时添加外键约束

定义数据表 tb_emp1，并且在该表中创建外键约束。首先创建一个部门表 tb_dept1，表的结构如表 6-3 所示。

表 6-3 tb_dept1 表的结构

字段名称	数据类型	备　注
id	NUMBER(11)	部门编号
name	VARCHAR2(22)	部门名称
location	VARCHAR2(50)	部门位置

执行语句如下：

```
CREATE TABLE tb_dept1
(
id          NUMBER(11)   PRIMARY KEY,
name        VARCHAR2(22),
location    VARCHAR2(50)
);
```

执行结果如图 6-11 所示。

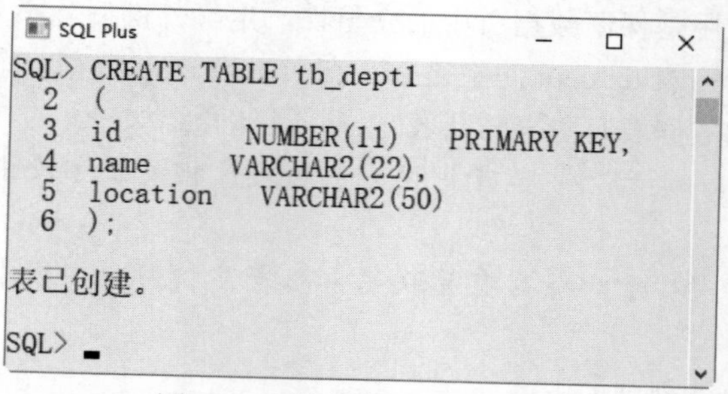

图 6-11　创建数据表 tb_dept1

定义数据表 tb_emp1，让它的 deptId 字段作为外键关联到 tb_dept1 的主键 id，执行语句如下：

```
CREATE TABLE tb_emp1
(
id          NUMBER(11)  PRIMARY KEY,
name        VARCHAR2(25),
deptId      NUMBER(11),
```

```
salary      NUMBER(9,2),
CONSTRAINT fk_emp_dept1 FOREIGN KEY(deptId) REFERENCES tb_dept1(id)
);
```

执行结果如图 6-12 所示。语句执行成功后，在表 tb_emp1 上添加了名称为 fk_emp_dept1 的外键约束，外键名称为 deptId，其依赖于表 tb_dept1 的主键 id。

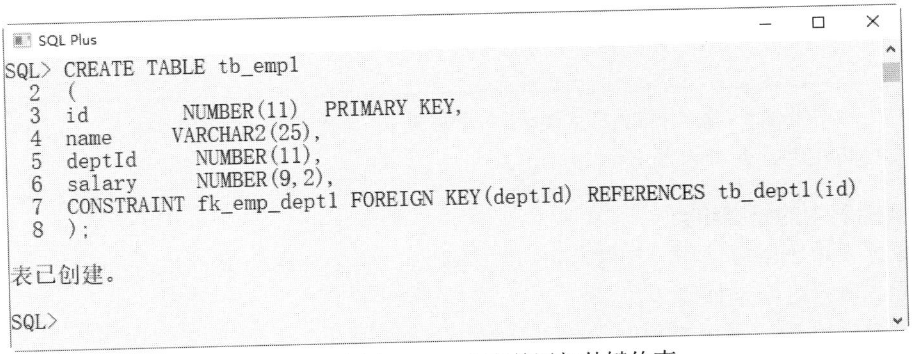

```
SQL> CREATE TABLE tb_emp1
  2  (
  3  id          NUMBER(11)   PRIMARY KEY,
  4  name       VARCHAR2(25),
  5  deptId       NUMBER(11),
  6  salary       NUMBER(9,2),
  7  CONSTRAINT fk_emp_dept1 FOREIGN KEY(deptId) REFERENCES tb_dept1(id)
  8  );

表已创建。

SQL>
```

图 6-12　创建 tb_emp1 表并添加外键约束

提示：外键一般不需要与相应的主键名称相同，但是，为了便于识别，当外键与相应主键在不同的数据表中时，通常使用相同的名称。另外，外键不一定要与相应的主键在不同的数据表中，也可以在同一个数据表中。

2. 修改表时添加外键约束

在创建表时如果没有添加外键约束，可以在修改表时为表添加外键约束。添加外键约束的语法格式如下：

```
ALTER TABLE table_name
ADD CONSTRAINTS fk_name FOREIGN KEY(col_name1, col_name2,…) REFERENCES
referenced_table_name(ref_col_name1, ref_col_name1,…)
ON DELETE CASCADE;
```

主要参数含义如下。

- CONSTRAINTS：创建约束的关键字。
- fk_name：设置外键约束的名称。
- FOREIGN KEY：表示所创建约束的类型为外键约束。

实例 9：在现有数据表中添加外键约束

假如在创建数据表 tb_emp1 时没有添加外键约束，但还需要在该表中添加外键约束，那么可以在 SQL Plus 窗口中执行如下语句：

```
ALTER TABLE tb_emp1
ADD CONSTRAINTS fk_emp_dept1 FOREIGN KEY ( deptId )
REFERENCES tb_dept1(id)
ON DELETE CASCADE;
```

执行结果如图 6-13 所示。语句执行完成后，即为 tb_emp1 表的 deptId 字段添加了外键约束。

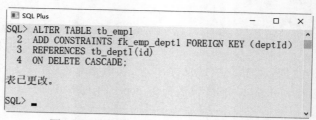

图 6-13　修改 tb_emp1 表并添加外键约束

> **注意**：在为数据表创建外键时，主键表与外键表，必须创建相应的主键约束，否则在创建外键的过程中，会给出警告信息。

3. 删除表中的外键约束

当数据表中不需要使用外键时，可以将其删除，删除外键约束的方法和删除主键约束的方法相同，删除时指定外键名称。

通过 DROP 语句删除 FOREIGN KEY 约束的语法格式如下。

```
ALTER TABLE table_name
DROP CONSTRAINTS fk_name
```

主要参数介绍如下。

- table_name：要去除外键约束的表名。
- fk_name：外键约束的名字。

| 实例 10：删除 tb_emp1 表中的外键约束

执行语句如下：

```
ALTER TABLE tb_emp1
DROP CONSTRAINTS fk_emp_dept1;
```

执行结果如图 6-14 所示，即可成功删除 tb_emp1 表的外键约束。

```
SQL Plus                                 —   □   ×
SQL> ALTER TABLE tb_emp1
  2  DROP CONSTRAINTS fk_emp_dept1;

表已更改。

SQL>
```

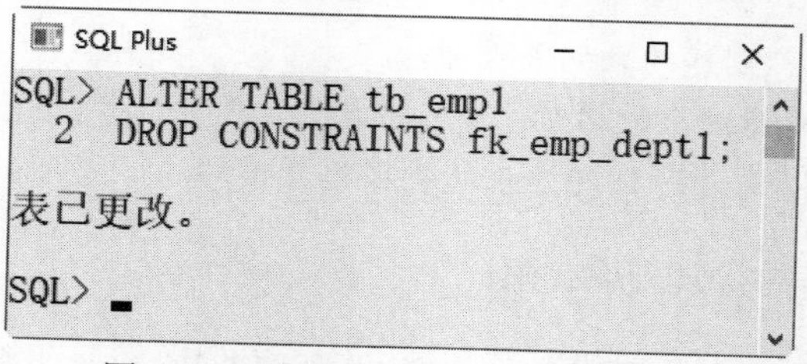

图 6-14　删除 tb_emp1 表的外键约束

6.2.3　添加非空约束

非空性是指字段的值不能为空值（NULL）。在 Oracle 数据库中，定义为主键的列，系统强制为非空约束。一张表中可以设置多个非空约束，它主要用来规定某一列必须输入值，有了非空约束，就可以避免表中出现空值了。

1. 创建表时添加非空约束

非空约束通常都是在创建数据表时创建。创建非空约束的操作很简单，只需要在列后添加 NOT NULL。对于设置了主键约束的列，就没有必要设置非空约束了。添加非空约束的语法格式如下：

```
CREATE TABLE table_name
(
COLUMN_NAME1  DATATYPE NOT NULL,
COLUMN_NAME2  DATATYPE NOT NULL,
COLUMN_NAME3  DATATYPE
...
);
```

▌实例 11：创建 tb_emp2 表时添加非空约束

定义数据表 tb_emp2，指定 name 不能为空，执行语句如下：

```
CREATE TABLE tb_emp2
(
id      NUMBER(11) PRIMARY KEY,
name    VARCHAR2(25) NOT NULL,
deptId  NUMBER(11),
salary  NUMBER(9,2),
city    VARCHAR2(10)
);
```

执行结果如图 6-15 所示，即可完成创建非空约束的操作，这样 tb_emp2 表中的 name 字段的插入值不能为空（NOT NULL）。

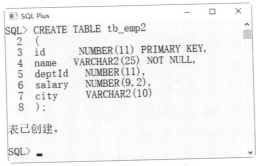

图 6-15　添加非空约束

2. 修改表时创建非空约束

创建好数据表后，可以通过修改表来创建非空约束，具体的语法格式如下：

```
ALTER TABLE table_name
MODIFY col_name NOT NULL;
```

主要参数介绍如下。

● table_name：表名。

● col_name：列名，要为其添加非空约束的列名。

● NOT NULL：非空约束的关键字。

实例12：给现有数据表添加非空约束

在现有 **tb_emp2** 表中，为 deptId 字段添加非空约束，执行语句如下：

```
ALTER TABLE tb_emp2
MODIFY deptId NOT NULL;
```

执行结果如图 6-16 所示，即可完成添加非空约束的操作。执行完成后，使用 "DESC tb_emp2;" 语句即可看到该数据表的结构，如图 6-17 所示，可以看到字段 deptId 添加了非空约束。

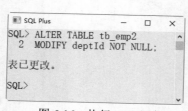

图 6-16　执行 SQL 语句

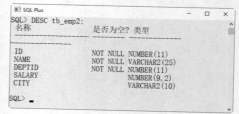

图 6-17　查看添加的非空约束

3. 删除表中的非空约束

NOT NULL 约束的删除操作很简单，具体的语法格式如下：

```
ALTER TABLE table_name
MODIFY col_name NULL;
```

实例13：删除 tb_emp2 表中的非空约束

在现有 **tb_emp2** 表中，删除姓名 name 字段的非空约束。执行语句如下：

```
ALTER TABLE tb_emp2 MODIFY name NULL;
```

执行结果如图 6-18 所示，即可完成删除 NOT NULL 约束的操作。

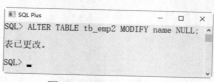

图 6-18　删除非空约束

执行完成后，使用 "DESC tb_emp2;" 语句即可看到该数据表的结构，在其中可以看到姓名 name 字段的非空约束被删除，也就是说，该列允许为空值，如图 6-19 所示。

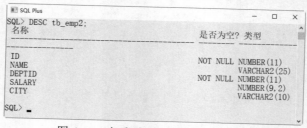

图 6-19　查看删除非空约束后的效果

6.2.4　添加唯一性约束

唯一性约束（Unique Constraint）要求列值唯一，允许为空，但只能出现一个空值。唯一性约束可以确保一列或者几列不出现重复值。

1. 创建表时添加唯一性约束

在 Oracle 数据库中，创建唯一性约束比较简单，只需要在列的数据类型后面加上 UNIQUE 关键字就可以了。创建表时添加唯一性约束的语法格式如下：

```
CREATE TABLE table_name
(
COLUMN_NAME1  DATATYPE   UNIQUE,
COLUMN_NAME2  DATATYPE,
COLUMN_NAME3  DATATYPE
...
);
```

其中，UNIQUE 为唯一性约束的关键字。

实例 14：给数据表添加唯一性约束

定义数据表 tb_emp3，将 name 字段设置为唯一性约束。执行语句如下：

```
CREATE TABLE tb_emp3
(
id        NUMBER(4)      PRIMARY KEY,
name      VARCHAR2(20)   UNIQUE,
tel        VARCHAR2(20),
remark    VARCHAR2(200)
);
```

执行结果如图 6-20 所示，即可完成添加唯一性约束的操作。

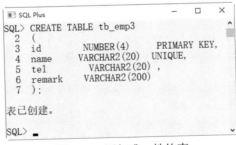

图 6-20　添加唯一性约束

> **注意**：UNIQUE 和 PRIMARY KEY 的区别：一个表中可以有多个字段声明为 UNIQUE，但只能有一个 PRIMARY KEY 声明；声明为 PRIMAY KEY 的列不允许有空值，但是声明为 UNIQUE 的字段允许存在空值（NULL）。

另外，在定义完所有列之后还可以指定唯一性约束，语法规则如下：

```
CREATE TABLE table_name
(
COLUMN_NAME1  DATATYPE,
```

```
COLUMN_NAME2    DATATYPE,
COLUMN_NAME3    DATATYPE
...
[CONSTRAINT <约束名>] UNIQUE(<字段名>)
);
```

例如，定义数据表 tb_emp4，将 name 字段设置为唯一性约束。执行语句如下：

```
CREATE TABLE tb_emp4
(
id          NUMBER(4)      PRIMARY KEY,
name        VARCHAR2(20),
tel          VARCHAR2(20),
remark      VARCHAR2(200),
CONSTRAINT STH UNIQUE(name)
);
```

执行结果如图 6-21 所示，即可完成添加唯一性约束的操作。

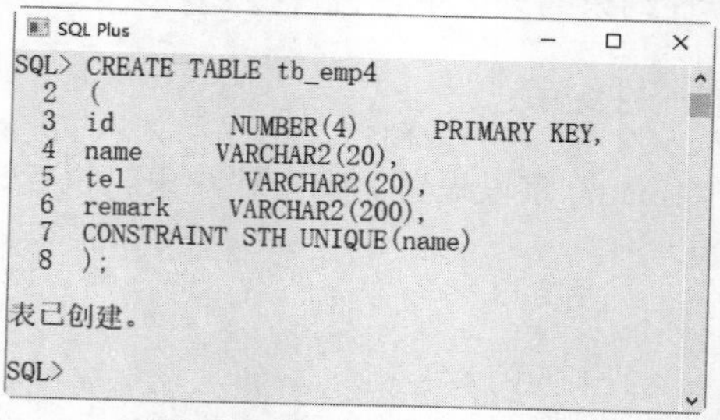

图 6-21　添加唯一性约束

2. 修改表时添加唯一性约束

修改表时添加唯一性约束的方法只有一种，而且在添加唯一性约束时，需要保证添加唯一性约束的列中存放的值没有重复的。修改表时添加唯一性约束的语法格式如下：

```
ALTER TABLE table_name
ADD CONSTRAINT uq_name UNIQUE(col_name);
```

主要参数介绍如下。

● table_name：表名，它是要添加唯一性约束列所在的表的名称。
● CONSTRAINT uq_name：添加名为 uq_name 的约束。该语句可以省略，省略后系统会为添加的约束自动生成一个名字。
● UNIQUE(col_name)：唯一性约束的定义，UNIQUE 是唯一性约束的关键字，col_name 是添加唯一性约束的列名。如果想要同时为多个列设置唯一性约束，就要省略唯一性约束的名字，名字由系统自动生成。

▎实例 15：给现有数据表添加唯一性约束

给现有 tb_emp4 表的 tel 字段添加唯一性约束，执行语句如下：

```
ALTER TABLE tb_emp4
ADD CONSTRAINT uq_tel UNIQUE(tel);
```

执行结果如图 6-22 所示，即可完成添加唯一性约束的操作。

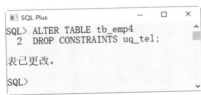

图 6-22　添加唯一性约束

3. 删除表中的唯一性约束

删除唯一性约束的方法很简单，具体的语法格式如下：

```
ALTER TABLE table_name
DROP CONSTRAINTS uq_name;
```

主要参数介绍如下。

● table_name：表名。

● uq_name：添加的唯一性约束的名称。

实例 16：删除 tb_emp4 表中的唯一性约束

删除 tb_emp4 表中 tel 字段的唯一性约束，执行语句如下：

```
ALTER TABLE tb_emp4
DROP CONSTRAINTS uq_tel;
```

执行结果如图 6-23 所示，即可完成删除唯一性约束的操作。

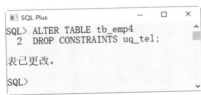

图 6-23　删除唯一性约束

6.2.5　添加检查性约束

添加检查性约束使用 CHECK 关键字，规定每一列能够输入的值，从而可以确保数值的正确性。例如，性别字段要规定只能输入"男"或者"女"，此时可以用到检查性约束。

1. 创建表时添加检查性约束

检查性约束的语法规则如下：

```
CREATE TABLE table_name
(
COLUMN_NAME1   DATATYPE   UNIQUE,
COLUMN_NAME2   DATATYPE,
COLUMN_NAME3   DATATYPE
...
CONSTRAINT 检查约束名称 CHECK ( 检查条件 )
);
```

▌实例 17：给数据表添加检查性约束

定义数据表 tb_emp5，指定性别 sex 字段只能输入"男"或者"女"，执行语句如下：

```
CREATE TABLE tb_emp5
(
id        NUMBER(11)  PRIMARY KEY,
name    VARCHAR2(25)  NOT NULL,
sex      VARCHAR2(4),
age      NUMBER(2),
CONSTRAINT CHK_sex   CHECK（sex='男' or sex='女'）
);
```

执行结果如图 6-24 所示，表 tb_emp5 上的字段 sex 添加了检查性约束，插入数据记录时只能输入"男"或者"女"。

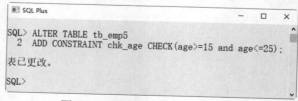

图 6-24　添加检查性约束

2. 修改表时添加检查性约束

修改表时也可以添加检查性约束，语法格式如下：

```
ALTER TABLE 数据表名称
ADD CONSTRAINT 约束名称 CHECK（检查条件）；
```

▌实例 18：给现有数据表添加检查性约束

为 tb_emp5 表上的字段 age 添加检查性约束，规定年龄输入值为 15 ～ 25。执行语句如下：

```
ALTER TABLE tb_emp5
ADD CONSTRAINT chk_age CHECK(age>=15 and age<=25);
```

执行结果如图 6-25 所示，表 tb_emp5 上的字段 age 添加了检查性约束，插入数据记录时只能输入大于等于 15 小于等于 25 的数据。

```
SQL Plus                                        —    □    ×
SQL> ALTER TABLE tb_emp5
  2  ADD CONSTRAINT chk_age CHECK(age>=15 and age<=25);
表已更改。

SQL>
```

图 6-25　修改表时添加检查性约束

3. 删除表中的检查性约束

对于不需要的检查性约束，可以将其删除，具体的语法格式如下：

```
ALTER TABLE 数据表名称
DROP CONSTRAINTS 约束名称;
```

▎实例 19：删除 tb_emp5 表中的检查性约束

删除数据表 tb_emp5 中的检查性约束 chk_age，执行语句如下：

```
ALTER TABLE tb_emp5
DROP CONSTRAINTS chk_age;
```

执行结果如图 6-26 所示，即可完成删除检查性约束 chk_age 的操作。

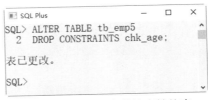

图 6-26　删除表中的检查性约束

6.2.6　添加默认约束

默认约束（Default Constraint）用于指定某列的默认值。注意，一个字段只有在不可为空的时候才能设置默认约束。

数据表的默认约束可以在创建表时添加，一般添加默认约束的字段有两种情况：一种是该字段不能为空，另一种是该字段添加的值总是某一个固定值。创建表时添加默认约束的语法格式如下：

```
CREATE TABLE table_name
(
COLUMN_NAME1  DATATYPE DEFAULT constant_expression,
COLUMN_NAME2  DATATYPE,
COLUMN_NAME3  DATATYPE
...
);
```

主要参数介绍如下。

● DEFAULT：默认值约束的关键字，它通常放在字段的数据类型之后。
● constant_expression：常量表达式，该表达式可以直接是一个具体的值，也可以是通过表达式得到一个值，但是，这个值必须与该字段的数据类型相匹配。

> 提示：除了可以为表中的一个字段设置默认约束外，还可以为表中的多个字段同时设置默认约束。不过，一个字段只能设置一个默认约束。

▎实例 20：创建表的同时添加默认约束

定义数据表 tb_emp6，为 city 字段添加一个默认值 "北京"，执行语句如下：

```
CREATE TABLE tb_emp6
```

```
(
id        NUMBER(11)   PRIMARY KEY,
name    VARCHAR2(25),
deptId    NUMBER(11),
salary    NUMBER(9,2),
city      VARCHAR2(10)  DEFAULT '北京'
);
```

执行结果如图 6-27 所示，这样就为表 tb_emp6 上的字段 city 添加了一个默认值"北京"，新插入的记录如果没有指定城市信息，则都默认为"北京"。

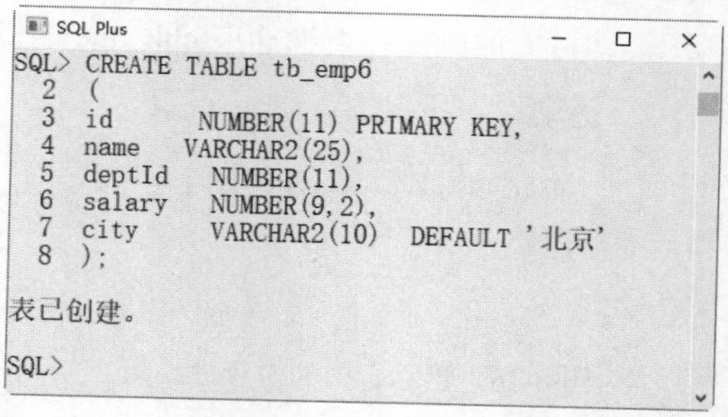

图 6-27　添加默认约束

6.2.7　设置表字段自增约束

在 Oracle 数据库设计中，会遇到需要系统自动生成字段的主键值的情况。例如，用户表中需要 id 字段自增，这时可以通过设置主键的 GENERATED BY DEFAULT AS IDENTITY 关键字来实现。

默认地，在 Oracle 中自增值的初始值是 1，每新增一条记录，字段值自动加 1。一个表只能有一个字段使用自增约束，且该字段必须为主键的一部分。具体的语法格式如下：

```
CREATE TABLE table_name
(
COLUMN_NAME1  DATATYPE GENERATED BY DEFAULT AS IDENTITY,
COLUMN_NAME2  DATATYPE,
COLUMN_NAME3  DATATYPE
...
);
```

实例 21：设置表字段的自增约束

定义数据表 tb_emp7，指定 id 字段为自动递增，执行语句如下：

```
CREATE TABLE tb_emp7
(
id        NUMBER(11)  GENERATED BY DEFAULT AS IDENTITY,
name    VARCHAR2(25)  NOT NULL,
price    NUMBER(11),
place    VARCHAR2(25)
);
```

执行结果如图 6-28 所示。

```
■ SQL Plus                                    —    □    ×
SQL> CREATE TABLE tb_emp7
  2  (
  3  id        NUMBER(11)  GENERATED BY DEFAULT AS IDENTITY,
  4  name      VARCHAR2(25)  NOT NULL,
  5  price     NUMBER(11),
  6  place     VARCHAR2(25)
  7  );
表已创建。

SQL> _
```

图 6-28　创建数据表 tb_emp7 并指定自增约束

这样表 tb_emp7 中的 id 字段值在添加记录时会自动增加，在插入记录的时候，默认的自增字段 id 的值从 1 开始，每次添加一条新记录，该值自动加 1。

例如，在 SQL Plus 窗口中，执行如下语句：

```
SQL> INSERT INTO tb_emp7 (name) VALUES('黄瓜');
SQL> INSERT INTO tb_emp7 (name) VALUES('茄子');
```

执行结果如图 6-29 所示。语句执行完后，tb_emp7 表中增加 2 条记录，在这里并没有输入 id 的值，但系统已经自动添加该值。

```
■ SQL Plus                                    —    □    ×
SQL> INSERT INTO tb_emp7 (name) VALUES('黄瓜');

已创建 1 行。

SQL> INSERT INTO tb_emp7 (name) VALUES('茄子');

已创建 1 行。

SQL>
```

图 6-29　添加数据并自动增加 id 值

使用 SELECT 命令查看记录，在 SQL Plus 窗口中，执行以下语句：

```
SQL> SELECT * FROM tb_emp7;
```

执行结果如图 6-30 所示。

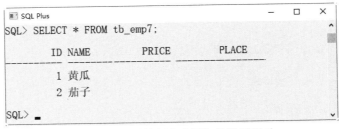

```
■ SQL Plus                                    —    □    ×
SQL> SELECT * FROM tb_emp7;

        ID NAME          PRICE        PLACE
---------- --------- ---------- -----------
         1 黄瓜
         2 茄子

SQL> _
```

图 6-30　查看数据表中添加的数据记录

提示：这里使用 INSERT 声明向表中插入记录的方法，只能一次插入一行数据。如果想一次插入多行数据，需要使用 insert into … select … 子查询的方式。具体使用方法参考本书后面的章节。

6.3　修改数据表

数据表创建完成后，还可以根据实际需要对数据表进行修改，例如修改表名、修改字段数据类型、修改字段名等。

6.3.1　修改数据表的名称

表名可以在一个数据库中唯一确定一张表，数据库系统通过表名来区分不同的表。例如在公司管理系统数据库 company 中，员工信息表 emp 是唯一的。在 Oracle 中，修改表名是通过 ALTER TABLE 语句来实现的，具体语法规则如下：

```
ALTER TABLE <旧表名> RENAME TO <新表名>;
```

主要参数介绍如下。

- 旧表名：表示修改前的数据表名称。
- 新表名：表示修改后的数据表名称。
- TO：可选参数，其是否在语句中出现，不会影响执行结果。

▎实例 22：修改数据表 student 的名称

修改数据表 student 的名称为 student_01。执行修改数据表名称操作之前，使用 DESC 查看 student 数据表。

```
DESC student;
```

查询结果如图 6-31 所示。

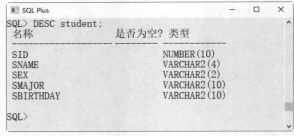

图 6-31　查看数据表

使用 ALTER TABLE 将表 student 改名为 student_01，执行语句如下：

```
ALTER TABLE student RENAME TO student_01;
```

执行结果如图 6-32 所示。

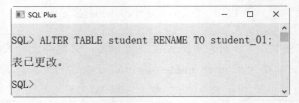

图 6-32　修改数据表的名称

检验表 student 是否改名成功，使用 DESC 查看 student 数据表，结果如图 6-33 所示，提示用户 student 对象已经不存在。

使用 DESC 查看 student_01 数据表，执行语句如下：

```
DESC student_01;
```

执行结果如图 6-34 所示，表示数据表的名称修改成功。

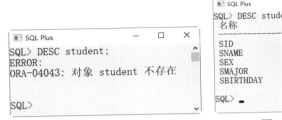

图 6-33　查看数据表 student

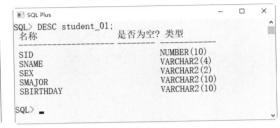

图 6-34　查看数据表 student_01

6.3.2　修改字段数据类型

修改字段的数据类型，就是把字段的数据类型转换成另一种数据类型。在 Oracle 中修改字段数据类型的语法规则如下：

```
ALTER TABLE <表名> MODIFY <字段名> <数据类型>
```

主要参数介绍如下。
- 表名：指要修改数据类型的字段所在表的名称。
- 字段名：指需要修改的字段。
- 数据类型：指修改后字段的新数据类型。

▍实例 23：修改 student 表中的名称字段数据类型

将数据表 student 中 sname 字段的数据类型由 VARCHAR2(4) 修改成 VARCHAR2(6)。

执行修改字段数据类型操作之前，使用 DESC 查看 student 表的结构，执行语句如下：

```
DESC student;
```

执行结果如图 6-35 所示，可以看到现在 sname 字段的数据类型为 VARCHAR2(4)。

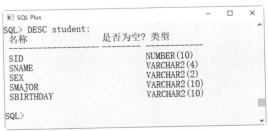

图 6-35　查看数据表的结构

下面修改数据类型。执行语句如下：

```
ALTER TABLE student MODIFY sname VARCHAR2(6);
```

执行结果如图 6-36 所示。

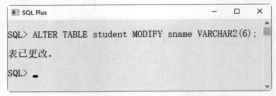

图 6-36　修改字段的数据类型

再次使用 DESC 查看表，结果如图 6-37 所示。

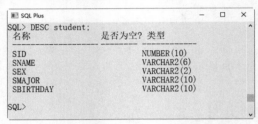

图 6-37　查看修改后的字段数据类型

语句执行后，发现表 student 中 sname 字段的数据类型已经修改成 VARCHAR2(6)，sname 字段的数据类型修改成功。

6.3.3　修改数据表的字段名

数据表中的字段名称定好之后，我们可以根据需要对字段名称进行修改。Oracle 中修改表字段名的语法格式如下：

```
ALTER TABLE <表名> RENAME COLUMN <旧字段名> TO <新字段名>;
```

主要参数介绍如下。

- 表名：要修改的字段名所在的数据表。
- 旧字段名：指修改前的字段名。
- 新字段名：指修改后的字段名。

▎实例 24：修改 student 表中的名称字段的名称

将数据表 student 中的 sname 字段名称改为 new_sname，执行语句如下：

```
ALTER TABLE student RENAME COLUMN sname TO new_sname;
```

执行结果如图 6-38 所示。

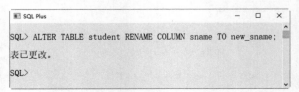

图 6-38　修改数据表字段的名称

使用 DESC 查看表 student，会发现字段名称已经修改成功，结果如图 6-39 所示，从结果可以看出，sname 字段的名称已经修改为 new_sname。

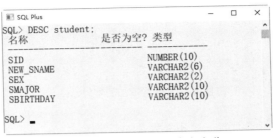

图 6-39　查看修改后的字段名称

> **注意**：由于不同类型的数据在机器中存储的方式及长度并不相同，修改数据类型可能会影响数据表中已有的数据记录。因此，当数据库中已经有数据时，不要轻易修改数据类型。

6.3.4　在数据表中添加字段

当数据表创建完成后，如果字段信息不能满足需要，我们可以根据需要在数据表中添加新的字段。在 Oracle 中，添加新字段的语法格式如下：

```
ALTER TABLE <表名> ADD <新字段名> <数据类型>[约束条件];
```

主要参数介绍如下。
- 表名：要添加新字段的数据表名称。
- 新字段名：需要添加的字段名称。
- 约束条件：设置新字段的完整约束条件。

实例 25：在 student 表字段的最后添加一个新字段

在数据表 student 中添加一个字段 city，执行语句如下：

```
ALTER TABLE student ADD city VARCHAR2(8);
```

执行结果如图 6-40 所示。

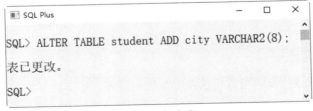

图 6-40　添加字段 city

使用 DESC 查看表 student，会发现在数据表的最后添加了一个名为 city 的字段，结果如图 6-41 所示。默认情况下，该字段放在最后一列。

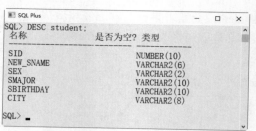

图 6-41　查看添加的字段 city

实例 26：在 student 表中添加一个不能为空的新字段

在数据表 student 中添加一个 number 类型且不能为空的字段 age，执行语句如下：

```
ALTER TABLE student ADD age number(2) not null;
```

执行结果如图 6-42 所示。

```
SQL Plus                                        —   □   ×

SQL> ALTER TABLE student ADD age number(2) not null;
表已更改。

SQL>
```

图 6-42　添加字段 age

使用 DESC 查看表 student，会发现在表的最后添加了一个名为 age 的 number(2) 类型且不为空的字段，结果如图 6-43 所示。

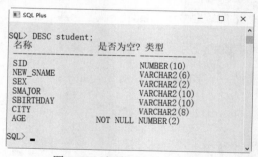

图 6-43　查看添加的字段 age

6.4　删除数据表

对于不再需要的数据表，可以将其从数据库中删除。本节将详细讲解删除数据库中数据表的方法。

6.4.1　删除没有被关联的表

在 Oracle 中，使用 DROP TABLE 可以一次删除一个或多个没有被其他表关联的数据表。语法格式如下：

```
DROP TABLE [IF EXISTS]表1,表2,…,表n;
```

其中，表n是指要删除的表的名称，可以同时删除多个表，只需将删除的表名都写在后面，相互之间用逗号隔开。

▌实例 27：删除数据表 student

删除数据表 student，执行语句如下：

```
DROP TABLE student;
```

执行结果如图 6-44 所示。

使用 DESC 命令查看数据表 student，查看结果如图 6-45 所示。从执行结果可以看出，数据库中已经不存在名称为 student 的数据表了，说明数据表删除成功。

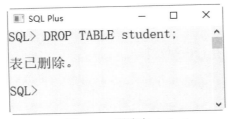

图 6-44　删除表 student

图 6-45　数据表删除成功

6.4.2　删除被其他表关联的主表

数据表之间存在外键关联的情况下，如果直接删除父表，结果会显示失败。原因是直接删除，将破坏表的参照完整性。如果必须删除，可以先删除与它关联的子表，再删除父表，只是这样会同时删除两个表中的数据。如果想单独删除父表，只需将关联的表的外键约束条件取消，然后再删除父表即可。

▌实例 28：删除存在关联关系的数据表

在 Oracle 数据库中创建两个关联表。首先，创建表 tb_1，执行语句如下：

```
CREATE TABLE tb_1
(
id       NUMBER(2)   PRIMARY KEY,
name     VARCHAR2(4)
);
```

执行结果如图 6-46 所示。

接下来创建表 tb_2，执行语句如下：

```
CREATE TABLE tb_2
(
id        NUMBER(2)   PRIMARY KEY,
name     VARCHAR2(4),
age      NUMBER(2),
CONSTRAINT fk_tb_dt FOREIGN KEY (id) REFERENCES tb_1(id)
);
```

执行结果如图 6-47 所示。

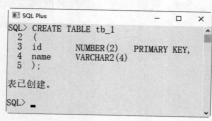

图 6-46　创建数据表 tb_1

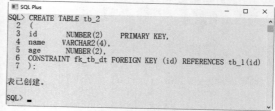

图 6-47　创建数据表 tb_2

下面直接删除父表 tb_1，输入删除语句如下：

```
DROP TABLE tb_1;
```

执行结果如图 6-48 所示。可以看到，如前面所述，在存在外键约束时，主表不能被直接删除。

接下来，解除关联子表 tb_2 的外键约束，执行语句如下：

```
ALTER TABLE tb_2 DROP CONSTRAINTS fk_tb_dt;
```

执行结果如图 6-49 所示，将取消表 tb_1 和 tb_2 之间的关联关系。

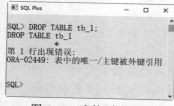

图 6-48　直接删除父表

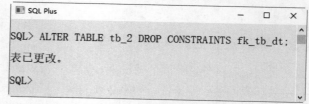

图 6-49　取消表的关联关系

此时，再次输入删除语句，将原来的父表 tb_1 删除，执行语句如下：

```
DROP TABLE tb_1;
```

执行结果如图 6-50 所示。

最后通过 DESC 语句查看数据表列表，执行语句如下：

```
DESC tb_1;
```

语句执行结果如图 6-51 所示。可以看到，数据表列表中已经不存在名称为 tb_1 的表。

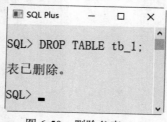

图 6-50　删除父表 tb_1

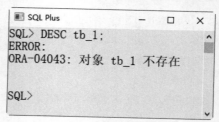

图 6-51　查看数据表 tb_1

6.5　疑难问题解析

▌疑问 1：数据表中的字段类型可以随意修改吗？

答：由于不同类型的数据在机器中存储的方式及长度并不相同，修改数据类型可能会影响数据表中已有的数据记录。因此，当数据表中已经有数据时，不要轻易修改数据类型。

▌疑问 2：每一个表中都要有一个主键吗？

答：并不是每一个表中都需要主键，一般多个表之间进行连接操作时需要用到主键。因此，并不需要为每个表都建立主键，而且有些情况下最好不使用主键。

6.6　实战训练营

▌实战 1：创建数据表 offices 和 employees

在 Oracle 数据库中，按照表 6-4 和表 6-5 给出的表结构创建两个数据表 offices 和 employees。

表 6-4　offices 表的结构

字段名	数据类型	主　键	外　键	非　空	唯　一	自　增
officeCode	NUMBER(10)	是	否	是	是	否
city	NUMBER(11)	否	否	是	否	否
address	VARCHAR2(50)	否	否	否	否	否
country	VARCHAR2(50)	否	否	是	否	否
postalCode	VARCHAR2(25)	否	否	否	是	否

表 6-5　employees 表的结构

字段名	数据类型	主　键	外　键	非　空	唯　一	自　增
employeeNumber	NUMBER(11)	是	否	是	是	是
lastName	VARCHAR2(50)	否	否	是	否	否
firstName	VARCHAR2(50)	否	否	是	否	否
mobile	VARCHAR2(25)	否	否	否	是	否
officeCode	VARCHAR2(10)	否	是	是	否	否
jobTitle	VARCHAR2(50)	否	否	是	否	否
birth	DATE	否	否	是	否	否
note	VARCHAR2(255)	否	否	否	否	否
sex	VARCHAR2(5)	否	否	否	否	否

（1）创建表 offices，并为 officeCode 字段添加主键约束。

（2）使用 "DESC offices;" 语句查看数据表 offices。

（3）创建表 employees，并为 officeCode 字段添加外键约束。

（4）使用 "DESC employees;" 语句查看数据表 employees。

▎实战 2：修改数据库中的数据表

（1）将表 employees 的 birth 字段改名为 employee_birth。

（2）使用 DESC 查看数据表修改后的结果。

（3）修改 employees 表中的 sex 字段，数据类型为 CHAR2(4)，非空约束。

（4）使用 DESC 查看数据表修改后的结果。

（5）在表 employees 中增加字段名 favorite_activity，数据类型为 VARCHAR2(100)。

（6）使用"DESC employees;"查看增加字段后的数据表。

（7）删除表 offices。

（8）将表 employees 的名称修改为 employees_info。

第7章　插入、更新与删除数据

📅 **本章导读**

　　存储在系统中的数据是数据库管理系统（DBMS）的核心，数据库被设计用来管理数据的存储、访问和维护数据的完整性。Oracle 中提供了功能丰富的数据库管理语句，包括插入数据的 INSERT 语句、更新数据的 UPDATE 语句以及当数据不再使用时删除数据的 DELETE 语句。本章就来介绍数据的插入、修改与删除操作。

📘 **知识导图**

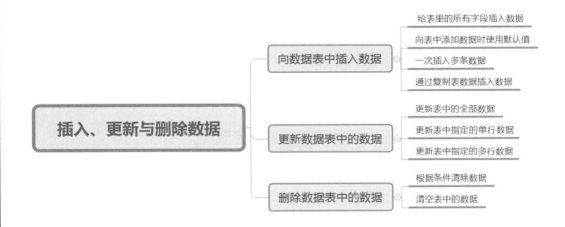

7.1　向数据表中插入数据

数据库与数据表创建完毕后，就可以向数据表中添加数据了，也只有数据表中有了数据，数据库才有意义。那么，如何向数据表中添加数据呢？在 Oracle 中，我们可以使用 SQL 语句向数据表中插入数据。

7.1.1　给表里的所有字段插入数据

使用 SQL 中的 INSERT 语句可以向数据表中添加数据，INSERT 语句的基本语法格式如下：

```
INSERT INTO table_name (column_name1, column_name2,…)
VALUES (value1, value2,…);
```

主要参数介绍如下。

- table_name：指定要插入数据的表名。
- column_name：可选参数，列名。用来指定记录中显示插入的数据的字段，如果不指定字段列表，则 column_name 中的每一个值都必须与表中对应位置处的值相匹配。
- value：值。指定每个列对应插入的数据。字段列和数据值的数量必须相同，多个值之间用逗号隔开。

向表中所有的字段同时插入数据，是一个比较常见的应用，也是 INSERT 语句形式中最简单的应用。在演示插入数据操作之前，需要准备一张数据表，这里创建一个 person 表。数据表的结构如表 7-1 所示。

表 7-1　person 表的结构

字段名称	数据类型	备　注
id	NUMBER(2)	编号
name	VARCHAR2(10)	姓名
age	NUMBER(2)	年龄
info	VARCHAR2(10)	备注信息

根据表 7-1 的结构，创建 person 数据表，执行语句如下：

```
CREATE TABLE person
(
id      NUMBER(2)   GENERATED BY DEFAULT AS IDENTITY,
name  VARCHAR2(10)  NOT NULL,
age   NUMBER(2)   NOT NULL ,
info  VARCHAR2(10)  NULL,
PRIMARY KEY (id)
);
```

执行结果如图 7-1 所示，即可完成数据表的创建操作。执行完成后，使用"DESC person;"语句可以查看数据表的结构，如图 7-2 所示。

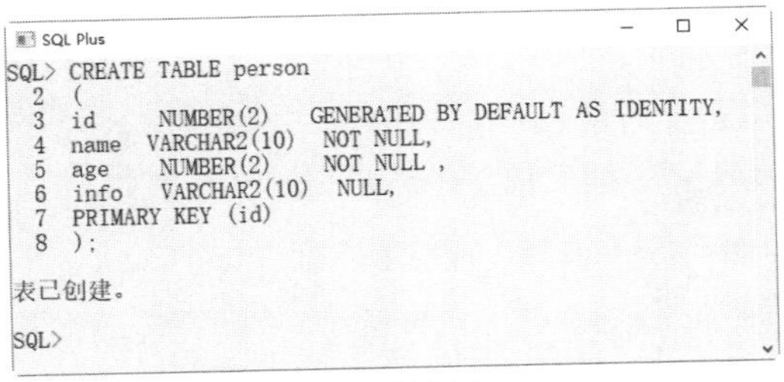

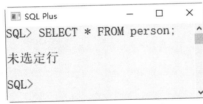

图 7-1　创建数据表 person

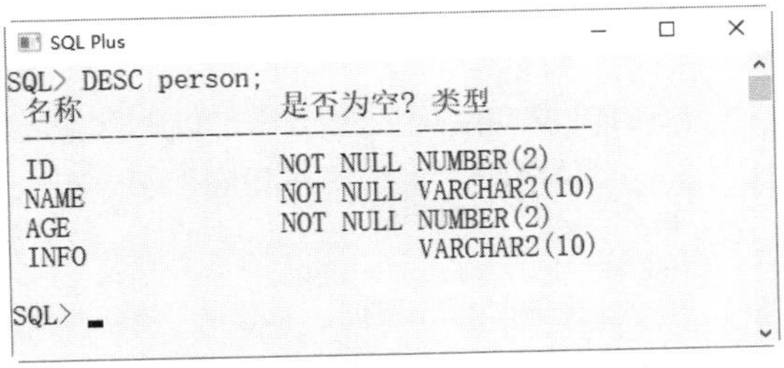

图 7-2　查看数据表 person 的结构

实例 1：在 person 表中插入第 1 条记录

在 person 表中，插入一条新记录，id 值为 1，name 值为李天艺，age 值为 21，info 值为上海市。

执行插入操作之前，使用 SELECT 语句查看表中的数据，执行语句如下：

```
SELECT * FROM person;
```

执行结果如图 7-3 所示，显示当前表为空，没有数据。

接下来执行插入数据操作，执行语句如下：

```
INSERT INTO person (id ,name, age , info)
VALUES (1,'李天艺', 21, '上海市');
```

执行结果如图 7-4 所示。

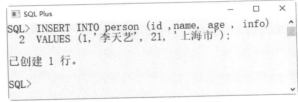

图 7-3　查询数据表为空

图 7-4　插入一条数据记录

语句执行完毕，查看插入数据的执行结果，执行语句如下：

```
SELECT * FROM person;
```

执行结果如图 7-5 所示。可以看到插入记录成功，在插入数据时，指定了 person 表的所有字段，因此将为每一个字段插入新的值。

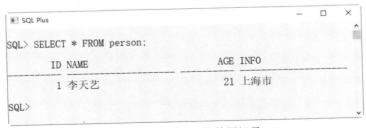

图 7-5　查询插入的数据记录

实例 2：在 person 表中插入第 2 条记录

INSERT 语句后面的列名称可以不按照数据表定义时的顺序插入数据，只需要保证值的写入顺序与列字段的写入顺序相同即可。在 person 表中，插入第 2 条新记录，执行语句如下：

```
INSERT INTO person (name, id, age , info)
VALUES ('赵子涵',2,19, '上海市');
```

执行结果如图 7-6 所示，即可完成数据的插入操作。

查询 person 表中添加的数据，执行语句如下：

```
Select *from person;
```

执行结果如图 7-7 所示，即可完成数据的查看操作，并显示查看结果。

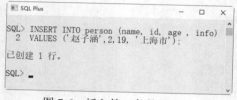

图 7-6 插入第 2 条数据记录

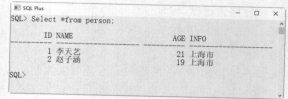

图 7-7 查询插入的数据记录

实例 3：在 person 表中插入第 3 条记录

使用 INSERT 语句插入数据时，允许插入的字段列表为空，此时，值列表中需要为表的每一个字段指定值，并且值的写入顺序必须和数据表中字段定义时的顺序相同。在 person 表中，插入第 3 条新记录，执行语句如下：

```
INSERT INTO person
VALUES (3,'郭怡辰',19, '上海市');
```

执行结果如图 7-8 所示，即可完成数据的插入操作。

查询 person 表中添加的数据，执行语句如下：

```
Select *from person;
```

执行结果如图 7-9 所示，即可完成数据的查看操作，并显示查看结果，可以看到 INSERT 语句成功地插入了 3 条记录。

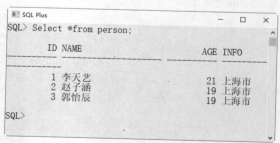

图 7-9 查询插入的数据记录

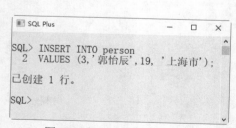

图 7-8 插入第 3 条数据记录

7.1.2 向表中添加数据时使用默认值

为表的指定字段插入数据，就是在 INSERT 语句中只向部分字段插入值，而其他字段的值为表定义时的默认值。

▌实例 4：向 person 表中添加数据时使用默认值

向 person 表中添加数据并使用默认值，执行语句如下：

```
INSERT INTO person (id,name,age)
VALUES (4,'张龙轩',20);
```

执行结果如图 7-10 所示，即可完成数据的插入操作。

查询 person 表中添加的数据，执行语句如下：

```
Select *from person;
```

执行结果如图 7-11 所示，即可完成数据的查看操作，并显示查看结果，可以看到 INSERT 语句成功地插入了 4 条记录。

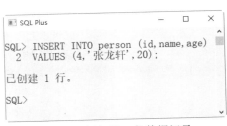

图 7-10 插入第 4 条数据记录

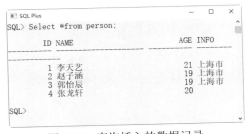

图 7-11 查询插入的数据记录

从执行结果可以看到，Oracle 自动向相应字段插入了默认值，这里的默认值为空。

> **提示：** 在插入数据时，要保证每个插入值的类型和对应列的数据类型相匹配，如果类型不同，将无法插入，并且 Oracle 会产生错误。

7.1.3 一次插入多条数据

使用多个 INSERT 语句可以向数据表中插入多条记录。

▌实例 5：在 person 表中一次插入多条数据

向 person 表中添加多条数据记录，执行语句如下：

```
INSERT INTO person (id ,name, age , info)
  VALUES (5,'中宇',19, '北京市');
INSERT INTO person (id ,name, age , info)
  VALUES (6,'明玉',18, '北京市');
INSERT INTO person (id ,name, age , info)
  VALUES (7,'张欣',19, '北京市');
```

执行结果如图 7-12 所示，即可完成数据的插入操作。

查询 person 表中添加的数据，执行语句如下：

```
Select *from person;
```

执行结果如图 7-13 所示，即可完成数据的查看操作，并显示查看结果，可以看到 INSERT 语句一次成功地插入了 3 条记录。

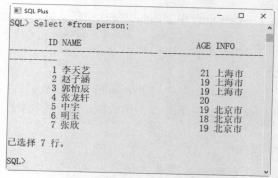

图 7-12　插入多条数据记录　　　　　　图 7-13　查询数据表数据记录

7.1.4　通过复制表数据插入数据

INSERT 还可以将 SELECT 语句查询的结果插入表中，而不需要把多条记录的值一个一个地输入，只需要使用一条 INSERT 语句和一条 SELECT 语句组成的组合语句即可快速地从一个或多个表中向另一个表中插入多条记录。

具体的语法格式如下：

```
INSERT INTO table_name1(column_name1, column_name2,…)
SELECT column_name_1, column_name_2,…
FROM table_name2 WHERE (condition)
```

主要参数介绍如下。

● table_name1：插入数据的表。
● column_name1：表中要插入值的列名。
● column_name_1：table_name2 中的列名。
● table_name2：取数据的表。
● condition：指定 SELECT 语句的查询条件。

实例 6：通过复制表数据插入数据

查询 person_old 表中所有的记录，并将其插入 person 表中。

首先，创建一个名为"person_old"的数据表，其表结构与 person 表的结构相同，执行语句如下：

```
CREATE TABLE person_old
(
id      NUMBER(2)    GENERATED BY DEFAULT AS IDENTITY,
name    VARCHAR2(10)   NOT NULL,
```

```
age     NUMBER(2)     NOT NULL ,
info    VARCHAR2(10)  NULL,
PRIMARY KEY (id)
);
```

执行结果如图 7-14 所示，即可完成数据表的创建操作。

接着向 person_old 表中添加两条数据记录，执行语句如下：

```
INSERT INTO person_old (id ,name, age , info)
  VALUES (8,'马尚宇',21,'广州市');
INSERT INTO person_old (id ,name, age , info)
  VALUES (9,'刘玉倩',20,'广州市');
```

执行结果如图 7-15 所示，即可完成数据的插入操作。

```
SQL Plus                                    —  □  ×
SQL> CREATE TABLE person_old
  2  (
  3  id     NUMBER(2)    GENERATED BY DEFAULT AS IDENTITY,
  4  name   VARCHAR2(10)   NOT NULL
  5  age    NUMBER(2)      NOT NULL ,
  6  info   VARCHAR2(10)   NULL,
  7  PRIMARY KEY (id)
  8  );
表已创建。

SQL>
```

图 7-14　创建 person_old 表

```
SQL Plus                                    —  □  ×
SQL> INSERT INTO person_old (id ,name, age , info)
  2  VALUES (8,'马尚宇',21,'广州市');

已创建 1 行。

SQL> INSERT INTO person_old (id ,name, age , info)
  2  VALUES (9,'刘玉倩',20,'广州市');

已创建 1 行。

SQL>
```

图 7-15　插入 2 条数据记录

查询数据表 "person_old" 中添加的数据，执行语句如下：

```
Select *from person_old;
```

执行结果如图 7-16 所示，即可完成数据的查看操作，并显示查看结果。由结果可以看到 INSERT 语句一次成功地插入了 2 条记录。

"person_old" 表中现在有 2 条记录。接下来将 "person_old" 表中所有的记录插入到 person 表中，执行语句如下：

```
INSERT INTO person(id ,name, age , info)
SELECT id ,name, age , info FROM person_old;
```

执行结果如图 7-17 所示，即可完成数据的插入操作。

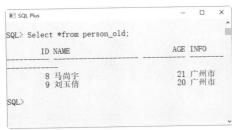

图 7-16　person_old 表

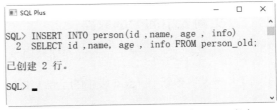

图 7-17　插入 2 条数据记录到 person 表中

查询 person 表中添加的数据，执行语句如下：

```
Select *from person;
```

执行结果如图 7-18 所示，即可完成数据的查看操作，并显示查看结果。由结果可以看到，INSERT 语句执行后，课程信息表中多了 2 条记录，这 2 条记录和 person_old 表中的记录完全相同，数据转移成功。

```
SQL Plus                                                    —   □   ×
SQL> Select *from person;

      ID NAME                                AGE INFO
                                                 
       1 李天艺                               21 上海市
       2 赵子涵                               19 上海市
       3 郭怡辰                               19 上海市
       4 张龙轩                               20
       5 中宇                                 19 北京市
       6 明玉                                 18 北京市
       7 张欣                                 19 北京市
       8 马尚宇                               21 广州市
       9 刘玉倩                               20 广州市

已选择 9 行。

SQL>
```

图 7-18　将查询结果插入表中

7.2　更新数据表中的数据

如果发现数据表中的数据不符合要求，用户可以对其进行更新。更新数据的方法有多种，比较常用的是使用 UPDATE 语句进行更新，该语句可以更新特定的数据，也可以同时更新所有的数据行。UPDATE 语句的基本语法格式如下：

```
UPDATE table_name
SET column_name1 = value1,column_name2=value2,…,column_nameN=valueN
WHERE search_condition
```

主要参数介绍如下。

● table_name：要更新的数据表名称。

● SET 子句：指定要更新的字段名和字段值，可以是常量或者表达式。

● column_name1,column_name2,…,column_nameN：需要更新的字段的名称。

● value1,value2,…,valueN：相对应的指定字段的更新值，更新多个列时，每个"列＝值"之间用逗号隔开，最后一列之后不需要逗号。

● WHERE 子句：指定待更新的记录需要满足的条件，具体的条件在 search_condition 中指定。如果不指定 WHERE 子句，则对表中所有的数据行进行更新。

7.2.1　更新表中的全部数据

更新表中某列所有数据记录的操作比较简单，只要在 SET 关键字后设置更新条件即可。

▌实例 7：一次性更新 person 表中的全部数据

在 person 表中，将 info 全部更新为"上海市"，执行语句如下：

```
UPDATE person
SET info='上海市';
```

执行结果如图 7-19 所示，即可完成数据的更新操作。

查询 person 表中更新的数据，执行语句如下：

```
Select *from person;
```

执行结果如图 7-20 所示，即可完成数据的查看操作，并显示查看结果。由结果可以看到，UPDATE 语句执行后，person 表中 info 列的数据全部更新为"上海市"。

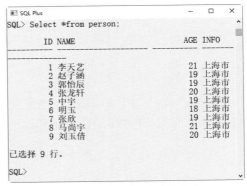

图 7-19　更新表中某列所有数据记录　　　　图 7-20　查询更新后的数据表

7.2.2　更新表中指定的单行数据

通过设置条件，可以更新表中指定的单行数据记录，下面给出一个实例。

▌实例 8：更新 person 表中的单行数据

在 person 表中，更新 id 值为 4 的记录，将 info 字段值改为"北京市"，将"年龄"字段值改为 22，执行语句如下：

```
UPDATE person
SET info='北京市',age='22'
WHERE id=4;
```

执行结果如图 7-21 所示，即可完成数据的更新操作。

查询 person 表中更新的数据，执行语句如下：

```
SELECT * FROM person WHERE id=4;
```

执行结果如图 7-22 所示，即可完成数据的查看操作。由结果可以看到，UPDATE 语句执行后，person 表中 id 为 4 的数据记录已经被更新。

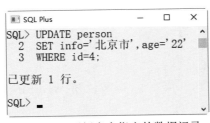

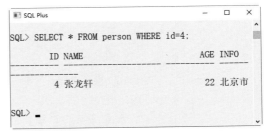

图 7-21　更新表中指定的数据记录　　　　图 7-22　查询更新后的数据记录

7.2.3　更新表中指定的多行数据

通过指定条件，可以同时更新表中指定的多行数据记录，下面给出一个实例。

▎实例 9：更新 person 表中指定的多行数据

在 person 表中，更新编号字段值为 2 到 6 的记录，将 info 字段值更新为"北京市"，执行语句如下：

```
UPDATE person
SET info='北京市'
WHERE id BETWEEN 2 AND 6;
```

执行结果如图 7-23 所示，即可完成数据的更新操作。

查询 person 表中更新的数据，执行语句如下：

```
SELECT * FROM person WHERE id BETWEEN 2 AND 6;
```

执行结果如图 7-24 所示，即可完成数据的查看操作，并显示查看结果。由结果可以看到，UPDATE 语句执行后，person 表中符合条件的数据记录已全部被更新。

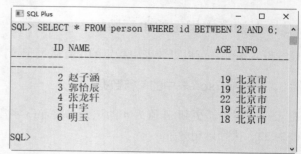

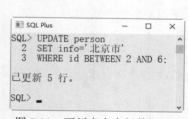

图 7-23　更新表中多行数据记录　　　　　图 7-24　查询更新后的多行数据记录

7.3　删除数据表中的数据

如果数据表中的数据没用了，用户就可以将其删除。需要注意的是，删除数据操作不容易恢复，因此需要谨慎。在删除数据表中的数据之前，如果不能确定这些数据以后是否还会有用，最好对其进行备份处理。

删除数据表中的数据使用 DELETE 语句，DELETE 语句允许 WHERE 子句指定删除条件。具体的语法格式如下：

```
DELETE FROM table_name
WHERE <condition>;
```

主要参数介绍如下。

● table_name：要执行删除操作的表。

● WHERE <condition>：为可选参数，指定删除条件。如果没有 WHERE 子句，DELETE 语句将删除表中的所有记录。

7.3.1 根据条件清除数据

当要删除数据表中的部分数据时，需要指定删除记录的满足条件，即在 WHERE 子句后设置删除条件，下面给出一个实例。

实例 10：删除 person 表中指定的数据记录

在 person 表中，删除 info 为"上海市"的记录。

删除之前首先查询一下 info 值为"上海市"的记录，执行语句如下：

```
SELECT * FROM person
WHERE info='上海市';
```

执行结果如图 7-25 所示，即可完成数据的查看操作。

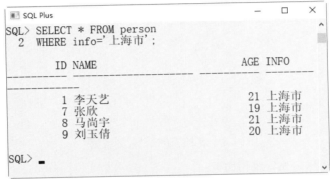

图 7-25 查询删除前的数据记录

下面执行删除操作，输入如下 SQL 语句：

```
DELETE FROM person
WHERE info='上海市';
```

执行结果如图 7-26 所示，即可完成数据的删除操作。

再次查询一下 info 值为"上海市"的记录，执行语句如下：

```
SELECT * FROM person
WHERE info='上海市';
```

执行结果如图 7-27 所示，即可完成数据的查看操作，并显示查看结果。该结果表示为空记录，说明数据已经被删除。

图 7-26 删除符合条件的数据记录

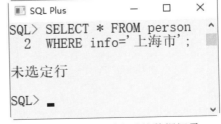

图 7-27 查询删除后的数据记录

7.3.2 清空表中的数据

删除表中的所有数据记录也就是清空表中所有的数据，该操作非常简单，只需要去掉 WHERE 子句就可以了。

▌实例 11：清空 person 表中所有的记录

删除之前，首先查询一下数据记录，执行语句如下：

```
SELECT * FROM person;
```

执行结果如图 7-28 所示，即可完成数据的查看操作。

```
■ SQL Plus                              —    □    ×
SQL> SELECT * FROM person;

        ID NAME                              AGE INFO
---------- ---------------------- ---------- --------
         2 赵子涵                             19 北京市
         3 郭怡辰                             19 北京市
         4 张龙轩                             22 北京市
         5 中宇                               19 北京市
         6 明玉                               18 北京市

SQL>
```

图 7-28　查询删除记录前的数据表

下面执行删除操作，执行语句如下：

```
DELETE FROM person;
```

执行结果如图 7-29 所示，即可完成数据的删除操作。

再次查询数据记录，执行语句如下：

```
SELECT * FROM person;
```

执行结果如图 7-30 所示，即可完成数据的查看操作，并显示查看结果。通过对比两次查询结果，可以得知数据表已经清空，删除表中所有记录成功，现在 person 表中已经没有任何数据记录。

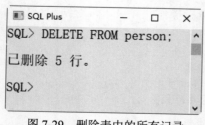

图 7-29　删除表中的所有记录

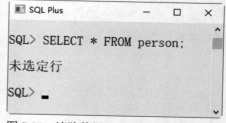

图 7-30　清除数据表中数据后的查询结果

知识扩展：

使用 TRUNCATE 语句也可以删除数据，具体的方法为：TRUNCATE TABLE table_name，其中，table_name 为要删除数据记录的数据表的名称，如图 7-31 所示。

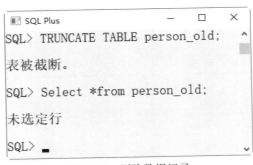

图 7-31 删除数据记录

7.4 疑难问题解析

疑问 1：插入记录时可以不指定字段名称吗？

答：可以，但是不管使用哪种 INSERT 语法，都必须给出 VALUES 的正确数目。如果不提供字段名，则必须给每个字段提供一个值，否则将产生一条错误消息。如果要在 INSERT 操作中省略某些字段，这些字段需要满足一定条件：该列定义为允许空值；或者定义表时给出默认值，如果不给出值，将使用默认值。

疑问 2：更新或者删除表时必须指定 WHERE 子句吗？

答：不必须。一般情况下，所有的 UPDATE 和 DELETE 语句全都在 WHERE 子句指定了条件。如果省略 WHERE 子句，则 UPDATE 或 DELETE 将被应用到表中所有的行。因此，除非确实打算更新或者删除所有记录，否则绝对要注意使用不带 WHERE 子句的 UPDATE 或 DELETE 语句。建议在对表进行更新和删除操作之前，使用 SELECT 语句确认需要删除的记录，以免造成无法挽回的结果。

7.5 实战训练营

实战 1：创建数据表并在数据表中插入数据

（1）创建数据表 books，并按表 7-2 所示结构定义各个字段。

表 7-2 books 表的结构

字段名	字段说明	数据类型	主 键	外 键	非 空	唯 一	自 增
b_id	书编号	NUMBER(11)	是	否	是	是	否
b_name	书名	VARCHAR2(50)	否	否	是	否	否
authors	作者	VARCHAR2(100)	否	否	是	否	否
price	价格	NUMBER(8,2)	否	否	是	否	否
pubdate	出版日期	DATE	否	否	是	否	否
note	说明	VARCHAR2(100)	否	否	否	否	否
num	库存	NUMBER(11)	否	否	是	否	否

（2）books 表创建好之后，使用 SELECT 语句查看表中的数据。

（3）将表 7-3 中的数据记录插入 books 表中，分别使用不同的方法插入记录。

表 7-3　books 表中的记录

b_id	b_name	authors	price	pubdate	note	num
1	Tale of AAA	Dickes	23	1995	novel	11
2	EmmaT	Jane lura	35	1993	joke	22
3	Story of Jane	Jane Tim	40	2001	novel	0
4	Lovey Day	George Byron	20	2005	novel	30
5	Old Land	Honore Blade	30	2010	law	0
6	The Battle	Upton Sara	30	1999	medicine	40
7	Rose Hood	Richard Haggard	28	2008	cartoon	28

① 指定所有字段名称插入记录。

② 不指定字段名称插入记录。

③ 使用 SELECT 语句查看当前表中的数据。

④ 同时插入多条记录，使用 INSERT 语句将剩下的多条记录插入表中。

⑤ 总共插入 5 条记录，使用 SELECT 语句查看表中所有的记录。

实战 2：对数据表中的数据记录进行管理

（1）将 books 表中小说类型（novel）的书的价格都增加 5。

（2）将 books 表中名称为 EmmaT 的书的价格改为 40，并将说明改为 drama。

（3）删除 books 表中库存为 0 的记录。

第8章　Oracle数据的简单查询

本章导读

将数据录入数据库的目的是查询方便。在 Oracle 中，查询数据可以通过 SELECT 语句来实现，通过设置不同的查询条件，可以根据需要对查询数据进行筛选，从而返回需要的数据信息。本章就来介绍数据的简单查询，主要内容包括简单查询、使用 WHERE 子句进行条件查询、使用集合函数进行统计查询等。

知识导图

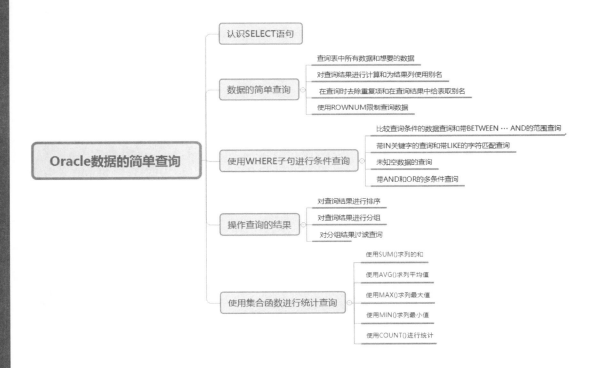

8.1 认识 SELECT 语句

Oracle 从数据表中查询数据的基本语句为 SELECT 语句。SELECT 语句的基本格式是：

```
SELECT 属性列表
FROM 表名和视图列表
{WHERE 条件表达式1}
{GROUP BY 属性名1}
{HAVING 条件表达式2}
{ORDER BY 属性名2 ASC|DESC }
```

主要参数介绍如下。

- 属性列表：表示需要查询的字段名。
- 表名和视图列表：表示从此处指定的表或视图中查询数据，表和视图可以有多个。
- 条件表达式 1：表示指定查询条件。
- 属性名 1：指按该字段中的数据进行分组。
- 条件表达式 2：表示满足该表达式的数据才能输出。
- 属性名 2：指按该字段中的数据进行排序，排序方式由 ASC 和 DESC 两个参数指出。其中，ASC 参数表示按升序的顺序进行排序，这是默认参数；DESC 参数表示按降序的顺序进行排序。
- WHERE 子句：如果有 WHERE 子句，就按照"条件表达式 1"执行的条件进行查询，如果没有 WHERE 子句，就查询所有记录。
- GROUP BY 子句：如果有 GROUP BY 子句就按照"属性名 1"指定的字段进行分组，如果 GROUP BY 子句后存在 HAVING 关键字，那么只有满足"条件表达式 2"中指定的条件才能够输出。通常情况下，GROUP BY 子句会与 COUNT()、SUM() 等集合函数一起使用。
- ORDER BY 子句：如果有 ORDER BY 子句，就按照"属性名 2"执行的字段进行排序。排序方式有升序（ASC）和降序（DESC）两种方式，默认情况下是升序（ASC）。

8.2 数据的简单查询

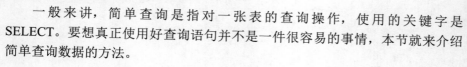

一般来讲，简单查询是指对一张表的查询操作，使用的关键字是 SELECT。要想真正使用好查询语句并不是一件很容易的事情，本节就来介绍简单查询数据的方法。

8.2.1 查询表中所有数据

SELECT 查询记录最简单的形式是从一个表中检索所有记录，查询表中所有数据的方法有两种：一种是列出表的所有字段，另一种是使用"*"号查询所有字段。

1. 列出所有字段

在 Oracle 中，可以在 SELECT 语句的"属性列表"中列出所要查询的表中的所有字段，从而查询表中所有数据。

为演示数据的查询操作，下面创建水果信息表（fruits 表），执行语句如下：

```
CREATE TABLE fruits
(
f_id        varchar2(10)      NOT NULL,
s_id        number(6)         NOT NULL,
f_name      varchar2(10)      NOT NULL,
f_price      number(8,2)       NOT NULL
);
```

执行结果如图 8-1 所示，即可完成数据表的创建。

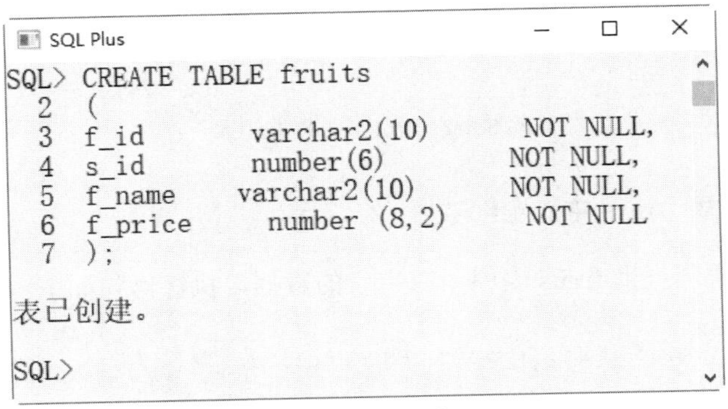

图 8-1　创建数据表 fruits

创建好数据表后，向 fruits 表中输入数据，执行语句如下：

```
INSERT INTO fruits (f_id, s_id, f_name, f_price) VALUES  ('a1', 101,'苹果',5.2);
INSERT INTO fruits (f_id, s_id, f_name, f_price) VALUES  ('b1',101,'黑莓', 10.2);
INSERT INTO fruits (f_id, s_id, f_name, f_price) VALUES  ('bs1',102,'橘子', 11.2);
INSERT INTO fruits (f_id, s_id, f_name, f_price) VALUES  ('bs2',105,'甜瓜',8.2);
INSERT INTO fruits (f_id, s_id, f_name, f_price) VALUES  ('t1',102,'香蕉', 10.3);
INSERT INTO fruits (f_id, s_id, f_name, f_price) VALUES  ('t2',102,'葡萄', 5.3);
INSERT INTO fruits (f_id, s_id, f_name, f_price) VALUES  ('o2',103,'椰子', 9.2);
INSERT INTO fruits (f_id, s_id, f_name, f_price) VALUES  ('c0',101,'草莓', 3.2);
INSERT INTO fruits (f_id, s_id, f_name, f_price) VALUES  ('a2',103,'杏子',2.2);
INSERT INTO fruits (f_id, s_id, f_name, f_price) VALUES  ('l2',104,'柠檬', 6.4);
INSERT INTO fruits (f_id, s_id, f_name, f_price) VALUES  ('b2',104,'浆果', 7.6);
INSERT INTO fruits (f_id, s_id, f_name, f_price) VALUES  ('m1',106,'芒果', 15.6);
INSERT INTO fruits (f_id, s_id, f_name, f_price) VALUES  ('m2',105,'甘蔗', 2.6);
INSERT INTO fruits (f_id, s_id, f_name, f_price) VALUES  ('t4',107,'李子', 3.6);
INSERT INTO fruits (f_id, s_id, f_name, f_price) VALUES  ('m3',105,'山竹', 11.6);
INSERT INTO fruits (f_id, s_id, f_name, f_price) VALUES  ('b5',107,'火龙果', 3.6);
```

执行结果如图 8-2 所示。

图 8-2　fruits 表数据记录

实例 1：查询数据表 fruits 中的全部数据

使用 SELECT 语句查询 fruits 表中所有字段的数据，执行语句如下：

```
SELECT f_id, s_id, f_name, f_price FROM fruits;
```

执行结果如图 8-3 所示，即可完成数据的查询，并显示查询结果。

图 8-3　显示数据表中的全部记录

2. 使用“*”查询所有字段

在 Oracle 中，SELECT 语句的“属性列表”中可以使用“*”。语法格式如下：

```
SELECT * FROM 表名;
```

实例 2：使用“*”查询 fruits 表中的全部数据

从 fruits 表中查询所有字段数据记录，执行语句如下：

```
SELECT * FROM fruits;
```

执行结果如图 8-4 所示，即可完成数据的查询，并显示查询结果。从结果中可以看到，使用星号（*）通配符时，将返回所有数据记录，数据记录按照定义表时的顺序显示。

```
SQL> SELECT * FROM fruits;

F_ID                       S_ID F_NAME                F_PRICE
-------------------- ---------- -------------------- ----------
a1                          101 苹果                        5.2
b1                          101 黑莓                       10.2
bs1                         102 橘子                       11.2
bs2                         105 甜瓜                        8.2
t1                          102 香蕉                       10.3
t2                          102 葡萄                        5.3
o2                          103 椰子                        9.2
c0                          101 草莓                        3.2
a2                          103 杏子                        2.2
l2                          104 柠檬                        6.4
b2                          104 浆果                        7.6

F_ID                       S_ID F_NAME                F_PRICE
-------------------- ---------- -------------------- ----------
m1                          106 芒果                       15.6
m2                          105 甘蔗                        2.6
t4                          107 李子                        3.6
m3                          105 山竹                       11.6
b5                          107 火龙果                      3.6

已选择 16 行。

SQL>
```

图 8-4　查询表中所有数据记录

8.2.2　查询表中想要的数据

使用 SELECT 语句，可以获取多个字段的数据，只需要在关键字 SELECT 后面指定要查找的字段的名称，不同字段名称之间用逗号（,）隔开，最后一个字段后面不需要加逗号。使用这种查询方式可以获得有针对性的查询结果，其语法格式如下：

```
SELECT 字段名1,字段名2,…,字段名n FROM 表名;
```

实例 3：查询数据表 fruits 中水果的编号、名称和价格

从 fruits 表中获取编号、名称和价格，执行语句如下：

```
SELECT f_id, f_name, f_price FROM fruits;
```

执行结果如图 8-5 所示，即可完成指定数据的查询，并显示查询结果。

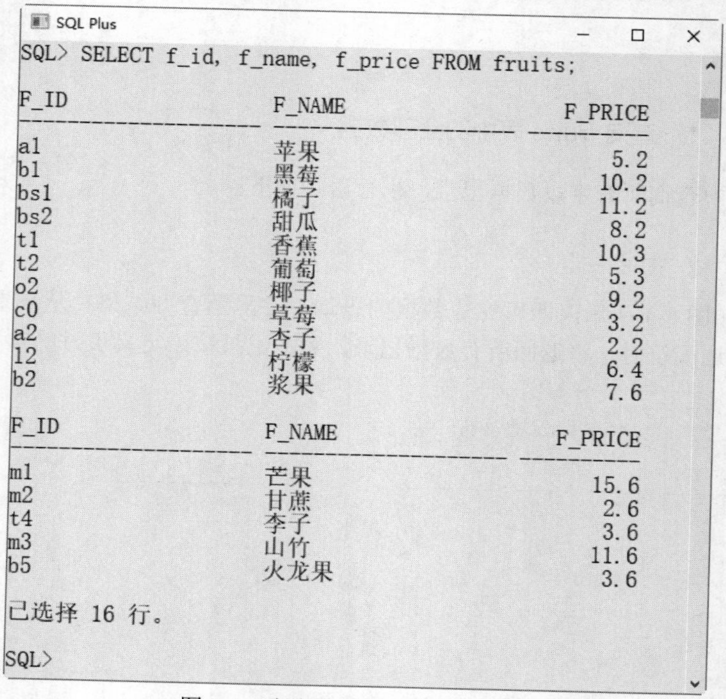

```
SQL Plus                                      —    □    ×

SQL> SELECT f_id, f_name, f_price FROM fruits;

F_ID                    F_NAME                        F_PRICE
_____                 _____                       _____
a1                      苹果                              5.2
b1                      黑莓                             10.2
bs1                     橘子                             11.2
bs2                     甜瓜                              8.2
t1                      香蕉                             10.3
t2                      葡萄                              5.3
o2                      椰子                              9.2
c0                      草莓                              3.2
a2                      杏子                              2.2
l2                      柠檬                              6.4
b2                      浆果                              7.6

F_ID                    F_NAME                        F_PRICE
_____                 _____                       _____
m1                      芒果                             15.6
m2                      甘蔗                              2.6
t4                      李子                              3.6
m3                      山竹                             11.6
b5                      火龙果                            3.6

已选择 16 行。

SQL>
```

图 8-5　查询数据表中的指定字段

> **提示**：Oracle 中的 SQL 语句是不区分大小写的，因此 SELECT 和 select 的作用相同，但是，许多开发人员习惯将关键字大写，而数据列和表名小写，读者也应该养成一个良好的编程习惯，这样写出来的语句更容易阅读和维护。

8.2.3　对查询结果进行计算

在 SELECT 查询结果中，可以根据需要使用算术运算符或者逻辑运算符对查询的结果进行处理。

▋ **实例 4：设置查询列的表达式，从而返回查询结果**

查询 fruits 表中所有水果的名称和价格，并对价格加 2 之后输出查询结果。执行语句如下：

```
SELECT f_name, f_price 原来的价格, f_price+2 加2后的价格
FROM fruits;
```

执行结果如图 8-6 所示。

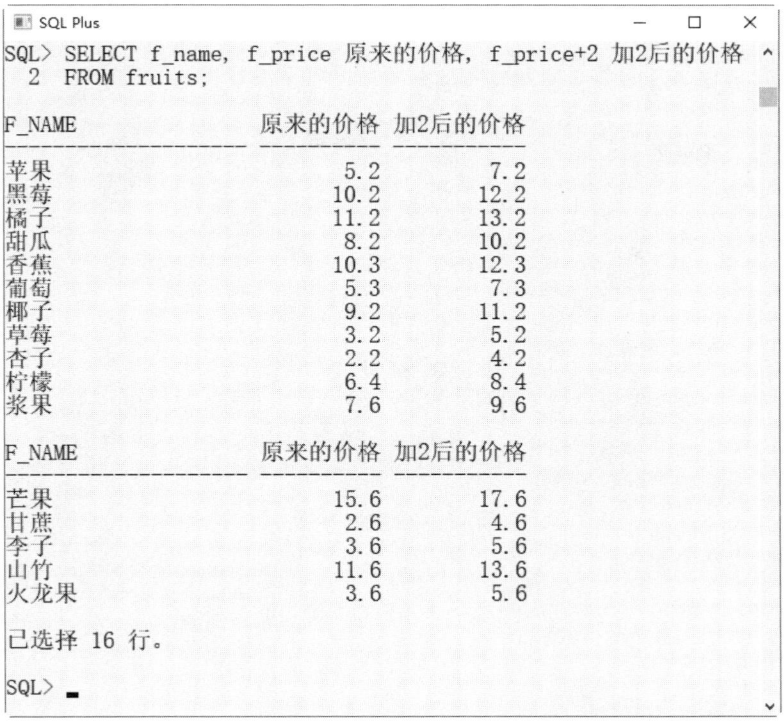

图 8-6　查询结果

8.2.4　为结果列使用别名

当显示查询结果时，选择的列通常以原表中的列名作为标题，在建表时出于节省空间的考虑，列名通常比较短，含义也模糊。为了改变查询结果中显示的列名，可以在 SELECT 语句的列名后使用"AS 标题名"，这样，在显示时便以该标题名作为列名。

Oracle 中为字段取别名的语法格式如下：

属性名 [AS] 别名

主要参数介绍如下。

● 属性名：为字段原来的名称。
● 别名：为字段新的名称。
● AS：关键字，可有可无，结果是一样的。通过这种方式，显示结果中"别名"就代替了"属性名"。

▌实例 5：使用 AS 关键字给列取别名

查询 fruits 表中所有的记录，并重命名列名，执行语句如下：

```
SELECT f_id AS 水果编号, s_id AS 供应商编号,f_name AS 水果名称, f_price AS 水果价格
FROM fruits;
```

执行结果如图 8-7 所示，即可完成指定数据的查询，并显示查询结果。

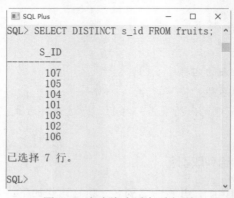

图 8-7　查询表中所有记录并重命名列名

8.2.5　在查询时去除重复项

使用 DISTINCT 选项可以在查询结果中避免重复项。

▎实例 6：使用 DISTINCT 避免重复项

查询 fruits 表中的水果供应商信息，并去除重复项，执行语句如下：

```
SELECT DISTINCT s_id FROM fruits;
```

执行结果如图 8-8 所示，即可完成指定数据的查询，并显示查询结果。

图 8-8　在查询中避免重复项

8.2.6　在查询结果中给表取别名

如果要查询的数据表的名称比较长，在查询中直接使用表名很不方便。这时可以为表取一个别名。Oracle 中为表取别名的基本形式如下：

```
表名 表的别名
```

通过这种方式，“表的别名”就能在此次查询中代替“表名”了。

▍实例 7：为数据表取别名

查询 fruits 表中所有的记录，并为 fruits 表取别名为“水果表”，执行语句如下：

```
SELECT * FROM fruits 水果表;
```

执行结果如图 8-9 所示，即可完成为数据表取别名的操作，并显示查询结果。

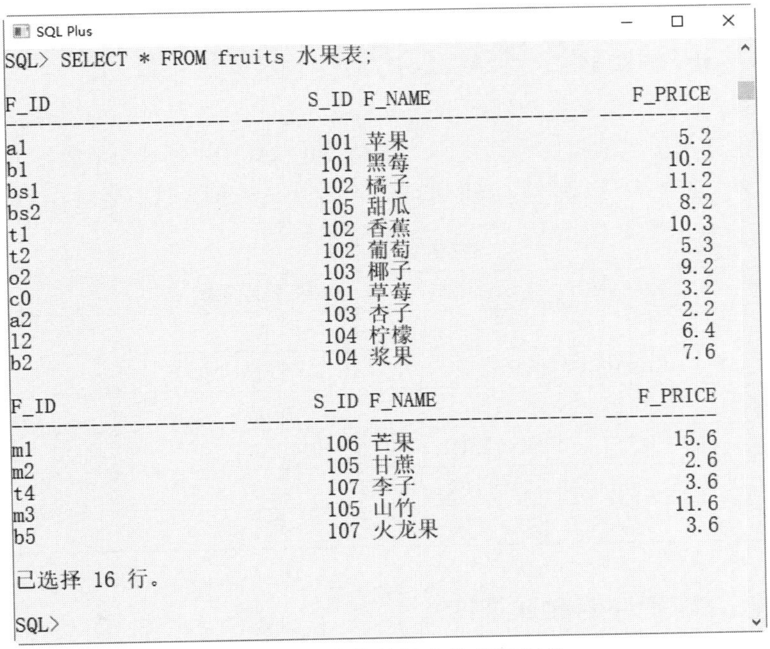

```
SQL Plus
SQL> SELECT * FROM fruits 水果表;

F_ID                       S_ID F_NAME                  F_PRICE
-------------------- ---------- -------------------- ----------
a1                          101 苹果                        5.2
b1                          101 黑莓                       10.2
bs1                         102 橘子                       11.2
bs2                         105 甜瓜                        8.2
t1                          102 香蕉                       10.3
t2                          102 葡萄                        5.3
o2                          103 椰子                        9.2
c0                          101 草莓                        3.2
a2                          103 杏子                        2.2
l2                          104 柠檬                        6.4
b2                          104 浆果                        7.6

F_ID                       S_ID F_NAME                  F_PRICE
-------------------- ---------- -------------------- ----------
m1                          106 芒果                       15.6
m2                          105 甘蔗                        2.6
t4                          107 李子                        3.6
m3                          105 山竹                       11.6
b5                          107 火龙果                      3.6

已选择 16 行。

SQL>
```

图 8-9 在查询结果中给表取别名

8.2.7 使用 ROWNUM 限制查询数据

当数据表中包含大量的数据时，可以通过指定显示记录数限制返回的结果集中的行数。ROWNUM 是 Oracle 中一个特殊的关键字，可以用来限制查询结果。

▍实例 8：使用 ROWNUM 关键字限制查询数据

查询 fruits 表中所有的数据记录，但只显示前 5 条，执行语句如下：

```
SELECT * FROM fruits where ROWNUM<6;
```

执行结果如图 8-10 所示，即可完成指定数据的查询。显示结果从第一行开始，“行数”为小于 6 行，因此返回的结果为表中的前 5 行记录。这就说明“ROWNUM<6”限制了显示条数为 5。

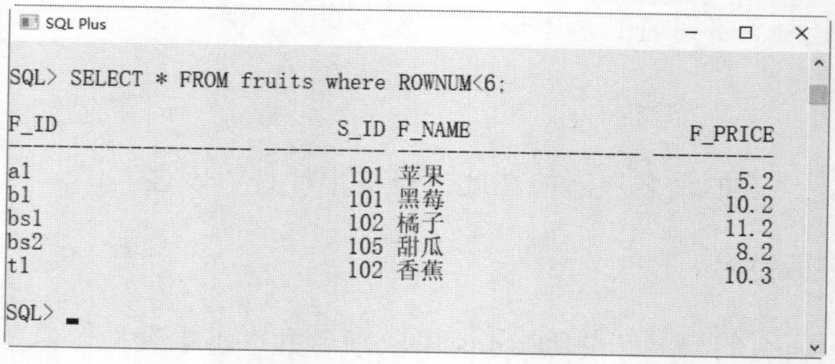

图 8-10　指定显示查询结果

知识扩展：ROWNUM 关键字是 Oracle 中所特有的，在使用 ROWNUM 时，只支持 <、<= 和 != 符号，不支持 >、>=、= 和 between...and 符号。

8.3　使用 WHERE 子句进行条件查询

WHERE 子句用于给出源表和视图中记录的筛选条件，只有符合筛选条件的记录才能为结果集提供数据，否则将不入选结果集。WHERE 子句中的筛选条件由一个或多个条件表达式组成。WHERE 子句常用的查询条件有多种，如表 8-1 所示。

表 8-1　查询条件

查询条件	符号或关键字
比较	=、<、<=、>、>=、!=、<>、!>、!<
指定范围	BETWEEN…AND、NOT BETWEEN…AND
指定集合	IN、NOT IN
匹配字符	LIKE、NOT LIKE
是否为空值	IS NULL、IS NOT NULL
多个查询条件	AND、OR

8.3.1　比较查询条件的数据查询

Oracle 中比较查询条件中的运算符如表 8-2 所示。比较字符串数据时，字符的逻辑顺序由字符数据的排序规则来定义。系统将从两个字符串的第一个字符开始自左至右进行对比，直到对比出两个字符串的大小。

表 8-2　比较运算符表

运算符	说　明
=	相等
<>	不相等
<	小于
<=	小于或者等于
>	大于
>=	大于或者等于
!=	不等于，与 <> 作用相等
!>	不大于
!<	不小于

▌实例 9：使用关系表达式查询数据记录

在 fruits 数据表中查询价格为 3.6 的水果信息，使用 "=" 操作符，执行语句如下：

```
SELECT f_id, f_name, f_price
FROM fruits
WHERE f_price=3.6;
```

执行结果如图 8-11 所示，该实例采用了简单的相等过滤，查询指定列 f_price，其值为 3.6。另外，相等判断还可以用来比较字符串。

查找名称为"苹果"的水果信息，执行语句如下：

```
SELECT f_id, f_name, f_price
FROM fruits
WHERE f_name = '苹果';
```

执行结果如图 8-12 所示。

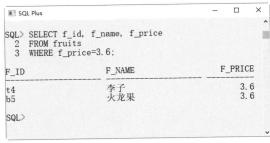

图 8-11　使用相等运算符判断数值

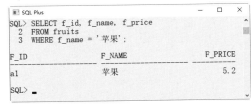

图 8-12　使用相等运算符判断字符串值

查询水果价格小于 5 的水果信息，使用 "<" 操作符，执行语句如下：

```
SELECT f_id, f_name, f_price
FROM fruits
WHERE f_price < 5;
```

执行结果如图 8-13 所示。可以看到在查询结果中，所有记录的 f_price 字段的值均小于 5，而大于或等于 5 的记录没有被返回。

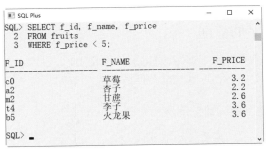

图 8-13　使用小于运算符进行查询

8.3.2　带 BETWEEN…AND 的范围查询

使用 BETWEEN…AND 可以进行范围查询，该运算符需要两个参数，即范围的开始值和结束值，如果记录的字段值满足指定的范围查询条件，则这些记录被返回。

实例10：使用 BETWEEN…AND 查询数据记录

查询水果价格在 3 到 10 之间的水果信息，执行语句如下：

```
SELECT f_id, f_name, f_price
FROM fruits
WHERE f_price BETWEEN 3 AND 10;
```

执行结果如图 8-14 所示。可以看到，返回结果包含了价格从 3 到 10 之间的字段值，并且端点值 10 也包括在返回结果中，即 BETWEEN 匹配范围中所有的值，包括开始值和结束值。

如果在 BETWEEN…AND 运算符前加关键字 NOT，表示指定范围之外的值，即字段值不满足指定范围内的值。

例如：查询价格在 3 到 10 之外的水果信息，执行语句如下：

```
SELECT f_id, f_name, f_price
FROM fruits
WHERE f_price NOT BETWEEN 3 AND 10;
```

执行结果如图 8-15 所示。由结果可以看到，返回的记录包括价格字段大于 10 和价格字段小于 3 的记录，但不包括开始值和结束值。

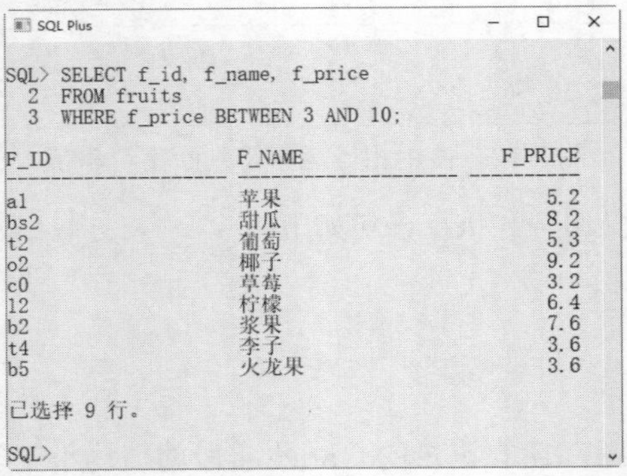

图 8-14　使用 BETWEEN…AND 运算符

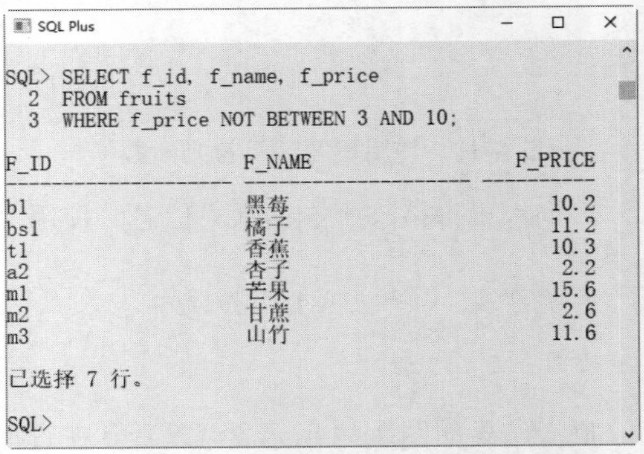

图 8-15　使用 NOT BETWEEN…AND 运算符

8.3.3　带 IN 关键字的查询

IN 关键字用来查询指定条件范围内的记录。使用 IN 关键字时，将所有检索条件用括号括起来，检索条件用逗号隔开，只要满足条件范围内的值即为匹配项。

实例11：使用 IN 关键字查询数据记录

查询 s_id 为 101 和 102 的水果记录，执行语句如下：

```
SELECT f_id, s_id,f_name, f_price
FROM fruits
WHERE s_id IN (101,102);
```

执行结果如图 8-16 所示。

```
SQL> SELECT f_id, s_id,f_name, f_price
  2  FROM fruits
  3  WHERE s_id IN (101,102);

F_ID                    S_ID F_NAME                    F_PRICE
_____ _____ _____ _____
a1                       101 苹果                          5.2
b1                       101 黑莓                         10.2
bs1                      102 橘子                         11.2
t1                       102 香蕉                         10.3
t2                       102 葡萄                          5.3
c0                       101 草莓                          3.2

已选择 6 行。

SQL>
```

图 8-16　使用 IN 关键字查询

相反，可以使用关键字 NOT IN 检索不在条件范围内的记录。

例如，查询所有 s_id 不等于 101 也不等于 102 的水果记录，执行语句如下：

```
SELECT f_id, s_id,f_name, f_price
FROM fruits
WHERE s_id NOT IN (101,102);
```

执行结果如图 8-17 所示。从查询结果可以看到，该语句在 IN 关键字前面加上了 NOT 关键字，这使得查询的结果与上述实例的结果正好相反。前面检索了 s_id 等于 101 和 102 的记录，而这里所要查询的记录中的 s_id 字段值不等于这两个值中的任意一个。

```
SQL> SELECT f_id, s_id,f_name, f_price
  2  FROM fruits
  3  WHERE s_id NOT IN (101,102);

F_ID                    S_ID F_NAME                    F_PRICE
_____ _____ _____ _____
bs2                      105 甜瓜                          8.2
o2                       103 椰子                          9.2
a2                       103 杏子                          2.2
l2                       104 柠檬                          6.4
b2                       104 浆果                          7.6
m1                       106 芒果                         15.6
m2                       105 甘蔗                          2.6
t4                       107 李子                          3.6
m3                       105 山竹                         11.6
b5                       107 火龙果                        3.6

已选择 10 行。

SQL>
```

图 8-17　使用 NOT IN 运算符查询

8.3.4　带 LIKE 的字符匹配查询

LIKE 关键字可以匹配字符串是否相等。如果字段的值与指定的字符串相匹配，则满足查询条件，该记录将被查询出来。如果与指定的字符串不匹配，则不满足查询条件。语法格式如下：

```
[NOT] LIKE '字符串'
```

主要参数介绍如下。

● NOT：可选参数，表示与指定的字符串不匹配时满足条件。

● 字符串：用来匹配的字符串，该字符串必须加上单引号或双引号。字符串参数的值可以是一个完整的字符串，也可以是包含百分号（%）或者下划线（_）的通配符。

知识扩展：

百分号（%）或者下划线（_）在应用时有很大的区别，区别如下：

● 百分号（%）：可以代表任意长度的字符串，长度可以是 0。例如，b%k 表示以字母 b 开头，以字母 k 结尾的任意长度的字符串，该字符串可以是 bk、book、break 等字符串。

● 下划线（_）：只能表示单个字符。例如，b_k 表示以字母 b 开头，以字母 k 结尾的 3 个字符。中间的下划线（_）可以代表任意一个字符。该字符串可以代表 bok、buk 和 bak 等字符串。

▌实例12：使用 LIKE 关键字查询数据记录

1. 百分号通配符（%），匹配任意长度的字符，甚至包括零字符

例如，查找所有水果编号以 b 开头的水果信息，执行语句如下：

```
SELECT f_id, s_id,f_name, f_price
FROM fruits
WHERE f_id LIKE 'b%';
```

执行结果如图 8-18 所示。该语句查询的结果返回所有以 b 开头的水果信息，% 告诉 Oracle 数据库，返回所有 f_id 字段以 b 开头的记录，不管 b 后面有多少个字符。

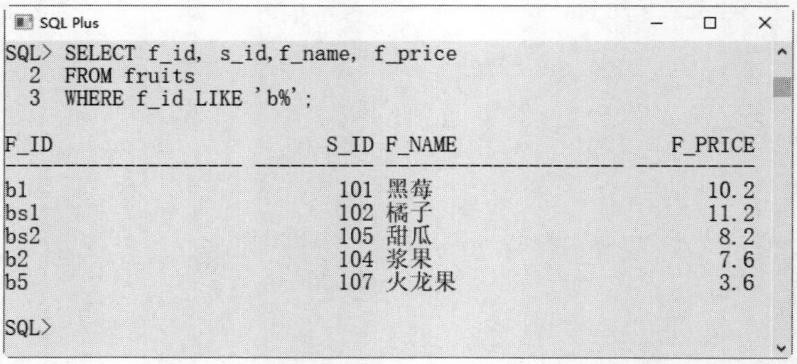

图 8-18　查询以 b 开头的水果信息

另外，在搜索匹配时，通配符"%"可以放在不同位置。

例如，在 fruits 表中，查询水果编号字段包含字符 m 的记录，执行语句如下：

```
SELECT f_id, s_id,f_name, f_price
FROM fruits
WHERE f_id LIKE '%m%';
```

执行结果如图 8-19 所示。该语句查询 f_id 字段描述中包含 m 的水果信息，只要描述中有字符 m，而不管前面或后面有多少个字符，都满足查询的条件。

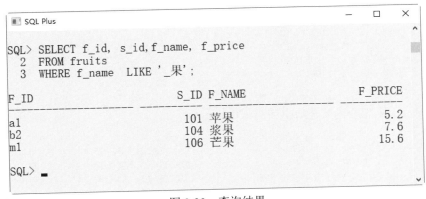

图 8-19   水果编号字段包含 m 字符的信息

2. 下划线通配符（_），一次只能匹配任意一个字符

下划线通配符（_）一次只能匹配任意一个字符，该通配符的用法和"%"相同，区别是"%"匹配多个字符，而"_"只匹配任意单个字符，如果要匹配多个字符，则需要使用相同个数的"_"。

例如，在 fruits 表中，查询水果名称以字符"果"结尾，且"果"前面只有 1 个字符的记录，执行语句如下：

```
SELECT f_id, s_id,f_name, f_price
FROM fruits
WHERE f_name  LIKE '_果';
```

执行结果如图 8-20 所示。从结果可以看到，以"果"结尾且前面只有 1 个字符的记录有 3 条。

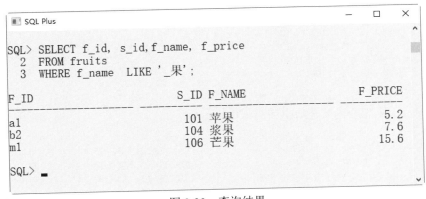

图 8-20   查询结果

3. NOT LIKE 关键字

NOT LIKE 关键字表示字符串不匹配的情况下满足条件。

例如，查找 fruits 表中所有水果编号不是以 b 开头的水果信息，执行语句如下：

```
SELECT *FROM fruits
WHERE f_id NOT LIKE 'b%';
```

执行结果如图 8-21 所示，即可完成数据的条件查询，并显示查询结果。该语句查询的结果返回不是以 b 开头的水果信息。

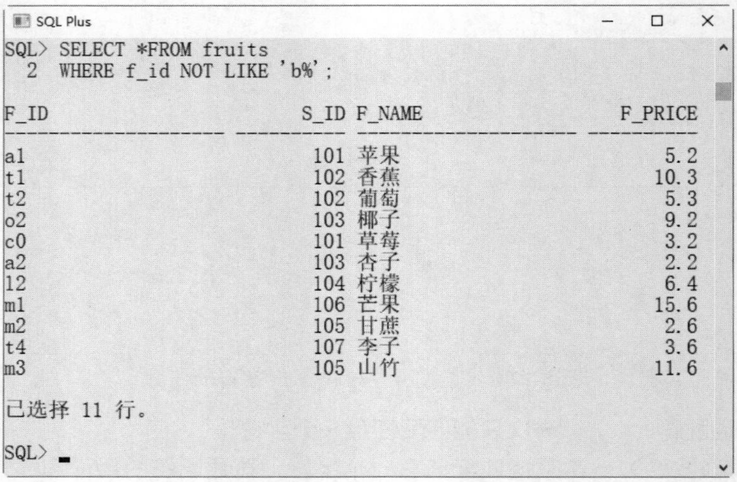

```
SQL Plus                                         —    □    ×
SQL> SELECT *FROM fruits
  2 WHERE f_id NOT LIKE 'b%';

F_ID                    S_ID F_NAME                    F_PRICE
————————————————    ——————— ———————————————     ——————————————
a1                       101 苹果                         5.2
t1                       102 香蕉                        10.3
t2                       102 葡萄                         5.3
o2                       103 椰子                         9.2
c0                       101 草莓                         3.2
a2                       103 杏子                         2.2
l2                       104 柠檬                         6.4
m1                       106 芒果                        15.6
m2                       105 甘蔗                         2.6
t4                       107 李子                         3.6
m3                       105 山竹                        11.6

已选择 11 行。

SQL> _
```

图 8-21　显示不以 b 开头的水果信息

8.3.5　未知空数据的查询

创建数据表的时候，设计者可以指定某列中是否可以包含空值（NULL）。空值不同于 0，也不同于空字符串。空值一般表示数据未知、不适用或将在以后添加。在 SELECT 语句中使用 IS NULL 子句，可以查询某字段内容为空的记录。

这里为演示查询的需要，定义一个人员表 person，并在该表中插入包含空值的数据记录，执行代码如下：

```
CREATE TABLE person
(
id     NUMBER(2)  PRIMARY KEY,
name   VARCHAR2(10)  NOT NULL,
age    NUMBER(2)     NOT NULL,
info   VARCHAR2(10)  NULL
);
```

接着在 person 表中插入数据记录，执行代码如下：

```
INSERT INTO person (id ,name, age , info) VALUES (1,'李天艺', 21, '上海市');
INSERT INTO person (id,name, age , info) VALUES (2,'赵子涵',19, '上海市');
INSERT INTO person (id,name, age , info) VALUES (3,'郭怡辰',19, '上海市');
INSERT INTO person (id,name,age) VALUES (4,'张龙轩',20);
INSERT INTO person (id ,name, age , info) VALUES (5,'中宇',19, '北京市');
```

❙ 实例 13：使用 IS NULL 查询空值

例如，查询人员表中 info 字段为空的数据记录，执行语句如下：

```
SELECT * FROM person
WHERE info IS NULL;
```

执行结果如图 8-22 所示。

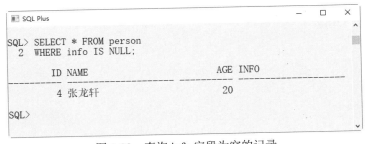

图 8-22　查询 info 字段为空的记录

与 IS NULL 相反的是 IS NOT NULL，该子句查找字段不为空的记录。

例如，查询人员表中 info 不为空的数据记录，执行语句如下：

```
SELECT * FROM person
WHERE info IS NOT NULL;
```

执行结果如图 8-23 所示。可以看到，查询出来的记录的 info 字段都不为空值。

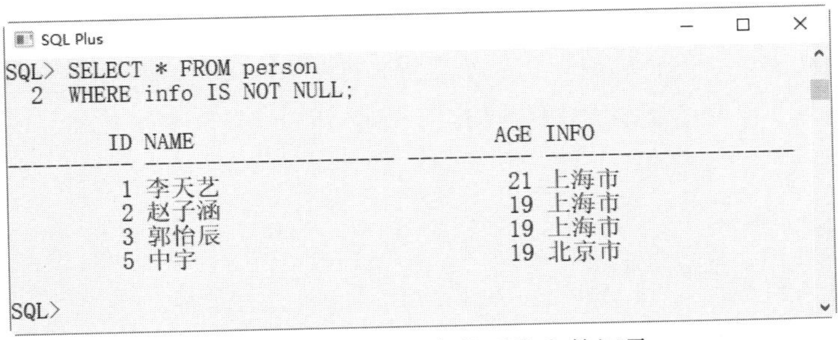

图 8-23　查询 info 字段不为空的记录

8.3.6　带 AND 的多条件查询

AND 关键字可以用来联合多个条件进行查询，使用 AND 关键字时，只有同时满足所有查询条件的记录会被查询出来。如果不满足这些查询条件中的任意一个，这样的记录就将被排除。AND 关键字的语法规则如下：

```
条件表达式1 AND 条件表达式2 [⋯AND 条件表达式n]
```

主要参数介绍如下。

- AND：用于连接两个条件表达式。而且，可以同时使用多个 AND 关键字，这样可以连接更多的条件表达式。
- 条件表达式 n：用于查询的条件。

▍实例 14：使用 AND 关键字查询数据

例如，使用 AND 关键字来查询 fruits 表中 s_id 为 101，而且 f_name 为 "苹果" 的记录。执行语句如下：

```
SELECT *FROM fruits
WHERE s_id=101 AND f_name LIKE '苹果';
```

执行结果如图 8-24 所示，即可完成数据的条件查询，并显示查询结果。可以看到，查询出来的记录中 s_id 为 101，且 f_name 为"苹果"。

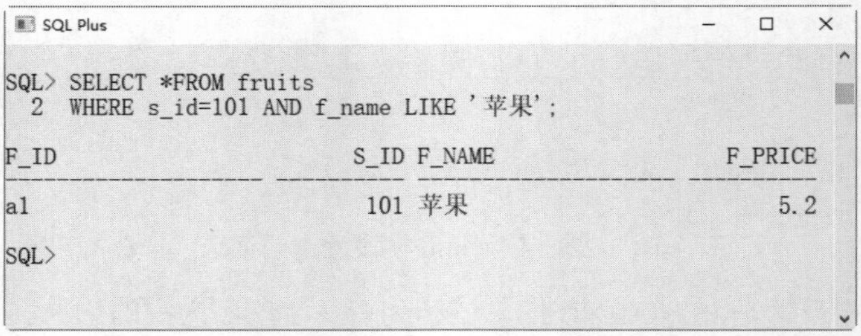

图 8-24　使用 AND 关键字查询

例如，使用 AND 关键字来查询 fruits 表中 s_id 为 103、f_name 为"椰子"，而且价格小于 10 的记录。执行语句如下：

```
SELECT *FROM fruits
WHERE s_id=103 AND f_name='椰子' AND f_price<10;
```

执行结果如图 8-25 所示，即可完成数据的条件查询，并显示查询结果。可以看到，查询出来的记录满足 3 个条件。本实例中使用了"<"和"="两个运算符，其中，"="可以用 LIKE 替换。

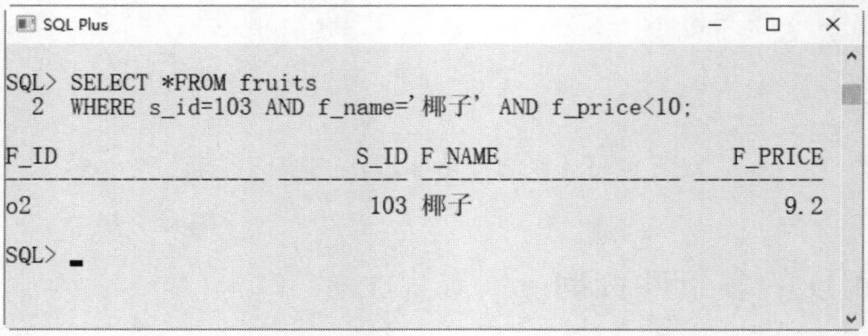

图 8-25　显示查询结果

例如，使用 AND 关键字来查询 fruits 表，查询条件为 s_id 的取值在 {101,102,103} 集合中，价格范围为 3 ～ 10。执行语句如下：

```
SELECT *FROM fruits
WHERE s_id IN (101,102,103) AND f_price BETWEEN 3 AND 10;
```

执行结果如图 8-26 所示，即可完成数据的条件查询，并显示查询结果。本实例中使用了 IN、BETWEEN…AND 关键字。因此，结果中显示的记录同时满足这两个条件表达式。

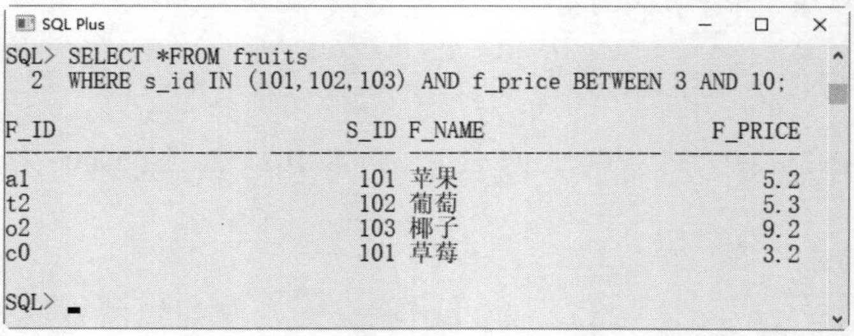

图 8-26　显示满足条件的记录

8.3.7　带 OR 的多条件查询

OR 关键字也可以用来联合多个条件进行查询，但是与 AND 关键字不同，使用 OR 关键字时，只要满足这几个查询条件中的一个，这样的记录就会被查询出来。如果不满足这些查询条件中的任何一个，这样的记录将被排除。OR 关键字的语法规则如下：

```
条件表达式1 OR 条件表达式2 [···OR 条件表达式n]
```

主要参数介绍如下。

- OR：用于连接两个条件表达式。而且，可以同时使用多个 OR 关键字，这样可以连接更多的条件表达式。
- 条件表达式 n：用于查询的条件。

▌实例 15：使用 OR 关键字查询数据

例如，查询 s_id=101 或者 s_id=102 水果供应商的 f_price 和 f_name，执行语句如下：

```
SELECT s_id,f_name, f_price FROM fruits WHERE s_id = 101 OR s_id = 102;
```

执行结果如图 8-27 所示，即可完成数据的条件查询，并显示查询结果。结果显示了 s_id=101 和 s_id=102 水果供应商的水果名称和价格。OR 操作符告诉 Oracle，检索的时候只需要满足其中的一个条件，不需要全部条件都满足。如果这里使用 AND 的话，将检索不到符合条件的数据。

在这里，也可以使用 IN 操作符实现与 OR 相同的功能。例如，查询 s_id=101 或者 s_id=102 水果供应商的 f_price 和 f_name，执行语句如下：

```
SELECT s_id,f_name, f_price FROM fruits WHERE s_id IN(101,102);
```

执行结果如图 8-28 所示，在这里可以看到，OR 操作符和 IN 操作符使用后的结果是一样的，它们可以实现相同的功能。但是使用 IN 操作符使得检索语句更加简洁明了，并且 IN 执行的速度要快于 OR。更重要的是，使用 IN 操作符，可以执行更加复杂的嵌套查询。

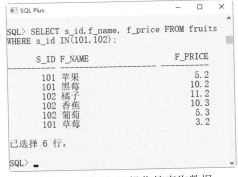

图 8-27　带 OR 关键字的查询　　　　图 8-28　使用 IN 操作符查询数据

例如，使用 OR 关键字来查询 fruits 表，查询条件为 s_id 取值在 {101, 102, 103} 这个集合中，或者价格范围为 5 ~ 10，或者 f_name 为 "苹果"。执行语句如下：

```
SELECT *FROM fruits
```

```
WHERE s_id IN (101,102,103) OR f_price BETWEEN 5 AND 10 OR f_name LIKE '苹果';
```

执行结果如图 8-29 所示，即可完成数据的条件查询，并显示查询结果。本实例中使用了 IN、BETWEEN…AND 和 LIKE 关键字。因此，结果中显示的记录只要满足这 3 个条件表达式中的任何一个，这样的记录就会被查询出来。

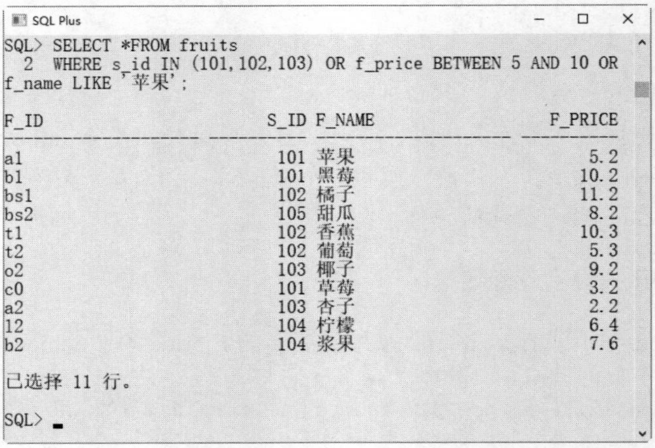

```
SQL Plus                                           —   □   ×
SQL> SELECT *FROM fruits
  2  WHERE s_id IN (101,102,103) OR f_price BETWEEN 5 AND 10 OR
f_name LIKE '苹果';

F_ID                   S_ID F_NAME                    F_PRICE
----                   ---- ------                    -------
a1                      101 苹果                          5.2
b1                      101 黑莓                         10.2
bs1                     102 橘子                         11.2
bs2                     105 甜瓜                          8.2
t1                      102 香蕉                         10.3
t2                      102 葡萄                          5.3
o2                      103 椰子                          9.2
c0                      101 草莓                          3.2
a2                      103 杏子                          2.2
l2                      104 柠檬                          6.4
b2                      104 浆果                          7.6

已选择 11 行。

SQL>
```

图 8-29　带多个条件的 OR 关键字查询

另外，OR 关键字还可以与 AND 关键字一起使用，当两者一起使用时，AND 的优先级要比 OR 高。因此在使用的过程中，会先对 AND 两边的操作数进行操作，再与 OR 中的操作数结合。

例如，同时使用 OR 关键字和 AND 关键字来查询 fruits 表，执行语句如下：

```
SELECT *FROM fruits
WHERE s_id IN (101,102,103) AND f_price=10.2 OR f_name LIKE '香蕉';
```

执行结果如图 8-30 所示，即可完成数据的条件查询，并显示查询结果。从查询结果中可以得出，条件"s_id IN (101,102,103) AND f_price =10.2"确定了 s_id 为 101 的记录。条件"f_name LIKE ' 香蕉 '"确定了 s_id 为 102 的记录。

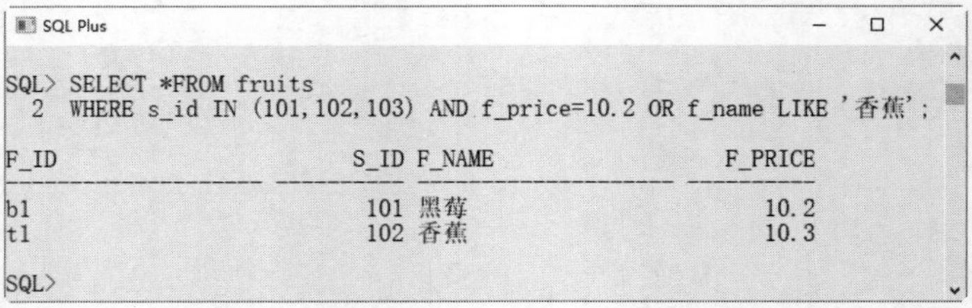

```
SQL Plus                                           —   □   ×
SQL> SELECT *FROM fruits
  2  WHERE s_id IN (101,102,103) AND f_price=10.2 OR f_name LIKE '香蕉';

F_ID                   S_ID F_NAME                    F_PRICE
----                   ---- ------                    -------
b1                      101 黑莓                         10.2
t1                      102 香蕉                         10.3

SQL>
```

图 8-30　OR 关键字和 AND 关键字的查询

如果将条件"s_id IN (101,102,103) AND f_price=10.2"与"f_name LIKE ' 香蕉 '"的顺序调换一下，我们再来看看执行结果。执行语句如下：

```
SELECT *FROM fruits
WHERE f_name LIKE '香蕉' OR s_id IN (101,102,103) AND f_price =10.2;
```

执行结果如图 8-31 所示，即可完成数据的条件查询，并显示查询结果，可以看出结果是一样的。这就说明 AND 关键字前后的条件先结合，然后再与 OR 关键字的条件结合。也即说明 AND 要比 OR 优先计算。

```
SQL Plus                                            —  □  ×
SQL> SELECT *FROM fruits
  2 WHERE f_name LIKE '香蕉' OR s_id IN (101,102,103) AND f_price =10.2;

F_ID                    S_ID F_NAME                    F_PRICE
─────                   ───── ──────                   ────────
b1                       101 黑莓                         10.2
t1                       102 香蕉                         10.3

SQL>
```

图 8-31　显示查询结果

知识扩展：

AND 和 OR 关键字可以连接条件表达式，这些条件表达式中可以使用"=""＞"等操作符，也可以使用 IN、BETWEEN…AND 和 LIKE 等关键字，而且，LIKE 关键字匹配字符串时可以使用"%"和"_"等通配符。

8.4　操作查询的结果

从表中查询出来的数据可能是无序的，或者其排列顺序不是用户所期望的。这时，我们可以对查询结果进行排序，还可以对查询结果分组显示或分组过滤显示。

8.4.1　对查询结果进行排序

为了使查询结果的顺序满足用户的要求，我们可以使用 ORDER BY 关键字对记录进行排序，其语法格式如下：

```
ORDER BY 属性名[ASC|DESC]
```

主要参数介绍如下。

- 属性名：表示按照该字段进行排序。
- ASC：表示按升序的顺序进行排序。
- DESC：表示按降序的顺序进行排序。默认情况下，按照 ASC 方式进行排序。

实例 16：使用默认排序方式

例如，查询水果表 fruits 中的所有记录，按照 f_price 字段进行排序，执行语句如下：

```
SELECT * FROM fruits ORDER BY f_price;
```

执行结果如图 8-32 所示，即可完成数据的排序查询，并显示查询结果。从查询结果可以看出，fruits 表中的记录是按照 f_price 字段的值进行升序排序的。这就说明 ORDER BY 关键字可以设置查询结果按某个字段进行排序，而且默认情况下，是按升序进行排序的。

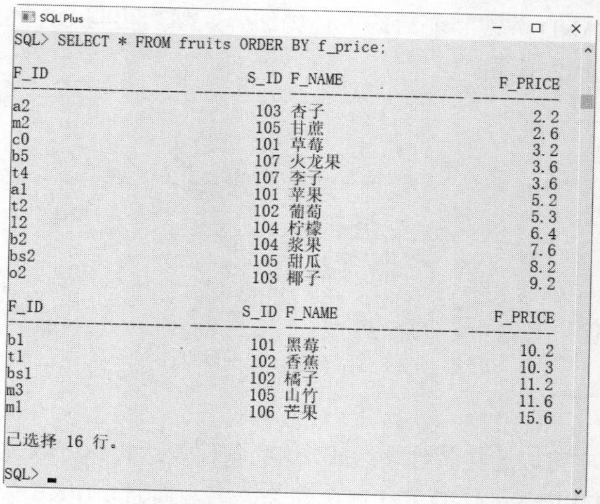

图 8-32　默认排序方式

实例 17：使用升序排序方式

例如，查询水果表 fruits 中的所有记录，按照 f_price 字段的升序方式进行排序，执行语句如下：

```
SELECT * FROM fruits ORDER BY f_price ASC;
```

执行结果如图 8-33 所示，即可完成数据的排序查询，并显示查询结果。从查询结果可以看出，fruits 表中的记录是按照 f_price 字段的值进行升序排序的。这就说明，加上 ASC 参数，记录是按照升序进行排序的，这与不加 ASC 参数返回的结果一样。

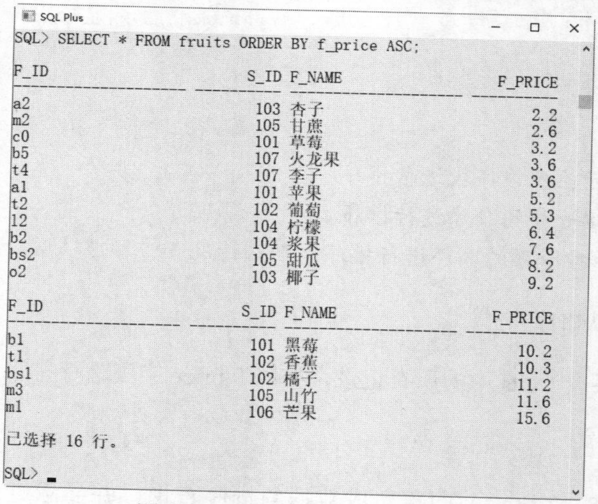

图 8-33　对查询结果升序排序

实例 18：使用降序排序方式

例如，查询水果表 fruits 中的所有记录，按照 f_price 字段的降序方式进行排序，执行语句如下：

```
SELECT * FROM fruits ORDER BY f_price DESC;
```

执行结果如图 8-34 所示，即可完成数据的排序查询，并显示查询结果。从查询结果可以看出，fruits 表中的记录是按照 f_price 字段的值进行降序排序的。这就说明，加上 DESC 参数，记录是按照降序进行排序的。

```
SQL> SELECT * FROM fruits ORDER BY f_price DESC;

F_ID                      S_ID F_NAME                  F_PRICE
-------------------- ---------- -------------------- ----------
m1                         106 芒果                      15.6
m3                         105 山竹                      11.6
bs1                        102 橘子                      11.2
t1                         102 香蕉                      10.3
b1                         101 黑莓                      10.2
o2                         103 椰子                       9.2
bs2                        105 甜瓜                       8.2
b2                         104 浆果                       7.6
12                         104 柠檬                       6.4
t2                         102 葡萄                       5.3
a1                         101 苹果                       5.2

F_ID                      S_ID F_NAME                  F_PRICE
-------------------- ---------- -------------------- ----------
b5                         107 火龙果                     3.6
t4                         107 李子                       3.6
c0                         101 草莓                       3.2
m2                         105 甘蔗                       2.6
a2                         103 杏子                       2.2

已选择 16 行。

SQL>
```

图 8-34 对查询结果降序排序

注意：在查询时，如果数据表中要排序的字段中有空值（NULL）时，这条记录将显示为第一条记录。因此，按升序排序时，含空值的记录将最先显示。可以理解为空值是该字段的最小值，而按降序排序时，该字段为空值的记录将最后显示。

8.4.2 对查询结果进行分组

分组查询是对数据按照某个或多个字段进行分组，Oracle 中使用 GROUP BY 子句对数据进行分组，基本语法形式如下：

```
[GROUP BY 字段] [HAVING <条件表达式>]
```

主要参数介绍如下。

- 字段：表示进行分组时所依据的列名称。
- HAVING <条件表达式>：指定 GROUP BY 分组显示时需要满足的限定条件。

GROUP BY 子句通常和集合函数一起使用，例如 MAX()、MIN()、COUNT()、SUM()、AVG()。

实例 19：对查询结果进行分组显示

例如，根据 s_id 字段对 fruits 表中的数据进行分组，执行语句如下：

```
SELECT s_id, COUNT(*) AS Total FROM fruits
GROUP BY s_id;
```

执行结果如图 8-35 所示。从查询结果显示，s_id 表示水果供应商编号，Total 字段使用 COUNT() 函数计算得出，GROUP BY 子句按照编号 s_id 字段将数据分组。

使用 GROUP BY 可以对多个字段进行分组，GROUP BY 子句后面跟需要分组的字段。Oracle 数据库根据多字段的值来进行层次分组，分组层次从左到右，即先按第 1 个字段分组，然后在第 1 个字段值相同的记录中再根据第 2 个字段的值进行分组，以此类推。

例如，根据水果编号 s_id 和水果名称 f_name 字段对 fruits 表中的数据进行分组，执行语句如下：

```
SELECT s_id, f_name FROM fruits
GROUP BY s_id, f_name;
```

执行结果如图 8-36 所示。由结果可以看到，查询记录先按 s_id 字段进行分组，再对水果名称 f_name 字段按不同的取值进行分组。

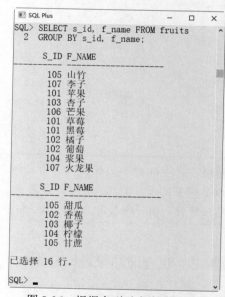

图 8-35　对查询结果分组　　　　图 8-36　根据多列对查询结果分组

如果要查看每个供应商提供的水果种类的名称，该怎么办呢？可以在 GROUP BY 子句中使用 LISTAGG() 函数，将每个分组中各个字段的值显示出来。

例如，根据 s_id 对 fruits 表中的数据进行分组，将每个供应商的水果名称显示出来，执行语句如下：

```
SELECT s_id, LISTAGG(f_name,',') within group (order by s_id ) AS names
FROM fruits GROUP BY s_id;
```

查询结果如下：

```
S_ID    NAMES
------  -----------------------------
101     苹果,草莓,黑莓
102     橘子,葡萄,香蕉
```

```
103    杏子,椰子
104    柠檬,浆果
105    山竹,甘蔗,甜瓜
106    芒果
107    李子,火龙果
```

由结果可以看到，LISTAGG() 函数将每个分组中的名称显示出来了，其名称的个数与
COUNT() 函数计算出来的相同。

8.4.3 对分组结果过滤查询

GROUP BY 可以和 HAVING 一起限定显示记录所需满足的条件，只有满足条件的分组
才会被显示。

▌实例 20：对查询结果进行分组并过滤显示

例如，根据 s_id 字段对 fruits 表中的数据进行分组，并显示水果数量大于 1 的分组信息，
执行语句如下：

```
SELECT s_id, LISTAGG(f_name,',') within group (order by s_id ) AS names
FROM fruits
GROUP BY s_id HAVING COUNT(f_name) > 1;
```

查询结果如下：

```
S_ID    NAMES
------  -----------------------------
101    苹果,草莓,黑莓
102    橘子,葡萄,香蕉
103    杏子,椰子
104    柠檬,浆果
105    山竹,甘蔗,甜瓜
107    李子,火龙果
```

由结果可以看到，s_id 为 106 的水果供应商的数量为 1，不满足这里的限定条件，因此
不在返回结果中。

8.5 使用集合函数进行统计查询

有时候并不需要返回实际表中的数据，而只是对数据进行总结。Oracle 提
供了一些查询功能，可以对获取的数据进行分析和报告，这就是集合函数，具
体的名称和作用如表 8-3 所示。

表 8-3 集合函数

函　　数	作　　用
AVG()	返回某列的平均值
COUNT()	返回某列的行数
MAX()	返回某列的最大值
MIN()	返回某列的最小值
SUM()	返回某列值的和

8.5.1 使用 SUM() 求列的和

SUM() 是一个求总和的函数，返回指定列值的总和。

▌实例 21：使用 SUM() 函数统计列的和

使用 SUM() 函数统计 fruits 表中供应商 s_id 为 107 的水果订单的总价格，执行语句如下：

```
SELECT SUM(f_price) AS sum_price
FROM fruits
WHERE s_id = 107;
```

执行结果如图 8-37 所示，即可完成数据的计算操作，并显示计算结果。

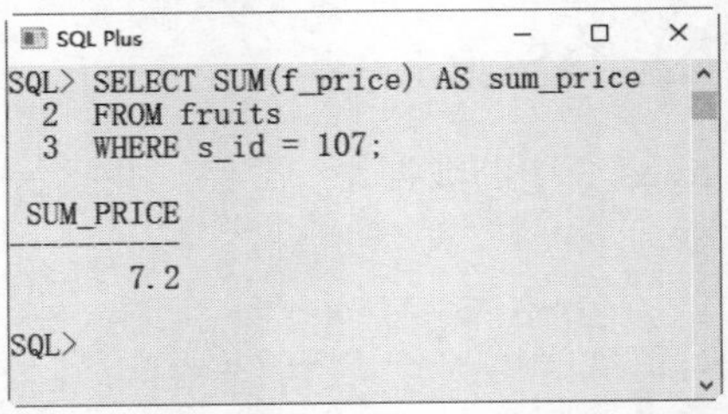

图 8-37　SUM() 函数统计列的和

另外，SUM() 可以与 GROUP BY 一起使用，来计算每个分组的总和。例如：使用 SUM() 函数统计 fruits 表中不同 s_id 的水果价格总和，输入 SQL 语句如下：

```
SELECT s_id,SUM(f_price) AS sum_price
FROM fruits
GROUP BY s_id;
```

执行结果如图 8-38 所示，即可完成数据的计算操作，并显示计算结果。由查询结果可以看到，表中的记录先通过 GROUP BY 关键字进行分组，然后，通过 SUM() 函数计算每个分组的水果价格总和。

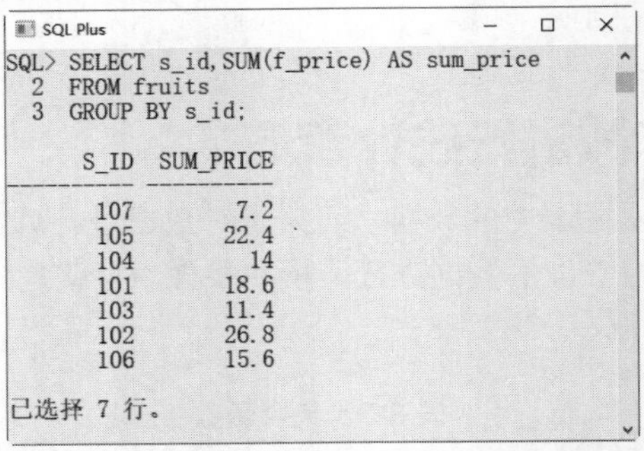

图 8-38　SUM() 与 GROUP BY 查询数据

> 注意：SUM() 函数在计算时，会忽略列值为 NULL 的行。

8.5.2 使用 AVG() 求列平均值

AVG() 函数通过计算返回的行数和每一行数据的和，求得指定列数据的平均值。

▎**实例 22：使用 AVG() 函数统计列的平均值**

例如，在 fruits 表中，查询 s_id 为 101 的水果价格的平均值，执行语句如下：

```
SELECT AVG(f_price) AS avg_price
FROM fruits
WHERE s_id=101;
```

执行结果如图 8-39 所示。该例中通过添加查询过滤条件，计算出指定水果供应商所供应水果的平均值。

另外，AVG() 可以与 GROUP BY 一起使用，来计算每个分组的平均值。

例如，在 fruits 表中，查询每一个水果供应商所供应水果价格的平均值，执行语句如下：

```
SELECT s_id,AVG(f_price) AS avg_price
FROM fruits
GROUP BY s_id;
```

执行结果如图 8-40 所示。

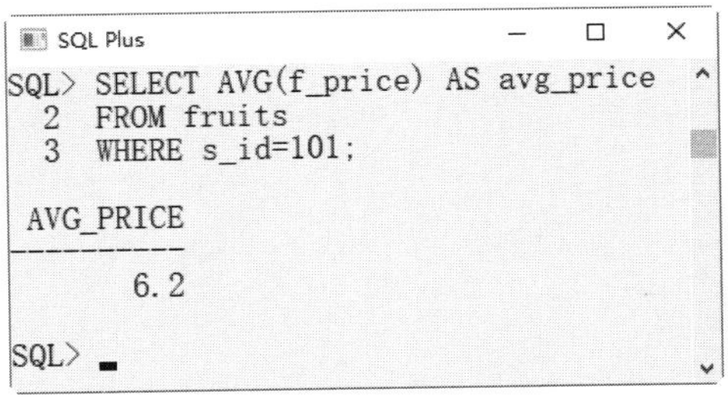

图 8-39 使用 AVG() 函数对列求平均值

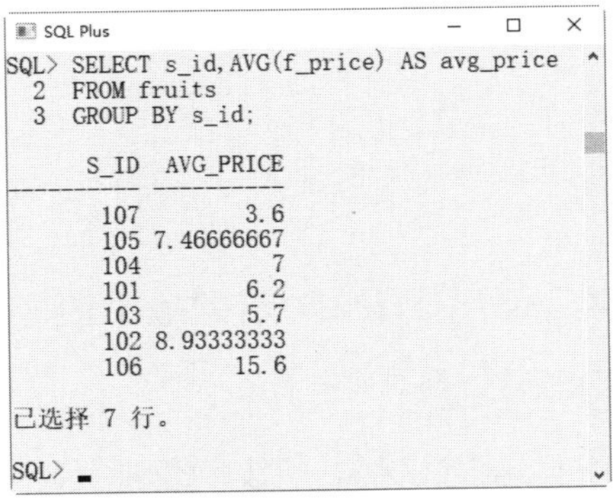

图 8-40 使用 AVG() 函数对分组求平均值

> **提示：** GROUP BY 子句根据 s_id 字段对记录进行分组，然后计算出每个分组的平均值，这种分组求平均值的方法非常有用。例如，求不同班级学生成绩的平均值、求不同部门工人的平均工资、求各地的年平均气温等。

8.5.3 使用 MAX() 求列最大值

MAX() 返回指定列中的最大值。

▎**实例 23：使用 MAX() 函数查找列的最大值**

例如，在 fruits 表中查找水果价格的最大值，执行语句如下：

```
SELECT MAX(f_price) AS max_price
```

```
FROM fruits;
```

执行结果如图 8-41 所示，由结果可以看到，MAX() 函数查询出了 **f_price** 字段中的最大值 15.6。

MAX() 也可以和 GROUP BY 子句一起使用，求每个分组中的最大值。

例如，在 fruits 表中查找不同水果供应商所提供水果价格的最大值，执行语句如下：

```
SELECT s_id, MAX(f_price) AS max_price
FROM fruits
GROUP BY s_id;
```

执行结果如图 8-42 所示。由结果可以看到，GROUP BY 子句根据 **s_id** 字段对记录进行分组，然后计算出每个分组中的最大值。

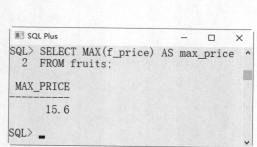

图 8-41　使用 MAX() 函数求最大值

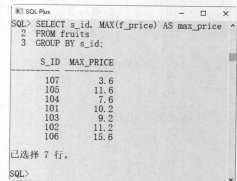

图 8-42　使用 MAX() 函数求每个分组中的最大值

8.5.4　使用 MIN() 求列最小值

MIN() 返回查询列中的最小值。

▌ 实例 24：使用 MAX() 函数查找列的最小值

例如，在 fruits 表中查找水果价格的最小值，执行语句如下：

```
SELECT MIN(f_price) AS min_price
FROM fruits;
```

执行结果如图 8-43 所示。由结果可以看到，MIN() 函数查询出了 **f_price** 字段的最小值 2.2。

另外，MIN() 也可以和 GROUP BY 子句一起使用，求每个分组中的最小值。

例如，在 fruits 表中查找不同水果供应商所提供水果价格的最小值，执行语句如下：

```
SELECT s_id, MIN(f_price) AS min_price
FROM fruits
GROUP BY s_id;
```

执行结果如图 8-44 所示。由结果可以看到，GROUP BY 子句根据 **s_id** 字段对记录进行分组，然后计算出每个分组中的最小值。

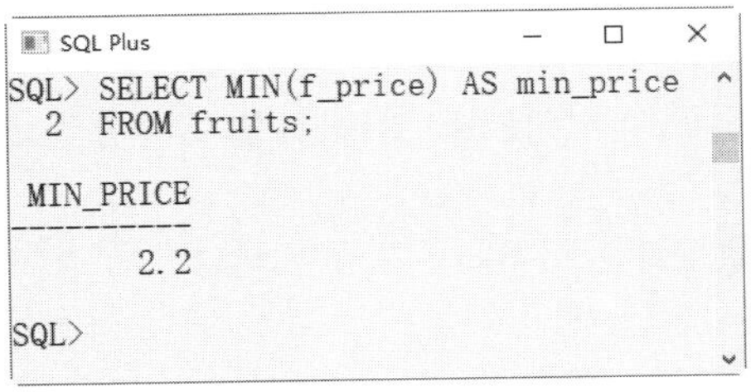

图 8-43　使用 MIN() 函数求列最小值 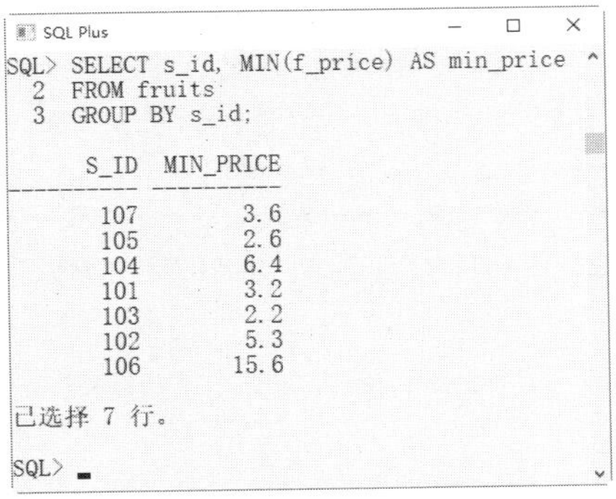　　图 8-44　使用 MIN() 函数求分组中的最小值

> **提示**：MIN() 函数与 MAX() 函数类似，不仅适用于查找数值类型的数据，也可用于查找字符类型的数据。

8.5.5　使用 COUNT() 进行统计

COUNT() 函数统计数据表中包含的记录行的总数，或者根据查询结果返回列中包含的数据行数。其使用方法有两种。

- COUNT(*)：计算表中总的行数，不管某列有数值或者为空值。
- COUNT(字段名)：计算指定列下总的行数，计算时将忽略字段中为空值的行。

实例 25：使用 COUNT() 统计数据表的行数

例如，查询人员表 person 中总的行数，执行语句如下：

```
SELECT COUNT(*) AS 人员总数
FROM person;
```

执行查询结果如图 8-45 所示，由查询结果可以看到，COUNT(*) 返回人员表 person 中记录的总行数，不管其值是什么，返回的总数为人员数据记录的总数。

当要查询的信息为空值 NULL 时，COUNT() 函数不计算该行记录。

例如，查询人员表 person 中有 info 字段信息的人员记录总数，执行语句如下：

```
SELECT COUNT(info) AS info_num
FROM person;
```

执行查询结果如图 8-46 所示。由查询结果可以看到，表中 5 个学生记录中只有 1 个没有描述信息，因此返回数值为 4。

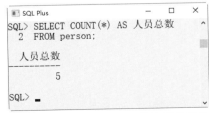

图 8-45　使用 COUNT() 函数计算总记录数

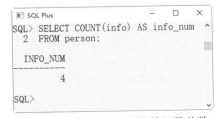

图 8-46　返回有具体列值的记录总数

注意: 实例 26 中的两个小例子中不同的数值，说明了两种方式在计算总数的时候对待 NULL 值的方式不同：指定列的值为空的行被 COUNT() 函数忽略；如果不指定列，而是在 COUNT() 函数中使用星号（*），则所有记录都不会被忽略。

另外，COUNT() 函数与 GROUP BY 子句可以一起使用，用来计算不同分组中的记录总数。

例如，在 person 表中，使用 COUNT() 函数统计不同籍贯的人员数量，执行语句如下：

```
SELECT info as 籍贯, COUNT(name) 学生数量
FROM person
GROUP BY info;
```

执行结果如图 8-47 所示。由查询结果可以看到，GROUP BY 子句先按照籍贯进行分组，然后计算每个分组中的总记录数。

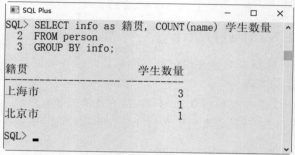

图 8-47　使用 COUNT() 函数求分组记录总和

8.6　疑难问题解析

▌疑问 1：在 WHERE 子句中必须使用圆括号吗？

答：任何时候使用具有 AND 和 OR 操作符的 WHERE 子句，都应该使用圆括号明确操作顺序。如果条件较多，即使能确定计算次序，默认的计算次序也可能会使 SQL 语句不易理解，因此使用括号明确操作符的次序，是一个好的习惯。

▌疑问 2：在 SELECT 语句中，何时使用分组子句，何时不必使用分组子句？

答：SELECT 语句中使用分组子句的先决条件是要有集合函数。当集合函数值与其他属性的值无关时，不必使用分组子句。当集合函数值与其他属性的值有关时，必须使用分组子句。

8.7　实战训练营

▌实战 1：创建数据表并在数据表中插入数据

创建数据表 employee 和 dept，表的结构以及表中的数据记录如表 8-4～表 8-7 所示。

表 8-4 employee 表的结构

字段名	字段说明	数据类型	主 键	外 键	非 空	唯 一	自 增
e_no	员工编号	NUMBER(11)	是	否	是	是	否
e_name	员工姓名	VARCHAR2(50)	否	否	是	否	否
e_gender	员工性别	CHAR(4)	否	否	否	否	否
dept_no	部门编号	NUMBER(11)	否	否	是	否	否
e_job	职位	VARCHAR2(50)	否	否	是	否	否
e_salary	薪水	NUMBER(11)	否	否	是	否	否
hireDate	入职日期	DATE	否	否	是	否	否

表 8-5 dept 表的结构

字段名	字段说明	数据类型	主 键	外 键	非 空	唯 一	自 增
d_no	部门编号	NUMBER(11)	是	是	是	是	是
d_name	部门名称	VARCHAR2(50)	否	否	是	否	否
d_location	部门地址	VARCHAR2(100)	否	否	否	否	否

表 8-6 employee 表中的记录

e_no	e_name	e_gender	dept_no	e_job	e_salary	hireDate
1001	SMITH	m	20	CLERK	800	2005-11-12
1002	ALLEN	f	30	SALESMAN	1600	2003-05-12
1003	WARD	f	30	SALESMAN	1250	2003-05-12
1004	JONES	m	20	MANAGER	2975	1998-05-18
1005	MARTIN	m	30	SALESMAN	1250	2001-06-12
1006	BLAKE	f	30	MANAGER	2850	1997-02-15
1007	CLARK	m	10	MANAGER	2450	2002-09-12
1008	SCOTT	m	20	ANALYST	3000	2003-05-12
1009	KING	f	10	PRESIDENT	5000	1995-01-01
1010	TURNER	f	30	SALESMAN	1500	1997-10-12
1011	ADAMS	m	20	CLERK	1100	1999-10-05
1012	JAMES	f	30	CLERK	950	2008-06-15

表 8-7 dept 表中的记录

d_no	d_name	d_location
10	ACCOUNTING	ShangHai
20	RESEARCH	BeiJing
30	SALES	ShenZhen
40	OPERATIONS	FuJian

（1）创建数据表 dept，并为 d_no 字段添加主键约束。

（2）创建 employee 表，为 dept_no 字段添加外键约束，这里 employee 表中的 dept_no 依赖于父表 dept 的主键字段 d_no。

（3）向 dept 表中插入数据。

（4）向 employee 表中插入数据。

▌实战 2：查询数据表中满足条件的数据记录

（1）在 employee 表中，查询所有记录的 e_no、e_name 和 e_salary 字段值。

（2）在 employee 表中，查询 dept_no 等于 10 和 20 的所有记录。

（3）在 employee 表中，查询工资范围在 800 ～ 2500 的员工信息。

（4）在 employee 表中，查询部门编号为 20 的部门中的员工信息。

（5）在 employee 表中，查询每个部门最高工资的员工信息。

（6）查询员工 BLAKE 的所在部门和部门所在地。

（7）查询所有员工的所在部门和部门信息。

（8）在 employee 表中，计算每个部门各有多少名员工。

（9）在 employee 表中，计算不同类型职工的总工资数。

（10）在 employee 表中，计算不同部门的平均工资。

（11）在 employee 表中，查询工资低于 1500 的员工信息。

（12）在 employee 表中，将查询记录先按部门编号由高到低排列，再按员工工资由高到低排列。

第9章 Oracle数据的复杂查询

本章导读

　　数据库管理系统的一个重要功能就是提供数据查询。数据查询不是简单返回数据库中存储的数据，而是应该根据需要对数据进行筛选，并可以设置数据以什么样的格式显示。本章就来介绍数据表中数据的复杂查询，主要内容包括嵌套查询、多表连接查询、使用排序函数查询、使用正则表达式查询等。

知识导图

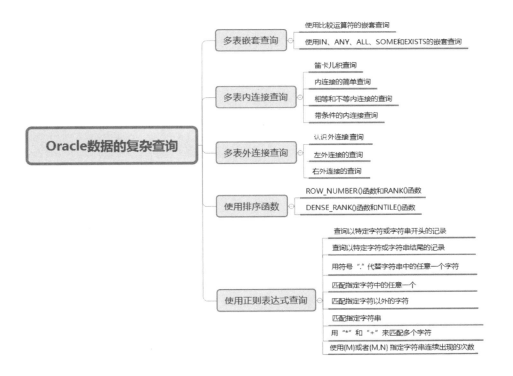

9.1　多表嵌套查询

多表嵌套查询又被称为子查询，在 SELECT 子句中先计算子查询，子查询的结果作为外层另一个查询的过滤条件，查询可以基于一个表或者多个表。子查询中可以使用比较运算符，如"<""<=""">"">="和"!="等，子查询中常用的操作符有 ANY、SOME、ALL、IN、EXISTS 等。

9.1.1　使用比较运算符的嵌套查询

嵌套查询中可以使用的比较运算符有"<""<=""="">="和"!="等。为演示多表之间的嵌套查询操作，这里使用第 8 章创建的水果表（fruits 表）以及表中的数据记录（见第 128 页）。

接着还需要创建水果供应商表（suppliers），执行语句如下：

```
CREATE TABLE suppliers
(
s_id      number(6),
s_name    varchar2(12),
s_city    varchar2(10)
);
```

执行结果如图 9-1 所示。

图 9-1　创建 suppliers 表

创建好数据表，下面向数据表 suppliers 中添加数据记录，执行语句如下：

```
INSERT INTO suppliers (s_id, s_name, s_city) VALUES('101','润绿果蔬', '天津');
INSERT INTO suppliers (s_id, s_name, s_city) VALUES ('102','绿色果蔬', '上海');
INSERT INTO suppliers (s_id, s_name, s_city) VALUES ('103','阳光果蔬', '北京');
INSERT INTO suppliers (s_id, s_name, s_city) VALUES ('104','生鲜果蔬', '郑州');
INSERT INTO suppliers (s_id, s_name, s_city) VALUES ('105','天天果蔬', '上海');
INSERT INTO suppliers (s_id, s_name, s_city) VALUES ('106','新鲜果蔬', '云南');
INSERT INTO suppliers (s_id, s_name, s_city) VALUES ('107','老高果蔬', '广东');
```

执行结果如图 9-2 所示，即可完成数据的添加。

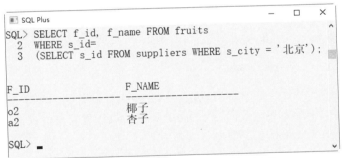

图 9-2　suppliers 数据表记录

实例 1：使用比较运算符进行嵌套查询

例如：在 suppliers 表中查询供应商所在城市等于"北京"的供应商编号 s_id，然后在水果表 fruits 中查询所有该供应商编号的水果信息，执行语句如下：

```
SELECT f_id, f_name FROM fruits
WHERE s_id=
(SELECT s_id FROM suppliers WHERE s_city = '北京');
```

执行结果如图 9-3 所示。该子查询首先在 suppliers 表中查找 s_city 等于"北京"的供应商编号 s_id，然后在外层查询时，在 fruits 表中查找 s_id 等于内层查询返回值的记录。

图 9-3　使用等号运算符进行比较子查询

结果表明，在"北京"的水果供应商总共供应两种水果，分别为"杏子""椰子"。

例如：在 suppliers 表中查询 s_city 等于"北京"的供应商编号 s_id，然后在 fruits 表中查询所有非该供应商的水果信息，执行语句如下：

```
SELECT f_id, f_name FROM fruits
WHERE s_id<>
(SELECT s_id FROM suppliers WHERE s_city = '北京');
```

执行结果如图 9-4 所示。该子查询的执行过程与前面相同，在这里使用了不等于（<>）运算符，因此返回的结果和图 9-3 所示的正好相反。

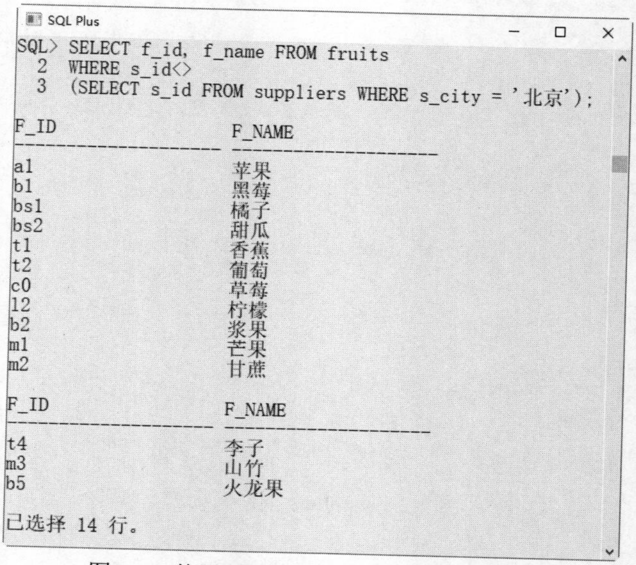

图 9-4 使用不等号运算符进行比较子查询

9.1.2 使用 IN 的嵌套查询

使用 IN 关键字进行嵌套查询时，内层查询语句仅仅返回一个数据列，这个数据列里的值将提供给外层查询语句进行比较操作。

▌实例 2：使用 IN 关键字进行嵌套查询

在 fruits 表中查询水果编号为"a1"的水果供应商编号，然后根据供应商编号 s_id 查询其供应商名称 s_name，执行语句如下：

```
SELECT s_name FROM suppliers
WHERE s_id IN
(SELECT s_id FROM fruits WHERE f_id = 'a1');
```

执行结果如图 9-5 所示。这个查询过程可以分步执行，首先内层子查询查出 fruits 表中符合条件的供应商的编号 s_id，查询结果为 101。然后执行外层查询，在 suppliers 表中查询供应商的编号 s_id 等于 101 的供应商名称。

另外，上述查询过程可以分开执行这两条 SELECT 语句，对比其返回值。子查询语句可以写为如下形式，以实现相同的效果：

```
SELECT s_name FROM suppliers WHERE s_id IN(101);
```

这个例子说明在处理 SELECT 语句的时候，SQL Server 实际上执行了两个操作过程，即先执行内层子查询，再执行外层查询，内层子查询的结果作为外部查询的比较条件。

SELECT 语句中可以使用 NOT IN 运算符，其作用与 IN 正好相反。

例如，与前一个例子语句类似，但是在 SELECT 语句中使用 NOT IN 运算符，执行语句如下：

```
SELECT s_name FROM suppliers
WHERE s_id NOT IN
(SELECT s_id FROM fruits WHERE f_id = 'a1');
```

执行结果如图 9-6 所示。

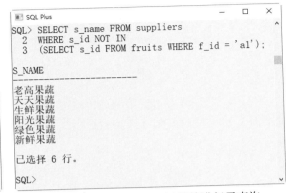

图 9-5 使用 IN 关键字进行子查询　　　图 9-6 使用 NOT IN 运算符进行子查询

9.1.3 使用 ANY 的嵌套查询

ANY 关键字也是在嵌套查询中经常使用的。通常会使用比较运算符来连接 ANY 得到的结果，用于比较某一列的值是否全部都大于 ANY 后面子查询中查询的最小值或者小于 ANY 后面嵌套查询中的最大值。

▎实例 3：使用 ANY 关键字进行嵌套查询

使用嵌套查询来查询供应商编号 s_id 为 101（润绿水果）中水果价格大于供应商"阳光果蔬"提供的水果价格的水果信息，执行语句如下：

```
SELECT * FROM fruits
WHERE f_price>ANY
(SELECT f_price FROM fruits
WHERE s_id=(SELECT s_id FROM suppliers WHERE s_name='阳光果蔬'))
AND s_id=101;
```

执行结果如图 9-7 所示。

```
SQL Plus                                                    —   □   ×
SQL> SELECT * FROM fruits
  2  WHERE f_price>ANY
  3  (SELECT f_price FROM fruits
  4  WHERE s_id=(SELECT s_id FROM suppliers WHERE s_name='阳光果蔬'))
  5  AND s_id=101;

F_ID                    S_ID F_NAME                      F_PRICE
_____      _____ _____      _____
a1                       101 苹果                          5.2
b1                       101 黑莓                         10.2
c0                       101 草莓                          3.2

SQL>
```

图 9-7 使用 ANY 关键字查询

从查询结果中可以看出，ANY 前面的运算符 ">" 代表了对 ANY 后面嵌套查询的结果中任意值进行是否大于的判断，如果要判断小于可以使用 "<"，判断不等于可以使用 "！="运算符。

9.1.4 使用 ALL 的嵌套查询

ALL 关键字与 ANY 不同，使用 ALL 时需要同时满足所有内层查询的条件。

实例 4：使用 ALL 关键字进行嵌套查询

使用嵌套查询来查询供应商 "润绿果蔬" 中水果价格大于供应商 "阳光果蔬" 提供的水果价格的水果信息，执行语句如下：

```
SELECT * FROM fruits
WHERE f_price>ALL
(SELECT f_price FROM fruits
WHERE s_id=(SELECT s_id FROM suppliers WHERE s_name='阳光果蔬'))
AND s_id=101;
```

执行结果如图 9-8 所示。从结果中可以看出，润绿果蔬提供的水果信息只返回水果价格大于阳光果蔬提供的水果价格最大值的水果信息。

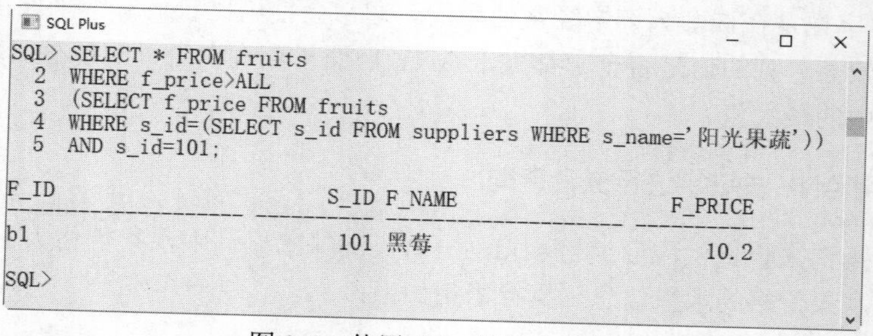

图 9-8 使用 ALL 关键字查询

9.1.5 使用 SOME 的子查询

SOME 关键字的用法与 ANY 关键字的用法相似，但是意义不同。SOME 通常用于比较满足查询结果中的任意一个值，而 ANY 要满足所有值才可以。因此，在实际应用中，需要特别注意查询条件。

实例 5：使用 SOME 关键字进行嵌套查询

查询水果信息表，并使用 SOME 关键字选出所有天天果蔬与生鲜果蔬的水果信息。执行语句如下：

```
SELECT * FROM fruits
WHERE s_id=SOME(SELECT s_id FROM suppliers WHERE s_name='天天果蔬' OR s_name='生鲜果蔬');
```

执行结果如图 9-9 所示。

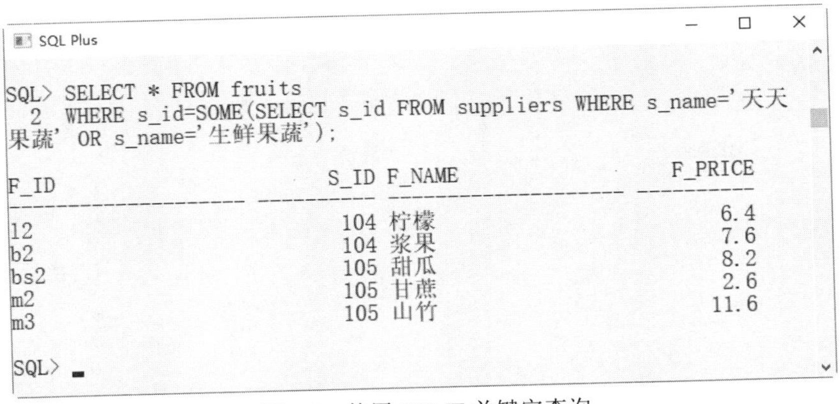

图 9-9　使用 SOME 关键字查询

从结果中可以看出，所有天天果蔬与生鲜果蔬的水果信息都查询出来了，这个关键字与
IN 关键字可以完成相同的功能。也就是说，当在 SOME 运算符前面使用 "=" 时，就代表了
IN 关键字的用途。

9.1.6　使用 EXISTS 的嵌套查询

EXISTS 关键字代表 "存在" 的意思，应用于嵌套查询中，只要嵌套查询返回的结果不为空，
返回结果就是 TRUE，此时外层查询语句将进行查询；否则就是 FALSE，外层语句将不进行
查询。通常情况下，EXISTS 关键字用在 WHERE 子句中。

▎实例 6：使用 EXISTS 关键字进行嵌套查询

查询表 suppliers 中是否存在 s_id=106 的供应商，如果存在就查询 fruits 表中的水果信息，
执行语句如下：

```
SELECT * FROM fruits
WHERE EXISTS
(SELECT s_name FROM suppliers WHERE s_id =106);
```

执行结果如图 9-10 所示。由结果可以看到，内层查询结果表明 suppliers 表中存在 s_
id=106 的记录，因此 EXISTS 的表达式返回 TRUE；外层查询语句接收 TRUE 之后对表 fruits
进行查询，返回所有的记录。

EXISTS 关键字还可以和条件表达式一起使用。

例如，查询表 suppliers 中是否存在 s_id=106 的供应商，如果存在就查询 fruits 表中 f_
price 大于 5 的记录，执行语句如下：

```
SELECT * FROM fruits
WHERE f_price >5 AND EXISTS
(SELECT s_name FROM suppliers WHERE s_id = 106);
```

执行结果如图 9-11 所示。由结果可以看到，内层查询结果表明 suppliers 表中存在 s_
id=106 的记录，因此 EXISTS 表达式返回 TRUE；外层查询语句接收 TRUE 之后根据查询条
件 f_price>5 对 fruits 表进行查询，返回结果为 f_price 大于 5 的记录。

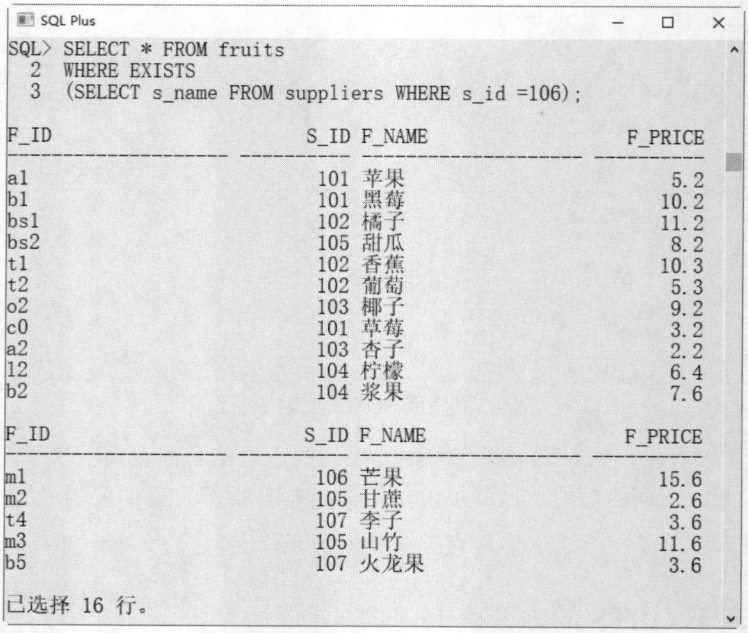

```
SQL> SELECT * FROM fruits
  2  WHERE EXISTS
  3  (SELECT s_name FROM suppliers WHERE s_id =106);

F_ID                       S_ID F_NAME                  F_PRICE
-------------------- ---------- -------------------- ----------
a1                          101 苹果                        5.2
b1                          101 黑莓                       10.2
bs1                         102 橘子                       11.2
bs2                         105 甜瓜                        8.2
t1                          102 香蕉                       10.3
t2                          102 葡萄                        5.3
o2                          103 椰子                        9.2
c0                          101 草莓                        3.2
a2                          103 杏子                        2.2
l2                          104 柠檬                        6.4
b2                          104 浆果                        7.6

F_ID                       S_ID F_NAME                  F_PRICE
-------------------- ---------- -------------------- ----------
m1                          106 芒果                       15.6
m2                          105 甘蔗                        2.6
t4                          107 李子                        3.6
m3                          105 山竹                       11.6
b5                          107 火龙果                      3.6

已选择 16 行。
```

图 9-10 使用 EXISTS 关键字查询

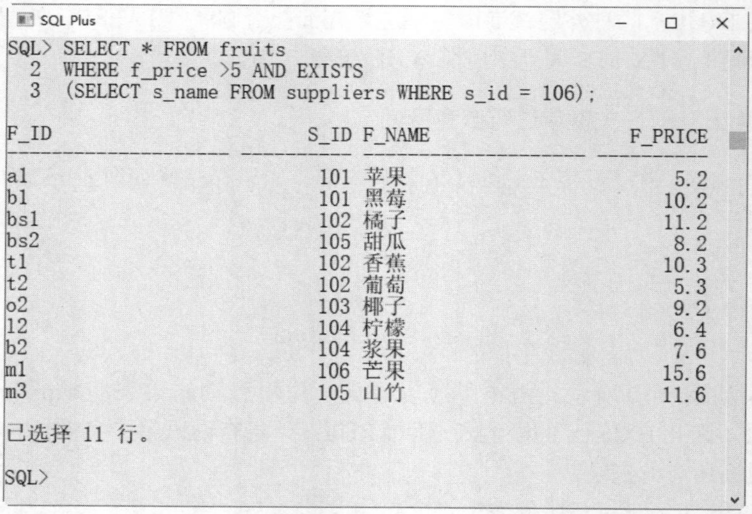

```
SQL> SELECT * FROM fruits
  2  WHERE f_price >5 AND EXISTS
  3  (SELECT s_name FROM suppliers WHERE s_id = 106);

F_ID                       S_ID F_NAME                  F_PRICE
-------------------- ---------- -------------------- ----------
a1                          101 苹果                        5.2
b1                          101 黑莓                       10.2
bs1                         102 橘子                       11.2
bs2                         105 甜瓜                        8.2
t1                          102 香蕉                       10.3
t2                          102 葡萄                        5.3
o2                          103 椰子                        9.2
l2                          104 柠檬                        6.4
b2                          104 浆果                        7.6
m1                          106 芒果                       15.6
m3                          105 山竹                       11.6

已选择 11 行。

SQL>
```

图 9-11 使用 EXISTS 关键字的复合条件查询

NOT EXISTS 与 EXISTS 的使用方法相同，返回的结果相反。子查询如果返回数据记录，那么 NOT EXISTS 的结果为 FALSE，此时外层查询语句将不进行查询；如果子查询没有返回任何行，那么 NOT EXISTS 返回的结果是 TRUE，此时外层语句将进行查询。

例如，查询表 suppliers 中是否存在 s_id=106 的供应商，如果不存在就查询 fruits 表中的记录，执行语句如下：

```
SELECT * FROM fruits
WHERE NOT EXISTS
(SELECT s_name FROM suppliers WHERE s_id = 106);
```

执行结果如图 9-12 所示。该条语句的查询结果将为空值，因为查询语句 SELECT s_name FROM suppliers WHERE s_id=106 对 suppliers 表查询返回了一条记录，NOT EXISTS 表达返回 FALSE，外层表达式接收到 FALSE，将不再查询 fruits 表中的记录。

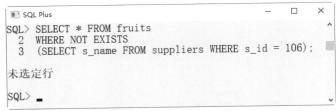

图 9-12　使用 NOT EXISTS 关键字的复合条件查询

> 注意：EXISTS 和 NOT EXISTS 的结果只取决于是否会返回行，而不取决于这些行的内容，所以这个子查询输入列表通常是无关紧要的。

9.2　多表内连接查询

连接是关系数据库模型的主要特点，连接查询是关系数据库中最主要的查询，主要包括内连接、外连接等。内连接查询操作列出与连接条件匹配的数据行，使用比较运算符比较被连接列的列值。

具体的语法格式如下：

```
SELECT column_name1, column_name2,…
FROM table1 INNER JOIN table2
ON conditions;
```

主要参数介绍如下。

- table1：数据表 1，通常在内连接中被称为左表。
- table2：数据表 2，通常在内连接中被称为右表。
- INNER JOIN：内连接的关键字。
- ON conditions：设置内连接中的条件。

9.2.1　笛卡儿积查询

笛卡儿积是针对一种多表查询的特殊结果来说的，它的特殊之处在于多表查询时没有指定查询条件，查询的是多个表中的全部记录，返回的具体结果是每张表中列的和、行的积。

实例 7：模拟笛卡儿积查询

不使用任何条件查询水果信息表 fruits 与供应商表 suppliers 中的全部数据，执行语句如下：

```
SELECT *FROM fruits,suppliers;
```

执行结果如图 9-13 所示。从结果可以看出，返回的列共有 7 列，是两个表中列的和，即 4+3=7；返回的行是 112 行，是两个表中行的乘积，即 16×7=112。

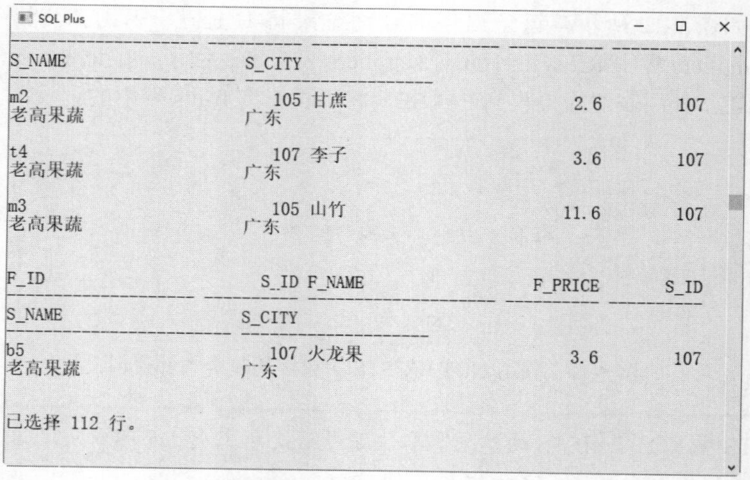

```
SQL Plus                                                    —   □   ×

S_NAME                          S_CITY
_____             _____
m2                                  105 甘蔗                    2.6        107
老高果蔬                          广东

t4                                  107 李子                    3.6        107
老高果蔬                          广东

m3                                  105 山竹                   11.6        107
老高果蔬                          广东

F_ID                            S_ID F_NAME               F_PRICE        S_ID
S_NAME                          S_CITY
b5                                  107 火龙果                  3.6        107
老高果蔬                          广东

已选择 112 行。
```

图 9-13 笛卡儿积查询结果

> **注意**：在使用多表连接查询时，一定要设置查询条件，否则就会出现笛卡儿积，这样会降低数据库的访问效率，因此每一个数据库的使用者都要避免查询结果中笛卡儿积的产生。

9.2.2 内连接的简单查询

内连接可以理解为等值连接，它的查询结果全部都是符合条件的数据。

▎实例 8：使用内连接方式查询

使用内连接查询水果信息表 fruits 和供应商信息表 suppliers，执行语句如下：

```
SELECT * FROM fruits INNER JOIN suppliers
ON fruits.s_id = suppliers.s_id;
```

执行结果如图 9-14 所示。从结果可以看出，内连接查询的结果就是符合条件的全部数据。

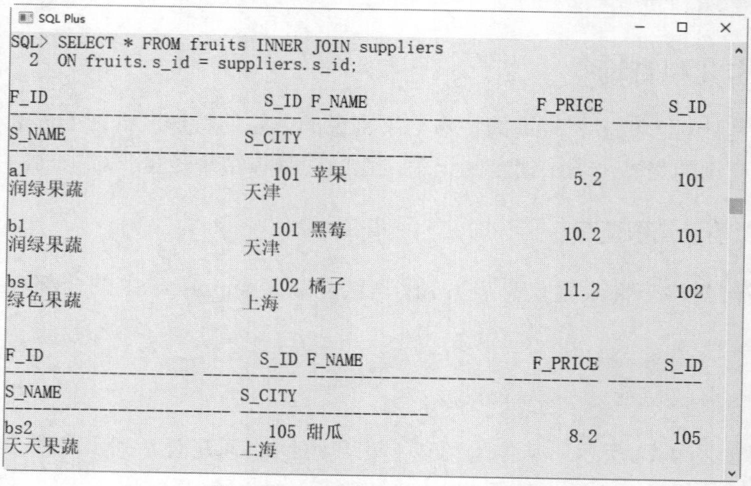

```
SQL Plus                                                    —   □   ×
SQL> SELECT * FROM fruits INNER JOIN suppliers
  2  ON fruits.s_id = suppliers.s_id;
F_ID                            S_ID F_NAME               F_PRICE        S_ID
_____             _____
S_NAME                          S_CITY
a1                                  101 苹果                    5.2        101
润绿果蔬                          天津

b1                                  101 黑莓                   10.2        101
润绿果蔬                          天津

bs1                                 102 橘子                   11.2        102
绿色果蔬                          上海

F_ID                            S_ID F_NAME               F_PRICE        S_ID
S_NAME                          S_CITY
bs2                                 105 甜瓜                    8.2        105
天天果蔬                          上海
```

图 9-14 内连接的简单查询结果

9.2.3 相等内连接的查询

相等连接又叫等值连接，在连接条件中使用等于号（=）运算符比较被连接列的列值，其查询结果中列出被连接表中的所有列，包括其中的重复列。下面给出一个实例。

fruits 表中的 s_id 与 suppliers 表中的 s_id 具有相同的含义，两个表通过这个字段建立联系。接下来从 fruits 表中查询 f_name、f_price 字段，从 suppliers 表中查询 s_id、s_name。

▌实例 9：使用相等内连接方式查询

在 fruits 表和 suppliers 表之间使用 INNER JOIN 语法进行内连接查询，执行语句如下：

```
SELECT suppliers.s_id,s_name,f_name, f_price
FROM fruits INNER JOIN suppliers
ON fruits.s_id = suppliers.s_id;
```

执行结果如图 9-15 所示。在这里的查询语句中，两个表之间的关系通过 INNER JOIN 指定，在使用这种语法的时候，连接的条件使用 ON 子句给出而不是 WHERE，ON 和 WHERE 后面指定的条件相同。

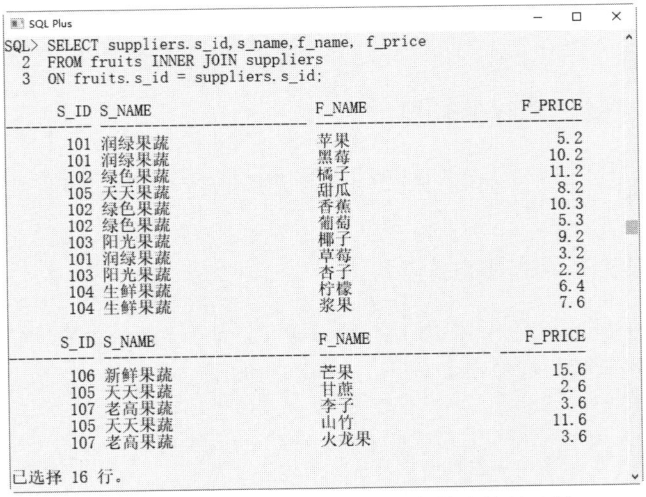

图 9-15　使用 INNER JOIN 进行相等内连接查询

9.2.4 不等内连接的查询

不等内连接查询是指在连接条件中使用除等于运算符以外的其他比较运算符，比较被连接列的列值。这些运算符包括 ">" ">=" "<=" "<" "!>" "!<" 和 "<>"。

▌实例 10：使用不等内连接方式查询

在 fruits 表和 suppliers 表之间使用 INNER JOIN 语法进行内连接查询，执行语句如下：

```
SELECT suppliers.s_id, s_name, f_name,f_price
FROM fruits INNER JOIN suppliers
ON fruits.s_id<>suppliers.s_id;
```

执行结果如图 9-16 所示。

```
SQL Plus                                                    —    □    ×
SQL> SELECT suppliers.s_id, s_name, f_name,f_price
  2  FROM fruits INNER JOIN suppliers
  3  ON fruits.s_id<>suppliers.s_id;

      S_ID S_NAME                F_NAME                F_PRICE
---------- --------------------- --------------------- ----------
       101 润绿果蔬              橘子                      11.2
       101 润绿果蔬              甜瓜                       8.2
       101 润绿果蔬              香蕉                      10.3
       101 润绿果蔬              葡萄                       5.3
       101 润绿果蔬              椰子                       9.2
       101 润绿果蔬              杏子                       2.2
       101 润绿果蔬              柠檬                       6.4
       101 润绿果蔬              浆果                       7.6
       101 润绿果蔬              芒果                      15.6
       101 润绿果蔬              甘蔗                       2.6
       101 润绿果蔬              李子                       3.6

      S_ID S_NAME                F_NAME                F_PRICE
---------- --------------------- --------------------- ----------
       101 润绿果蔬              山竹                      11.6
       101 润绿果蔬              火龙果                     3.6
       102 绿色果蔬              苹果                       5.2
       102 绿色果蔬              黑莓                      10.2
       102 绿色果蔬              甜瓜                       8.2
       102 绿色果蔬              椰子                       9.2
       102 绿色果蔬              草莓                       3.2
```

图 9-16　使用 INNER JOIN 进行不等内连接查询

9.2.5　带条件的内连接查询

带选择条件的连接查询是在连接查询的过程中，通过添加过滤条件限制查询的结果，使查询的结果更加准确。

▎实例 11：使用带条件的内连接方式查询

在 fruits 表和 suppliers 表中，使用 INNER JOIN 语法查询 fruits 表中供应商编号为 101 的水果编号、名称与供应商所在城市 s_city，执行语句如下：

```
SELECT fruits.f_id, fruits.f_name,suppliers.s_city
FROM fruits INNER JOIN suppliers
ON fruits.s_id= suppliers.s_id AND fruits.s_id=101;
```

执行结果如图 9-17 所示。结果显示，在连接查询时指定查询供应商编号为 101 的水果编号、名称以及该供应商的所在地信息，添加了过滤条件之后返回的结果将会变少，因此返回结果只有 3 条记录。

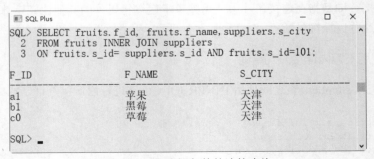

图 9-17　带选择条件的连接查询

9.3 多表外连接查询

几乎所有的查询语句，查询结果全部都是需要符合条件才能查询出来的。换句话说，如果执行查询语句后没有符合条件的结果，那么在结果中就不会有任何记录。外连接查询则与之相反，通过外连接查询，可以在查询出符合条件的结果后显示出某张表中不符合条件的数据。

9.3.1 认识外连接查询

外连接查询包括左外连接、右外连接以及全外连接。具体的语法格式如下：

```
SELECT column_name1, column_name2,…
FROM table1 LEFT|RIGHT|FULL OUTER JOIN table2
ON conditions;
```

主要参数介绍如下。

- table1：数据表 1，通常在外连接中被称为左表。
- table2：数据表 2，通常在外连接中被称为右表。
- LEFT OUTER JOIN（左外连接）：使用左外连接时得到的查询结果中，除了符合条件的查询部分结果，还要加上左表中余下的数据。
- RIGHT OUTER JOIN（右外连接）：使用右外连接时得到的查询结果中，除了符合条件的查询部分结果，还要加上右表中余下的数据。
- FULL OUTER JOIN（全外连接）：使用全外连接时得到的查询结果中，除了符合条件的查询结果部分，还要加上左表和右表中余下的数据。
- ON conditions：设置外连接中的条件，与 WHERE 子句后面的写法一样。

为了展示 3 种外连接的效果，这里需要在水果表 fruits 中插入一条数据记录，执行代码如下：

```
INSERT INTO fruits (f_id, s_id, f_name, f_price) VALUES ('b7',109,'木瓜', 8.6);
```

还需要在水果供应商表 suppliers 中插入一条数据记录，执行代码如下：

```
INSERT INTO suppliers (s_id, s_name, s_city) VALUES ('108','老高果蔬', '广东');
```

然后将两张数据表中以水果供应商编号相等作为条件的记录查询出来，这是因为水果信息表与供应商信息表是根据供应商编号字段关联的。

例如，以供应商编号相等作为条件来查询两张表的数据记录，执行语句如下：

```
SELECT * FROM fruits,suppliers
WHERE fruits.s_id=suppliers.s_id;
```

执行结果如图 9-18 所示。从查询结果中可以看出，在查询结果左侧是水果信息表中符合条件的全部数据，在右侧是供应商信息表中符合条件的全部数据。

下面就分别使用 3 种外连接来根据 fruits.s_id=suppliers.s_id 这个条件查询数据，请注意观察查询结果的区别。

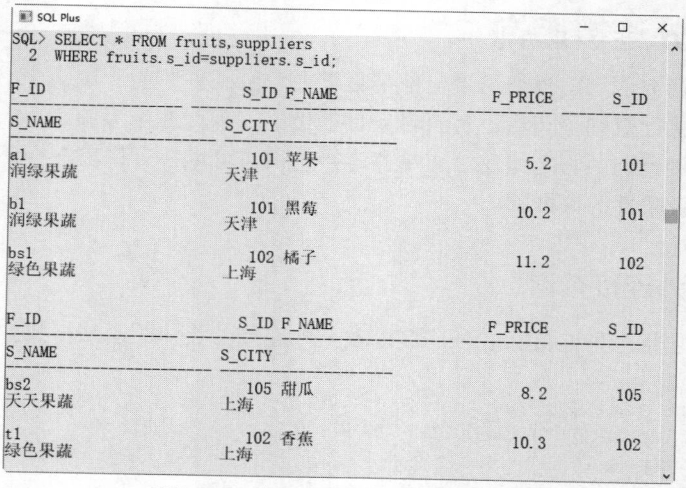

图 9-18　查看两表的全部数据记录

9.3.2　左外连接的查询

左外连接的结果包括 LEFT OUTER JOIN 关键字左边连接表的所有行，而不仅仅是连接列所匹配的行。如果左表的某行在右表中没有匹配行，则在相关联的结果集行中右表的所有选择字段均为空值。

▌实例 12：使用左外连接方式查询

使用左外连接查询，将水果信息表作为左表，供应商信息表作为右表，执行语句如下：

```
SELECT * FROM fruits LEFT OUTER JOIN suppliers
ON fruits.s_id=suppliers.s_id;
```

执行结果如图 9-19 所示。结果最后显示的 1 条记录，s_id 等于 109 的供应商编号在供应商信息表中没有记录，所以该条记录只取出了 fruits 表中相应的值，而从 suppliers 表中取出的值为空值。

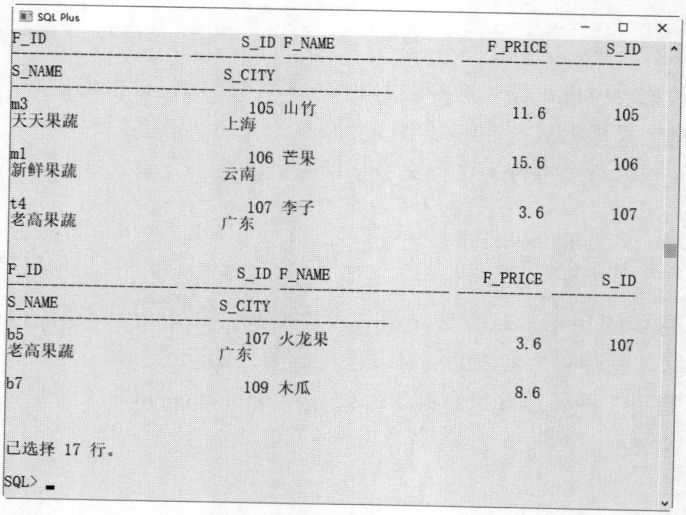

图 9-19　左外连接查询

9.3.3 右外连接的查询

右外连接是左外连接的反向连接，将返回RIGHT OUTER JOIN关键字右边表中的所有行。如果右表的某行在左表中没有匹配行，则左表将返回空值。

▌实例 13：使用右外连接方式查询

使用右外连接查询，将水果信息表作为左表、供应商信息表作为右表，执行语句如下：

```
SELECT * FROM fruits RIGHT OUTER JOIN suppliers
ON fruits. s_id=suppliers.s_id;
```

执行结果如图 9-20 所示。结果最后显示的 1 条记录，s_id 等于 108 的供应商编号在水果信息表中没有记录，所以该条记录只取出了 suppliers 表中相应的值，而从 fruits 表中取出的值为空值。

```
F_ID                 S_ID F_NAME              F_PRICE      S_ID
S_NAME               S_CITY
m2                    105 甘蔗                    2.6       105
天天果蔬             上海
t4                    107 李子                    3.6       107
老高果蔬             广东
m3                    105 山竹                   11.6       105
天天果蔬             上海

F_ID                 S_ID F_NAME              F_PRICE      S_ID
S_NAME               S_CITY
b5                    107 火龙果                  3.6       107
老高果蔬             广东
                                                            108
老菜果蔬             广东

已选择 17 行。

SQL>
```

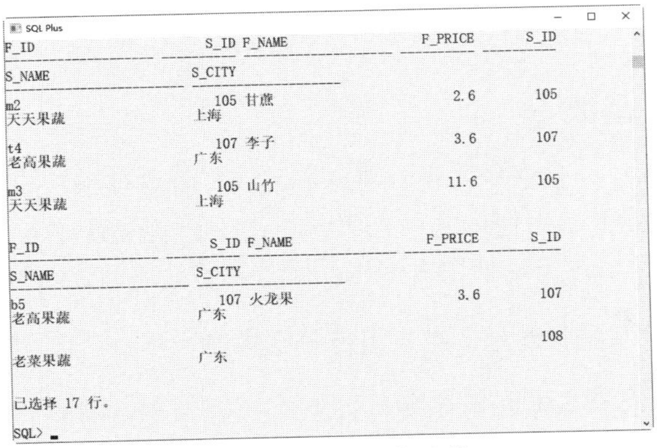

图 9-20　右外连接查询

9.4 使用排序函数

在 Oracle 中，可以对返回的查询结果排序，排序函数按升序的方式组织输出结果集。用户可以为每一行或每一个分组指定一个唯一的序号。Oracle 中常用的 4 个排序函数分别是 ROW_NUMBER()、RANK()、DENSE_RANK() 和 NTILE() 函数。

9.4.1 ROW_NUMBER () 函数

ROW_NUMBER() 函数为每条记录增添递增的顺序数值序号，即使存在相同的值时也递增序号。

▌实例 14：使用 ROW_NUMBER() 函数对查询结果进行分组排序

按照编号对水果信息表中的水果进行分组排序，执行语句如下：

```
SELECT ROW_NUMBER() OVER (ORDER BY s_id ASC),s_id,f_name
FROM fruits;
```

执行结果如图 9-21 所示，从返回结果可以看到每一条记录都有一个不同的数字序号。

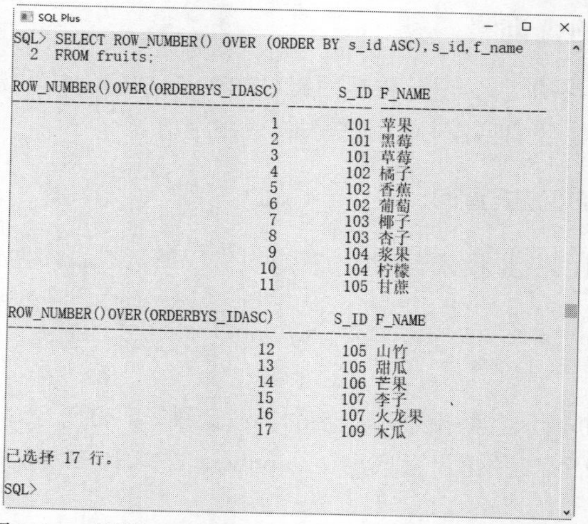

```
SQL> SELECT ROW_NUMBER() OVER (ORDER BY s_id ASC),s_id,f_name
  2  FROM fruits;

ROW_NUMBER()OVER(ORDERBYS_IDASC)       S_ID F_NAME
-------------------------------- ---------- --------------------
                               1        101 苹果
                               2        101 黑莓
                               3        101 草莓
                               4        102 橘子
                               5        102 香蕉
                               6        102 葡萄
                               7        103 椰子
                               8        103 杏子
                               9        104 浆果
                              10        104 柠檬
                              11        105 甘蔗

ROW_NUMBER()OVER(ORDERBYS_IDASC)       S_ID F_NAME
-------------------------------- ---------- --------------------
                              12        105 山竹
                              13        105 甜瓜
                              14        106 芒果
                              15        107 李子
                              16        107 火龙果
                              17        109 木瓜

已选择 17 行。

SQL>
```

图 9-21　使用 ROW_NUMBER() 函数为查询结果排序

9.4.2 RANK() 函数

如果两个或多个行与一个排名关联，则每个关联行将得到相同的排名。例如，如果两位学生具有相同的 s_score 值，则他们将并列第一。由于已有两行排名在前，所以具有下一个最高 s_score 的学生将排名第三，使用 RANK() 函数并不总返回连续整数。

▌实例 15：使用 RANK() 函数对查询结果进行分组排序

在水果信息表中，使用 RANK() 函数可以根据 s_id 字段查询的结果进行分组排序，执行语句如下：

```
SELECT RANK() OVER (ORDER BY s_id ASC) AS RankID,s_id,f_name
FROM fruits;
```

执行结果如图 9-22 所示。返回的结果中有相同 s_id 值的记录的序号相同，第 4 条记录的序号为一个跳号，与前面 3 条记录的序号不连续。

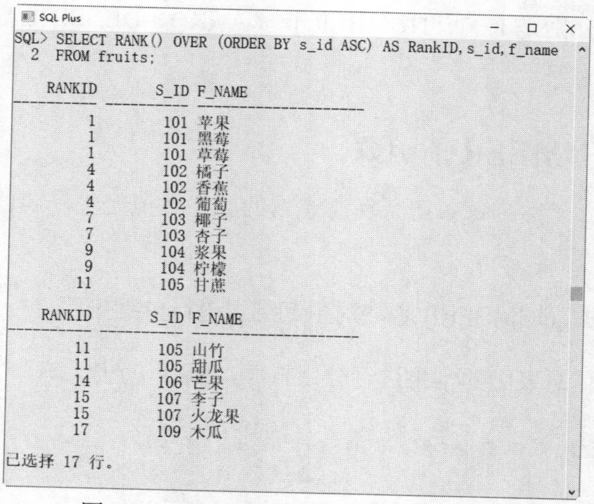

```
SQL> SELECT RANK() OVER (ORDER BY s_id ASC) AS RankID,s_id,f_name
  2  FROM fruits;

    RANKID       S_ID F_NAME
---------- ---------- --------------------
         1        101 苹果
         1        101 黑莓
         1        101 草莓
         4        102 橘子
         4        102 香蕉
         4        102 葡萄
         7        103 椰子
         7        103 杏子
         9        104 浆果
         9        104 柠檬
        11        105 甘蔗

    RANKID       S_ID F_NAME
---------- ---------- --------------------
        11        105 山竹
        11        105 甜瓜
        14        106 芒果
        15        107 李子
        15        107 火龙果
        17        109 木瓜

已选择 17 行。
```

图 9-22　使用 RANK() 对查询结果排序

> **注意：** 排序函数只与 SELECT 和 ORDER BY 语句一起使用，不能直接在 WHERE 或者 GROUP BY 子句中使用。

9.4.3 DENSE_RANK() 函数

DENSE_RANK() 函数返回结果集分区中行的排名，在排名中没有任何间断。行的排名等于所讨论行之前的所有排名数加一。即相同的数据序号相同，接下来顺序递增。

实例 16：使用 DENSE_RANK() 函数对查询结果进行分组排序

在水果信息表中，可以用 DENSE_RANK() 函数根据 s_id 字段查询的结果进行分组排序。执行语句如下：

```
SELECT DENSE_RANK() OVER (ORDER BY s_id ASC) AS DENSEID,s_id,f_name
FROM fruits;
```

执行结果如图 9-23 所示。从返回的结果中可以看到具有相同 s_id 的记录组有相同的排列序号值，序号值依次递增。

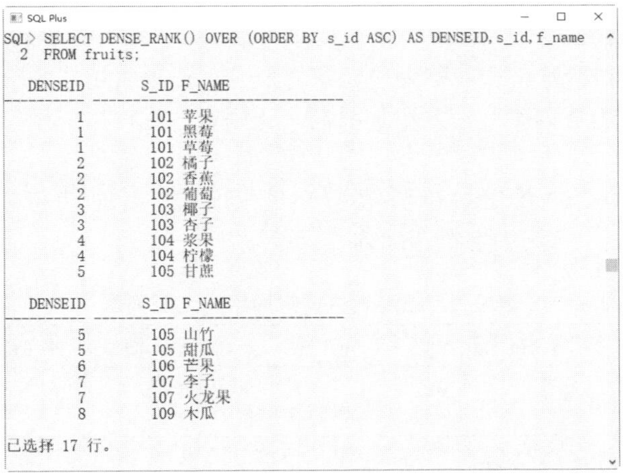

```
SQL> SELECT DENSE_RANK() OVER (ORDER BY s_id ASC) AS DENSEID,s_id,f_name
  2  FROM fruits;

   DENSEID       S_ID F_NAME
---------- ---------- ------------------------
         1        101 苹果
         1        101 黑莓
         1        101 草莓
         2        102 橘子
         2        102 香蕉
         2        102 葡萄
         3        103 椰子
         3        103 杏子
         4        104 浆果
         4        104 柠檬
         5        105 甘蔗

   DENSEID       S_ID F_NAME
---------- ---------- ------------------------
         5        105 山竹
         5        105 甜瓜
         6        106 芒果
         7        107 李子
         7        107 火龙果
         8        109 木瓜

已选择 17 行。
```

图 9-23　使用 DENSE_RANK() 对查询结果进行分组排序

9.4.4 NTILE() 函数

NTILE(N) 函数用来将查询结果中的记录分为 N 组。各个组有编号，编号从“1”开始。对于每一个行，NTILE() 将返回此行所属的组的编号。

实例 17：使用 NTILE(N) 函数对查询结果进行分组排序

在水果信息表中，使用 NTILE() 函数可以根据 s_id 字段查询的结果进行分组排序，执行语句如下：

```
SELECT NTILE(5) OVER (ORDER BY s_id ASC) AS NTILEID,s_id,f_name
FROM fruits;
```

执行结果如图 9-24 所示。由结果可以看到，NTILE(5) 将返回记录分为 5 组，每组一个序号，序号依次递增。

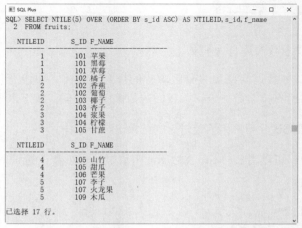

图 9-24　使用 NTILE() 函数对查询结果排序

9.5　使用正则表达式查询

正则表达式（Regular Expression）是一种文本模式，包括普通字符（例如，a 到 z 之间的字母）和特殊字符（称为"元字符"）。正则表达式的查询能力比普通字符的查询能力更强大，而且更加灵活。正则表达式可以应用于非常复杂的数据查询。

Oracle 中使用 REGEXP_LIKE() 函数指定正则表达式的字符匹配模式。表 9-1 为 REGEXP_LIKE() 函数中常用的字符匹配列表。

表 9-1　正则表达式常用字符匹配列表

选　　项	说　　明	示　　例	匹配值示例
^	匹配文本的开始字符	'^b' 匹配以字母 b 开头的字符串	book, big, banana, bike
$	匹配文本的结束字符	'st$' 匹配以 st 结尾的字符串	test, resist, persist
.	匹配任意单个字符	'b.t' 匹配 b 和 t 之间有任意一个字符的字符串	bit, bat, but,bite
*	匹配零个或多个在它前面的字符	'f*n' 匹配字符 n 前面有任意个字符 f	fn, fan,faan
+	匹配前面的字符 1 次或多次	'ba+ ' 匹配以 b 开头后面紧跟至少一个 a 的字符串	ba, bay, bare, battle
<字符串>	匹配包含指定字符串的文本	'fa' 匹配包含 fa 的文本	fan,afa,faad
[字符集合]	匹配字符集合中的任何一个字符	'[xz]' 匹配 x 或者 z	dizzy, zebra, x-ray, extra
[^]	匹配不在括号中的任何字符	'[^abc]' 匹配任何不包含 a、b 或 c 的字符串	desk, fox, f8ke
字符串 {n,}	匹配前面的字符串至少 n 次	'b{2}' 匹配 2 个或更多个 b	bbb,bbbb,bbbbbbb
字符串 {n,m}	匹配前面的字符串至少 n 次，至多 m 次。如果 n 为 0，此参数为可选参数	'b{2,4}' 匹配最少 2 个、最多 4 个 b	bb,bbb,bbbb

为演示使用正则表达式的查询操作，这里在数据库中创建数据表 info，执行代码如下：

```
Create table info
(
  id   number(2),
  name  varchar2(10)
);
```

然后在 info 数据表中添加数据记录，执行代码如下。

```
INSERT INTO info (id, name) VALUES (1,'Arice');
INSERT INTO info (id, name) VALUES (2,'Eric');
INSERT INTO info (id, name) VALUES (3,'Tpm');
INSERT INTO info (id, name) VALUES (4,'Jack');
INSERT INTO info (id, name) VALUES (5,'Lucy');
INSERT INTO info (id, name) VALUES (6,'Sum');
INSERT INTO info (id, name) VALUES (7,'abc123');
INSERT INTO info (id, name) VALUES (8,'aaa');
INSERT INTO info (id, name) VALUES (9,'dadaaa');
INSERT INTO info (id, name) VALUES (10,'aaaba');
INSERT INTO info (id, name) VALUES (11,'ababab');
INSERT INTO info (id, name) VALUES (12,'ab321');
INSERT INTO info (id, name) VALUES (13,'Rose');
```

9.5.1　查询以特定字符或字符串开头的记录

使用字符"^"可以匹配以特定字符或字符串开头的记录。

实例 18：使用字符"^"查询数据

从 info 表的 name 字段中查询以字母 L 开头的记录，执行语句如下：

```
SELECT * FROM info WHERE REGEXP_LIKE(name , '^L');
```

执行结果如图 9-25 所示，即可完成数据的查询操作，并显示查询结果。结果显示，查询出了 name 字段中以字母 L 开头的一条记录。

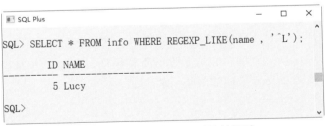

图 9-25　查询以字母 L 开头的记录

从 info 表的 name 字段中查询以字符串 aaa 开头的记录，执行语句如下：

```
SELECT * FROM info WHERE REGEXP_LIKE(name , '^aaa');
```

执行结果如图 9-26 所示，即可完成数据的查询操作，并显示查询结果。结果显示，查询出了 name 字段中以字母 aaa 开头的两条记录。

图 9-26　查询以字符串 aaa 开头的记录

9.5.2　查询以特定字符或字符串结尾的记录

使用字符"$"可以匹配以特定字符或字符串结尾的记录。

▎实例 19：使用字符"$"查询数据

从 info 表的 name 字段中查询以字母 c 结尾的记录，执行语句如下：

```
SELECT * FROM info WHERE REGEXP_LIKE (name ,'c$');
```

执行结果如图 9-27 所示，即可完成数据的查询操作，并显示查询结果。结果显示，查询出了 name 字段中以字母 c 结尾的一条记录。

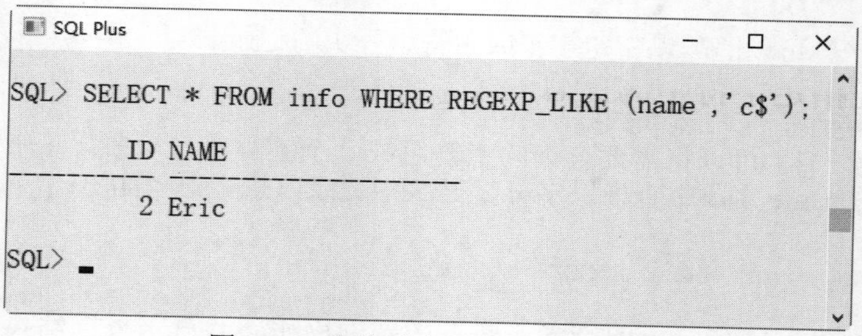

图 9-27　查询以字母 c 结尾的记录

从 info 表的 name 字段中查询以字符串 aaa 结尾的记录，执行语句如下：

```
SELECT * FROM info WHERE REGEXP_LIKE(name , 'aaa$');
```

执行结果如图 9-28 所示，即可完成数据的查询操作，并显示查询结果。结果显示，查询出了 name 字段中以字母 aaa 结尾的两条记录。

图 9-28　查询以字符串 aaa 结尾的记录

9.5.3 用符号“.”代替字符串中的任意一个字符

在用正则表达式查询时，可以用“.”替代字符串中的任意一个字符。

实例 20：使用字符“.”查询数据

从 info 表的 name 字段中查询以字母 L 开头，以字母 y 结尾，中间有两个任意字符的记录，执行语句如下：

```
SELECT * FROM info WHERE REGEXP_LIKE(name , '^L..y$');
```

执行结果如图 9-29 所示。在上述语句中，“^L”表示以字母 L 开头，“..”表示两个任意字符，“y$”表示以字母 y 结尾，查询结果为 Lucy。这个刚好是以字母 L 开头，以字母 y 结尾，中间有两个任意字符的记录。

```
SQL Plus
SQL> SELECT * FROM info WHERE REGEXP_LIKE(name , '^L..y$');

        ID NAME
---------- --------------------
         5 Lucy

SQL>
```

图 9-29　查询以字母 L 开头、以 y 结尾的记录

9.5.4 匹配指定字符中的任意一个

使用方括号（[]）可以将需要查询的字符组成一个字符集，只要记录中包含方括号中的任意字符，该记录就会被查询出来。例如，通过“[abc]”可以查询包含 a、b 和 c 3 个字母中任何一个的记录。

实例 21：使用字符“[]”查询数据

从 info 表的 name 字段中查询包含 e、o、c 这 3 个字母中任意一个的记录，执行语句如下：

```
SELECT * FROM info WHERE REGEXP_LIKE (name,'[eoc]');
```

执行结果如图 9-30 所示，即可完成数据的查询操作，并显示查询结果。查询结果都包含这 3 个字母中的任意一个。

```
SQL Plus
SQL> SELECT * FROM info WHERE REGEXP_LIKE (name,'[eoc]');

        ID NAME
---------- --------------------
         1 Arice
         2 Eric
         4 Jack
         5 Lucy
         7 abc123
        13 Rose

已选择 6 行。

SQL>
```

图 9-30　使用方括号（[]）查询

另外，使用方括号（[]）还可以指定集合的区间，例如 [a-z] 表示从 a 到 z 的所有字母；[0-9] 表示从 0 到 9 的所有数字，[a-z0-9] 表示包含所有的小写字母和数字。

从 info 表的 name 字段中查询包含数字的记录，执行语句如下：

```
SELECT * FROM info WHERE REGEXP_LIKE (name,'[0-9]');
```

执行结果如图 9-31 所示，即可完成数据的查询操作，并显示查询结果。查询结果中，name 字段的取值都包含数字。

```
SQL Plus                                                    —    □    ×
SQL> SELECT * FROM info WHERE REGEXP_LIKE (name,'[0-9]');
        ID NAME
---------- --------------------
         7 abc123
        12 ab321

SQL>
```

图 9-31   查询包含数字的记录

从 info 表的 name 字段中查询包含数字或字母 a、b、c 的记录，执行语句如下：

```
SELECT * FROM info WHERE REGEXP_LIKE (name,'[0-9a-c]');
```

执行结果如图 9-32 所示，即可完成数据的查询操作，并显示查询结果。查询结果中，name 字段的取值都包含数字或者字母 a、b、c 中的任意一个。

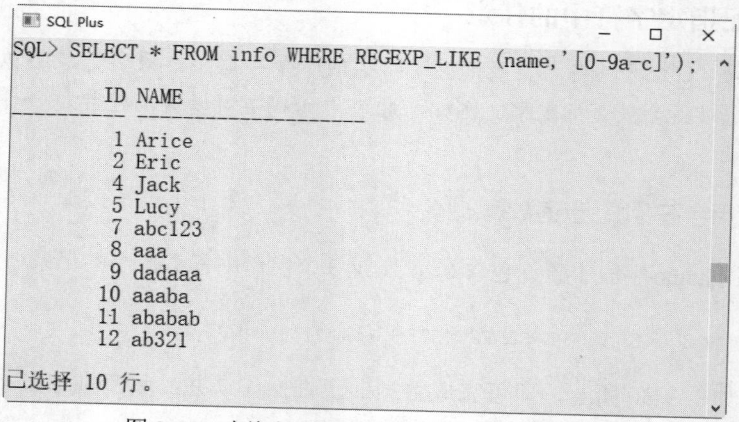

```
SQL Plus                                                    —    □    ×
SQL> SELECT * FROM info WHERE REGEXP_LIKE (name,'[0-9a-c]');
        ID NAME
---------- --------------------
         1 Arice
         2 Eric
         4 Jack
         5 Lucy
         7 abc123
         8 aaa
         9 dadaaa
        10 aaaba
        11 ababab
        12 ab321
已选择 10 行。
```

图 9-32   查询包含数字或字母 a、b、c 的记录

知识扩展：

使用方括号（[]）可以指定需要匹配字符的集合，如果需要匹配字母 a、b 和 c，可以使用 [abc] 指定字符集合，每个字符之间不需要用符号隔开；如果要匹配所有字母，可以使用 [a-zA-Z]。字母 a 和 z 之间用 "-" 隔开，字母 z 和 A 之间不需要用符号隔开。

9.5.5   匹配指定字符以外的字符

使用 [^ 字符串集合] 可以匹配指定字符以外的字符。

实例 22：使用字符"[^]"查询数据

从 info 表的 name 字段中查询首字母不包含"a"到"w"字母和数字的记录，执行语句如下：

```
SELECT * FROM info WHERE REGEXP_LIKE (name,'[^a-w0-9]');
```

执行结果如图 9-33 所示。即可完成数据的查询操作，并显示查询结果。

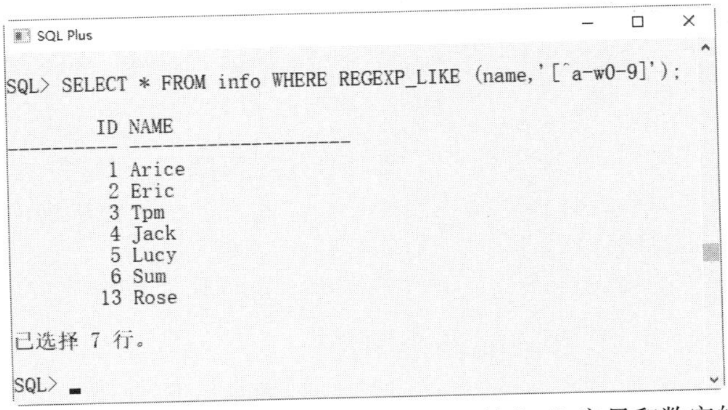

图 9-33　查询 name 字段首字母不包含"a"到"w"字母和数字的记录

9.5.6　匹配指定字符串

正则表达式可以匹配字符串，当表中的记录包含这个字符串时，就可以将该记录查询出来。当指定多个字符串时，需要用符号"|"隔开，只要匹配这些字符串中的任意一个即可。

实例 23：使用字符"|"查询数据

从 info 表的 name 字段中查询包含 ic 的记录，执行语句如下：

```
SELECT * FROM info WHERE REGEXP_LIKE(name, 'ic');
```

执行结果如图 9-34 所示，即可完成数据的查询操作，并显示查询结果。查询结果包含 Arice 和 Eric 两条记录，这两条记录都包含 ic。

图 9-34　查询包含 ic 的记录

从 info 表的 name 字段中查询包含 ic、uc 或 bd 的记录，执行语句如下：

```
SELECT * FROM info WHERE REGEXP_LIKE (name ,'ic|uc|bd');
```

执行结果如图 9-35 所示，即可完成数据的查询操作，并显示查询结果。查询结果中包含 ic、uc 和 bd 字符串中的任意一个。

179

```
SQL Plus                                                    —  □  ×
SQL> SELECT * FROM info WHERE REGEXP_LIKE (name ,'ic|uc|bd');

          ID NAME
 _____ _____
           1 Arice
           2 Eric
           5 Lucy

SQL> _
```

图 9-35　查询包含 ic、uc 或 bd 的记录

知识扩展：

在指定多个字符串时，需要使用符号"|"将这些字符串隔开，字符串与"|"之间不能有空格。因为查询过程中，数据库系统会将空格也当作一个字符，这样就查询不出想要的结果。另外，查询时可以指定多个字符串。

9.5.7　用"*"和"+"来匹配多个字符

在正则表达式中，"*"和"+"都可以匹配多个符号。但是，"+"至少表示一个字符，而"*"可以表示 0 个字符。

▌实例 24：使用字符"*"和"+"查询数据

从 info 表的 name 字段中查询字母 c 之前出现过 a 的记录，执行语句如下：

```
SELECT * FROM info WHERE REGEXP_LIKE (name,'a*c');
```

执行结果如图 9-36 所示，即可完成数据的查询操作，并显示查询结果。从查询结果可以得知，Arice、Eric 和 Lucy 中的字母 c 之前并没有 a。因为"*"可以表示 0 个，所以"a*c"表示字母 c 之前有 0 个或者多个 a 出现。

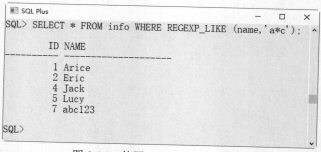

```
SQL Plus                                                    —  □  ×
SQL> SELECT * FROM info WHERE REGEXP_LIKE (name,'a*c');

          ID NAME
 _____ _____
           1 Arice
           2 Eric
           4 Jack
           5 Lucy
           7 abc123

SQL>
```

图 9-36　使用"*"查询数据记录

从 info 表的 name 字段中查询字母 c 之前出现过 a 的记录，这里使用符号"+"，执行语句如下：

```
SELECT * FROM info WHERE REGEXP_LIKE (name,'a+c');
```

执行结果如图 9-37 所示，即可完成数据的查询操作，并显示查询结果。这里的查询结果只有一条，因为只有 Jack 是刚好字母 c 前面出现了 a。因此"a+c"表示字母 c 前面至少有一个字母 a。

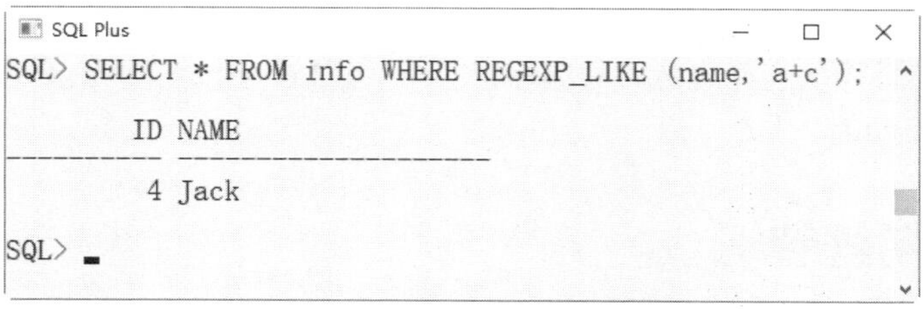

```
SQL Plus
SQL> SELECT * FROM info WHERE REGEXP_LIKE (name,'a+c');

        ID NAME
---------- --------------------
         4 Jack

SQL>
```

图 9-37　使用“+”查询数据记录

9.5.8 使用 {M} 或者 {M, N} 指定字符串连续出现的次数

正则表达式中，“字符串 {M}”表示字符串连续出现 M 次，“字符串 {M，N}”表示字符串连续出现至少 M 次，最多 N 次。例如，ab{2} 表示字符串“ab”连续出现两次，ab{2,5} 表示字符串“ab”连续出现至少两次，最多 5 次。

实例 25：使用 {M} 或者 {M,N} 查询数据

从 info 表的 name 字段中查询连续出现 3 次“a”的记录，执行语句如下：

```
SELECT * FROM info WHERE REGEXP_LIKE (name,'a{3}');
```

执行结果如图 9-38 所示，即可完成数据的查询操作，并显示查询结果。查询结果中都连续出现 3 个 a。

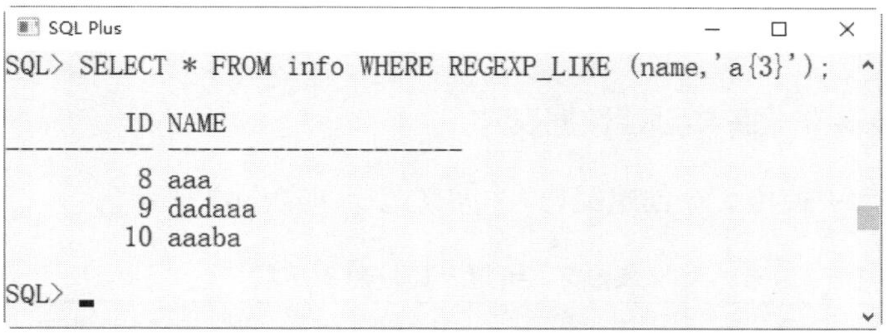

```
SQL Plus
SQL> SELECT * FROM info WHERE REGEXP_LIKE (name,'a{3}');

        ID NAME
---------- --------------------
         8 aaa
         9 dadaaa
        10 aaaba

SQL>
```

图 9-38　查询连续 3 次出现 a 的记录

从 info 表的 name 字段中查询出现过 ab 最少 1 次、最多 3 次的记录，执行语句如下：

```
SELECT * FROM info WHERE REGEXP_LIKE (name, 'ab{1,3}');
```

执行结果如图 9-39 所示，即可完成数据的查询操作，并显示查询结果。查询结果中，aaaba 和 abc123 中 ab 出现 1 次，ababab 中 ab 出现 3 次。

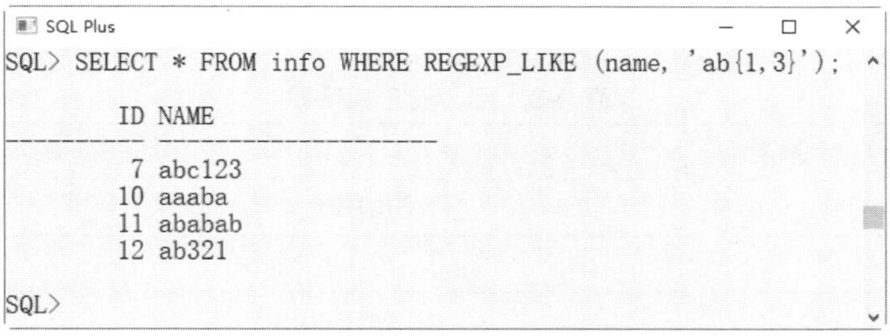

```
SQL Plus
SQL> SELECT * FROM info WHERE REGEXP_LIKE (name, 'ab{1,3}');

        ID NAME
---------- --------------------
         7 abc123
        10 aaaba
        11 ababab
        12 ab321

SQL>
```

图 9-39　查询出现 ab 最少 1 次、最多 3 次的记录

总之，使用正则表达式可以灵活地设置查询条件，可以让 Oracle 数据库的查询功能更加强大。而且，Oracle 中的正则表达式与编程语言中的相似，因此，学好正则表达式对学习编程语言有很大的帮助。

9.6 疑难问题解析

疑问 1：相关子查询与简单子查询在执行上有什么不同？

答：简单子查询中内查询的查询条件与外查询无关，因此，内查询在外层查询处理之前执行；而相关子查询中子查询的查询条件依赖于外层查询中的某个值，因此，每当系统从外查询中检索一个新行时，都要重新对内查询求值，以供外层查询使用。

疑问 2：在使用正则表达式查询数据时，为什么使用通配符格式正确，却没有查找出符合条件的记录？

答：在 Oracle 中存储字符串数据时，可能会不小心把两端带有空格的字符串保存到记录中，而在查看表中记录时，Oracle 不能明确地显示空格，数据库操作者不能直观地确定字符串两端是否有空格。例如，使用 LIKE '%e' 匹配以字母 e 结尾的水果的名称，如果字母 e 后面多了一个空格，则 LIKE 语句就不能将该记录查找出来，解决的方法就是将字符串两端的空格删除之后再进行查询。

9.7 实战训练营

实战 1：在 Oracle 数据库中创建数据表

（1）在数据库中使用命令创建销售人员信息表，如表 9-2 所示。

表 9-2 销售人员信息表字段

字段名	数据类型
工号	NUMBER(10)
部门号	NUMBER(10)
姓名	VARCHAR2(10)
地址	VARCHAR2(50)
电话	VARCHAR2(13)

（2）在数据库中使用命令创建部门信息表，如表 9-3 所示。

表 9-3 部门信息表字段

字段名	数据类型
编号	NUMBER(10)
名称	VARCHAR2(20)
经理	NUMBER(10)
人数	NUMBER(10)

（3）在数据库中使用命令创建客户信息表，如表 9-4 所示。

表 9-4　客户信息表字段

字段名	数据类型
编号	NUMBER(10)
姓名	VARCHAR2(10)
地址	VARCHAR2(50)
电话	VARCHAR2(13)

（4）在数据库中使用命令创建货品信息表，如表 9-5 所示。

表 9-5　货品信息表字段

字段名	数据类型
编码	NUMBER(10)
名称	VARCHAR2(20)
库存量	NUMBER(10)
供应商编码	NUMBER(10)
状态	VARCHAR2(20)
售价	NUMBER(10)
成本价	NUMBER(10)

（5）在数据库中使用命令创建订单信息表，如表 9-6 所示。

表 9-6　订单信息表字段

字段名	数据类型	约束条件
订单号	NUMBER(10)	primary key
销售工号	NUMBER(10)	
货品编码	NUMBER(10)	
客户编号	NUMBER(10)	
数量	NUMBER(10)	
总金额	NUMBER(10)	
订货日期	date	
交货日期	date	

（6）在数据库中使用命令创建供应商信息表，如表 9-7 所示。

表 9-7　供应商信息表字段

字段名	数据类型
编码	NUMBER(10)
名称	VARCHAR(50)
联系人	VARCHAR2(10)
地址	VARCHAR2(50)
电话	VARCHAR2(13)

■ 实战 2：为数据表添加基本数据

（1）向"供应商信息"表中插入数据为查询做准备，如表 9-8 所示。

表 9-8 供应商信息表数据记录

编码	名称	联系人	地址	电话
1	华轩文具实业公司	张敏	郑州市开发区	1***23456
2	大华电脑公司	马涛明	上海市浦东开发区	1***23457
3	斯达信息公司	郭小明	深圳市龙岗区	1***23458
4	神州电脑	王敬新	重庆市长寿区	1***23459
5	墨云图文设计	马建国	天津市南开区	1***23454
6	佳能印务销售公司	刘天佑	上海市浦东区	1***23453

（2）向"货品信息"表中插入数据为查询做准备，如表 9-9 所示。

表 9-9 货品信息表数据记录

编码	名称	库存量	供应商编码	状态	售价 / 元	成本价 / 元
01	电脑桌	80	01	1	1500	1100
02	打印机	900	06	1	800	600
03	移动办公软件	100	03	1	8000	6000
04	计算机	368	02	1	3000	2100
05	大众轿车	20	05	1	140 000	90 000
06	电脑	20	4	1	14 000	9000

（3）向"部门信息"表中插入数据为查询做准备，如表 9-10 所示。

表 9-10 部门信息表数据记录

编号	名称	经理工号	人数
1	计算机销售部	1	10
2	手机销售部	2	200
3	打印机销售部	3	30

（4）向"销售人员"表中插入数据为查询做准备，如表 9-11 所示。

表 9-11 销售人员信息表数据记录

工号	部门号	姓名	地址	电话	性别
1	1	李明泽	北京市朝阳区	1***34567	男
2	2	王巧玲	北京市海淀区	1***23486	女
3	3	张小光	深圳市南山区	1***56789	男
4	2	钱三一	深圳市罗湖区	1***48752	男
5	3	周佳鹏	北京市海淀区	1***58975	男
6	1	张晓明	北京市海淀区	1***54120	女

（5）向"客户信息"表中插入数据为查询做准备，如表 9-12 所示。

表 9-12　客户信息表数据记录

编号	姓名	地址	电话
1	李小红	重庆市	1***587942
2	明台	上海市	1***895468
3	张晓涵	郑州市二七区	1***985415
4	李想	郑州市金水区	1***895412
5	任燕	郑州市惠济区	1***234567
6	李娟	深圳市龙岗区	1***234566

（6）向"订单信息"表中插入数据为查询做准备，如表 9-13 所示。

表 9-13　订单信息表数据记录

订单号	销售工号	货品编码	客户编号	数量	订货日期
1	1	1	1	20	2020-05-05
2	2	6	2	10	2020-02-15
3	3	2	4	10	2020-11-14
4	2	4	3	5	2020-12-26
5	4	5	6	2	2020-01-08
6	5	3	6	2	2020-02-08

实战 3：查询 marketing 数据库中满足条件的数据

（1）查询 marketing 数据库中的"货品信息"表，列出表中的所有记录，每个记录包含货品的编码、货品名称和库存量，显示的字段名分别为货品编码、货品名称和货品库存量。

（2）将"客户信息"表中深圳地区的客户信息插入"深圳客户"表中。

（3）由"销售人员"表中找出下列人员的信息：李明泽，王巧玲，钱三一。

（4）由"客户信息"表中找出所有深圳区域的客户信息。

（5）由"订单信息"表中找出订货量在 10 ～ 20 的订单信息。

（6）求出 2020 年以来每种货品的销售数量，统计的结果按照货品编码进行排序。

（7）由"订单信息"表中求出 2020 年以来每种货品的销售数量，统计的结果按照货品编码进行排序，并显示统计的明细。

（8）给出"货品信息"表中货品的销售情况。所谓销售情况就是给出每个货品的销售数量、订货日期等相关信息。

（9）找出订货数量大于 10 的货品信息。

（10）找出有销售业绩的销售人员。

（11）查询每种货品订货量最大的订单信息。

第10章 视图的创建与使用

数据库中的视图是一个虚拟表。同真实的表一样，视图包含一系列带有名称的行和列数据。行和列数据来自由定义视图的查询所引用的表，并且在引用视图时动态生成。本章将通过一些实例来介绍视图的概念、视图的作用、创建视图、查看视图、修改视图、更新视图和删除视图等知识。

知识导图

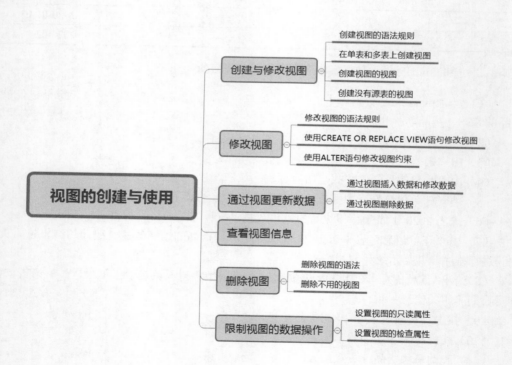

10.1 创建与修改视图

创建视图是使用视图的第一步。视图中包含 SELECT 查询的结果，因此视图的创建基于 SELECT 语句和已存在的数据表。视图既可以由一张表组成，也可以由多张表组成。

10.1.1 创建视图的语法规则

创建视图的语法与创建表的语法一样，都是使用 CREATE 语句来创建的。创建视图的语法格式如下：

```
CREATE [OR REPLACE] [[NO]FORCE] VIEW
    [schema.] view
    [(alias,. . .)]inline_constraint(s)]
        [out_of_line_constraint(s)]
AS subquery
[WITH CHECK OPTION[CONSTRAINT constraint]]
[WITH READ ONLY]
```

主要参数介绍如下。

- CREATE：表示创建新的视图。
- REPLACE：表示替换已经创建的视图。
- [NO]FORCE：表示是否强制创建视图。
- [schema.] view：表示视图所属方案的名称和视图本身的名称。
- [(alias,. . .)]inline_constraint(s)]：表示视图字段的别名和内联的名称。
- [out_of_line_constraint(s)]：表示约束，是与 inline_constraint(s) 相反的声明方式。
- AS：该关键字说明下面是查询子句，用户定义视图。
- subquery：是任意正确的完整的查询语句。
- WITH READ ONLY：表示视图为只读。
- WITH CHECK OPTION：表示一旦使用该限制，当对视图增加或修改数据时必须满足子查询的条件。

> **注意**：创建视图时，需要有 CREATE VIEW 的权限，以及针对由 SELECT 语句选择的每一列上的某些权限。

10.1.2 在单表上创建视图

在单表上创建视图通常都是选择一张表中的几个经常需要查询的字段。为了演示视图创建与应用的步骤，下面创建学生成绩表（studentinfo）和课程信息表（subjectinfo），执行语句如下：

```
CREATE TABLE studentinfo
```

```
(
  id              NUMBER(10)   PRIMARY KEY,
  studentid         NUMBER(10),
  name            VARCHAR2(20),
  major           VARCHAR2(20),
  subjectid         NUMBER(10),
  score           DECIMAL(10,2)
);
CREATE TABLE subjectinfo
(
  id              NUMBER(10)   PRIMARY KEY,
  subject         VARCHAR(50)
);
```

执行结果如图 10-1 和图 10-2 所示，即可完成数据表的创建。

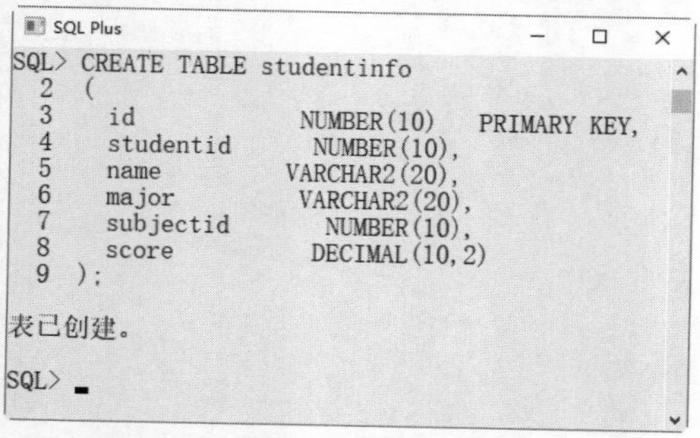

图 10-1　创建 studentinfo 表

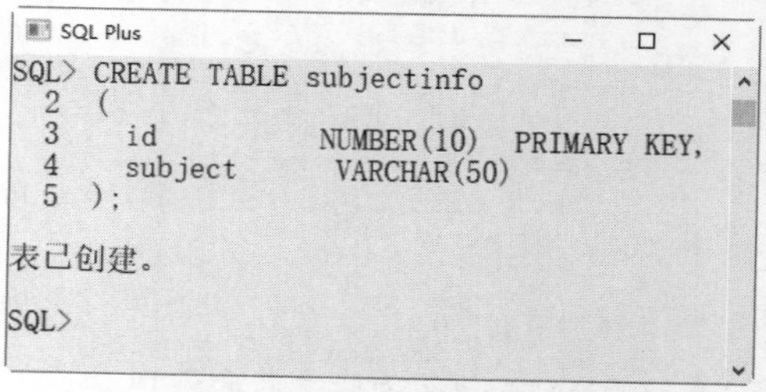

图 10-2　创建 subjectinfo 表

创建好数据表后，下面向 studentinfo 数据表中添加数据记录，执行语句如下：

```
INSERT INTO studentinfo VALUES (1,101,'赵子涵', '计算机科学',5,80);
INSERT INTO studentinfo VALUES (2, 102,'侯明远', '会计学',1, 85);
INSERT INTO studentinfo VALUES (3, 103,'冯梓恒', '金融学',2, 95);
INSERT INTO studentinfo VALUES (4, 104,'张俊豪', '建筑学',5 ,97);
INSERT INTO studentinfo VALUES (5, 105,'吕凯', '美术学',4, 68);
INSERT INTO studentinfo VALUES (6, 106,'侯新阳', '金融学',3, 85);
INSERT INTO studentinfo VALUES (7, 107,'朱瑾萱', '计算机科学',1,78);
INSERT INTO studentinfo VALUES (8, 108,'陈婷婷', '动物医学',4, 91);
INSERT INTO studentinfo VALUES (9, 109,'宋志磊', '生物科学',2, 88);
INSERT INTO studentinfo VALUES (10, 110,'高伟光', '工商管理学',4 ,53);
```

下面向 subjectinfo 数据表中添加数据记录，执行语句如下：

```
INSERT INTO subjectinfo VALUES (1,'大学英语') ;
INSERT INTO subjectinfo VALUES (2,'高等数学') ;
INSERT INTO subjectinfo VALUES (3,'线性代数') ;
INSERT INTO subjectinfo VALUES (4,'计算机基础') ;
INSERT INTO subjectinfo VALUES (5,'大学体育');
```

在命令输入窗口中输入添加数据记录的语句，然后执行语句，即可完成数据的添加，如图 10-3 和图 10-4 所示。

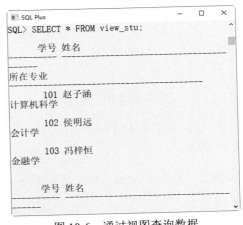

```
SQL Plus                                    —  □  ×
SQL> INSERT INTO studentinfo VALUES (1,101,'赵子涵','计算机科学',5,80);
已创建 1 行。
SQL> INSERT INTO studentinfo VALUES (2, 102,'侯明远', '会计学',1, 85);
已创建 1 行。
SQL> INSERT INTO studentinfo VALUES (3, 103,'冯梓恒', '金融学',2, 95);
已创建 1 行。
SQL> INSERT INTO studentinfo VALUES (4, 104,'张俊豪', '建筑学',5 ,97);
已创建 1 行。
SQL> INSERT INTO studentinfo VALUES (5, 105,'吕凯', '美术学',4, 68);
已创建 1 行。
SQL> INSERT INTO studentinfo VALUES (6, 106,'侯新阳', '金融学',3, 85);
已创建 1 行。
SQL> INSERT INTO studentinfo VALUES (7, 107,'朱瑾萱', '计算机科学',1,78);
```

图 10-3　studentinfo 表数据记录

```
SQL Plus                                    —  □  ×
SQL> INSERT INTO subjectinfo VALUES (1,'大学英语');
已创建 1 行。
SQL> INSERT INTO subjectinfo VALUES (2,'高等数学');
已创建 1 行。
SQL> INSERT INTO subjectinfo VALUES (3,'线性代数');
已创建 1 行。
SQL> INSERT INTO subjectinfo VALUES (4,'计算机基础');
已创建 1 行。
SQL> INSERT INTO subjectinfo VALUES (5,'大学体育');
已创建 1 行。
SQL>
```

图 10-4　subjectinfo 表数据记录

实例 1：在单个数据表 studentinfo 上创建视图

在数据表 studentinfo 上创建一个名为 view_stu 的视图，用于查看学生的学号、姓名、所在专业，执行语句如下：

```
CREATE VIEW view_stu
AS SELECT studentid AS 学号,name AS 姓名, major AS 所在专业
FROM studentinfo;
```

执行结果如图 10-5 所示。

下面使用创建的视图来查询数据信息，执行语句如下：

```
SELECT * FROM view_stu;
```

执行结果如图 10-6 所示，这样就完成了通过视图查询数据信息的操作。由结果可以看到，从视图 view_stu 中查询的内容和基本表中是一样的，这里的 view_stu 中包含 3 列数据。

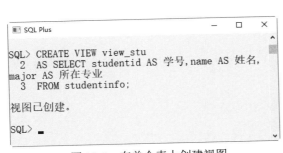

图 10-5　在单个表上创建视图

图 10-6　通过视图查询数据

> **注意：** 如果用户创建完视图后立刻查询该视图，有时候会提示错误信息"该对象不存在"，此时刷新一下视图列表即可解决问题。

10.1.3　在多表上创建视图

在多表上创建视图，也就是说，视图中的数据是从多张数据表中查询出来的。

实例 2：在数据表 studentinfo 与 subjectinfo 上创建视图

创建一个名为 view_info 的视图，用于查看学生的姓名、所在专业、课程名称以及成绩，执行语句如下：

```
CREATE VIEW view_info
AS SELECT studentinfo.name AS 姓名, studentinfo.major AS 所在专业,
subjectinfo.subject AS 课程名称, studentinfo.score AS 成绩
FROM studentinfo, subjectinfo
WHERE studentinfo.subjectid=subjectinfo.id;
```

执行结果如图 10-7 所示。

下面使用创建的视图来查询数据信息，执行语句如下：

```
SELECT * FROM view_info;
```

执行结果如图 10-8 所示，这样就完成了通过视图查询数据信息的操作。从查询结果可以看出，通过创建视图来查询数据，可以很好地保护基本表中的数据。视图中的信息很简单，只包含姓名、所在专业、课程名称与成绩等数据。

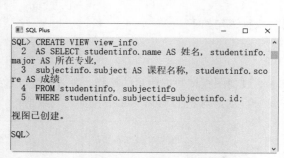

图 10-7　在多表上创建视图

图 10-8　通过视图查询数据

10.1.4　创建视图的视图

在 Oracle 中，还可以在视图上创建视图，下面介绍在视图 view_stu 上创建视图 view_stu_01 的方法。

实例 3：在视图 view_stu 上创建视图 view_stu_01

在视图 view_stu 上创建一个名为 view_stu_01 的视图，执行代码如下：

```
CREATE OR REPLACE VIEW view_stu_01
AS
SELECT view_stu.学号, view_stu.姓名
FROM view_stu;
```

执行结果如图 10-9 所示。

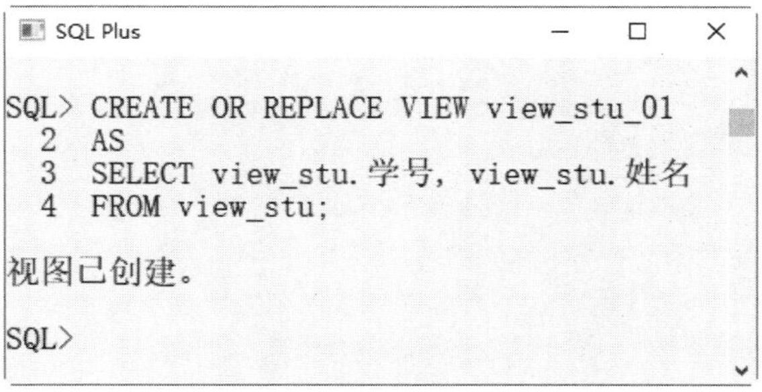
SQL Plus

```
SQL> CREATE OR REPLACE VIEW view_stu_01
  2  AS
  3  SELECT view_stu.学号, view_stu.姓名
  4  FROM view_stu;

视图已创建。

SQL>
```

图 10-9 创建视图 view_stu_01

查询视图 view_stu_01，执行语句如下：

```
SELECT * FROM view_stu_01;
```

执行结果如图 10-10 所示。

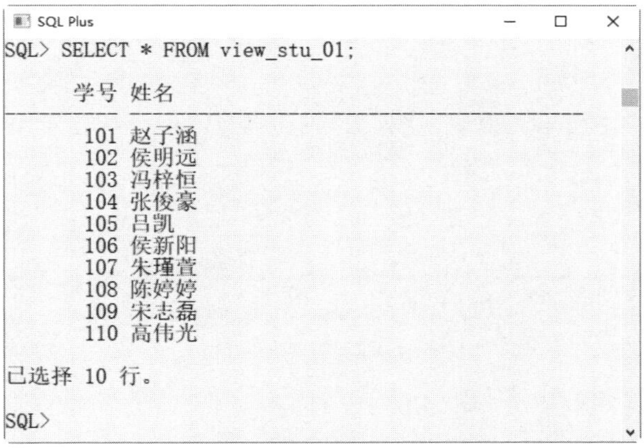
SQL Plus

```
SQL> SELECT * FROM view_stu_01;

      学号 姓名
---------- ----------------------------------------
       101 赵子涵
       102 侯明远
       103 冯梓恒
       104 张俊豪
       105 吕凯
       106 侯新阳
       107 朱瑾萱
       108 陈婷婷
       109 宋志磊
       110 高伟光

已选择 10 行。

SQL>
```

图 10-10 查询视图 view_stu_01

从结果可以看出，视图 view_stu_01 就是把视图 view_stu 中的“所在专业”字段数据去掉了。

10.1.5 创建没有源表的视图

默认情况下，如果创建没有源表的视图，系统会提示出现错误，不过用户可以强制创建没有源表的视图。

实例 4：创建没有源表的视图 gl_glass

执行代码如下：

```
CREATE OR REPLACE VIEW gl_glass
AS
SELECT stu_glass.id, stu_glass.name
FROM glass;
```

执行结果如图 10-11 所示。

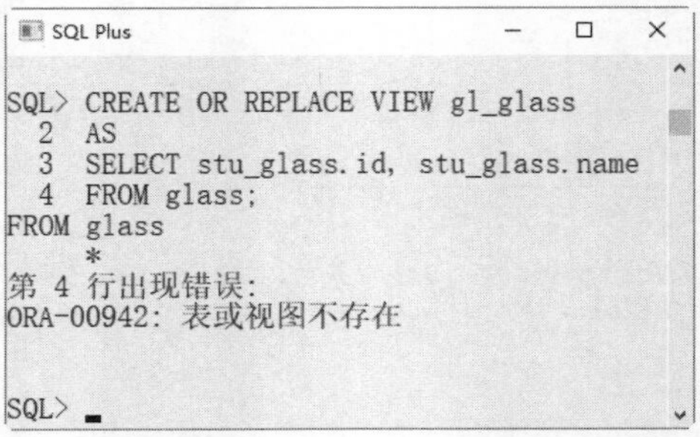

```
SQL> CREATE OR REPLACE VIEW gl_glass
  2  AS
  3  SELECT stu_glass.id, stu_glass.name
  4  FROM glass;
FROM glass
        *
第 4 行出现错误:
ORA-00942: 表或视图不存在


SQL>
```

图 10-11　创建没有源表的视图

从执行结果中可以看到出现了错误提示信息，提示用户表或视图不存在，说明视图创建失败。

如果用户想要强制创建没有源表的视图，就需要使用FORCE关键词，从而避免这种错误，执行代码如下：

```
CREATE OR REPLACE FORCE VIEW gl_glass
AS
SELECT stu_glass.id, stu_glass.name
FROM glass;
```

执行结果如图 10-12 所示，说明视图已经成功创建，但是会提示用户出现了编译错误。

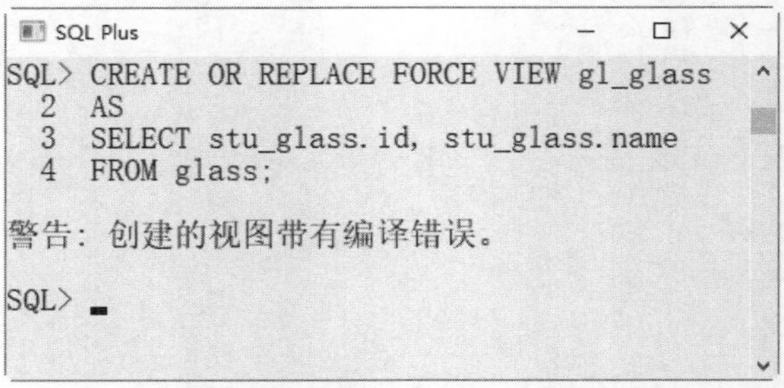

```
SQL> CREATE OR REPLACE FORCE VIEW gl_glass
  2  AS
  3  SELECT stu_glass.id, stu_glass.name
  4  FROM glass;

警告: 创建的视图带有编译错误。

SQL>
```

图 10-12　强制创建没有源表的视图

10.2　修改视图

当视图创建完成后，如果觉得有些地方不能满足需要，就可以修改视图，而不必重新创建视图了。

10.2.1　修改视图的语法规则

在 Oracle 中，修改视图的语法规则与创建视图的语法规则非常相似，使用 CREATE OR REPLACE VIEW 语句可以修改视图。视图存在时，可以对视图进行修改；视图不存在时，还可以创建视图，语法格式如下：

```
CREATE OR REPLACE [ALGORITHM={UNDEFINED|MERGE|TEMPTABLE}]
VIEW 视图名[(属性清单)]
AS SELECT语句
    [WITH [CASCADED|LOCAL] CHECK OPTION];
```

主要参数的含义如下。

- ALGORITHM：可选。表示视图选择的算法。
- UNDEFINED：表示 MySQL 将自动选择所要使用的算法。
- MERGE：表示将使用视图的语句与视图定义合并起来，使得视图定义的某一部分取代使用视图语句的对应部分。
- TEMPTABLE：表示将视图的结果存入临时表，然后使用临时表执行语句。
- 视图名：表示要创建的视图的名称。
- 属性清单：可选。指定了视图中的各个属性，默认情况下，与 SELECT 语句中查询的属性相同。
- SELECT 语句：是一个完整的查询语句，表示从某个表中查出某些满足条件的记录，将这些记录导入视图中。
- WITH CHECK OPTION：可选。表示修改视图时必须满足子查询条件。
- CASCADED：可选。表示修改视图时，需要满足跟该视图有关的所有相关视图和表的条件，该参数为默认值。
- LOCAL：表示修改视图时，只要满足该视图本身定义的条件即可。

由此可以发现，视图的修改语法和创建视图的语法只有 OR REPLACE 的区别，当使用 CREATE OR REPLACE 的时候，如果视图已经存在则进行修改操作，如果视图不存在则创建视图。

10.2.2 使用 CREATE OR REPLACE VIEW 语句修改视图

在了解了修改视图的语法规则后，下面给出一个实例，即使用 CREATE OR REPLACE VIEW 语句修改视图。

▌实例 5：修改视图 view_stu

修改视图 view_stu 之前，首先使用 DESC view_stu 语句查看一下 view_stu 视图，以便与更改之后的视图进行对比，查看结果如图 10-13 所示。

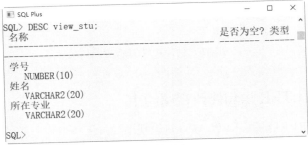

图 10-13 修改视图 view_stu

执行修改视图语句如下：

```
CREATE OR REPLACE VIEW view_stu
AS SELECT name AS 姓名, major AS 所在专业
FROM studentinfo;
```

执行结果如图 10-14 所示，即可完成视图的修改。

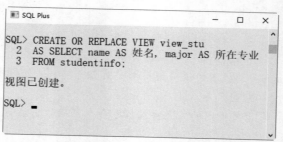

图 10-14 执行修改视图语句

再次使用 DESC view_stu 语句查看视图，可以看到修改后的变化，如图 10-15 所示。从执行的结果来看，相比原来的视图 view_stu，新的视图 view_stu 少了一个字段。

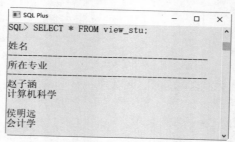

图 10-15 查看视图

下面使用修改后的视图来查看数据信息，执行语句如下：

```
SELECT * FROM view_stu;
```

执行结果如图 10-16 所示，即可完成数据的查询操作。

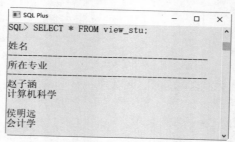

图 10-16 使用视图查看数据信息

10.2.3 使用 ALTER 语句修改视图约束

除了可以使用 CREATE OR REPLACE 修改视图外，还可以使用 ALTER 语句修改视图的约束，这也是 Oracle 提供的另外一种修改视图的方法。

▌ 实例 6：修改视图 view_stu 的约束

使用 ALTER 语句为视图 view_stu 添加唯一约束，代码如下：

```
ALTER VIEW view_stu
ADD CONSTRAINT id_UNQ UNIQUE (学号)
DISABLE NOVALIDATE;
```

执行结果如图 10-17 所示。在这个实例中，为视图中的字段"学号"添加了唯一约束，约束名称为 id_UNQ。其中，DISABLE NOVALIDATE 表示此前数据和以后数据都不检查。

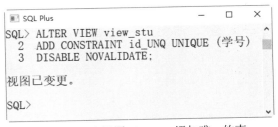

图 10-17　为视图 view_stu 添加唯一约束

实例 7：删除视图 view_stu 中的约束

使用 ALTER 语句还可以删除添加的视图约束。

使用 ALTER 语句删除视图 view_stu 的唯一约束，执行代码如下：

```
ALTER VIEW view_stu
DROP CONSTRAINT id_UNQ;
```

执行结果如图 10-18 所示。结果提示视图已变更，表示视图 view_stu 的唯一约束已经被成功删除。

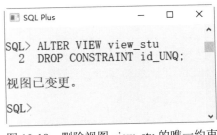

图 10-18　删除视图 view_stu 的唯一约束

> **注意：** CREATE OR REPLACE VIEW 语句不仅可以修改已经存在的视图，也可以创建新的视图。不过，ALTER 语句只能修改已经存在的视图。因此，通常情况下，最好选择 CREATE OR REPLACE VIEW 语句修改视图。

10.3　通过视图更新数据

通过视图更新数据是指通过视图来插入、更新、删除表中的数据。通过视图更新数据的方法有 3 种，分别是 INSERT、UPDATE 和 DELETE。由于视图是一个虚拟表，其中没有数据，因此，通过视图更新数据的时候都是转到基本表进行更新的。

10.3.1　通过视图插入数据

使用 INSERT 语句可以向单个基表组成的视图中添加数据，而不能向由两个或多个表组成的视图中添加数据。

▍实例 8：通过视图向基本表 studentinfo 中插入数据

首先创建一个视图，执行语句如下：

```
CREATE VIEW view_stuinfo(编号,学号,姓名,所在专业,课程编号,成绩)
AS
SELECT id,studentid,name,major,subjectid,score
FROM studentinfo
WHERE  studentid='101';
```

执行结果如图 10-19 所示。

```
SQL Plus                                                          —  □  ×
SQL> CREATE VIEW view_stuinfo(编号,学号,姓名,所在专业,课程编号,成绩)
  2  AS
  3  SELECT id,studentid,name,major,subjectid,score
  4  FROM studentinfo
  5  WHERE  studentid='101';

视图已创建。

SQL> _
```

图 10-19　创建视图 view_stuinfo

查询插入数据之前的数据表，执行语句如下：

```
SELECT * FROM studentinfo;   --查看插入记录之前基本表中的内容
```

执行结果如图 10-20 所示。这样就完成了数据的查询操作，并显示查询的数据记录。

```
SQL Plus                                                      —  □  ×
SQL> SELECT * FROM studentinfo;
        ID  STUDENTID NAME

MAJOR                                        SUBJECTID      SCORE
          1        101 赵子涵
计算机科学                                           5         80
          2        102 侯明远
会计学                                               1         85
          3        103 冯梓恒
金融学                                               2         95

        ID  STUDENTID NAME

MAJOR                                        SUBJECTID      SCORE
          4        104 张俊豪
建筑学                                               5         97
```

图 10-20　通过视图查询数据

使用创建的视图向数据表中插入一行数据，执行语句如下：

```
INSERT INTO view_stuinfo VALUES(11,111,'李雅','医药学',3,89);
```

执行结果如图 10-21 所示，即可完成数据的插入操作。

```
SQL Plus                                                      —  □  ×
SQL> INSERT INTO view_stuinfo VALUES(11,111,'李雅','医药学',3,89);

已创建 1 行。

SQL> _
```

图 10-21　插入数据记录

查询插入数据后的基本表 studentinfo，执行语句如下：

```
SELECT * FROM studentinfo;
```

执行结果如图 10-22 所示，可以看到最后一行是新插入的数据，这就说明通过在视图 view_stuinfo 中执行一条 INSERT 操作，实际上是向基本表中插入了一条记录。

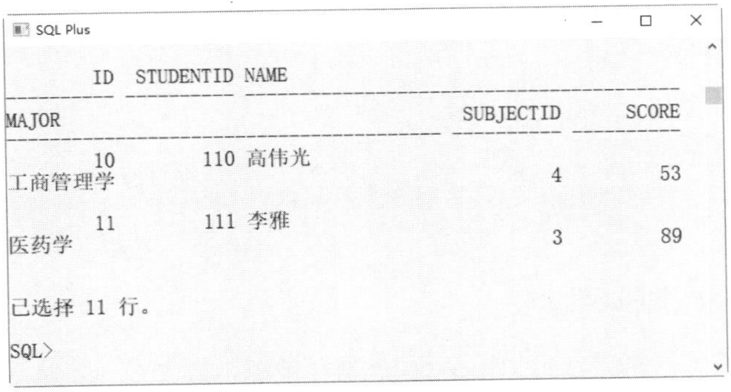

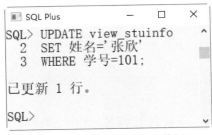

图 10-22   通过视图向基本表插入记录

10.3.2   通过视图修改数据

除了可以插入一条完整的记录外，通过视图也可以更新基本表中记录的某些列值。

▍实例 9：通过视图修改数据表中指定数据的记录

通过视图 view_stuinfo 将学号是 101 的学生姓名修改为"张欣"，执行语句如下：

```
UPDATE view_stuinfo
SET 姓名='张欣'
WHERE 学号=101;
```

执行结果如图 10-23 所示。

图 10-23   通过视图修改数据

查询修改数据后的基本表 studentinfo，执行语句如下：

```
SELECT * FROM studentinfo;    --查看修改记录之后基本表中的内容
```

执行结果如图 10-24 所示。从结果可以看到学号为 101 的学生姓名被修改为"张欣"，UPDATE 语句修改 view_stuinfo 视图中的姓名字段，更新之后，基本表中的 name 字段同时被修改为新的数值。

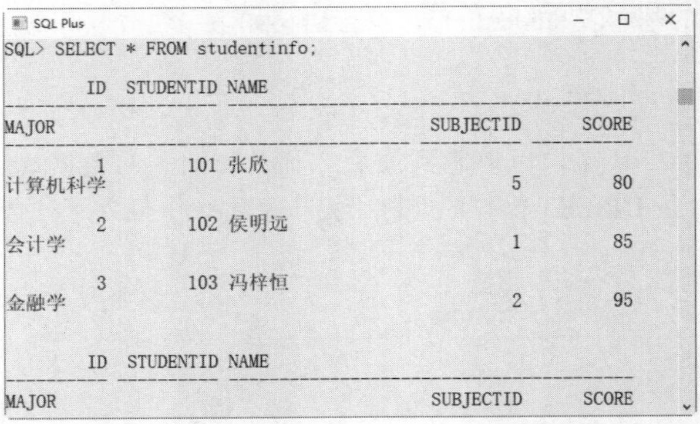

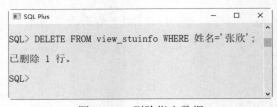

图 10-24 查看修改后基本表中的数据

10.3.3 通过视图删除数据

当数据不再使用时，可以通过 DELETE 语句在视图中删除。

实例10：通过视图删除数据表中指定数据的记录

通过视图 view_stuinfo 删除基本表 studentinfo 中的记录，执行语句如下：

```
DELETE FROM view_stuinfo WHERE 姓名='张欣';
```

执行结果如图 10-25 所示。

图 10-25 删除指定数据

查询删除数据后视图中的数据，执行语句如下：

```
SELECT * FROM view_stuinfo;
```

执行结果如图 10-26 所示，即可完成视图的查询操作，可以看到视图中的记录为空。

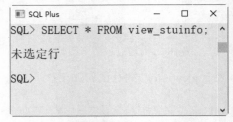

图 10-26 查看删除数据后的视图

查询删除数据后基本表 studentinfo 中的数据，执行语句如下：

```
SELECT * FROM studentinfo;
```

执行结果如图 10-27 所示，可以看到基本表中姓名为"张欣"的数据记录已经被删除。

图 10-27　通过视图删除基本表中的一条记录

注意：建立在多个表之上的视图，无法使用 DELETE 语句进行删除操作。

10.4　查看视图信息

视图定义好之后，用户可以随时查看视图的信息。使用 DESCRIBE 语句不仅可以查看数据表的基本信息，还可以查看视图的基本信息。因为视图也是一张表，只是这张表比较特殊，是一张虚拟的表。其语法规则如下：

```
DESCRIBE 视图名;
```

其中，"视图名"参数指所要查看的视图的名称。

实例 11：查看视图 view_info 的定义信息

使用 DESCRIBE 语句查看视图 view_info 的定义，执行语句如下：

```
DESCRIBE view_info;
```

执行结果如图 10-28 所示，即可完成视图的查看。

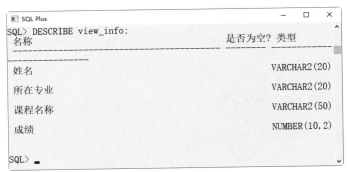

图 10-28　查看视图 view_info 的定义

另外，DESCRIBE 还可以缩写为 DESC，可以直接使用 DESC 查看视图的定义结构，执行语句如下：

```
DESC view_info;
```

使用 DESC 语句运行后的结果，与使用 DESCRIBE 语句运行后的结果一致，如图 10-29 所示。

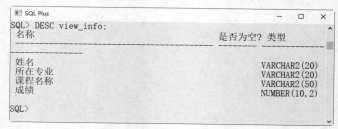

图 10-29　使用 DESC 查看

> **提示：** 如果只需要了解视图中各个字段的简单信息，可以使用 DESCRIBE 语句。DESCRIBE 语句查看视图的方式与查看普通表的方式是一样的，结果显示的方式也是一样的。通常都是使用 DESC 代替 DESCRIBE。

10.5　删除视图

数据库中的任何对象都会占用数据库的存储空间，视图也不例外。当视图不再使用时，要及时删除数据库中多余的视图。

10.5.1　删除视图的语法

删除视图的语法很简单，但是在删除视图之前，一定要确认该视图是否不再使用，因为一旦删除，就不能被恢复了。使用 DROP 语句可以删除视图，具体的语法规则如下：

```
DROP VIEW [schema_name.] view_name1, view_name2, …, view_nameN;
```

主要参数介绍如下。

- schema_name：该视图所属架构的名称。
- view_name：要删除的视图名称。

> **注意：** schema_name 可以省略。

10.5.2　删除不用的视图

使用 DROP 语句可以同时删除多个视图，只需要将删除的各视图名称用逗号分隔即可。

实例 12：删除 view_stu 视图

删除系统中的 view_stu 视图，执行语句如下：

```
DROP VIEW view_stu;
```

执行结果如图 10-30 所示，即可完成视图的删除操作。

删除完毕后，下面再查询一下该视图的信息，执行语句如下：

```
DESCRIBE view_stu;
```

执行结果如图 10-31 所示，这里显示了错误提示，说明该视图已经被成功删除。

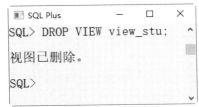

图 10-30　删除不用的视图

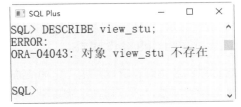

图 10-31　查询删除后的视图

10.6　限制视图的数据操作

对视图数据的增加或更新实际上是操作视图的源表。通过对视图的限制操作，可以提高数据操作安全性。

10.6.1　设置视图的只读属性

如果想防止用户修改数据，可以将视图属性设为只读。

实例 13：创建只读视图 view_t1

在 studentinfo 表格上创建一个名为 view_t1 的只读视图，执行语句如下：

```
CREATE OR REPLACE VIEW view_t1 AS
SELECT studentid, name FROM studentinfo
WITH READ ONLY;
```

执行结果如图 10-32 所示。

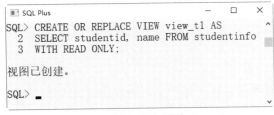

图 10-32　创建只读视图 view_t1

创建完成后，在视图 view_t1 上执行插入、更新和删除等操作时，会提示错误信息。例如，向视图 view_t1 插入一条数据，执行语句如下：

```
INSERT INTO view_t1 VALUES (112,'云涵');
```

执行结果如图 10-33 所示。提示用户无法对只读视图执行 DML 操作。

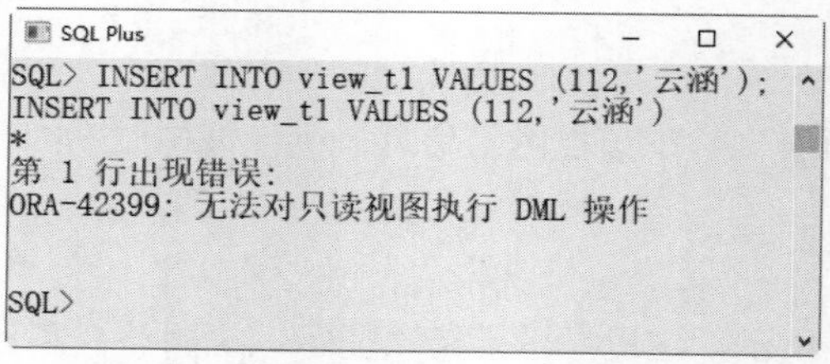

图 10-33　向视图 view_t1 插入数据

10.6.2　设置视图的检查属性

在修改视图的数据时，可以指定一定的检查条件。此时需要使用 WITH CHECK OPTION 来设置视图的检查属性，表示启动了和子查询条件一样的约束。

▎实例 14：创建具有检查属性的视图 view_t2

在 studentinfo 表格上创建一个名为 view_t2 的视图，限制条件为字段 score 的值大于 10，执行语句如下：

```
CREATE OR REPLACE VIEW view_t2 AS
SELECT id, studentid,name, major, subjectid ,score FROM studentinfo
WHERE score>10
WITH CHECK OPTION;
```

执行结果如图 10-34 所示。创建完成后，在视图 view_t2 上执行插入、更新和删除等操作时，会受到检查条件的限制。

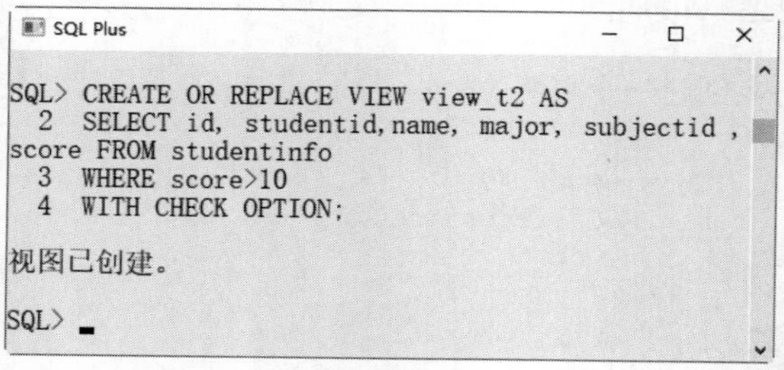

图 10-34　创建视图 view_t2

接着，向视图 view_t2 插入一条数据，执行语句如下：

```
INSERT INTO view_t2 VALUES (13,113,'明静', '工商管理学',5,8);
```

执行结果如图 10-35 所示，提示用户出现错误。这里添加的 score 的值小于 10，所以出现错误提示，更新和删除操作，同样也受到限制条件的约束。

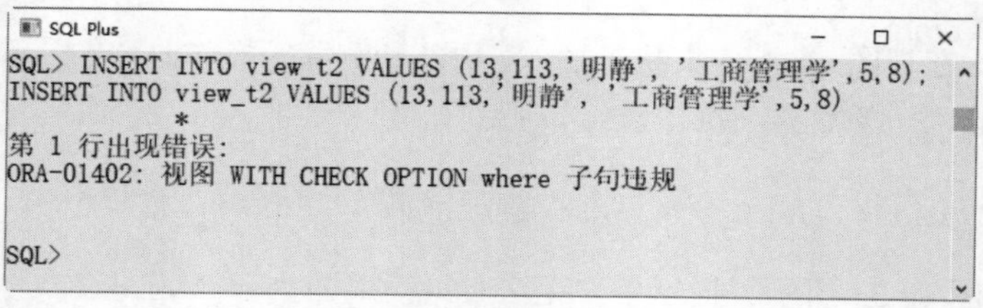

图 10-35　向视图 view_t2 中插入数据

10.7　疑难问题解析

▌疑问1：视图和表没有任何关系，是这样吗？

答：视图和表没有关系这句话是不正确的，因为视图（view）是在基本表上建立的表，它的结构（即所定义的列）和内容（即所有记录）都来自基本表，它依据基本表的存在而存在。一个视图可以对应一个基本表，也可以对应多个基本表。因此，视图是基本表的抽象和在逻辑意义上建立的新关系。

▌疑问2：通过视图可以更新数据表中的任何数据，对吗？

答：通过视图可以更新数据表中的任何数据，这句话是不对的，因为当遇到如下情况时，不能更新数据表中的数据。

（1）修改视图中的数据时，不能同时修改两个或多个基本表。

（2）不能修改视图中通过计算得到的字段，例如包含算术表达式或者集合函数的字段。

（3）当在视图中执行 UPDATE 或 DELETE 命令时，无法用 DELETE 命令删除数据，若使用 UPDATE 命令则应当与 INSERT 命令一样，被更新的列必须属于同一个表。

10.8　实战训练营

▌实战1：在 test 数据库中创建并查看视图

假如有 3 个学生参加 Tsinghua University、Peking University 的自学考试，现在需要用数据对其考试的结果进行查询和管理。Tsinghua University 的分数线为 40，Peking University 的分数线为 41。学生表包含学生的学号、姓名、家庭地址和电话号码；报名表包含学号、姓名、所在学校和报名的学校，表结构以及表中的内容分别如表 10-1～表 10-6 所示。

表 10-1　stu 表的结构

字段名	数据类型	主　键	外　键	非　空	唯　一	自　增
s_id	NUMBER(11)	是	否	是	是	否
s_name	VARCHAR2(20)	否	否	是	否	否
addr	VARCHAR2(50)	否	否	是	否	否
tel	VARCHAR2(50)	否	否	是	否	否

表 10-2　sign 表的结构

字段名	数据类型	主　键	外　键	非　空	唯　一	自　增
s_id	NUMBER(11)	是	否	是	是	否
s_name	VARCHAR2(20)	否	否	是	否	否
s_sch	VARCHAR2(50)	否	否	是	否	否
s_sign_sch	VARCHAR2(50)	否	否	是	否	否

表 10-3　stu_mark 表的结构

字段名	数据类型	主　键	外　键	非　空	唯　一	自　增
s_id	NUMBER(11)	是	否	是	是	否
s_name	VARCHAR2(20)	否	否	是	否	否
mark	NUMBER(11)	否	否	是	否	否

表 10-4　stu 表的内容

s_id	s_name	addr	tel
1	XiaoWang	Henan	0371-12345678
2	XiaoLi	Hebei	0371-12345671
3	XiaoTian	Henan	0371-12345670

表 10-5　sign 表的内容

s_id	s_name	s_sch	s_sign_sch
1	XiaoWang	Middle School1	Peking University
2	XiaoLi	Middle School2	Tsinghua University
3	XiaoTian	Middle School3	Tsinghua University

表 10-6　stu_mark 表的内容

s_id	s_name	mark
1	XiaoWang	80
2	XiaoLi	71
3	XiaoTian	70

（1）创建学生表 stu，并插入 3 条记录。

（2）查询学生表 stu 中的数据记录。

（3）创建报名表 sign，并插入 3 条记录。

（4）查询学生表 sign 中的数据记录。

（5）创建成绩表 stu_mark，并插入 3 条记录。

（6）查询学生表 stu_mark 中的数据记录。

（7）创建考上 Peking University 的学生的视图。

（8）使用视图查询成绩在 Peking University 分数线之上的学生信息。

（9）创建考上 Tsinghua University 的学生的视图。

（10）使用视图查询成绩在 Tsinghua University 分数线之上的学生信息。

实战 2：在 test 数据库中用视图修改数据记录

（1）XiaoTian 的成绩在录入的时候多录了 50 分，对其录入成绩进行更正，更新 XiaoTian 的成绩。

（2）查看更新过后视图和表的情况。

（3）查看视图的创建信息。

（4）删除 beida、qinghua 视图。

第11章　触发器的创建与使用

本章导读

触发器是许多关系数据库系统都提供的一项技术，在 Oracle 系统里，触发器类似过程和函数，都具有声明、执行和异常处理过程的 PL/SQL 块。本章就来介绍 Oracle 触发器的应用，主要内容包括创建触发器、查看触发器、修改触发器、删除触发器以及触发器的类型等。

知识导图

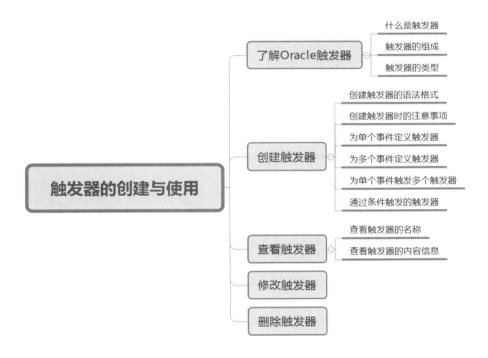

11.1　了解 Oracle 触发器

触发器是一个特殊的存储过程，触发器的定义是说某个条件成立时，触发器里面所定义的语句就会自动执行，因此触发器不需要人为地调用，而是可以自动调用。

11.1.1　什么是触发器

触发器在数据库里以独立的对象存储，它与存储过程和函数不同的是，执行存储过程要使用 EXEC 语句来调用，而触发器的执行不需要使用 EXEC 语句来调用，也不需要手工启动，只要当一个预定义的事件发生的时候，就会被 Oracle 自动调用。

另外，触发器可以查询其他表，而且可以包含复杂的 SQL 语句，它们主要用于满足复杂的业务规则或要求。例如，可以根据客户当前的账户状态，控制是否允许插入新订单。

11.1.2　触发器的组成

一个完整的触发器由多个元素组成，如触发事件、触发时间、触发操作等，下面分别进行介绍。

（1）触发事件：引起触发器被触发的事件。例如，DML 语句（INSERT、UPDATE、DELETE 语句对表或视图执行数据处理操作）、DDL 语句（如 CREATE、ALTER、DROP 语句在数据库中创建、修改、删除模式对象）、数据库系统事件（如系统启动或退出、异常错误）、用户事件（如登录或退出数据库）。

（2）触发时间：是指触发器是在触发事件发生之前（BEFORE）还是之后（AFTER）触发，也就是触发事件和触发器的操作顺序。

（3）触发操作：是指触发器被触发之后的目的和意图，正是触发器本身要做的事情，如 PL/SQL 块。

（4）触发对象：包括表、视图、模式、数据库。只有在这些对象上发生了符合触发条件的触发事件，才会执行触发操作。

（5）触发条件：由 WHEN 子句指定一个逻辑表达式，只有当该表达式的值为 TRUE 时，遇到触发事件才会自动执行触发器，使其执行触发操作。

（6）触发频率：说明触发器内定义的动作被执行的次数，即语句级（Statement-level）触发器和行级（Row-level）触发器。

（7）语句级（Statement-level）触发器：是指当某触发事件发生时，触发器只执行一次。

（8）行级（Row-level）触发器：是指当某触发事件发生时，对受到该操作影响的每一行数据，触发器都单独执行一次。

11.1.3　触发器的类型

在 Oracle 中，触发器可以分为行级（Row-level）触发器和语句级（Statement-level）触发器。行级触发器是指在定义了触发器的表中的行数据改变时就会被触发。例如，在一个表中定义了行级的触发器，当这个表中的一行数据发生变化时，比如删除了一行记录，那么触发器也会被自动执行。

　　语句级触发器可以在某些语句执行前或执行后被触发。例如，在一个表中定义了语句级的触发器，当这个表被删除时，程序就会自动执行触发器里面定义的操作过程，这个删除表的操作就是触发器执行的条件。

11.2　创建触发器

　　使用触发器可以为用户带来便利，在使用之前需要创建触发器。下面介绍创建触发器的方法。

11.2.1　创建触发器的语法格式

　　创建触发器时，要遵循一定的语法结构，具体的语法结构如下：

```
create [or replace] tigger 触发器名 触发时间 触发事件
on 表名
[for each row]
begin
 pl/sql语句
end
```

语法结构中的主要参数介绍如下。

- 触发器名：触发器对象的名称。由于触发器是数据库自动执行的，因此该名称只是一个名称，没有实质的用途。
- 触发时间：指明触发器何时执行，该值可取以下两个。
  - before：表示触发器在数据库动作之前执行。
  - after：表示触发器在数据库动作之后执行。
- 触发事件：指明哪些数据库动作会触发此触发器，具体有以下几个。
  - insert：数据库插入数据会触发此触发器。
  - update：数据库修改数据会触发此触发器。
  - delete：数据库删除数据会触发此触发器。
- 表名：数据库触发器所在的表。
- for each row：触发器对表中的每一行执行一次。如果没有这一选项，则只对整个表执行一次。

在数据库中使用触发器，可以实现如下功能：

（1）允许／限制对表的修改。

（2）自动生成派生列，比如自增字段。

（3）强制数据一致性。

（4）提供审计和日志记录。

（5）防止无效的事务处理。

（6）启用复杂的业务逻辑。

　　如果使用系统用户登录数据库，那么在创建触发器时系统会提示用户"无法对 SYS 拥有的对象创建触发器"，这就需要改变登录用户了，具体的方法如下。

　　首先在 SQL Plus 窗口中输入以下语句：

```
alter user scott identified by 123456 account unlock;
```

执行结果如图 11-1 所示，提示用户已更改。

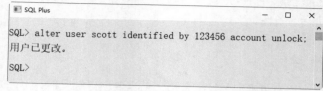

图 11-1　更改登录用户

接着在 SQL Plus 窗口中输入以下语句：

```
conn scott/123456
```

执行结果如图 11-2 所示，提示已连接。这样就可以在普通用户下创建表，并对表创建触发器。

图 11-2　连接数据库

如果当前 Oracle 数据库中不存在 scott 用户，那么上述操作就是无用的。这时就需要在当前数据库中创建一个名称为 scott 的用户了，而且还必须为 scott 用户授予相应的权限，才能对触发器进行创建、修改以及删除等操作。具体操作方法如下：

首先以管理员身份登录 Oracle 数据库，执行代码如下。

```
请输入用户名: sys
输入口令:
连接到:
Oracle Database 19c Enterprise Edition Release 19.0.0.0.0 - Production
Version 19.3.0.0.0
SQL> show user;
USER 为 "SYS"
```

接着创建普通用户 scott，执行代码如下：

```
CREATE USER scott
IDENTIFIED BY Wyy2008
PASSWORD EXPIRE;
```

下面为 scott 用户授予超级管理员权限，执行代码如下：

```
grant dba to scott;
```

为 scott 用户授予其他权限，执行代码如下：

```
grant create session to scott;   --赋予create session的权限
```

```
  grant create table,create view,create trigger, create sequence,create procedure
to scott;--分配创建表，视图，触发器，序列，过程等权限
  grant unlimited tablespace to scott; --授权使用表空间
```

下面就以普通用户 scott 登录 Oracle 数据库，执行代码如下：

```
请输入用户名:scott
输入口令: Wyy2008 ( 这里是笔者设置的密码 )
ERROR:
ORA-28001: the password has expired
更改 scott 的口令
新口令:
重新键入新口令:
口令已更改
连接到
Oracle Database 19c Enterprise Edition Release 19.0.0.0.0 - Production
Version 19.3.0.0.0
```

这里重新设置 scott 用户的口令，口令更改成功后，就可以以 scott 用户登录 Oracle 数据库了，接着就可以对触发器进行创建、修改、删除等操作。

11.2.2 创建触发器时的注意事项

在创建触发器时，用户应该注意的事项如下。

- 触发器不接受参数。
- 一个表上最多可有 12 个触发器，但同一时间、同一事件、同一类型的触发器只能有一个，并且各触发器之间不能有矛盾。
- 在一个表上的触发器越多，对在该表上的 DML 操作的性能影响就越大。
- 触发器最大为 32KB。若确实需要，可以先建立过程，然后在触发器中用 CALL 语句进行调用。
- 在触发器的执行部分只能用 DML 语句（SELECT、INSERT、UPDATE、ELETE），不能使用 DDL 语句（CREATE、ALTER、DROP）。
- 触发器中不能包含事务控制语句（COMMIT、ROLLBACK、SAVEPOINT）。因为触发器是触发语句的一部分，触发语句被提交、回退时，触发器也被提交、回退了。
- 在触发器主体中调用的任何过程、函数，都不能使用事务控制语句。
- 在触发器主体中不能声明任何 long 和 blob 变量。新值 new 和旧值 old 也不能是表中的任何 long 和 blob 列。
- 不同类型的触发器（如 DML 触发器、INSTEAD OF 触发器、系统触发器）的语法格式和作用有较大区别。

11.2.3 为单个事件定义触发器

为单个事件定义触发器的操作比较简单。下面创建一个触发器，该触发器可以防止员工在表中插入新数据时 work_year 字段值被改动，即在插入新数据时使得 work_year 字段值默认为 0。

要想实现这一功能，首先需要创建一个员工表，执行语句如下：

```
CREATE TABLE EMPLOYEE
```

```
(
id              number             not null primary key,
name        varchar2(8),
work_year          number,
status          varchar2(10)
);
```

执行结果如图 11-3 所示。

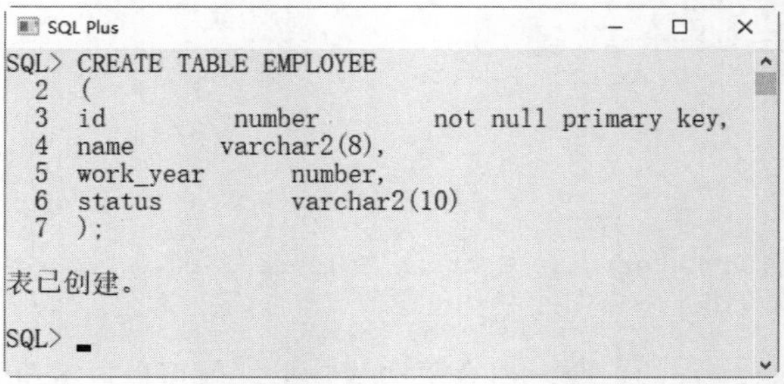

图 11-3　创建员工表 EMPLOYEE

接着在员工表中插入表数据，执行代码如下：

```
select * from employee;
insert all
  into employee(id,name,work_year,status) values(1,'刘江',5,'ACT')
  into employee(id, name,work_year,status) values(2,'爱玲',5,'ACT')
  into employee(id, name,work_year,status) values(3,'子龙',5,'ACT')
  into employee(id, name,work_year,status) values(4,'明月',4,'ACT')
  into employee(id, name,work_year,status) values(5,'湘芸',3,'ACT')
  into employee(id, name,work_year,status) values(6,'龙轩',3,'ACT')
  into employee(id, name,work_year,status) values(7,'家逸',3,'ACT')
  into employee(id, name,work_year,status) values(8,'南山',3,'ACT')
  into employee(id, name,work_year,status) values(9,'婷婷',3,'ACT')
  into employee(id, name,work_year,status) values(10,'郑敏',1,'ACT')
select * from dual;
```

执行结果如图 11-4 所示。

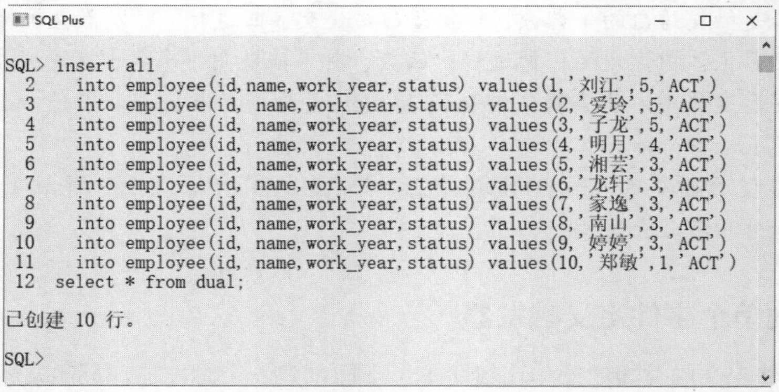

图 11-4　向表 EMPLOYEE 中插入数据

实例 1：创建为单个事件定义的触发器

下面创建触发器，以防止向员工表中插入新数据时 work_year 字段值被改动，即插入新员工信息时，员工工龄默认为 0。执行语句如下：

```
create or replace trigger tr_before_insert_employee
  before insert
  on employee
  for each row
    begin
      :new.work_year:=0;
    end;
```

执行结果如图 11-5 所示。

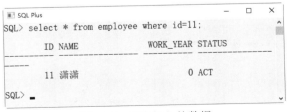

```
SQL> create or replace trigger tr_before_insert_employee
  2    before insert
  3    on employee
  4    for each row
  5      begin
  6        :new.work_year:=0;
  7      end;
  8  /

触发器已创建

SQL>
```

图 11-5　为单个事件定义触发器

检验触发器是否生效，首先向表中插入一行数据，并设置这个员工的工龄为"5"，执行语句如下：

```
insert into employee(id,name,work_year,status) values(11,'潇潇',5,'ACT');
```

执行结果如图 11-6 所示。

```
SQL> insert into employee(id,name,work_year,status)
 values(11,'潇潇',5,'ACT');

已创建 1 行。

SQL>
```

图 11-6　向表中插入一行数据

下面查询这行数据，执行语句如下：

```
select * from employee where id=11;
```

执行结果如图 11-7 所示，可以看到这行数据的工龄自动更改为"0"，从结果可以看出，在插入数据前，启动了触发器。

```
SQL> select * from employee where id=11;

        ID NAME          WORK_YEAR STATUS
---------- ------------- --------- -------
        11 潇潇                  0 ACT

SQL>
```

图 11-7　查询插入的数据

11.2.4 为多个事件定义触发器

除了可以为单个事件定义触发器外，还可以为多个事件定义触发器。下面为多个事件创建触发器，实现的功能是通过 insert 或 update 操作将员工信息表中的 status 字段值改为大写形式。

实例 2：创建为多个事件定义的触发器

创建为多个事件定义的触发器，执行语句如下：

```
create or replace trigger tr_insert_update_employee
  before insert or update
  on employee
  for each row
    begin
      :new.status:=upper(:new.status);
    end;
```

执行结果如图 11-8 所示。

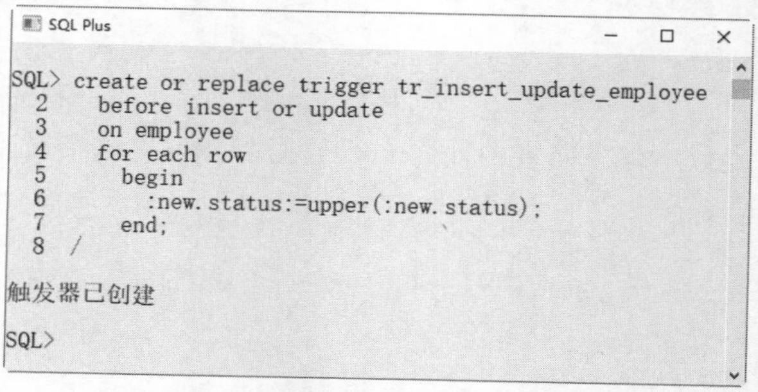

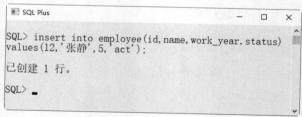

图 11-8　为多个事件定义触发器

接着在员工信息表中插入一行数据，这里输入 status 字段值为小写的"act"，SQL 语句如下：

```
insert into employee(id,name,work_year,status) values(12,'张静',5,'act');
```

执行结果如图 11-9 所示。

图 11-9　向表中插入一行数据

查看插入行的信息内容，执行语句如下：

```
select * from employee where id=12;
```

执行结果如图 11-10 所示，可以看到 status 字段值改为大写的"ACT"，这就说明触发器执行成功。

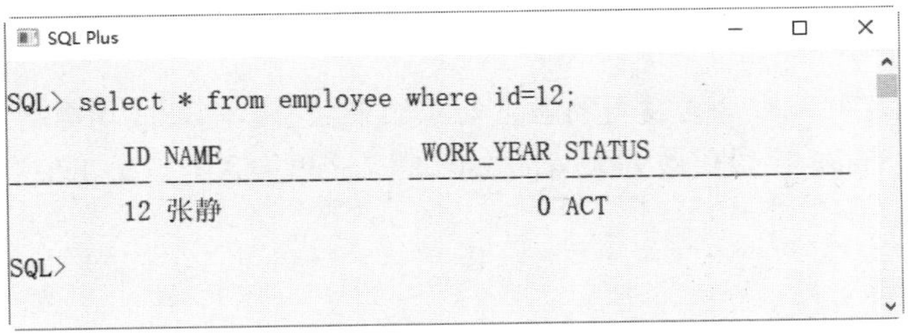

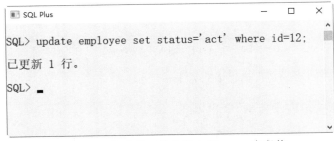

图 11-10 查看插入的数据信息

接着修改员工信息表中的 status 字段值为小写的"act"，执行语句如下：

```
update employee set status='act' where id=12;
```

执行结果如图 11-11 所示。

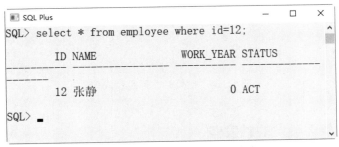

图 11-11 修改员工信息表中的 status 字段值

查看修改行的信息内容，执行语句如下：

```
select * from employee where id=12;
```

执行结果如图 11-12 所示，可以看到 status 字段值仍然为大写的"ACT"，这就说明修改字段信息时，触发器执行成功。

SQL> select * from employee where id=12;

ID	NAME	WORK_YEAR	STATUS
12	张静	0	ACT

SQL>

图 11-12 查看修改行的信息内容

11.2.5 为单个事件触发多个触发器

按照触发器的创建时间，同一事件可以按序触发不同的触发器，前面已经创建好了两个触发器，具体内容如下。

- tr_before_insert_employee 限制工龄为 0。
- tr_insert_update_employee 限制 status 的字母为大写。

▌实例 3：创建为单个事件触发多个触发器的触发器

为单个事件创建触发多个触发器的触发器。如果触发器触发成功会将该行数据的 work_year 字段值改为 0，status 字段值改为大写的"ACT"。这里插入一位员工信息，执行语句如下：

```
insert into employee(id,name,work_year,status) values(13,'李芳',3,'act');
```

执行结果如图 11-13 所示。

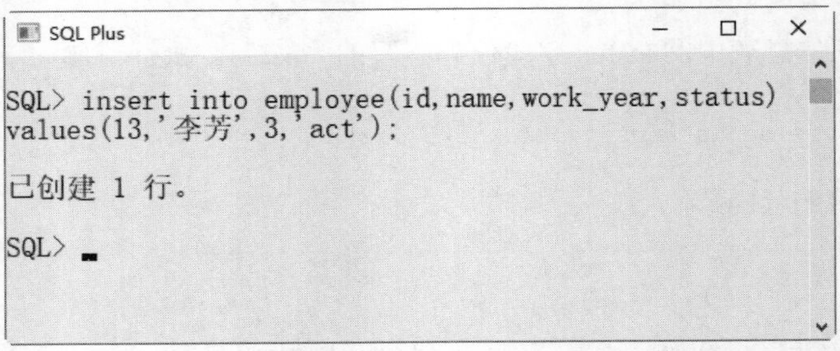

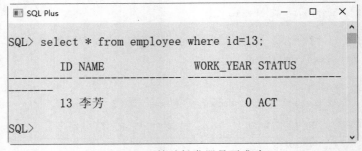

图 11-13　插入一行数据

检验触发器是否创建成功，执行语句如下：

```
select * from employee where id=13;
```

执行结果如图 11-14 所示，可以看到该行数据的 work_year 字段值虽然插入时设置的是"3"，status 字段值设置为小写的"act"，但是在查询时可以看到 work_year 字段值为"0"，status 字段值是大写的"ACT"，这就说明触发器执行成功。

图 11-14　检验触发器是否成功

11.2.6　通过条件触发的触发器

通过设置条件可以创建触发器，具体实现的功能是如果 work_year 字段值大于 0，则把 status 字段值改为 ACT。

首先删除之前创建的触发器，执行语句如下：

```
select * from user_objects where object_type='TRIGGER';
drop trigger TR_INSERT_UPDATE_EMPLOYEE;
drop trigger TR_BEFORE_INSERT_EMPLOYEE;
```

执行结果如图 11-15 所示。

```
SQL> drop trigger TR_INSERT_UPDATE_EMPLOYEE;
触发器已删除。
SQL> drop trigger TR_BEFORE_INSERT_EMPLOYEE;
触发器已删除。
SQL>
```

图 11-15　删除触发器

实例 4：创建通过条件触发的触发器

创建通过条件进行触发的触发器，执行语句如下：

```
create or replace trigger tr_update_employee
  before update
  on employee
  for each row
    when (old.status='ACT' and old.work_year>0)
    begin
      :new.status:='ACF';
    end;
```

执行结果如图 11-16 所示。

```
SQL> create or replace trigger tr_update_employee
  2    before update
  3    on employee
  4    for each row
  5      when (old.status='ACT' and old.work_year>0)
  6      begin
  7        :new.status:='ACF';
  8      end;
  9  /

触发器已创建

SQL>
```

图 11-16　创建触发器

> **注意**：old 和 new 在触发器的描述语句中使用，:old 和 :new 在触发器的操作语句中使用。

测试创建的触发器是否成功，这里输入以下执行语句：

```
update employee set id=id;--不会更改表内容，但会触发触发器
```

执行结果如图 11-17 所示。

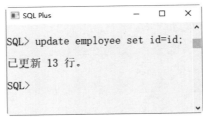

```
SQL> update employee set id=id;
已更新 13 行。

SQL>
```

图 11-17　测试创建的触发器是否成功

查询员工信息表，执行语句如下：

```
select * from employee;
```

执行结果如图 11-18 所示，可以看到工龄大于 0 的员工，其 status 字段值更改为“ACF”，而工龄等于 0 的 status 字段值仍为“ACT”。

```
SQL> select * from employee;

        ID NAME                  WORK_YEAR STATUS
---------- -------------------- ---------- --------------------
         1 刘江                          5 ACF
         2 爱玲                          5 ACF
         3 子龙                          5 ACF
         4 明月                          4 ACF
         5 湘芸                          3 ACF
         6 龙轩                          3 ACF
         7 家逸                          3 ACF
         8 南山                          3 ACF
         9 婷婷                          3 ACF
        10 郑敏                          1 ACF
        11 潇潇                          0 ACT

        ID NAME                  WORK_YEAR STATUS
---------- -------------------- ---------- --------------------
        12 张静                          0 ACT
        13 李芳                          0 ACT

已选择 13 行。
```

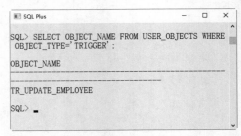

图 11-18　查询员工信息表

11.3　查看触发器

一个完整的触发器，包括触发器名称和触发器内容信息，用户可以使用命令查看数据库中已经定义的触发器。

11.3.1　查看触发器的名称

用户可以查看已经存在的触发器的名称。

实例 5：查看数据库中触发器的名称

查看触发器的名称，执行语句如下：

```
SELECT OBJECT_NAME FROM USER_OBJECTS WHERE OBJECT_TYPE='TRIGGER';
```

执行结果如图 11-19 所示，可以看到当前数据库中存在的触发器为 TR_UPDATE_EMPLOYEE。

```
SQL> SELECT OBJECT_NAME FROM USER_OBJECTS WHERE
 OBJECT_TYPE='TRIGGER';

OBJECT_NAME
--------------------------------------------------------------------------------

TR_UPDATE_EMPLOYEE

SQL>
```

图 11-19　查看触发器的名称

11.3.2 查看触发器的内容信息

有了触发器的名称，就可以查看触发器的具体内容了。

▌实例 6：根据触发器的名称查看具体内容

查看触发器 TR_UPDATE_EMPLOYEE 的内容信息，命令如下：

```
SELECT * FROM USER_SOURCE WHERE NAME= 'TR_UPDATE_EMPLOYEE' ORDER BY LINE;
```

执行结果如图 11-20 所示。

图 11-20　查看触发器的内容信息

输出的具体内容如下：

```
NAME                      TYPE      LINE    TEXT
TR_UPDATE_EMPLOYEE        TRIGGER   1       trigger tr_update_employee
TR_UPDATE_EMPLOYEE        TRIGGER   2       before update
TR_UPDATE_EMPLOYEE        TRIGGER   3       on employee
TR_UPDATE_EMPLOYEE        TRIGGER   4       for each row
TR_UPDATE_EMPLOYEE        TRIGGER   5       when (old.status='ACT' and old.
                                            work_year>0)
TR_UPDATE_EMPLOYEE        TRIGGER   6       begin
TR_UPDATE_EMPLOYEE        TRIGGER   7       :new.status:='ACF';
TR_UPDATE_EMPLOYEE        TRIGGER   8       END ;
```

11.4　修改触发器

在 Oracle 中修改触发器，使用 CREATE OR REPLACE TRIGGER 语句，也就是覆盖原始的存储过程。

▌实例 7：修改数据库中的触发器

修改已经创建好的触发器 tr_update_employee，将工龄大于 3 的员工的 status 字段值修改为 ACF。执行语句如下：

```
create or replace trigger tr_update_employee
  before update
  on employee
  for each row
```

```
when (old.status='ACT' and old.work_year>3)
begin
  :new.status:='ACF';
end;
```

执行结果如图 11-21 所示。

```
SQL Plus                                          —    □    ×
SQL> create or replace trigger tr_update_employee
  2     before update
  3     on employee
  4     for each row
  5       when (old.status='ACT' and old.work_year>3)
  6       begin
  7         :new.status:='ACF';
  8       end;
  9  /

触发器已创建

SQL> _
```

图 11-21   修改创建好的触发器

为了保证触发器的演示效果，需要将 employee 表中的数据先删除，然后再插入，执行代码如下：

```
DELETE FROM employee;
select * from employee;
insert all
  into employee(id,name,work_year,status) values(1,'刘江',5,'ACT')
  into employee(id, name,work_year,status) values(2,'爱玲',5,'ACT')
  into employee(id, name,work_year,status) values(3,'子龙',5,'ACT')
  into employee(id, name,work_year,status) values(4,'明月',4,'ACT')
  into employee(id, name,work_year,status) values(5,'湘芸',3,'ACT')
  into employee(id, name,work_year,status) values(6,'龙轩',3,'ACT')
  into employee(id, name,work_year,status) values(7,'家逸',3,'ACT')
  into employee(id, name,work_year,status) values(8,'南山',3,'ACT')
  into employee(id, name,work_year,status) values(9,'婷婷',3,'ACT')
  into employee(id, name,work_year,status) values(10,'郑敏',1,'ACT')
select * from dual;
```

测试修改的触发器是否成功，输入 SQL 语句如下：

```
update employee set id= id;
```

执行结果如图 11-22 所示。

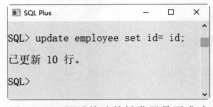

```
SQL Plus                     —    □    ×
SQL> update employee set id= id;

已更新 10 行。

SQL>
```

图 11-22   测试修改的触发器是否成功

查询员工信息表，SQL 语句如下：

```
select * from employee;
```

执行结果如图 11-23 所示，可以看到工龄大于 3 的员工，其 status 字段值更改为"ACF"，而工龄小于等于 3 的 status 字段值仍为"ACT"。从结果可以看出，触发器被成功修改。

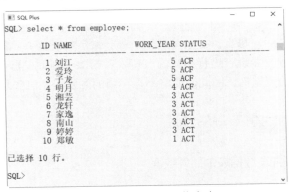

图 11-23　查看员工信息表

11.5　删除触发器

使用 DROP TRIGGER 语句可以删除 Oracle 中已经定义的触发器。删除触发器语句的基本语法格式如下：

```
DROP TRIGGER TRIGGER_NAME
```

其中，TRIGGER_NAME 是要删除的触发器名称。

▌实例 8：根据触发器的名称删除触发器

删除一个触发器，执行代码如下：

```
DROP TRIGGER tr_update_employee;
```

执行结果如图 11-24 所示。

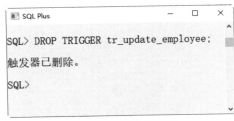

图 11-24　删除触发器

11.6　疑难问题解析

▌疑问 1：在创建触发器时，为什么会报错？

答：在使用触发器的时候需要注意，对于相同的表、相同的事件只能创建一个触发器，比如对表 account 创建了一个 BEFORE INSERT 触发器，那么如果对表 account 再创建一个 BEFORE INSERT 触发器，Oracle 将会报错。此时，只可以在表 account 上创建 AFTER INSERT 或者 BEFORE UPDATE 类型的触发器。

▌疑问 2：为什么要及时删除不用的触发器？

答：触发器定义之后，每次执行触发事件，都会激活触发器并执行触发器中的语句。如果需求发生变化，而触发器没有进行相应的改变或者删除，则触发器仍然会执行旧的语句，从而会影响新的数据的完整性。因此，要将不再使用的触发器及时删除。

11.7　实战训练营

▌实战 1：创建数据表并在数据表中插入数据

（1）创建 test 表。
（2）创建 test_log 表。

▌实战 2：创建一个实现某种功能的触发器

创建一个触发器，实现用户对 test 表执行 DML 语句时，将相关信息记录到日志表 test_log 中。

（1）创建触发器 TEST_TRIGGER。
（2）执行插入数据操作。
（3）查询表 test。
（4）执行修改数据操作。
（5）查询表 test。
（6）执行删除数据操作。
（7）再次查询表 test。
（8）最后查询表 test_log。

第12章　Oracle系统函数的应用

📖 本章导读

Oracle 数据库提供了众多功能强大、方便易用的函数。使用这些函数，可以极大地提高用户对数据库的管理效率，使得数据库的功能更加强大，可以更加灵活地满足不同用户的需求。Oracle 中的函数包括数学函数、字符串函数、日期和时间函数、转换函数、系统信息函数等。本章将介绍 Oracle 中这些函数的功能和用法。

🗺 知识导图

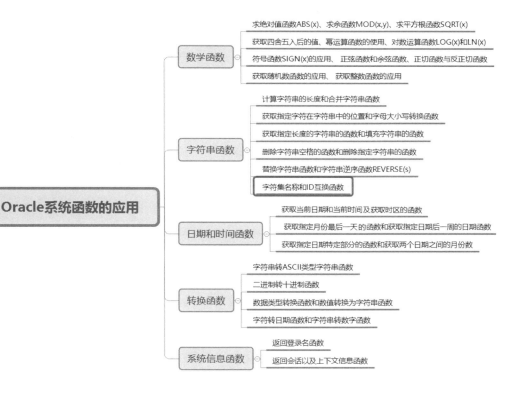

12.1　数学函数

数学函数可以用来处理数值数据方面的运算，常见的数学函数有：绝对值函数、三角函数（包含正弦函数、余弦函数、正切函数等）、对数函数等。使用数学函数的过程中，如果有错误产生，该函数将会返回空值 NULL。

12.1.1　求绝对值函数 ABS ()

ABS() 函数用来求绝对值。

▌实例 1：练习使用 ABS() 函数

执行语句如下：

```
SELECT ABS(5), ABS(-5),ABS(-0) FROM dual;
```

执行结果如图 12-1 所示。从结果可以看出，正数的绝对值为其本身，负数的绝对值为其相反数，0 的绝对值为 0。

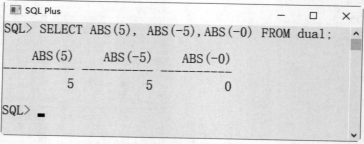

图 12-1　返回绝对值

> **注意**：dual 表是一个虚拟表，用来构成 select 的语法规则，Oracle 保证 dual 里面永远只有一条记录。

12.1.2　求余函数 MOD ()

MOD() 函数用于求余运算。

▌实例 2：练习使用 MOD() 函数

执行语句如下：

```
SELECT MOD(28,5),MOD(24,4),MOD(36.6,6.6) FROM dual;
```

执行结果如图 12-2 所示。

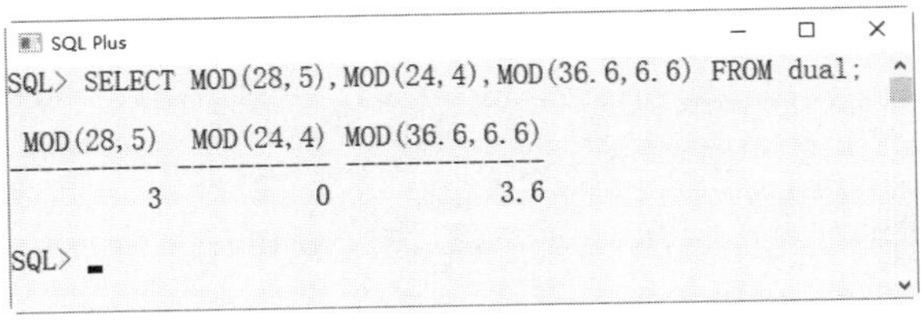

图 12-2　返回求余值

12.1.3　求平方根函数 SQRT ()

SQRT(x) 函数返回非负数 x 的二次方根。

▎实例 3：练习使用 SQRT() 函数

求 64 和 30 的二次平方根，执行语句如下：

```
SELECT SQRT(64), SQRT(30) FROM dual;
```

执行结果如图 12-3 所示。

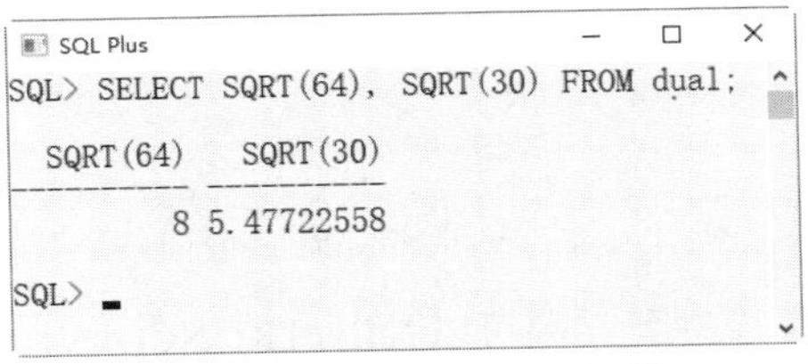

图 12-3　返回二次平方根值

12.1.4　四舍五入函数 ROUND () 和取整函数 TRUNC ()

ROUND(x) 函数返回最接近参数 x 的整数；ROUND(x,y) 函数对参数 x 进行四舍五入，y 值为返回值保留的小数位数；TRUNC(x,y) 函数对参数 x 进行取整操作，返回值保留小数点后面指定的 y 位。

▎实例 4：练习使用 ROUND(x) 函数

执行语句如下：

```
SELECT ROUND(-8.6),ROUND(-42.88),ROUND(13.44) FROM dual;
```

执行结果如图 12-4 所示。从执行结果可以看出，ROUND(x) 将值 x 四舍五入之后保留了整数部分。

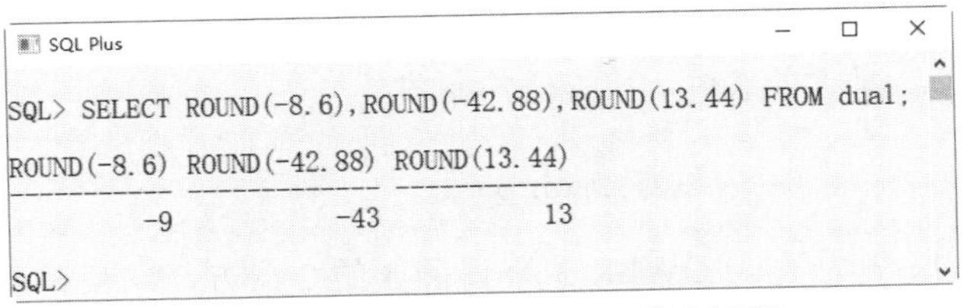

图 12-4　使用 ROUND(x) 函数返回值

▌实例 5：练习使用 ROUND(x,y) 函数

执行语句如下：

```
SELECT ROUND(-10.66,1),ROUND(-8.33,3),ROUND(65.66,-1),ROUND(86.46,-2)  FROM
dual;
```

执行结果如图 12-5 所示。从执行结果可以看出，根据参数 y 值，将参数 x 四舍五入后得到保留小数点后 y 位的值，x 值小数位不够 y 位的则保留原值；如 y 为负值，则保留小数点左边 y 位，先进行四舍五入操作，再将相应的位值取零。

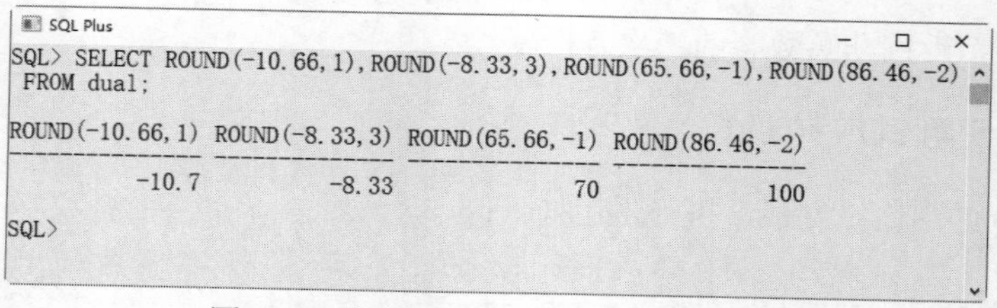

```
SQL> SELECT ROUND(-10.66,1),ROUND(-8.33,3),ROUND(65.66,-1),ROUND(86.46,-2)
 FROM dual;

ROUND(-10.66,1) ROUND(-8.33,3) ROUND(65.66,-1) ROUND(86.46,-2)
--------------- -------------- --------------- ---------------
          -10.7          -8.33              70             100

SQL>
```

图 12-5　使用 ROUND(x,y) 函数返回值

▌实例 6：练习使用 TRUNC(x,y) 函数

执行语句如下：

```
SELECT TRUNC(5.25,1),TRUNC(7.66,1),TRUNC(45.88,0),TRUNC(56.66,-1) FROM dual;
```

执行结果如图 12-6 所示。从执行结果可以看出，TRUNC(x,y) 函数并不是四舍五入的函数，而是直接截去指定保留 y 位之外的值。y 取负值时，先将小数点左边第 y 位的值归零，右边其余低位全部截去。

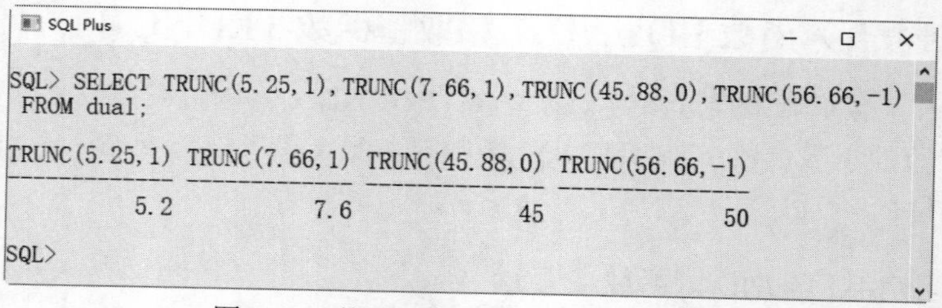

```
SQL> SELECT TRUNC(5.25,1),TRUNC(7.66,1),TRUNC(45.88,0),TRUNC(56.66,-1)
 FROM dual;

TRUNC(5.25,1) TRUNC(7.66,1) TRUNC(45.88,0) TRUNC(56.66,-1)
------------- ------------- -------------- ---------------
          5.2           7.6             45              50

SQL>
```

图 12-6　使用 TRUNC(x,y) 函数返回值

12.1.5　幂运算函数 POWER() 和 EXP()

POWER(x,y) 函数用于计算 x 的 y 次方，EXP(x) 函数用于计算 e 的 x 次方。

▌实例 7：练习使用 POWER(x,y) 函数

对参数 x 进行 y 次乘方的求值，执行语句如下：

```
SELECT POWER(3,2), POWER(2,-2) FROM dual;
```

执行结果如图 12-7 所示。**POWER(3,2)** 返回 3 的 2 次方，结果是 9；**POWER(2,-2)** 返

回 2 的 -2 次方，结果为 4 的倒数，即 0.25。

```
SQL> SELECT POWER(3,2), POWER(2,-2) FROM dual;

POWER(3,2) POWER(2,-2)
---------- -----------
         9        0.25

SQL>
```

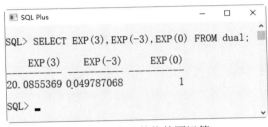

图 12-7　求数值的幂运算

▌实例 8：练习使用 EXP(x) 函数

EXP(x) 返回 e 的 x 次方后的值。执行语句如下：

```
SELECT EXP(3),EXP(-3),EXP(0) FROM dual;
```

执行结果如图 12-8 所示。EXP(3) 返回以 e 为底的 3 次方，结果为 20.0855369；EXP(-3) 返回以 e 为底的 -3 次方，结果为 0.049787068；EXP(0) 返回以 e 为底的 0 次方，结果为 1。

```
SQL> SELECT EXP(3),EXP(-3),EXP(0) FROM dual;

    EXP(3)     EXP(-3)      EXP(0)
---------- ----------- -----------
20.0855369 0.049787068           1

SQL>
```

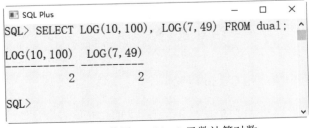

图 12-8　求 e 数值的幂运算

12.1.6　对数运算函数 LOG() 和 LN()

LOG(x,y) 返回以 x 为底的 y 的对数。LN(x) 返回以基数 e 为底的 x 的自然对数。

▌实例 9：练习使用 LOG(x,y) 函数

使用 LOG(x,y) 函数计算对数，执行语句如下：

```
SELECT LOG(10,100), LOG(7,49) FROM dual;
```

执行结果如图 12-9 所示。

```
SQL> SELECT LOG(10,100), LOG(7,49) FROM dual;

LOG(10,100)  LOG(7,49)
----------- ----------
          2          2

SQL>
```

图 12-9　使用 LOG(x,y) 函数计算对数

实例 10：练习使用 LN(x) 函数

LN(x) 返回 x 的自然对数，使用 LN 计算以 e 为基数的对数，执行语句如下：

```
SELECT LN(100), LN(1000) FROM dual;
```

执行结果如图 12-10 所示。

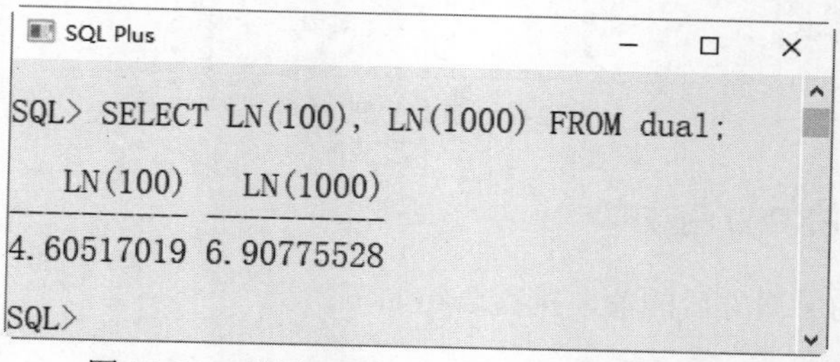

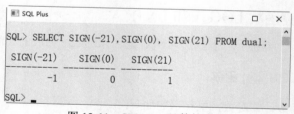

图 12-10　使用 LN(x) 计算以 e 为基数的对数

12.1.7　符号函数 SIGN()

SIGN(x) 返回参数的符号，x 的值为负、零或正时返回结果依次为 -1、0 或 1。

实例 11：练习使用 SIGN(x) 函数

使用 SIGN(x) 函数返回参数的符号，执行语句如下：

```
SELECT SIGN(-21),SIGN(0), SIGN(21) FROM dual;
```

执行结果如图 12-11 所示。从执行结果可以看出，SIGN(-21) 返回 -1，SIGN(0) 返回 0，SIGN(21) 返回 1。

图 12-11　SIGN(x) 函数的应用

12.1.8　正弦函数 SIN() 和余弦函数 COS()

Oracle 数据库中分别使用 SIN(x) 和 COS(x) 函数返回正弦值和余弦值。其中，x 表示弧度数。一个平角（180 度角）是 π 弧度，即 180 度 =π 弧度。因此，将度化成弧度的公式为：弧度 = 度 ×π/180。

实例 12：练习使用 SIN(x) 和 COS(x) 函数

通过 SIN(x) 函数和 COS(x) 函数计算弧度为 0.5 的正弦值和余弦值。执行语句如下：

```
SELECT SIN(0.5),COS(0.5) FROM dual;
```

执行结果如图 12-12 所示。

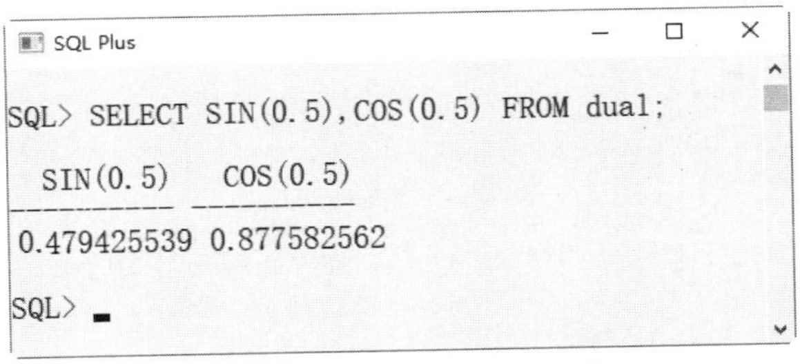

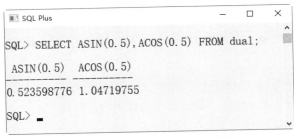

图 12-12　求正弦值和余弦值

除了能够计算正弦值和余弦值外，还可以利用 ASIN(x) 函数和 ACOS(x) 函数计算反正弦值和反余弦值。无论是 ASIN(x) 函数，还是 ACOS(x) 函数，它们的取值都必须为 -1 ～ 1，否则返回的值将会是空值（NULL）。

▌实例13：练习使用 ASIN(x) 和 ACOS(x) 函数

通过 ASIN(x) 函数和 ACOS(x) 数据计算弧度为 0.5 的反正弦值和反余弦值。执行语句如下：

```
SELECT ASIN(0.5),ACOS(0.5) FROM dual;
```

执行结果如图 12-13 所示。

图 12-13　求反正弦值和反余弦值

12.1.9　正切函数 TAN() 与反正切函数 ATAN()

在数据计算中，求正切值和反正切值也经常被用到，其中求正切值使用 TAN(x) 函数，求反正切值使用 ATAN(x) 函数。

▌实例14：练习使用 TAN(x) 函数

通过 TAN(x) 函数计算 0.5 的正切值。执行语句如下：

```
SELECT TAN(0.5) FROM dual;
```

执行结果如图 12-14 所示。

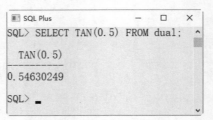

图 12-14　求正切值

另外，在数学计算中，还可以通过 ATAN(x) 函数计算反正切值。

▍实例 15：练习使用 ATAN(x) 函数

通过 ATAN(x) 函数计算数值 0.5 的反正切值。执行语句如下：

```
SELECT ATAN(0.5) FROM dual;
```

执行结果如图 12-15 所示。

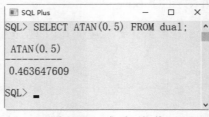

图 12-15　求反正切值

12.1.10　随机数函数 DBMS_RANDOM. RANDOM 和 DBMS_RANDOM. VALUE ()

DBMS_RANDOM.RANDOM 函数返回产生的随机数；DBMS_RANDOM.VALUE(x,y) 返回一个随机值，若指定 x 和 y 的值，则返回指定范围内的随机值。

▍实例 16：练习使用 DBMS_RANDOM.RANDOM 函数

使用 DBMS_RANDOM.RANDOM 函数返回产生的随机数，DBMS_RANDOM.VALUE(x,y) 返回一个随机值，若指定 x 和 y 的值，则返回指定范围内的随机值。

```
SELECT DBMS_RANDOM.RANDOM , DBMS_RANDOM.RANDOM FROM dual;
```

执行结果如图 12-16 所示。可以看到，不带参数的 DBMS_RANDOM.RANDOM 每次产生的随机数值是不同的。

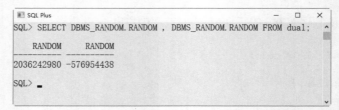

图 12-16　使用 DBMS_RANDOM.RANDOM 函数返回的随机数

实例 17：练习使用 DBMS_RANDOM.VALUE(x,y) 函数

使用 DBMS_RANDOM.VALUE(x,y) 函数产生 1 ～ 20 之间的随机数，输入语句如下：

```
SELECT DBMS_RANDOM.VALUE(1,20),DBMS_RANDOM.VALUE(1,20) FROM dual;
```

执行结果如图 12-17 所示。从结果可以看到，DBMS_RANDOM.VALUE (1,20) 产生了 1 ～ 20 之间的随机数。

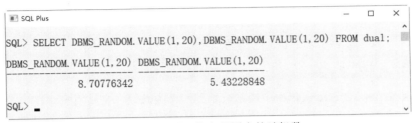

图 12-17 返回指定范围内的随机数

12.1.11 整数函数 CEIL(x) 和 FLOOR(x)

CEIL(x) 和 FLOOR(x) 的意义相同，CEIL(x) 返回不小于 x 的最小整数值；FLOOR(x) 返回一个不大于 x 的最大整数值。

实例 18：练习使用 CEIL(x) 函数

使用 CEIL(x) 函数返回最小整数，执行语句如下：

```
SELECT  CEIL(-3.35), CEIL(3.35) FROM dual;
```

执行结果如图 12-18 所示。-3.35 为负数，不小于 -3.35 的最小整数为 -3，因此返回值为 -3；不小于 3.35 的最小整数为 4，因此返回值为 4。

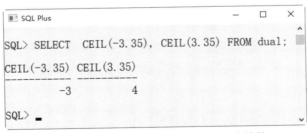

图 12-18 使用 CEIL(x) 函数返回最小整数

实例 19：练习使用 FLOOR(x) 函数

FLOOR(x) 函数返回不大于 x 的最大整数值。使用 FLOOR() 函数返回最大整数，执行语句如下：

```
SELECT FLOOR(-3.35), FLOOR(3.35) FROM dual;
```

执行结果如图 12-19 所示。-3.35 为负数，不大于 -3.35 的最大整数为 -4，因此返回值

为 -4；不大于 3.35 的最大整数为 3，因此返回值为 3。

图 12-19　使用 FLOOR(x) 函数返回最大整数

12.2　字符串函数

字符串函数是在 Oracle 数据库中经常被用到的一类函数，主要用于计算字符串的长度、合并字符串等操作。

12.2.1　计算字符串长度的函数 LENGTH(str)

使用 LENGTH(str) 函数可以计算字符串的长度，它的返回值是数值。

▌实例 20：练习使用 LENGTH(str) 函数

使用 LENGTH(str) 函数计算字符串的长度，执行语句如下：

```
SELECT LENGTH('Hello'), LENGTH('World') FROM dual;
```

执行结果如图 12-20 所示。

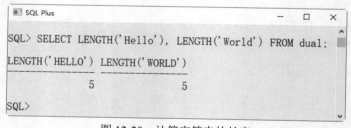

图 12-20　计算字符串的长度

12.2.2　合并字符串的函数 CONCAT()

CONCAT(s1,s2,…) 的返回结果为连接参数产生的字符串。如有任何一个参数为 NULL，则返回值为 NULL。如果所有参数均为非二进制字符串，则结果为非二进制字符串。如果参数中含有二进制字符串，则结果为一个二进制字符串。

▌实例 21：练习使用 CONCAT() 函数

使用 CONCAT() 函数连接字符串，执行语句如下：

```
SELECT CONCAT('学习', 'Oracle 19c')  FROM dual;
```

执行结果如图 12-21 所示。

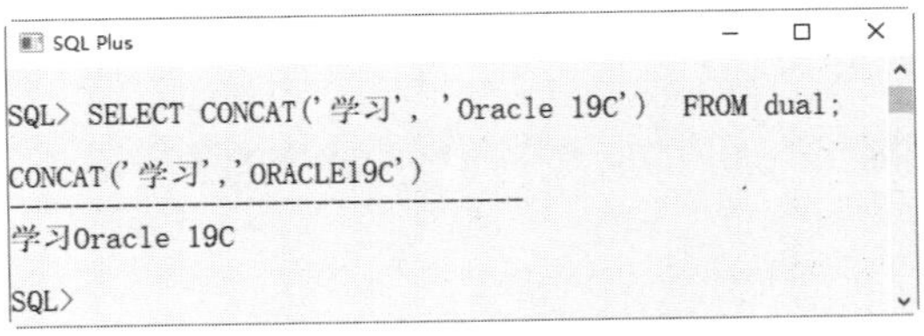

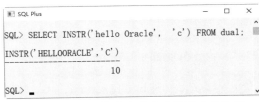

图 12-21　连接字符串

12.2.3　获取指定字符在字符串中位置的函数 INSTR()

INSTR(s,x) 返回 x 字符在字符串 s 中的位置。

▌**实例 22：练习使用 INSTR() 函数**

使用 INSTR() 函数返回指定字符在字符串中的位置，执行语句如下：

```
SELECT INSTR('hello Oracle', 'c') FROM dual;
```

执行结果如图 12-22 所示。字符 c 位于字符串 'hello Oracle' 中第 10 个位置，输出结果为 10。

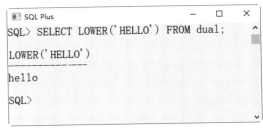

图 12-22　返回指定字符在字符串中的位置

12.2.4　字母大小写转换函数 LOWER() 和 UPPER()

LOWER (str) 将字符串 str 中的字母字符全部转换成小写形式。

▌**实例 23：练习使用 LOWER() 函数**

使用 LOWER() 函数将字符串中的所有字母字符转换为小写形式，执行语句如下：

```
SELECT LOWER('HELLO') FROM dual;
```

执行结果如图 12-23 所示。

图 12-23　转换字母为小写形式

UPPER(str) 可以将字符串 str 中的字母字符全部转换成大写形式。

实例 24：练习使用 UPPER() 函数

使用 UPPER() 函数将字符串中的所有字母字符转换为大写形式，执行语句如下：

```
SELECT UPPER('hello') FROM dual;
```

执行结果如图 12-24 所示。

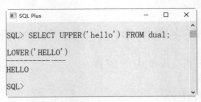

图 12-24 转换字母为大写形式

12.2.5 获取指定字符串长度的函数 SUBSTR()

SUBSTR(s,m,n) 函数获取指定的字符串。其中，参数 s 代表字符串，m 代表截取的位置，n 代表截取长度。当 m 值为正数时，从左边开始数指定的位置；当 m 值为负数时，从右边开始取指定位置的字符。

实例 25：练习使用 SUBSTR(s,m,n) 函数

使用 SUBSTR() 函数获取从左边开始数指定位置的字符串，执行语句如下：

```
SELECT SUBSTR('Administrator',5,10) FROM dual;
```

执行结果如图 12-25 所示。

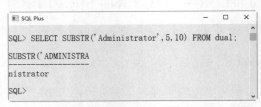

图 12-25 返回截取的字符串

使用 SUBSTR() 函数获取从右边开始数指定位置的字符串，执行语句如下：

```
SELECT SUBSTR('Administrator ',-5,10) FROM dual;
```

执行结果如图 12-26 所示。

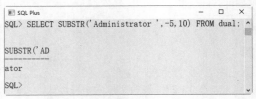

图 12-26 返回截取的指定字符串

12.2.6 填充字符串的函数 LPAD()

LPAD(s1，len，s2) 返回字符串 s1，其左边由字符串 s2 填充，填充长度为 len。假如 s1 的长度大于 len，则返回值被缩短至 len 字符。

▎实例 26：练习使用 LPAD() 函数

使用 LPAD() 函数对字符串进行填充操作，执行语句如下：

```
SELECT LPAD('smile',6,'??'), LPAD('smile',4,'??') FROM dual;
```

执行结果如图 12-27 所示。

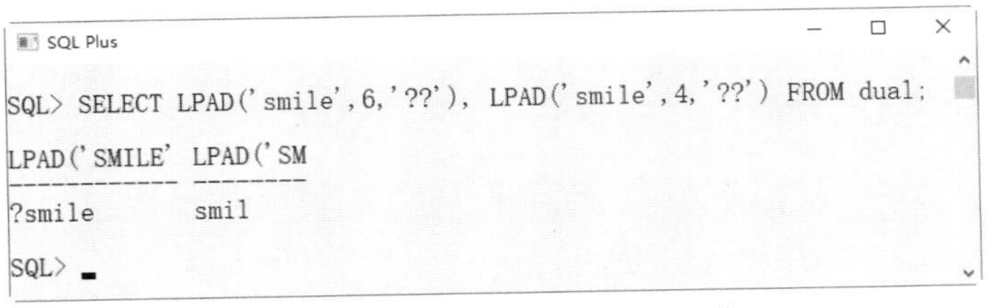

图 12-27　对字符串进行填充操作

字符串"smile"的长度小于 6，LPAD('smile',6,'??') 的返回结果为"?smile"，左侧填充一个"？"，长度为 6；字符串"smile"的长度大于 4，不需要填充，因此，LPAD('smile',4,'??') 只返回被缩短的长度为 4 的子串"smil"。

12.2.7 删除字符串空格的函数 LTRIM(s)、RTRIM(s) 和 TRIM(s)

LTRIM(s,n) 函数将删除指定的左侧字符。其中，s 是目标字符串，n 是需要查找的字符。如果 n 不指定，则表示删除左侧的空格。

▎实例 27：练习使用 LTRIM(s) 函数

使用 LTRIM(s) 函数删除字符串左边的空格，执行语句如下：

```
SELECT LTRIM('  world '),LTRIM('this is a dog', 'this') FROM dual;
```

执行结果如图 12-28 所示。从结果可以看出，第一个删除的情况是：字符串左侧的空格被删除掉；第二个删除的情况是：字符串中的"this"字符被删除。

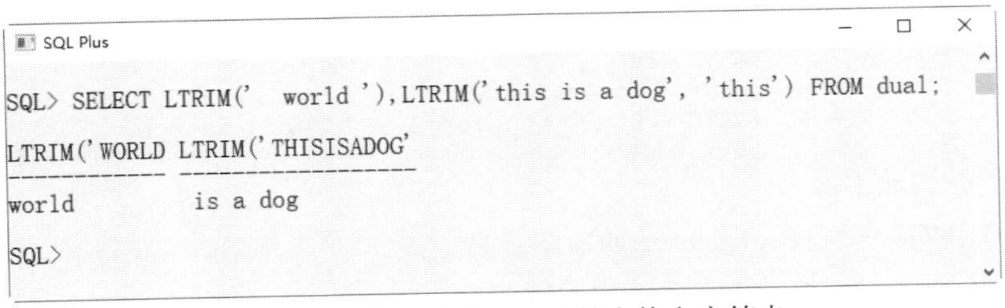

图 12-28　删除字符串左边的空格和字符串

RTRIM(s,n) 函数将删除指定的右侧字符。其中，s 是目标字符串，n 是需要查找的字符。如果 n 不指定，则表示删除右侧的空格。

实例 28：练习使用 RTRIM(s) 函数

使用 RTRIM(s) 函数删除字符串右边的空格，执行语句如下：

```
SELECT RTRIM ('  world  '),RTRIM ('this is a dog', 'dog') FROM dual;
```

执行结果如图 12-29 所示。第一个删除的情况是：字符串右侧的空格被删除；第二个删除的情况是：字符串中的"dog"字符被删除。

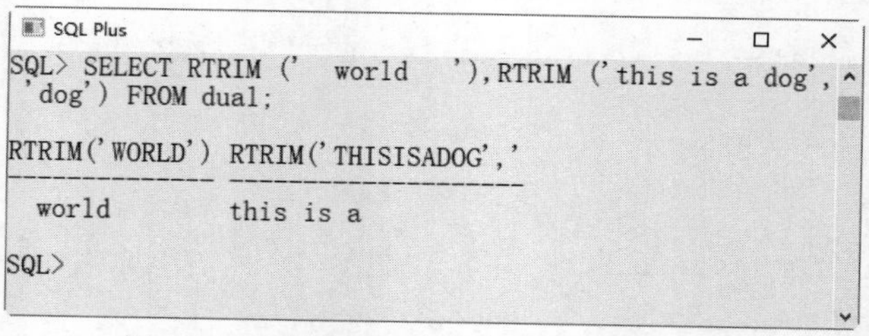

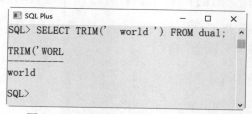

图 12-29　删除字符串右边的空格和字符串

TRIM(s) 函数删除字符串 s 两侧的空格。

实例 29：练习使用 TRIM(s) 函数

使用 TRIM(s) 函数删除指定字符串两端的空格，执行语句如下：

```
SELECT TRIM('  world ') FROM dual;
```

执行结果如图 12-30 所示。

图 12-30　删除指定字符串两端的空格

12.2.8　删除指定字符串的函数 TRIM(s1 FROM s)

TRIM(s1 FROM s) 函数删除字符串 s 中两端所有的子字符串 s1。s1 为可选项，在未指定的情况下，表示删除字符串两端的空格。具体的语法格式如下：

```
TRIM([LEADING/TRAILING/BOTH][trim_character FROM]trim_source)
```

主要参数介绍如下：

- LEADING：删除 trim_source 的前缀字符。
- TRAILING：删除 trim_source 的后缀字符。
- BOTH：删除 trim_source 的前缀和后缀字符。
- trim_character：删除指定的字符，默认删除空格。
- trim_source：被操作的源字符串。

实例 30：练习使用 TRIM(s1 FROM s) 函数

使用 TRIM(s1 FROM s) 函数删除字符串中两端指定的字符，输入语句如下：

```
SELECT TRIM( BOTH 'x' FROM 'xyxbxykyx'), TRIM('  xyxyxy  ') FROM dual;
```

执行结果如图 12-31 所示。第一个 TRIM() 函数删除字符串 "xyxbxykyx" 两端的重复字符 "x"，而中间的 "x" 并不删除，结果为 "yxbxyky"。

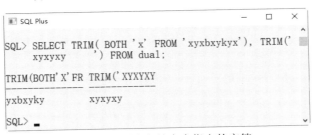

图 12-31　删除字符串中指定的字符

12.2.9　替换字符串函数 REPLACE ()

REPLACE (s1,s2,s3) 是一个替换字符串的函数。其中，参数 s1 表示搜索的目标字符串；s2 表示在目标字符串中要搜索的字符串；s3 是可选参数，用它替换被搜索到的字符串，如果不给出该参数，表示从 s1 字符串中删除搜索到的字符串。

实例 31：练习使用 REPLACE() 函数

使用 REPLACE() 函数进行字符串替代操作，执行语句如下：

```
SELECT REPLACE('xxx.oracle.com', 'x', 'w') FROM dual;
```

执行结果如图 12-32 所示，REPLACE('xxx.oracle.com', 'x', 'w') 表示将 "xxx. oracle.com" 字符串中的 x 字符替换为 w 字符，结果为 "www.oracle.com"。

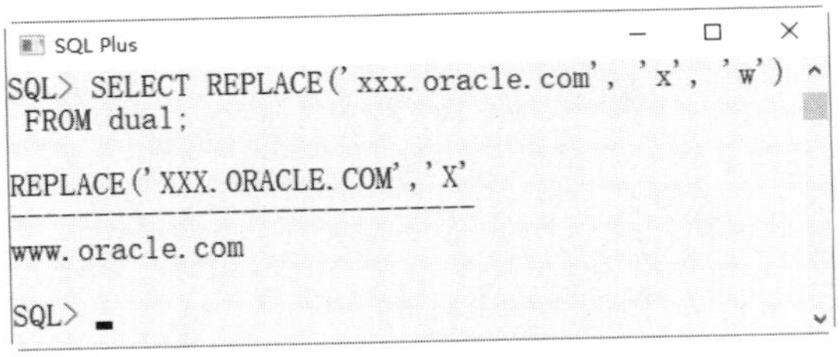

图 12-32　替代字符串

12.2.10　字符串逆序函数 REVERSE (s)

REVERSE(s) 函数可以将字符串 s 反转，返回的字符串的顺序和 s 字符串顺序相反。

实例 32：练习使用 REVERSE(s) 函数

使用 REVERSE() 函数反转字符串，执行语句如下：

```
SELECT REVERSE('abc') from dual;
```

执行结果如图 12-33 所示，字符串 abc 经过 REVERSE 函数处理之后顺序被反转，结果为 cba。

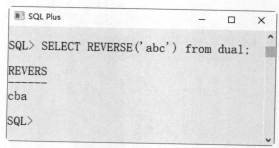

图 12-33 反转字符串

12.2.11 字符集名称和 ID 互换函数 NLS_CHARSET_ID (string) 和 NLS_CHARSET_NAME (number)

NLS_CHARSET_ID(string) 函数可以得到字符集名称对应的 ID。参数 string 表示字符集的名称。

实例 33：练习使用 NLS_CHARSET_ID(string) 函数

使用 NLS_CHARSET_ID(string) 函数获取字符集对应的 ID，执行语句如下：

```
SELECT NLS_CHARSET_ID('US7ASCII') FROM dual;
```

执行结果如图 12-34 所示。

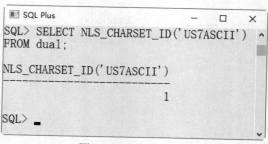

图 12-34 获取 ID 值

NLS_CHARSET_NAME(number) 函数可以得到字符集 ID 对应的名称。参数 number 表示字符集的 ID。

实例 34：练习使用 NLS_CHARSET_NAME(number) 函数

使用 NLS_CHARSET_NAME(number) 函数获取 ID 值所对应的字符集，执行语句如下：

```
SELECT NLS_CHARSET_NAME(1) FROM dual;
```

执行结果如图 12-35 所示。

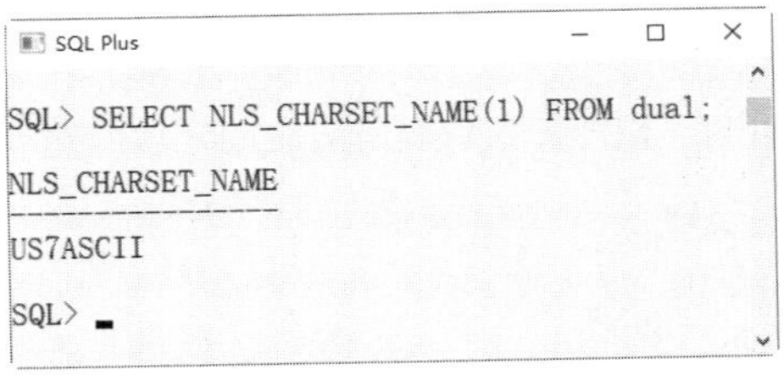

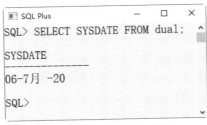

图 12-35　获取 ID 值对应的字符集

12.3　日期和时间函数

日期和时间函数主要用来处理日期和时间的值，一般的日期函数除了可以使用 DATE 类型的参数外，也可以使用 TIMESTAMP 类型的参数，只是忽略了这些类型值的时间部分。

12.3.1　获取当前日期和当前时间函数 SYSDATE 和 SYSTIMESTAMP

SYSDATE 函数可以获取当前系统日期；SYSTIMESTAMP 函数可以获取当前系统时间，该时间包含时区信息，精确到微秒，返回带时区信息的 TIMESTAMP 类型数据。

▌实例 35：练习使用 SYSDATE 函数

使用日期函数 SYSDATE 获取系统当前日期，执行语句如下：

```
SELECT SYSDATE FROM dual;
```

执行结果如图 12-36 所示。

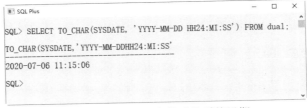

图 12-36　获取系统日期

使用日期函数获取指定格式的系统当前日期，执行语句如下：

```
SELECT TO_CHAR(SYSDATE, 'YYYY-MM-DD HH24:MI:SS') FROM dual;
```

执行结果如图 12-37 所示。

图 12-37　获取指定格式的系统日期

实例 36：练习使用 SYSTIMESTAMP 函数

使用时间函数 SYSTIMESTAMP 获取系统当前时间，执行语句如下：

```
SELECT SYSTIMESTAMP FROM dual;
```

执行结果如图 12-38 所示。

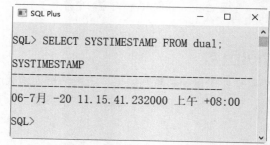

图 12-38　获取系统当前时间

12.3.2　获取时区的函数 DBTIMEZONE

DBTIMEZONE 函数返回数据库所在的时区。SESSIONTIMEZONE 函数返回当前会话所在的时区。

实例 37：练习使用 DBTIMEZONE 函数

使用 DBTIMEZONE 函数获取数据库所在的时区，执行语句如下：

```
SELECT DBTIMEZONE FROM dual;
```

执行结果如图 12-39 所示。

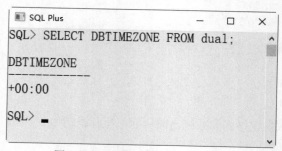

图 12-39　获取数据库所在的时区

实例 38：练习使用 SESSIONTIMEZONE 函数

使用 SESSIONTIMEZONE 函数获取当前会话所在的时区，执行语句如下：

```
SELECT SESSIONTIMEZONE FROM dual;
```

执行结果如图 12-40 所示。

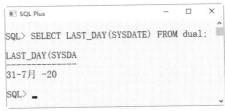

图 12-40　获取当前会话所在的时区

12.3.3　获取指定月份最后一天的函数 LAST_DAY()

LAST_DAY(date) 函数返回参数指定日期对应月份的最后一天。

▌实例 39：练习使用 LAST_DAY(date) 函数

使用 LAST_DAY() 函数返回指定月份的最后一天，执行语句如下：

```
SELECT LAST_DAY(SYSDATE) FROM dual;
```

执行结果如图 12-41 所示。返回 7 月份的最后一天，即 31 日。

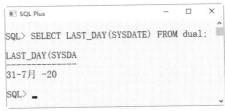

图 12-41　获取指定月份的最后一天

12.3.4　获取指定日期后一周的日期函数 NEXT_DAY()

NEXT_DAY(date,char) 函数获取当前日期向后的一周对应日期，char 表示是星期几，全称和缩写都允许，但必须是有效值。

▌实例 40：练习使用 NEXT_DAY(date,char) 函数

使用 NEXT_DAY() 函数返回指定日期后一周日的日期函数。执行语句如下：

```
SELECT NEXT_DAY (SYSDATE, '星期日') FROM dual;
```

执行结果如图 12-42 所示。NEXT_DAY (SYSDATE, ' 星期日 ') 返回当前日期后第一个周日的日期。

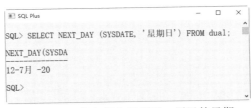

图 12-42　获取指定日期后一周日的日期

12.3.5 获取指定日期特定部分的函数 EXTRACT()

EXTRACT(datetime) 函数可以从指定的时间中提取特定部分。例如提取年份、月份或者时间等。

▌实例 41：练习使用 EXTRACT(datetime) 函数

使用 EXTRACT() 函数获取日期的年份、时间等特定部分。执行语句如下：

```
SELECT EXTRACT (YEAR FROM SYSDATE), EXTRACT (MINUTE  FROM TIMESTAMP '2020-10-8
12:23:40')   FROM dual;
```

执行结果如图 12-43 所示。从结果可以看出，分别返回了日期 2020-10-8 的年份和分钟数。

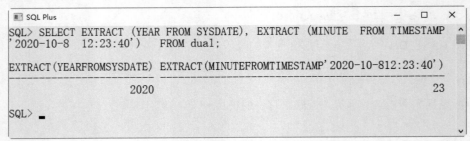

图 12-43　获取指定日期的年份与分钟数

12.3.6 获取两个日期之间的月份数

MONTHS_BETWEEN(date1,date2) 函数返回 date1 和 date2 之间的月份间隔数。

▌实例 42：练习使用 MONTHS_BETWEEN(date1,date2) 函数

使用 MONTHS_BETWEEN() 函数获取两个日期之间的月份间隔数。执行语句如下：

```
SELECT  MONTHS_BETWEEN(TO_DATE('2020-10-8','YYYY-MM-DD'),TO_DATE('2020-8-
8','YYYY-MM-DD')) one,
   MONTHS_BETWEEN(TO_DATE('2020-05-8','YYYY-MM-DD'),TO_DATE('2020-07-8','YYYY-MM-
DD') ) TWO FROM dual;
```

执行结果如图 12-44 所示。从结果可以看出，当 date1>date2 时，返回数值为一个正数，当 date1<date2 时，返回数值为一个负数。

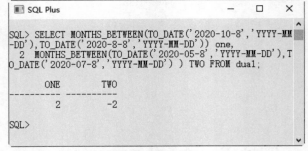

图 12-44　获取两个日期之间的月份数

12.4 转换函数

转换函数的主要作用是完成不同数据类型之间的转换。本节将分别介绍各个转换函数的用法。

12.4.1 任意字符串转 ASCII 类型字符串函数

ASCIISTR(char) 函数可以将任意字符串转换为数据库字符集对应的 ASCII 字符串。char 为字符类型。

▌ 实例 43: 练习使用 ASCIISTR() 函数

使用 ASCIISTR() 函数把任意字符串转为 ASCII 类型字符串。执行语句如下:

```
SELECT ASCIISTR('你好，数据库')  FROM dual;
```

执行结果如图 12-45 所示。

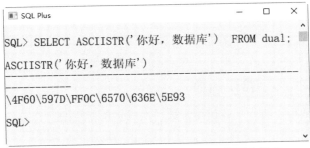

图 12-45　把任意字符串转为 ASCII 类型字符串

12.4.2 二进制转十进制函数

BIN_TO_NUM() 函数可以实现将二进制数据转换成对应的十进制数据。

▌ 实例 44: 练习使用 BIN_TO_NUM() 函数

使用 BIN_TO_NUM() 函数把二进制转为十进制类型数据。执行语句如下:

```
SELECT BIN_TO_NUM (1,1,0)  FROM dual;
```

执行结果如图 12-46 所示。

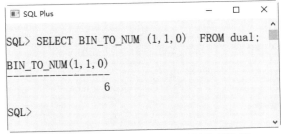

图 12-46　把二进制转为十进制类型数据

12.4.3 数据类型转换函数

在 Oracle 中，CAST(expr as type_name) 函数可以进行数据类型的转换。其中，expr 为被转换前的数据，type_name 为转换后的数据类型。

▌实例 45：练习使用 CAST() 函数

使用 CAST() 函数可以在数字与字符串之间进行转换操作。执行语句如下：

```
SELECT CAST ('123' AS NUMBER) , CAST ('12.6' AS NUMBER(5,0) )  FROM dual;
```

执行结果如图 12-47 所示。由结果可知，在转换为整数的过程中，会进行四舍五入运算。

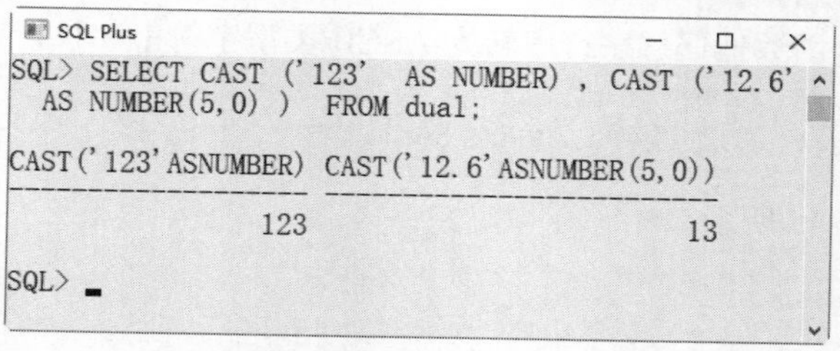

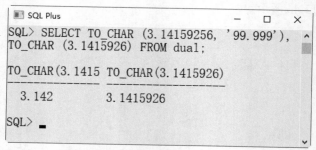

图 12-47 数字与字符串之间的转换

12.4.4 数值转换为字符串函数

TO_CHAR() 函数可以将一个数值型参数转换成字符型数据。具体语法格式如下：

```
TO_CHAR(n,[fmt[nlsparam]])
```

其中，参数 n 代表数值型数据；参数 fmt 代表要转换成字符的格式；nlsparam 参数代表指定 fmt 的特征，包括小数点字符、组分隔符和本地钱币符号。

▌实例 46：练习使用 TO_CHAR() 函数

使用 TO_CHAR() 函数把数值类型转换为字符串。执行语句如下：

```
SELECT TO_CHAR (3.14159256, '99.999'), TO_CHAR (3.1415926) FROM dual;
```

执行结果如图 12-48 所示。由结果可知，如果不指定转换的格式，则数值直接转换为字符串，不做任何格式处理。

图 12-48 把数值类型转换为字符串

另外，TO_CHAR() 函数还可以将日期类型转换为字符串类型。

使用 TO_CHAR() 函数把日期类型转换为字符串类型。执行语句如下：

```
SELECT TO_CHAR (SYSDATE, 'YYYY-MM-DD'), TO_CHAR (SYSDATE, 'HH24-MI-SS') FROM
dual;
```

执行结果如图 12-49 所示。

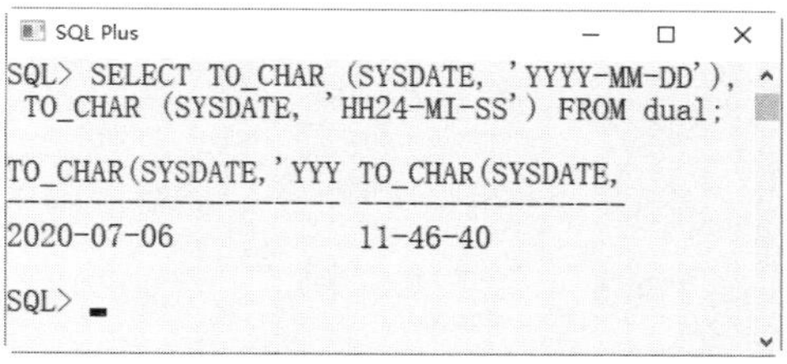

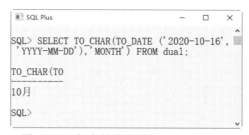

图 12-49　把日期类型转换为字符串类型

12.4.5　字符转日期函数 TO_DATE()

TO_DATE() 函数将一个字符型数据转换成日期型数据。具体语法格式如下：

```
TO_DATE(char[,fmt[,nlsparam]])
```

其中，参数 char 代表需要转换的字符串，参数 fmt 代表要转换成字符的格式，nlsparam 参数控制格式化时使用的语言类型。

▍实例 47：练习使用 TO_DATE() 函数

使用 TO_DATE() 函数把字符串类型转换为日期类型。执行语句如下：

```
SELECT TO_CHAR(TO_DATE ('2020-10-16', 'YYYY-MM-DD'),'MONTH') FROM dual;
```

执行结果如图 12-50 所示。

图 12-50　把字符串类型转换为日期类型

12.4.6　字符串转数字函数 TO_NUMBER()

TO_NUMBER() 函数可以将一个字符型数据转换成数字数据。具体语法格式如下：

```
TO_NUMBER (expr[,fmt[,nlsparam]])
```

其中，参数 expr 代表需要转换的字符串，参数 fmt 代表要转换成数字的格式，nlsparam

参数指定 fmt 的特征，包括小数点字符、组分隔符和本地钱币符号。

实例 48：练习使用 TO_NUMBER() 函数

使用 TO_NUMBER() 函数可以把字符串类型转换为数字类型。执行语句如下：

```
SELECT TO_NUMBER ('2020.103', '9999.999') FROM dual;
```

执行结果如图 12-51 所示。

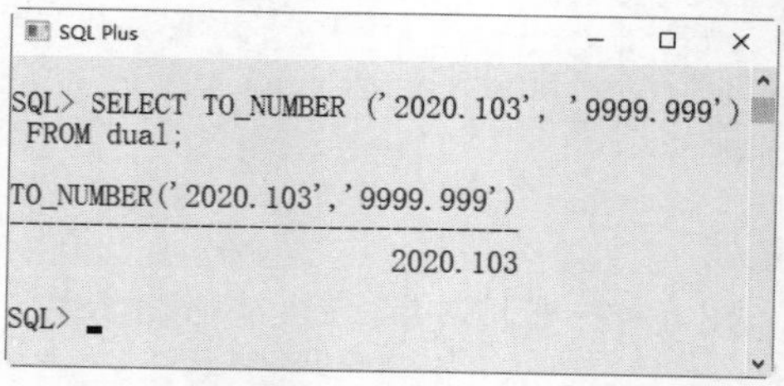

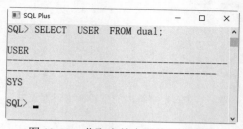

图 12-51　把字符串类型转换为数字类型

12.5　系统信息函数

本节将介绍常用的系统信息函数。Oracle 中的系统信息函数有返回登录名函数、返回会话及上下文信息函数等。

12.5.1　返回登录名函数 USER

USER 函数返回当前会话的登录名。

实例 49：练习使用 USER 函数

使用 USER 函数返回当前会话的登录名称。执行语句如下：

```
SELECT  USER  FROM dual;
```

执行结果如图 12-52 所示。

图 12-52　获取当前会话的登录名称

12.5.2　返回会话及上下文信息函数 USERENV()

USERENV() 函数返回当前会话的信息。使用的语法格式如下：

```
USERENV ( parameter )
```

当参数为 Language 时，返回会话对应的语言、字符集等；当参数为 SESSION 时，可返回当前会话的 ID；当参数为 ISDBA 时，可以返回当前用户是否为 DBA。

实例 50：练习使用 USERENV() 函数

使用 USERENV() 函数返回当前会话的对应语言和字符集等信息。执行语句如下：

```
SELECT USERENV('Language') FROM dual;
```

执行结果如图 12-53 所示。

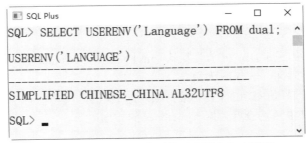

图 12-53　获取当前会话的对应语言和字符集

12.6　疑难问题解析

疑问 1：数据库中的数据一般不要以空格开头或结尾，这是为什么？

答：字符串的开头或结尾处如果有空格，这些空格是比较敏感的字符，会出现查询不到结果的现象。因此，在输出字符串数据时，最好使用 TRIM() 函数去掉字符串开头或结尾的空格。

疑问 2：如何选择列表中第一个不为 null（空）的表达式？

答：使用 COALESCE(expr) 函数可以返回列表中第一个不为 null 的表达式。如果全部为 null，则返回一个 null。例如以下代码，执行之后返回的数值就是 1。

```
SQL> SELECT COALESCE (1-2,NULL ,9-8,NULL) FROM dual;
COALESCE(NULL,9-8,NULL)
-----------------------
1
```

12.7　实战训练营

实战 1：练习使用数学函数操作数值

（1）使用数学函数 DBMS_RANDOM.VALUE(1,10) 生成 1 ～ 20 以内的随机整数。

（2）使用 SIN()、COS()、TAN()、ATAN(x) 函数计算三角函数值，并将计算结果转换成整数值。

实战 2：使用字符串和日期函数操作字段值

（1）创建表 member，其中包含 5 个字段，分别为 AUTO_INCREMENT 类型的 m_id 字段，VARCHAR 类型的 m_FN 字段，VARCHAR 类型的 m_LN 字段，DATETIME 类型的 m_birth 字段和 VARCHAR 类型的 m_info 字段。

（2）插入一条记录，m_id 值为默认，m_FN 值为"Halen"，m_LN 值为"Park"，m_birth 值为 1970-06-29，m_info 值为"GoodMan"。

（3）使用 SELECT 语句查看数据表 member 的插入结果。

（4）返回 m_FN 的长度，返回第一条记录中的人的全名，将 m_info 字段值转换成小写字母，将 m_info 的值反向输出。

（5）计算第一条记录中人的年龄，并计算 m_birth 字段中的日期，按照"YYYY-MM-DD"格式输出时间值。

（6）插入一条新的记录，m_id 值为默认，m_FN 值为"Samuel"，m_LN 值为"Green"，m_birth 值为系统当前时间，m_info 为空。

（7）使用 LAST_INSERT_ID() 查看最后插入的 ID 值。

（8）使用 SELECT 语句查看数据表 member 的数据记录。

第13章 PL/SQL编程基础

本章导读

　　PL/SQL 是 Oracle 数据库对 SQL 语句的扩展。在普通 SQL 语句的基础上增加了编程语言的特点，所以 PL/SQL 就是把数据操作和查询语句组织在 PL/SQL 代码的过程性单元中，通过逻辑判断、循环等操作实现复杂的功能或者计算的程序语言。本章就来介绍 PL/SQL 编程的相关知识。

知识导图

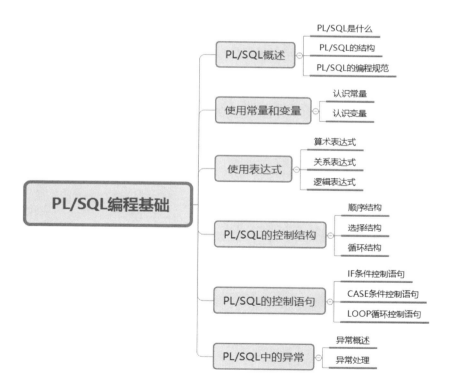

13.1 PL/SQL 概述

Oracle 通过 SQL 访问数据时，对输出结果缺乏控制，没有数组处理、循环结构和其他编程语言的特点。为此，Oracle 开发了 PL/SQL，用于对数据库数据的处理进行很好的控制。

13.1.1 PL/SQL 是什么

PL/SQL（Procedural Language/SQL）是一种程序语言，叫作过程化 SQL。PL/SQL 是 Oracle 对标准数据库语言 SQL 的过程化扩充，它将数据库技术和过程化程序设计语言联系起来，是一种应用开发语言，可使用循环、分支处理数据，将 SQL 的数据操纵功能与过程化语言数据处理功能结合起来。PL/SQL 的使用，使 SQL 成为一种高级程序设计语言，支持高级语言的块操作、条件判断、循环语句、嵌套等，与数据库核心的数据类型集成，使 SQL 的程序设计效率更高。

总的来说，PL/SQL 具有以下特点。

（1）支持事务控制和 SQL 数据操作命令。

（2）支持 SQL 的所有数据类型，并且在此基础上扩展了新的数据类型，也支持 SQL 的函数和运算符。

（3）PL/SQL 可以存储在 Oracle 服务器中，提高程序的运行性能。

（4）服务器上的 PL/SQL 程序可以使用权限进行控制。

（5）良好的可移植性，可以移植到另一个 Oracle 数据库中。

（6）可以对程序中的错误进行自动处理，使程序能够在遇到错误的时候不会被中断。

（7）减少了网络的交互，有助于提高程序的性能。

如果不使用 PL/SQL，Oracle 一次只能处理一条 SQL 语句。每条 SQL 语句的处理都需要客户端向服务器端做调用操作，从而在性能上产生很大的开销，尤其是在网络操作中。如果使用 PL/SQL，一个块中的所有 SQL 语句作为一个组，只需要客户端向服务器端做一次调用，从而减少了网络传输。

13.1.2 PL/SQL 的结构

PL/SQL 程序的基本单位是块（block），一个基本的 PL/SQL 块由三部分组成：声明部分、执行部分和异常处理部分。具体介绍如下：

（1）声明部分以 DECLARE 作为开始标志，主要声明在可执行部分中调用的所有变量、常量、游标和用户自定义的异常处理。

（2）执行部分用 BEGIN 作为开始标志，主要包括对数据库进行操作的 SQL 语句，以及对块中进行组织、控制的 PL/SQL 语句，这部分是必需的。

（3）异常处理部分以 EXCEPTION 为开始标志，主要包括在执行过程中出错或出现非正常现象时所做的相应处理。

> 提示：执行部分是必需的，其他两部分是可选的。

实例 1：编写 PL/SQL 程序，输出"Hello World！"

这里编写一个简单 PL/SQL 程序，只包含执行部分的内容，执行语句如下：

```
BEGIN
DBMS_OUTPUT.PUT_LINE (' Hello World! ');
    END;
    /
```

打开 SQL Plus 窗口，执行上述代码，执行结果如图 13-1 所示。

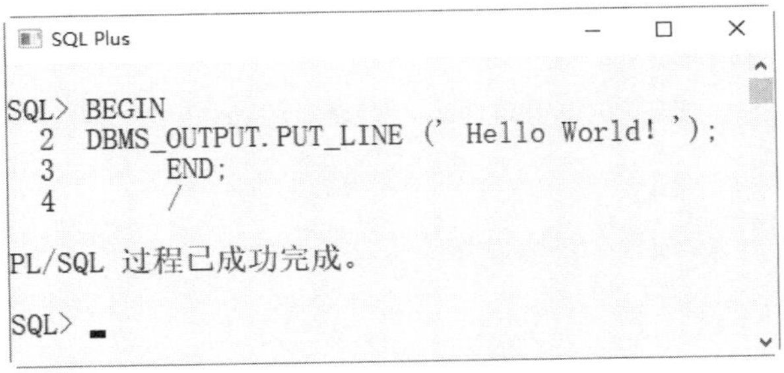

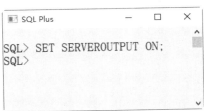

图 13-1　代码运行结果

在这里，我们看不到输出的语句，这是因为当前数据库的 SERVEROUTPUT 状态为 OFF，这里运行"SET SERVEROUTPUT ON;"命令，打开 SQL Plus 的输出功能。执行结果如图 13-2 所示。

图 13-2　设置 SERVEROUTPUT 的状态为 ON

再次运行编写的 PL/SQL 程序，这时可以看到输出"Hello World！"语句，执行结果如图 13-3 所示。

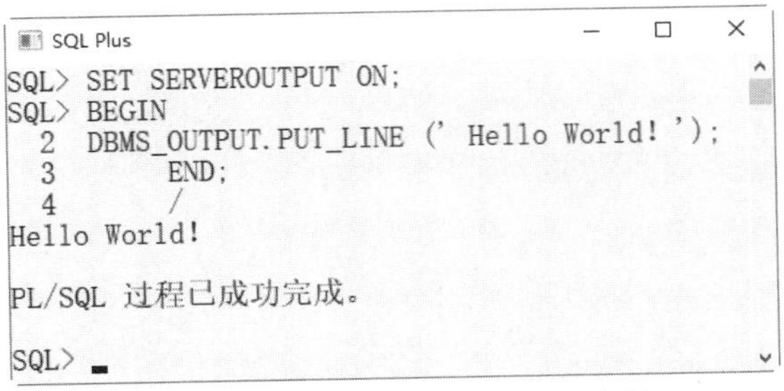

图 13-3　输出"Hello World！"语句

实例 2：编写 PL/SQL 程序，根据声明内容输出变量的值

这里编写一个包括声明和执行体两部分结构的程序。该实例首先声明了一个变量，然后为变量赋值，最后输出变量的值，执行代码如下：

```
DECLARE
v_age number(5);
BEGIN
v_age:=30;
DBMS_OUTPUT.PUT_LINE ('您的年龄是: '|| v_age);
    END;
    /
```

执行结果如图 13-4 所示。

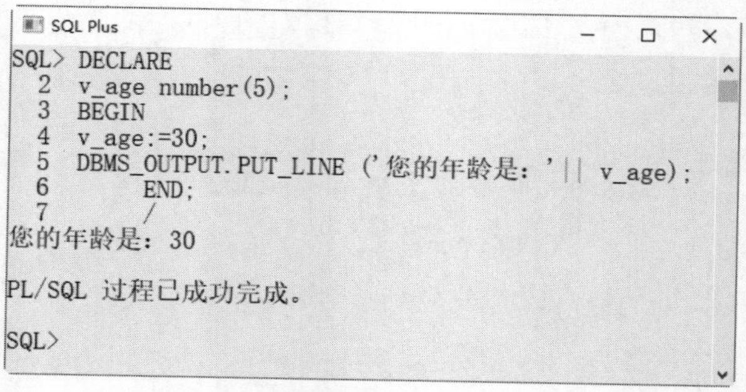

图 13-4　输出变量的值

实例 3：编写 PL/SQL 程序，根据设置条件输出变量的值

这里编写一个包括声明部分、执行体部分和异常处理三部分结构的程序。为演示编写 PL/SQL 程序的操作，下面创建水果信息表（fruits），执行语句如下：

```
CREATE TABLE fruits
(
f_id        varchar2(10)    NOT NULL,
s_id        number(6)       NOT NULL,
f_name      varchar2(10)    NOT NULL,
f_price     number (8,2)    NOT NULL
);
```

执行结果如图 13-5 所示，即可完成数据表的创建。

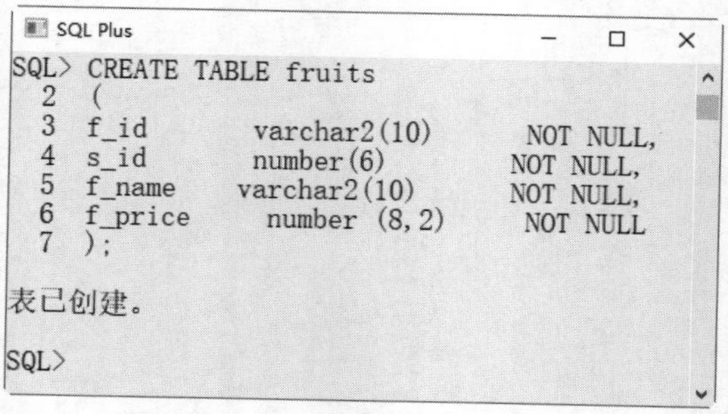

图 13-5　创建数据表 fruits

创建好数据表后，向 fruits 表中输入表数据，执行语句如下：

```
INSERT INTO fruits (f_id, s_id, f_name, f_price) VALUES  ('a1', 101,'苹果',5.2);
INSERT INTO fruits (f_id, s_id, f_name, f_price) VALUES  ('b1',101,'黑莓', 10.2);
INSERT INTO fruits (f_id, s_id, f_name, f_price) VALUES  ('bs1',102,'橘子', 11.2);
INSERT INTO fruits (f_id, s_id, f_name, f_price) VALUES  ('bs2',105,'甜瓜',8.2);
```

```
INSERT INTO fruits (f_id, s_id, f_name, f_price) VALUES  ('t1',102,'香蕉', 10.3);
INSERT INTO fruits (f_id, s_id, f_name, f_price) VALUES  ('t2',102,'葡萄', 5.3);
INSERT INTO fruits (f_id, s_id, f_name, f_price) VALUES  ('o2',103,'椰子', 9.2);
INSERT INTO fruits (f_id, s_id, f_name, f_price) VALUES  ('c0',101,'草莓', 3.2);
INSERT INTO fruits (f_id, s_id, f_name, f_price) VALUES  ('a2',103, '杏子',2.2);
INSERT INTO fruits (f_id, s_id, f_name, f_price) VALUES  ('l2',104,'柠檬', 6.4);
INSERT INTO fruits (f_id, s_id, f_name, f_price) VALUES  ('b2',104,'浆果', 7.6);
INSERT INTO fruits (f_id, s_id, f_name, f_price) VALUES  ('m1',106,'芒果', 15.6);
INSERT INTO fruits (f_id, s_id, f_name, f_price) VALUES  ('m2',105,'甘蔗', 2.6);
INSERT INTO fruits (f_id, s_id, f_name, f_price) VALUES  ('t4',107,'李子', 3.6);
INSERT INTO fruits (f_id, s_id, f_name, f_price) VALUES  ('m3',105,'山竹', 11.6);
INSERT INTO fruits (f_id, s_id, f_name, f_price) VALUES  ('b5',107,'火龙果', 3.6);
```

执行结果如图 13-6 所示。

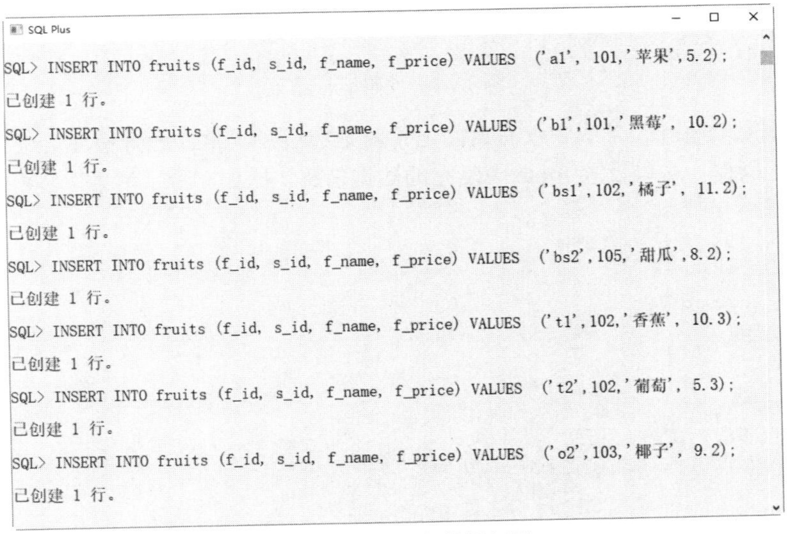

图 13-6　fruits 表数据记录

接着编写程序，该程序的功能为：从水果表 fruits 中查询产品名称 "苹果" 对应的产品编码，并将编码存储到变量 v_ss_id 中，最后输出到屏幕上，执行语句如下：

```
DECLARE
v_ss_id   number(6);
BEGIN
SELECT S_ID
 INTO v_ss_id
  FROM FRUITS
WHERE FRUITS.F_NAME='苹果';
DBMS_OUTPUT.PUT_LINE ('苹果对应的编码是: '||v_ss_id);

EXCEPTION
    WHEN NO_DATA_FOUND THEN
    DBMS_OUTPUT.PUT_LINE ('苹果没有对应的编码');
    WHEN TOO_MANY_ROWS THEN
    DBMS_OUTPUT.PUT_LINE ('苹果对应的编码很多，请确认！');
END;
    /
```

执行结果如图 13-7 所示。

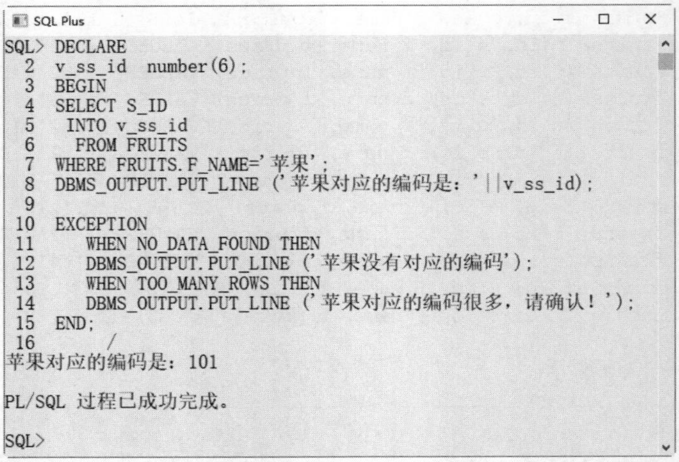

图 13-7　代码运行结果

如果返回记录超过一条或者没有返回记录，则会引发异常，此时程序会根据异常处理部分的内容进行操作。这里设置 fruits 中没有的数据信息，比如，将"苹果"替换为"花菜"，执行语句如下：

```
DECLARE
v_ss_id  number(6);
BEGIN
SELECT S_ID
 INTO v_ss_id
  FROM FRUITS
WHERE FRUITS.F_NAME='花菜';
DBMS_OUTPUT.PUT_LINE ('花菜对应的编码是: '||v_ss_id);

EXCEPTION
   WHEN NO_DATA_FOUND THEN
   DBMS_OUTPUT.PUT_LINE ('花菜没有对应的编码');
   WHEN TOO_MANY_ROWS THEN
   DBMS_OUTPUT.PUT_LINE ('花菜对应的编码很多，请确认! ');
END;
    /
```

执行结果如图 13-8 所示。

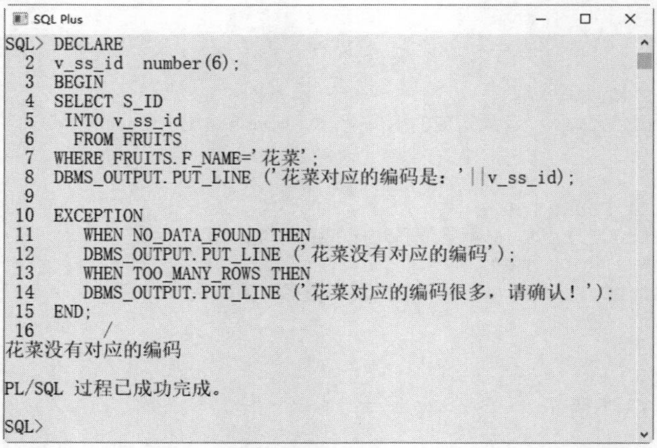

图 13-8　代码的异常处理结果

13.1.3 PL/SQL 的编程规范

通过了解 PL/SQL 的编程规范，可以写出高质量的程序，并提高工作效率，其他开发人员也能清晰地阅读。PL/SQL 的编程规范如下。

1. PL/SQL 中允许出现的字符集

（1）字母，包括大写和小写。

（2）数字 0 ～ 9。

（3）空格、回车符和制表符。

（4）符号包括 +、-、*、/、<、>、、=、!、~、^、;、:、@、%、#、$、&、_、|、( )、[ ]、{ }、?。

2. PL/SQL 中的大小写问题

（1）关键字（如 BEGIN、EXCEPTION、END、IF THEN ELSE、LOOP、END LOOP）、数据类型（如 VARCHAR2、NUMBER）、内部函数（如 LEAST、SUBSTR）和用户定义的子程序，使用大写。

（2）变量名以及 SQL 中的列名和表名，使用小写。

3. PL/SQL 中的空白

（1）在等号或比较操作符的左右各留一个空格。

（2）主要代码段之间用空行隔开。

（3）结构词（DECLARE，BEGIN，EXCEPTION，END，IF 和 END IF，LOOP 和 END LOOP）居左排列。

（4）把同一结构的不同逻辑部分分开写在独立的行，即使这个结构很短。例如，IF 和 THEN 放在同一行，而 ELSE 和 END IF 则放在独立的行。

4. PL/SQL 中必须遵守的要求

（1）标识符不区分大小写。例如，NAME 和 Name、name 都是一样的。所有的名称在存储时都被自动修改为大写。

（2）标识符中只能出现字母、数字和下划线，并且以字母开头。

（3）不能使用保留字。如与保留字同名必须用双引号括起来。

（4）标识符最多为 30 个字符。

（5）语句使用分号结束。

（6）语句的关键字、标识符、字段的名称和表的名称都需要用空格分隔。

（7）字符类型和日期类型需要使用单引号括起来。

5. PL/SQL 中的注释

适当地添加注释，可以提高代码的可读性。Oracle 提供了两种注释方法，分别如下。

（1）单行注释：使用两个短画线 "--"，可以注释后面的语句。

（2）多行注释：使用 "/*…*/"，可以注释其中包含的内容。

▌实例 4：编写 PL/SQL 程序，在程序中使用注释

编写 PL/SQL 程序，实现的功能是输出水果表 fruits 中水果价格的最高值，并在代码中添加注释信息，执行代码如下：

```
DECLARE
```

```
v_maxprice   number(8,2);                          --最大价格
BEGIN
   /*
   利用MAX函数获得产品最大的价格
*/
SELECT MAX(F_PRICE) INTO v_maxprice
  FROM FRUITS;
DBMS_OUTPUT.PUT_LINE ('水果的最大价格是: '|| v_maxprice);  --输出最大的价格
END;
   /
```

执行结果如图 13-9 所示。从结果可以看出，注释并没有对执行产生任何影响，只是提高了程序的可读性。

```
SQL Plus                                               —   □   ×
SQL> DECLARE
  2  v_maxprice   number(8,2);                          --最大价格
  3  BEGIN
  4     /*
  5     利用MAX函数获得产品最大的价格
  6  */
  7  SELECT MAX(F_PRICE) INTO v_maxprice
  8    FROM FRUITS;
  9  DBMS_OUTPUT.PUT_LINE ('水果的最大价格是: '|| v_maxprice);
--输出最大的价格
 10  END;
 11     /
水果的最大价格是: 15.6

PL/SQL 过程已成功完成。

SQL>
```

图 13-9   输出水果表中价格最高值

13.2   使用常量和变量

常量和变量在 PL/SQL 的编程中经常被用到。通过变量，可以把需要的参数传递进来，经过处理后，还可以把值传递出去，最终返回给用户。

13.2.1   认识常量

简单地说，常量是固化在程序代码中的信息，常量的值从定义开始就是固定的。常量主要用于为程序提供固定和精确的值，包括数值和字符串，如数字、逻辑值真（true）、逻辑值假（false）等都是常量。

常量的语法格式如下。

```
constant_name CONSTANT datatype
[NOT NULL]
{:=| DEFAULT} expression;
```

主要参数介绍如下。

● constant_name：表示常量的名称。

- CONSTANT：声明常量的关键词，如果是常量，该项是必需的。
- datatype：表示常量的数据类型。
- NOT NULL：表示常量值为非空。
- {:=| DEFAULT}：表示常量必须显式地为其赋值。
- expression：表示常量的值或表达式。

13.2.2　认识变量

变量，顾名思义，在程序运行过程中，其值可以改变。变量是存储信息的单元，它对应于某个内存空间，用于存储特定数据类型的数据，用变量名代表其存储空间。程序能在变量中存储值和取出值，可以把变量比作超市的货架（内存），货架上摆放着商品（变量），可以把商品从货架上取出来（读取），也可以把商品放入货架（赋值）。

变量的语法格式如下。

```
variable_name   datatype
[
[NOT NULL]
{: =| DEFAULT} expression;
];
```

其中，variable_name 表示变量的名称；datatype 表示变量的数据类型；NOT NULL 表示变量值为非空；{:=| DEFAULT} 表示变量的赋值；expression 表示变量存储的值，也可以是表达式。

实例 5：编写 PL/SQL 程序，在程序中使用常量和变量

编写程序，在程序中使用变量，根据设置的水果 F_ID 值，输出水果信息，然后定义一个常量，并输出该常量的值，执行代码如下：

```
DECLARE                                                --水果ID
v_fid   VARCHAR2(10);                                  --水果名称
v_fname   VARCHAR2(255);                               --水果价格
v_fprice   number(8,2);
v_date     DATE:=SYSDATE;
v_ceshi    CONSTANT  v_fname%TYPE:= '这是测试';         --这个是常量
BEGIN
SELECT F_ID,F_NAME, F_PRICE  INTO v_fid,v_fname,v_fprice
  FROM FRUITS
WHERE F_ID = 't1';
DBMS_OUTPUT.PUT_LINE ('水果的ID是: '|| v_fid);
DBMS_OUTPUT.PUT_LINE ('水果的名称是: '|| v_fname);
DBMS_OUTPUT.PUT_LINE ('水果的价格是: '|| v_fprice);
DBMS_OUTPUT.PUT_LINE ('目前的时间是: '|| v_date);
DBMS_OUTPUT.PUT_LINE ('常量v_ceshi是: '|| v_ceshi);
END;
     /
```

执行结果如图 13-10 所示。

```
SQL> DECLARE
  2   v_fid     VARCHAR2(10);                                        —水果ID
  3   v_fname   VARCHAR2(255);                                       —水果名称
  4   v_fprice  number(8,2);                                         —水果价格
  5   v_date    DATE:=SYSDATE;
  6   v_ceshi    CONSTANT  v_fname%TYPE:= '这是测试';                —这个是常量
  7   BEGIN
  8   SELECT F_ID, F_NAME, F_PRICE   INTO v_fid, v_fname, v_fprice
  9     FROM FRUITS
 10   WHERE F_ID = 't1';
 11   DBMS_OUTPUT.PUT_LINE ('水果的ID是：'|| v_fid);
 12   DBMS_OUTPUT.PUT_LINE ('水果的名称是：'|| v_fname);
 13   DBMS_OUTPUT.PUT_LINE ('水果的价格是：'|| v_fprice);
 14   DBMS_OUTPUT.PUT_LINE ('目前的时间是：'|| v_date);
 15   DBMS_OUTPUT.PUT_LINE ('常量v_ceshi是：'|| v_ceshi);
 16   END;
 17      /
水果的ID是：t1
水果的名称是：香蕉
水果的价格是：10.3
目前的时间是：08-7月 -20
常量v_ceshi是：这是测试

PL/SQL 过程已成功完成。

SQL>
```

图 13-10　输出常量和变量的值

13.3　使用表达式

在 PL/SQL 的编程中，表达式主要用来计算结果。根据操作数据类型的不同，常见的表达式包括算术表达式、关系表达式和逻辑表达式。

13.3.1　算术表达式

算术表达式就是用算术运算符连接的语句。如 i+j+k、20-x、a*b、j/k 等即为合法的算术运算符的表达式。

实例 6：编写 PL/SQL 程序，使用算术表达式

计算表达式（100+20*3-152）的绝对值，执行语句如下：

```
DECLARE
v_abs   number(8);
BEGIN
v_abs:=ABS(100+20*3-152);
DBMS_OUTPUT.PUT_LINE (' v_abs='|| v_abs);
END;
     /
```

执行结果如图 13-11 所示。这里的算术表达式为 100+20*3-152。

```
SQL> DECLARE
  2   v_abs   number(8);
  3   BEGIN
  4   v_abs:=ABS(100+20*3-152);
  5   DBMS_OUTPUT.PUT_LINE (' v_abs='|| v_abs);
  6   END;
  7      /
v_abs=8

PL/SQL 过程已成功完成。
```

图 13-11　计算算术表达式的值

13.3.2 关系表达式

关系表达式主要是由关系运算符连接起来的字符或数值，最终结果是一个布尔类型值。常见的关系运算符如下：

（1）等于号：=。

（2）大于号：>。

（3）小于号：<。

（4）大于等于号：>=。

（5）小于等于号：<=。

（6）不等于号：!= 和 <>。

实例 7：编写 PL/SQL 程序，使用关系表达式

计算表达式 50+20*3-152 的绝对值，然后使用关系表达式判断该值是否大于 10，并输出判断结果，执行语句如下：

```
DECLARE
v_abs   number(8);
BEGIN
v_abs:=ABS(50+20*3-152);
IF v_abs>10 THEN
DBMS_OUTPUT.PUT_LINE (' v_abs='|| v_abs||' 该值是大于10的');
ELSE
DBMS_OUTPUT.PUT_LINE (' v_abs='|| v_abs||' 该值是不大于10的');
END IF;
END;
     /
```

执行结果如图 13-12 所示。这里的关系表达式为 v_abs>10。

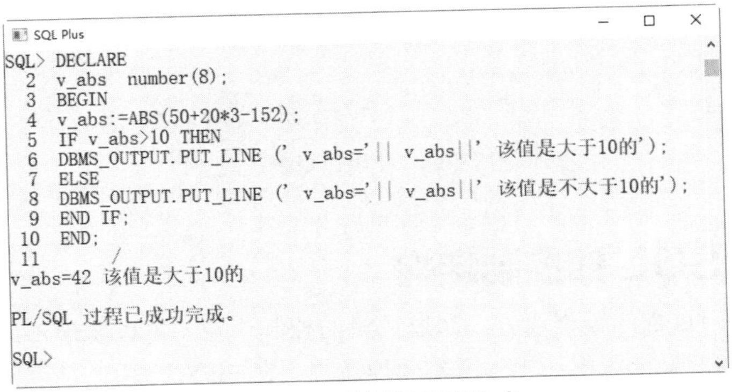

图 13-12　使用关系表达式

13.3.3 逻辑表达式

逻辑表达式主要是由逻辑符号和常量或变量等组成的表达式。逻辑符号如下：

（1）逻辑非 NOT。

（2）逻辑或 OR。

（3）逻辑与 AND。

实例 8: 编写 PL/SQL 程序，使用逻辑表达式

定义一个常量，对该常量的值进行判断，如果常量的值大于或等于 10 且小于 20，输出"这是一个大于或等于 10 且小于 20 的数"，执行语句如下：

```
DECLARE
v_abs   number(8);
BEGIN
v_abs:=15;
IF v_abs<10 THEN
DBMS_OUTPUT.PUT_LINE ('这是一个小于10的数');
ELSIF v_abs>=10 AND v_abs<20 THEN
DBMS_OUTPUT.PUT_LINE ('这是一个大于或等于10且小于20的数');
END IF;
DBMS_OUTPUT.PUT_LINE ('这里常量的值为: '|| v_abs);
END;
```

执行结果如图 13-13 所示，这里用到了逻辑运算符 AND。由逻辑符号和常量或变量等组成的表达式就是逻辑表达式，这里的逻辑表达式为 v_abs>=10 AND v_abs<20。

```
SQL Plus                                                    —   □   ×
SQL> DECLARE
  2   v_abs   number(8);
  3   BEGIN
  4   v_abs:=15;
  5   IF v_abs<10 THEN
  6   DBMS_OUTPUT.PUT_LINE ('这是一个小于10的数');
  7   ELSIF v_abs>=10 AND v_abs<20 THEN
  8   DBMS_OUTPUT.PUT_LINE ('这是一个大于或等于10且小于20的数');
  9   END IF;
 10   DBMS_OUTPUT.PUT_LINE ('这里常量的值为: '|| v_abs);
 11   END;
 12   /
这是一个大于或等于10且小于20的数
这里常量的值为: 15

PL/SQL 过程已成功完成。

SQL>
```

图 13-13　使用逻辑表达式

13.4　PL/SQL 的控制结构

PL/SQL 是面向过程的编程语言，通过逻辑的控制语句，可以实现不同的目的。对数据结构的处理流程，称为基本处理流程。在 PL/SQL 中，基本的处理流程包含三种结构，即顺序结构、选择结构和循环结构。

13.4.1　顺序结构

顺序结构是 PL/SQL 程序中最基本的结构，它按照语句出现的先后顺序依次执行，如图 13-14 所示。

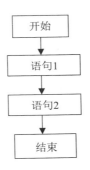

图 13-14　顺序结构

13.4.2　选择结构

选择结构按照给定的逻辑条件来决定执行顺序,有单向选择、双向选择和多向选择之分,但程序在执行过程中都只执行其中一条分支。单向选择和双向选择结构如图 13-15 所示。

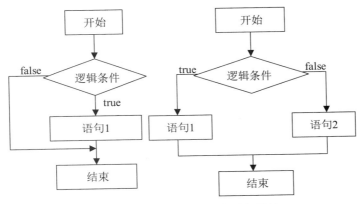

图 13-15　单向选择和双向选择结构

13.4.3　循环结构

循环结构是根据代码的逻辑条件来判断是否重复执行某一段程序。若逻辑条件为 true,则进入循环重复执行,否则结束循环。循环结构可分为条件循环和计数循环,如图 13-16 所示。

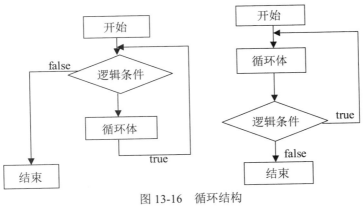

图 13-16　循环结构

一般而言，在 PL/SQL 中，程序总体是按照顺序结构执行的，而在顺序结构中可以包含选择结构和循环结构。

13.5　PL/SQL 的控制语句

存储过程和自定义函数中使用流程控制来控制语句的执行。Oracle 数据库中用来构造控制流程的语句有 IF 语句、CASE 语句、LOOP 语句等。

13.5.1　IF 条件控制语句

条件判断语句就是对语句中不同条件的值进行判断，进而根据不同的条件执行不同的语句。条件判断语句主要包括 IF… 结构、IF…ELSE… 结构和 IF…ELSEIF… 结构。

1. IF… 结构

IF… 结构是使用最为普遍的条件选择结构，每一种编程语言都有一种或多种形式的 IF 语句，在编程中经常会用到。

IF… 结构的语法格式如下。

```
IF condition THEN
    statements;
END IF;
```

其中，如果 condition 的返回结果为 true，则程序执行 IF 语句对应的 statements；如果 condition 的返回结果为 false，则继续往下执行。

▌实例 9：编写 PL/SQL 程序，使用 IF… 结构控制语句

计算 86+20*3-15*15 的绝对值，如果结果大于 50，则将结果输出，代码如下：

```
DECLARE
v_abs   number(8);
BEGIN
  v_abs:=ABS(86+20*3-15*15);
  IF v_abs>50 THEN
  DBMS_OUTPUT.PUT_LINE (' v_abs='|| v_abs||' 该值是大于50的');
  END IF;
  DBMS_OUTPUT.PUT_LINE ('这是一个IF条件语句');
END;
    /
```

执行结果如图 13-17 所示。

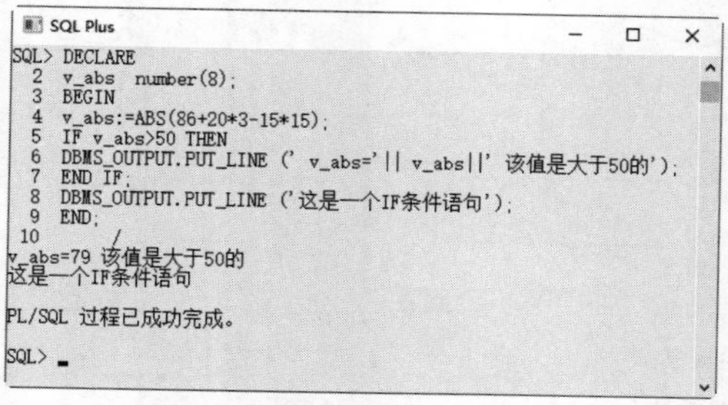

图 13-17　代码运行结果

2. IF…ELSE… 结构

IF…ELSE… 结构通常用于一个条件需要两个程序分支来执行的情况。IF…ELSE…结构的语法格式如下：

```
IF condition THEN
     statements;
ELSE
     statements;
END IF;
```

其中，如果 condition 的返回结果为 true，则程序执行 IF 语句对应的 statements；如果 condition 的返回结果为 false，则执行 ELSE 后面的语句。

▎实例10：编写 PL/SQL 程序，使用 IF…ELSE… 结构控制语句

计算86+20*3-15*15的绝对值，然后判断该值是否大于80，将对应的结果输出，代码如下：

```
DECLARE
v_abs   number(8);
BEGIN
  v_abs:=ABS(86+20*3-15*15);
  IF v_abs>80 THEN
  DBMS_OUTPUT.PUT_LINE (' v_abs='|| v_abs||' 该值是大于80的');
    ELSE
    DBMS_OUTPUT.PUT_LINE (' v_abs='|| v_abs||' 该值是小于80的');
    END IF;
END;
        /
```

执行结果如图 13-18 所示。

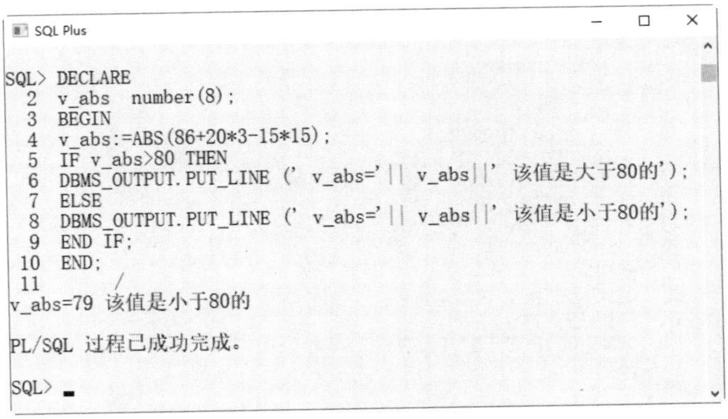

图 13-18　代码运行结果

3. IF…ELSIF… 结构

IF…ELSIF… 结构可以提供多个 IF 条件选择，当程序执行到该结构部分时，会对每一个条件进行判断，一旦条件为 true，则会执行对应的语句，然后继续判断下一个条件，直到所有的条件判断完成。其语法结构如下：

```
IF condition1 THEN
     statements;
```

```
ELSEIF condition2 THEN
        statements;
...
[ELSE statements;]
END IF;
```

其中，如果 condition 的返回结果为 true，则程序执行 IF 语句对应的 statements；如果 condition 的返回结果为 false，则执行 ELSE 后面的语句。

▌实例 11：编写 PL/SQL 程序，使用 IF…ELSIF… 结构控制语句

根据不同的学习成绩，输出对应的成绩级别，执行代码如下：

```
DECLARE
v_abs   number(8);
BEGIN
v_abs:=90;
IF v_abs<60 THEN
DBMS_OUTPUT.PUT_LINE ('该考生成绩不及格');
ELSIF v_abs>=60 AND v_abs<70 THEN
DBMS_OUTPUT.PUT_LINE (' 该考生成绩及格');
ELSIF v_abs>=70 AND v_abs<85 THEN
DBMS_OUTPUT.PUT_LINE (' 该考生成绩良好');
ELSE
DBMS_OUTPUT.PUT_LINE (' 该考生成绩优秀');
END IF;
DBMS_OUTPUT.PUT_LINE (' 该考生成绩为'|| v_abs);
END;
     /
```

执行结果如图 13-19 所示。

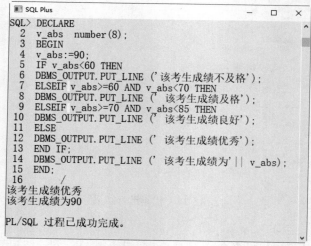

图 13-19　代码运行结果

13.5.2　CASE 条件控制语句

CASE 语句是根据条件选择对应的语句执行，和 IF 语句比较相似。CASE 语句分为两种，包括简单的 CASE 语句和搜索式 CASE 语句。

1. 简单的 CASE 语句

它给出一个表达式，并把表达式的结果同提供的几个可预见的结果做比较，如果比较成功，则执行对应的语句。该类型的语法格式如下：

```
[<<lable_name>>]
CASE case_operand
WHEN when_operand THEN
statement;
[
WHEN when_operand THEN
statement;
[
WHEN when_operand THEN
statement;
]…
[ELSE statement[statement;]]…;
END CASE [label_name];
```

主要参数介绍如下。

● <<lable_name>>：一个标签，可以选择性添加，提高可读性。

● case_operand：一个表达式，通常是一个变量。

● when_operand：case_operand 对应的结果，如果相同，则执行对应的 statement。

● [ELSE statement[statement;]]：表示当所有的 when_operand 都不能对应 case_operand 的值时，会执行 ELSE 处的语句。

| 实例 12：编写 PL/SQL 程序，使用简单的 CASE 语句

在 fruits 表中，用 CASE 语句找到水果编号对应的水果名称，然后输出到屏幕，执行代码如下：

```
DECLARE
v_fid   VARCHAR2(10);
BEGIN
SELECT F_ID INTO v_fid
  FROM FRUITS
WHERE FRUITS.F_ID='t1';
CASE v_fid
WHEN 'a1' THEN
DBMS_OUTPUT.PUT_LINE ('该水果名称为苹果');
WHEN 'b1' THEN
DBMS_OUTPUT.PUT_LINE ('该水果名称为草莓');
WHEN 'bs1' THEN
DBMS_OUTPUT.PUT_LINE ('该水果名称为橘子');
WHEN 'bs2' THEN
DBMS_OUTPUT.PUT_LINE ('该水果名称为甜瓜');
WHEN 't1' THEN
DBMS_OUTPUT.PUT_LINE ('该水果名称为香蕉');
WHEN 't2' THEN
DBMS_OUTPUT.PUT_LINE ('该水果名称为葡萄');
ELSE
DBMS_OUTPUT.PUT_LINE (' 没有对应的水果');
END CASE;
END;
    /
```

执行结果如图 13-20 所示。

```
SQL Plus                                              —    □    ×
SQL> DECLARE
  2   v_fid  VARCHAR2(10);
  3   BEGIN
  4   SELECT F_ID INTO v_fid
  5     FROM FRUITS
  6   WHERE FRUITS.F_ID='t1';
  7   CASE v_fid
  8   WHEN 'a1' THEN
  9   DBMS_OUTPUT.PUT_LINE ('该水果名称为苹果');
 10   WHEN 'b1' THEN
 11   DBMS_OUTPUT.PUT_LINE ('该水果名称为草莓');
 12   WHEN 'bs1' THEN
 13   DBMS_OUTPUT.PUT_LINE ('该水果名称为橘子');
 14   WHEN 'bs2' THEN
 15   DBMS_OUTPUT.PUT_LINE ('该水果名称为甜瓜');
 16   WHEN 't1' THEN
 17   DBMS_OUTPUT.PUT_LINE ('该水果名称为香蕉');
 18   WHEN 't2' THEN
 19   DBMS_OUTPUT.PUT_LINE ('该水果名称为葡萄');
 20   ELSE
 21   DBMS_OUTPUT.PUT_LINE (' 没有对应的水果');
 22   END CASE;
 23   END;
 24      /
该水果名称为香蕉

PL/SQL 过程已成功完成。
```

图 13-20　代码运行结果

2. 搜索式 CASE 语句

搜索式 CASE 语句会依次检测布尔值是否为 true，一旦为 true，那么它所在的 WHEN 子句就被执行，后面的布尔表达式将不再考虑。如果所有的布尔表达式都不为 true，那么程序会转到 ELSE 子句，如果没有 ELSE 子句，那么系统会给出异常。语法格式如下：

```
[<<lable_name>>]
CASE
WHEN boolean_expression THEN  statement;
 [boolean_expression THEN  statement; ]…
[ELSE statement[statement;]]…;
END CASE [label_name];
```

其中，boolean_expression 为布尔表达式。

▎实例 13：编写 PL/SQL 程序，使用搜索式 CASE 语句

在 fruits 表中，用搜索式 CASE 语句找到水果编号对应的水果名称，然后输出到屏幕，执行代码如下：

```
DECLARE
v_fname  VARCHAR2(25);
BEGIN
SELECT F_NAME INTO v_fname
  FROM FRUITS
WHERE FRUITS.F_ID='bs1';
CASE
WHEN v_fname='苹果' THEN
DBMS_OUTPUT.PUT_LINE ('该水果名称为苹果');
WHEN v_fname='蓝莓' THEN
DBMS_OUTPUT.PUT_LINE ('该水果名称为蓝莓');
WHEN v_fname='橘子' THEN
```

```
DBMS_OUTPUT.PUT_LINE ('该水果名称为橘子');
WHEN v_fname= '甜瓜'    THEN
DBMS_OUTPUT.PUT_LINE ('该水果名称为甜瓜');
WHEN v_fname='香蕉'    THEN
DBMS_OUTPUT.PUT_LINE ('该水果名称为香蕉');
WHEN v_fname='葡萄'    THEN
DBMS_OUTPUT.PUT_LINE ('该水果名称为葡萄');
ELSE
DBMS_OUTPUT.PUT_LINE ('没有对应的水果');
END CASE;
END;
     /
```

执行结果如图 13-21 所示。

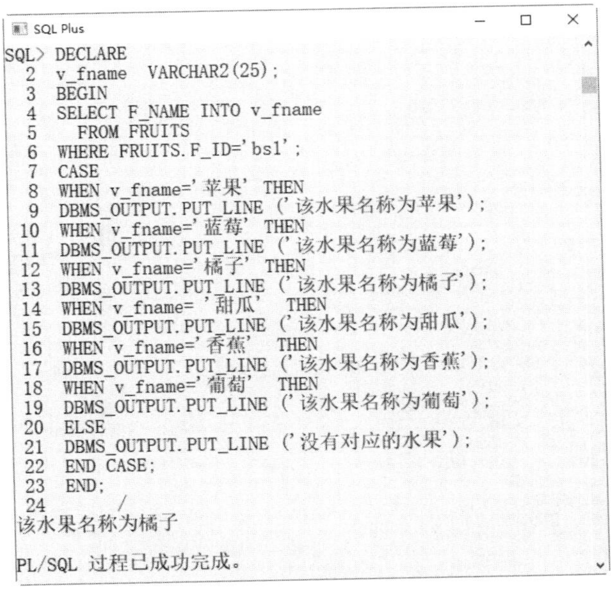

图 13-21　代码运行结果

13.5.3　LOOP 循环控制语句

LOOP 语句主要用于实现重复的循环操作。其语法格式如下：

```
[<<lable_name>>]
LOOP
statement…
END LOOP [label_name];
```

主要参数介绍如下。

● LOOP：循环的开始标记。

● statement：LOOP 语句中重复执行的语句。

● END LOOP：循环结束标志。

> **注意**：LOOP 语句往往还需要和条件控制语句一起使用，这样可以避免出现死循环的情况。

▍**实例 14：编写 PL/SQL 程序，使用 LOOP 循环语句**

通过 LOOP 循环，实现每次循环都让变量递减 2，直到变量的值小于 1，然后终止循环，代码如下：

```
DECLARE
v_summ   NUMBER(4):=10;
BEGIN
<<bbscip_loop>>
LOOP
DBMS_OUTPUT.PUT_LINE ('目前v_summ 为：'|| v_summ);
v_summ:= v_summ-2;
IF v_summ<1 THEN
    DBMS_OUTPUT.PUT_LINE ('退出LOOP循环，当前v_summ 为：'|| v_summ);
    EXIT bbscip_loop;
END IF;
END LOOP;
END;
    /
```

执行结果如图 13-22 所示。

```
SQL Plus                                    —    □    ×
SQL> DECLARE
  2  v_summ   NUMBER(4):=10;
  3  BEGIN
  4  <<bbscip_loop>>
  5  LOOP
  6  DBMS_OUTPUT.PUT_LINE ('目前v_summ 为：'|| v_summ);
  7  v_summ:= v_summ-2;
  8  IF v_summ<1 THEN
  9      DBMS_OUTPUT.PUT_LINE ('退出LOOP循环，当前v_summ
为：'|| v_summ);
 10      EXIT bbscip_loop;
 11  END IF;
 12  END LOOP;
 13  END;
 14      /
目前v_summ 为：10
目前v_summ 为：8
目前v_summ 为：6
目前v_summ 为：4
目前v_summ 为：2
退出LOOP循环，当前v_summ 为：0

PL/SQL 过程已成功完成。

SQL>
```

图 13-22　代码运行结果

13.6　PL/SQL 中的异常

PL/SQL 编程的过程中难免会出现各种错误，这些错误统称为异常。本节开始讲述异常的相关知识。

13.6.1　异常概述

PL/SQL 程序在运行的过程中，由于程序本身或者数据问题而引发的错误被称为异常。为了提高程序的健壮性，可以在 PL/SQL 块中引入异常处理部分，捕捉异常，并根据异常出现的情况进行相应的处理。

Oracle 异常分为两种类型：系统异常和自定义异常。 其中，系统异常又分为预定义异常和非预定义异常。

1. 预定义异常

Oracle 为预定义异常定义了错误编号和异常名字，常见的预定义异常如下。

（1）NO_DATA_FOUND：查询数据时，没有找到数据。

（2）DUL_VAL_ON_INDEX：试图在一个有唯一性约束的列上存储重复值。

（3）CURSOR_ALREADY_OPEN：试图打开一个已经打开的游标。

（4）TOO_MANY_ROWS：查询数据时，查询的结果是多值。

（5）ZERO_DIVIDE：零被整除。

2. 非预定义异常

Oracle 为非预定义异常定义了错误编号，但没有定义异常名字。使用的时候，先声名一个异常名，再通过伪过程 PRAGMA EXCEPTION_INIT 将异常名与错误号关联起来。

3. 自定义异常

程序员从业务角度出发，制定的一些规则和限制。

实例 15：默认除数为零的异常处理

下面演示除数为零的异常，执行代码如下：

```
DECLARE
v_summ   NUMBER(4);
BEGIN
v_summ:=10/0;
DBMS_OUTPUT.PUT_LINE ('目前v_summ 为: '|| v_summ);
END;
    /
```

执行结果如图 13-23 所示。

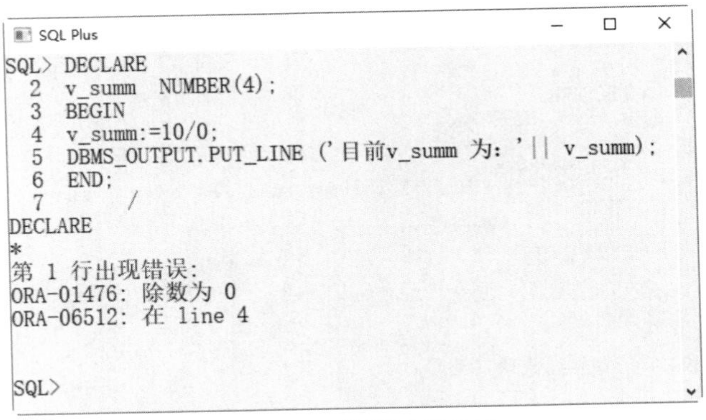

图 13-23　代码运行结果

13.6.2　异常处理

在 PL/SQL 中，异常处理分为三个部分：声明部分、执行部分和异常部分。其语法格式如下：

```
EXCEPTION
```

```
        WHEN e_name1 [OR e_name2 … ] THEN
            statements;
        WHEN e_name3 [OR e_name4 … ] THEN
            statements;
            …
        WHEN OTHERS THEN
            statements;
    END;
    /
```

主要参数介绍如下。

- **EXCEPTION**：表示声明异常。
- **e_name1**：异常的名称。
- **statements**：表示发生异常后如何处理。
- **WHEN OTHERS THEN**：异常处理的最后部分，如果前面的异常没有被捕获，这是最终捕获的地方。

▌实例 16：自定义除数为零的异常处理

下面演示除数为零的异常处理，代码如下：

```
DECLARE
v_summ   NUMBER(4);
BEGIN
v_summ:=10/0;
DBMS_OUTPUT.PUT_LINE ('目前v_summ 为：'|| v_summ);
EXCEPTION
WHEN ZERO_DIVIDE   THEN
DBMS_OUTPUT.PUT_LINE ('除数不能为零');
END;
    /
```

该实例运行结果如图 13-24 所示。

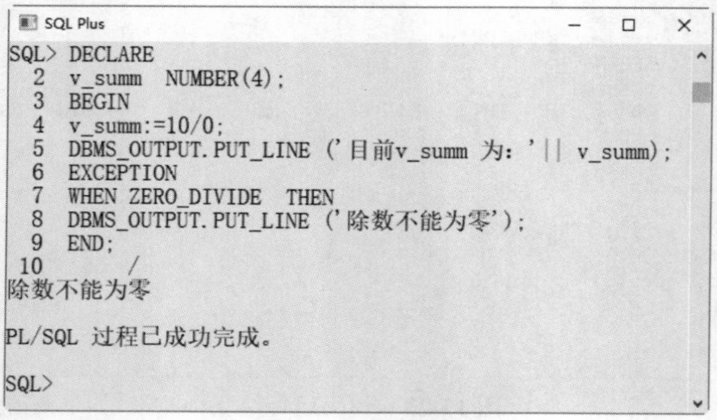

图 13-24　代码运行结果

13.7　疑难问题解析

▌疑问 1：什么是复合类型的变量？

答：所谓复合类型的变量，就是一个变量包含几个元素，可以存储多个值。复合类型的变量需要先定义，然后才能声明该类型的变量。最常用的三种类型包括记录类型、索引表类型和 VARRAY 数组。

▌疑问 2：SQL Plus 执行 SQL 语句与执行 PL/SQL 语句有什么区别？

答：SQL Plus 执行 SQL 语句与执行 PL/SQL 语句是有区别的，主要体现在介绍和执行方式、显示方式上。在 SQL Plus 提示符下输入 SQL 语句，分号表示语句的结束，分号之前的部分就是一段完整的语句，按下回车键该 SQL 语句被发送到数据库服务器执行并返回结果。

对于 PL/SQL 语句程序，分号表示语句的结束，而使用 "." 号表示整个语句块结束，也可以省略。按下回车键，该语句块不会执行，即不会发送到数据库服务器，必须使用 "/" 符号执行 PL/SQL 语句块。

13.8 实战训练营

▌实战 1：编写 PL/SQL 语句块查询数据记录

创建数据表 employee，表结构以及表中的数据记录如表 13-1 与表 13-2 所示。

表 13-1　employee 表的结构

字段名	字段说明	数据类型	主　键	外　键	非　空	唯　一	自　增
e_no	员工编号	NUMBER(11)	是	否	是	是	否
e_name	员工姓名	VARCHAR2(50)	否	否	是	否	否
e_gender	员工性别	CHAR(4)	否	否	否	否	否
dept_no	部门编号	NUMBER(11)	否	否	是	否	否
e_job	职位	VARCHAR2(50)	否	否	是	否	否
e_salary	薪水	NUMBER(11)	否	否	是	否	否
hireDate	入职日期	DATE	否	否	是	否	否

表 13-2　employee 表中的记录

e_no	e_name	e_gender	dept_no	e_job	e_salary	hireDate
1001	SMITH	m	20	CLERK	800	2005-11-12
1002	ALLEN	f	30	SALESMAN	1600	2003-05-12
1003	WARD	f	30	SALESMAN	1250	2003-05-12
1004	JONES	m	20	MANAGER	2975	1998-05-18
1005	MARTIN	m	30	SALESMAN	1250	2001-06-12
1006	BLAKE	f	30	MANAGER	2850	1997-02-15
1007	CLARK	m	10	MANAGER	2450	2002-09-12

（1）在 PL/SQL 中使用变量和常量，查询 employee 中字段 dept_no 为 20 的数据记录。

（2）编写 PL/SQL 语句块，使用 IF 语句根据 employee 中工资的数额，判断该员工的业绩水平。

（3）编写 PL/SQL 语句块，使用 CASE 语句找到员工编号对应的员工名称，然后输出到屏幕。

▌**实战 2：编写 PL/SQL 语句块练习表达式与控制语句的应用**

（1）编写 PL/SQL 语句块，计算表达式 50*100+20-15*15 的绝对值。

（2）编写 PL/SQL 语句块，使用关系表达式判断表达式 50*100+20-15*15 的值是否大于 20。

（3）编写 PL/SQL 语句块，使用逻辑表达式判断表达式 50*100+20-15*15 的值。如果这个值大于 1000 且小于 5000，输出"这是一个大于 1000 且小于 5000 的数"。

（4）编写 PL/SQL 语句块，使用 LOOP 循环实现每次循环都让变量值 100 递减 10，直到变量的值小于 1，然后终止循环。

第14章 存储过程的创建与使用

本章导读

在 Oracle 中，存储过程就是一条或者多条 SQL 语句的集合，可视为批文件，但是其作用不仅限于批处理。通过使用存储过程，可以将经常使用的 SQL 语句封装起来，以免重复编写相同的 SQL 语句。本章就来介绍如何创建存储过程，以及如何调用、查看、修改、删除存储过程等。

知识导图

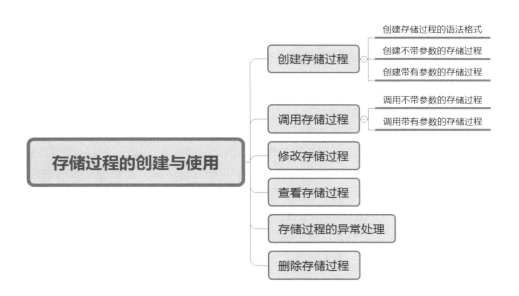

14.1　创建存储过程

在数据转换或查询报表时经常使用存储过程，它的作用是 SQL 语句不可替代的。在 Oracle 中，创建存储过程的语句是 CREATE PROCEDURE。

14.1.1　创建存储过程的语法格式

创建存储过程的基本语法格式如下：

```
CREATE [OR REPLACE] PROCEDURE [schema.] procedure_name
    [parameter_name [[IN]datatype[{:=DEFAULT}expression]]
    {IS|AS}
BODY:
```

主要参数介绍如下。

- **CREATE PROCEDURE**：用来创建存储函数的关键字。
- **OR REPLACE**：表示如果指定的过程已经存在，则覆盖同名的存储过程。
- schema：表示该存储过程的所属机构。
- procedure_name：存储过程的名称。
- parameter_name：存储过程的参数名称。
- [IN]datatype[{:=DEFAULT}expression]：设置传入参数的数据类型和默认值。
- {IS|AS}：表示存储过程的连接词。
- BODY：表示函数体，是存储过程的具体操作部分，可以用 BEGIN…END 来表示 SQL 代码的开始和结束。

编写存储过程并不是件简单的事情，可能存储过程中需要复杂的 SQL 语句，并且要有创建存储过程的权限；但是使用存储过程将简化操作，减少冗余的操作步骤，同时，还可以减少操作过程中的失误，提高效率。因此存储过程是非常有用的，而且应该尽可能地学会使用。

14.1.2　创建不带参数的存储过程

最简单的一种自定义存储过程就是不带参数的存储过程，下面介绍如何创建一个不带参数的存储过程。

为了演示如何创建存储过程，下面在 Oracle SQL Developer 创建一个数据表 shop，执行语句如下：

```
CREATE TABLE shop
(
s_id      number    NOT NULL,
f_id      varchar2(4)     NOT NULL,
f_name    varchar2(25)    NOT NULL,
f_price   number (4,2)     NOT NULL
);
```

执行结果如图 14-1 所示。

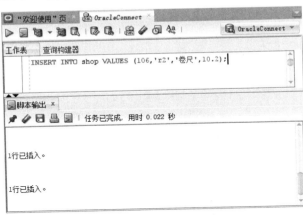

图 14-1　创建表 shop

接着在表 shop 中输入表数据，SQL 语句如下：

```
INSERT INTO shop VALUES (101,'a1', '铅笔',4.2);
INSERT INTO shop VALUES (102,'a2','钢笔', 5.9);
INSERT INTO shop VALUES (103,'b1','毛笔', 11.2);
INSERT INTO shop VALUES (104,'b2','水彩笔',5.2);
INSERT INTO shop VALUES (105,'r1','直尺',5.2);
INSERT INTO shop VALUES (106,'r2','卷尺',10.2);
```

语句执行结果如图 14-2 所示。

图 14-2　插入数据记录

实例 1：创建一个不带参数的存储过程

把数据表 shop 中价格低于 6 的商品名称设置为"打折商品"。创建存储过程的脚本如下：

```
CREATE PROCEDURE SHOP_PRC
AS
BEGIN
UPDATE shop SET f_name='打折商品'
    WHERE f_id IN
    (
      SELECT f_id FROM
      (SELECT * FROM shop ORDER BY f_price ASC)
```

```
        WHERE F_PRICE <6
    );
COMMIT;
END;
```

其中，COMMIT 表示提交更改，在 Oracle SQL Developer 中运行上面的代码，结果如图 14-3 所示。

图 14-3   创建存储过程 SHOP_PRC

输出的具体内容如下：

PROCEDURE SHOP_PRC 已编译

表示存储过程创建成功。

14.1.3   创建带有参数的存储过程

在设计数据库应用系统时，可能会需要根据用户的输入信息产生对应的查询结果，这时就需要把用户的输入信息作为参数传递给存储过程，即开发者需要创建带有参数的存储过程。

在创建带有参数的存储过程之前，需要把 shop 数据表中的数据记录全部删除，执行代码如下：

DELETE FROM shop;

然后再插入数据记录，执行代码如下：

```
INSERT INTO shop VALUES (101,'a1', '铅笔',4.2);
INSERT INTO shop VALUES (102,'a2','钢笔', 5.9);
INSERT INTO shop VALUES (103,'b1','毛笔', 11.2);
INSERT INTO shop VALUES (104,'b2','水彩笔',5.2);
INSERT INTO shop VALUES (105,'r1','直尺',5.2);
INSERT INTO shop VALUES (106,'r2','卷尺',10.2);
```

实例 2：创建用于查看指定数据表信息的存储过程

根据输入的商品类型编码，在数据表 shop 中搜索符合条件的数据，并将数据输出。创建存储过程的脚本如下：

```
CREATE PROCEDURE SHOP_PRC_01(parm_sid IN NUMBER)
AS
 cur_id shop.f_id%type;                              --存放商品的编码
 cur_prtifo shop%ROWTYPE;                            --存放表shop的行记录

BEGIN
           SELECT shop.f_id INTO cur_id
            FROM shop
WHERE s_id = parm_sid;                               --根据商品类型编码获取商品的编码
IF SQL%FOUND THEN
             DBMS_OUTPUT.PUT_LINE(parm_sid||':');
             END IF;
              FOR my_prdinfo_rec IN
               (
                SELECT * FROM shop WHERE s_id=parm_sid)
              LOOP
               DBMS_OUTPUT.PUT_LINE('商品名称: '|| my_prdinfo_rec.f_name||','
||'商品价格: '|| my_prdinfo_rec.f_price);
                END LOOP;
             EXCEPTION
             WHEN NO_DATA_FOUND THEN
                 DBMS_OUTPUT.PUT_LINE('没有数据');
WHEN TOO_MANY_ROWS THEN
                 DBMS_OUTPUT.PUT_LINE('数据过多');
END;
```

在 Oracle SQL Developer 中运行上面的代码，结果如图 14-4 所示。

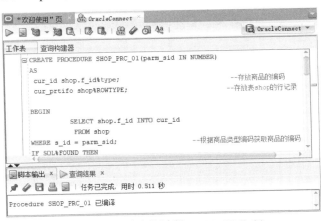

图 14-4　创建存储过程 SHOP_PRC_01

在创建带有参数的存储过程时，用到了 DBMS_OUTPUT.PUT_LINE() 函数。在 Oracle SQL Developer 中调用存储过程，如果想让 DBMS_OUTPUT.PUT_LINE 成功输出，需要把 SERVEROUTPUT 选项设置为 ON 状态。默认情况下，它是 OFF 状态的。

可以使用以下语句查看 SERVEROUTPUT 选项的状态，在 Oracle SQL Developer 中输入的语句如下：

```
SHOW SERVEROUTPUT
```

执行结果如图 14-5 所示。

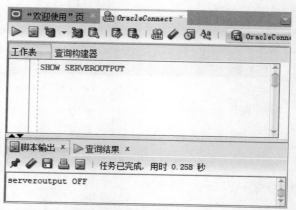

图 14-5　查看 SERVEROUTPUT 的状态为 OFF

输出的具体内容如下：

```
serveroutput OFF
```

这就说明 SERVEROUTPUT 的状态是 OFF。下面需要设置 SERVEROUTPUT 的状态为 ON，在 Oracle SQL Developer 中输入语句如下：

```
SET SERVEROUTPUT ON
```

执行完毕后，再次查看 SERVEROUTPUT 的状态，可以看到已经变成 ON 了，如图 14-6 所示。

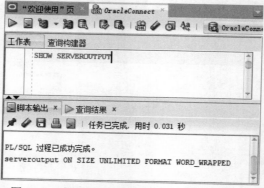

图 14-6　查看 SERVEROUTPUT 的状态为 ON

14.2　调用存储过程

当存储过程创建完毕后，就可以调用存储过程了。本节就来介绍调用存储过程的方法。

14.2.1　调用不带参数的存储过程

调用存储过程的方法有两种：一种是直接调用存储过程，另一种是在 BEGIN…BND 中调用存储过程。

1. 直接调用存储过程

在 Oracle 中调用存储过程时，需要使用 execute 语句。execute 的语法格式如下：

```
execute  procedure_name;
```

也可以缩写成：

```
exec  procedure_name;
```

其中，procedure_name 为存储过程的名称。

实例 3：直接调用存储过程 SHOP_PRC

在 Oracle SQL Developer 中调用存储过程 SHOP_PRC，执行语句如下：

```
EXEC SHOP_PRC;
```

执行结果如图 14-7 所示。

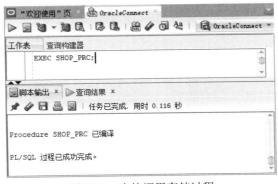

图 14-7　直接调用存储过程

查看数据表 shop 中的记录是否发生变化，执行语句如下：

```
SELECT * FROM shop;
```

执行结果如图 14-8 所示。从结果可以看出，存储过程已经生效。

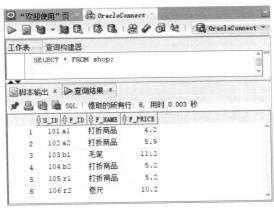

图 14-8　查看数据表 shop 中的记录是否发生变化

2. 在 BEGIN…END 中调用存储过程

在 BEGIN…END 中直接调用存储过程，语法结构如下：

```
BEGIN
    procedure_name;
END;
```

▌ 实例 4：在 BEGIN…END 中调用存储过程 SHOP_PRC

执行语句如下：

```
BEGIN
    SHOP_PRC;
END;
```

执行结果如图 14-9 所示。

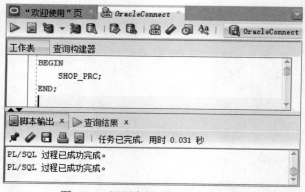

图 14-9　调用存储过程 SHOP_PRC

查看数据表 shop 的记录是否发生变化，执行语句如下：

```
SELECT * FROM shop;
```

执行结果如图 14-10 所示。从结果可以看出，存储过程已经生效。

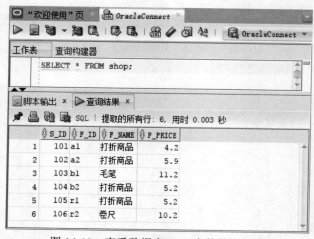

图 14-10　查看数据表 shop 中的数据记录

14.2.2　调用带有参数的存储过程

调用带有参数的存储过程时，需要给出参数的值，当有多个参数时，给出参数值的顺序与创建存储过程语句中参数的顺序一致，即参数传递的顺序就是定义的顺序。

实例5：调用带参数的存储过程 SHOP_PRC_01

调用带有参数的存储过程 SHOP_PRC_01，根据输入的商品编号 s_id 值，查询商品信息。在 Oracle SQL Developer 中调用存储过程 SHOP_PRC_01，执行语句如下：

```
EXEC SHOP_PRC_01 (102);
```

程序执行结果如图 14-11 所示。

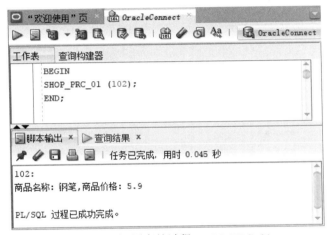

图 14-11　调用存储过程 SHOP_PRC_01

输出的具体内容如下：

```
102:
商品名称: 钢笔,商品价格: 5.9
```

> **提示：** 调用带有输入参数的存储过程时需要指定参数，如果没有指定参数，系统会提示错误。如果希望不给出参数时存储过程也能正常运行，或者希望为用户提供一个默认的返回结果，可以通过设置参数的默认值来实现。

14.3　修改存储过程

在 Oracle 中如果要修改存储过程，就使用 CREATE OR REPLACE PROCEDURE 语句，也就是覆盖原始的存储过程。

实例6：修改存储过程 SHOP_PRC

修改存储过程 SHOP_PRC 的名称，把数据表 shop 中价格高于 6 的商品名称设置为"打折商品"，执行语句如下：

```
CREATE OR REPLACE PROCEDURE SHOP_PRC
AS
BEGIN
UPDATE shop SET f_name='打折商品'
WHERE f_id IN
(
SELECT f_id FROM
(SELECT * FROM shop ORDER BY f_price ASC)
WHERE F_PRICE >6
);
COMMIT;
END;
```

执行结果如图 14-12 所示。

图 14-12　修改存储过程 SHOP_PRC

在 Oracle SQL Developer 中调用存储过程 SHOP_PRC，执行语句如下：

```
EXEC SHOP_PRC;
```

执行结果如图 14-13 所示。

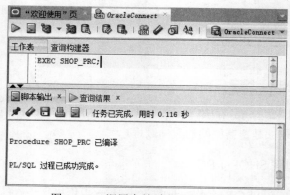

图 14-13　调用存储过程 SHOP_PRC

查看数据表 shop 中的记录是否发生变化，执行语句如下：

```
SELECT * FROM shop;
```

执行结果如图 14-14 所示。从结果可以看出，存储过程已经生效，价格大于 6 的商品其名称已修改为"打折商品"。

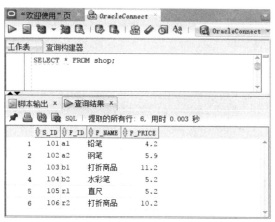

图 14-14　查看数据表 shop 中的记录

14.4　查看存储过程

Oracle 数据库中存储了存储过程的状态信息，用户可以查看已经存在的存储过程。

▌ 实例 7：查看存储过程 SHOP_PRC

查看存储过程 SHOP_PRC，在 Oracle SQL Developer 中执行以下语句：

```
SELECT * FROM USER_SOURCE WHERE NAME='SHOP_PRC' ORDER BY LINE;
```

运行结果如图 14-15 所示。

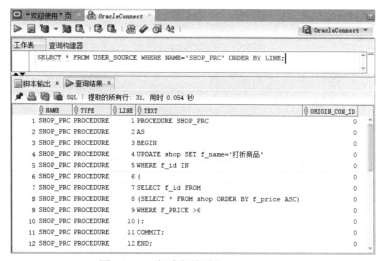

图 14-15　查看存储过程 SHOP_PRC

从结果可以看出，每条记录中的 TEXT 字段都存储了语句脚本，这些脚本综合起来就是存储过程 SHOP_PRC 的内容。

> **注意**：在查看存储过程时，需要把存储过程的名称大写，如果小写，则无法查询到任何内容。

14.5 存储过程的异常处理

有时编写的存储过程难免会出现各种各样的问题，为此 Oracle 提供了异常处理的方法，这样减小了排查错误的范围。查看存储过程错误的方法如下：

```
SHOW ERRORS PROCEDURE procedure_name;
```

▌**实例 8**：创建一个有错误的存储过程

首先创建一个有错误的存储过程，在 Oracle SQL Developer 中运行代码如下：

```
CREATE OR REPLACE PROCEDURE HA
AS
BEGIN
      DBMM_OUTPUT.PUT_LINE('这是一个有错误的存储过程');
END;
```

执行结果如图 14-16 所示。

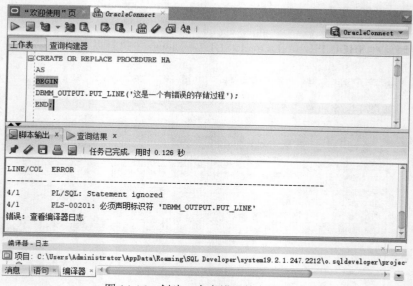

图 14-16　创建一个有错误的存储过程

输出的具体内容如下：

```
Procedure HA 已编译
LINE/COL  ERROR
--------- ------------------------------------------------------------
4/1       PL/SQL: Statement ignored
```

4/1   PLS-00201：必须声明标识符 'DBMM_OUTPUT.PUT_LINE'
错误：查看编译器日志

查看错误的具体细节，在 Oracle SQL Developer 中运行如下代码：

```
SHOW ERRORS PROCEDURE HA;
```

执行结果如图 14-17 所示。

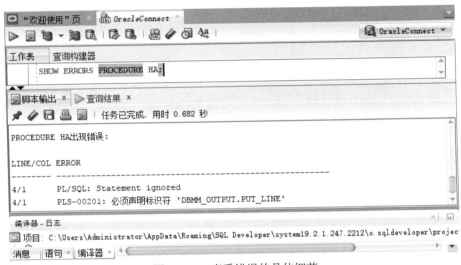

图 14-17   查看错误的具体细节

输出的具体内容如下：

```
Errors: check compiler log
4/1          PL/SQL: Statement ignored
4/1          PLS-00201：必须声明标识符 'DBMM_OUTPUT.PUT_LINE'
```

从错误提示可知，错误是由第 4 行引起的，正确的写法如下：

```
DBMS_OUTPUT.PUT_LINE('这是正确的存储过程');
```

14.6   删除存储过程

对于不需要的存储过程，使用 DROP PROCEDURE 语句就可以将其删除。
该语句可以从当前数据库中删除一个或多个存储过程，语法格式如下：

```
DROP   PROCEDURE   sp_name;
```

其中，sp_name 参数表示存储过程名称。

实例 9：删除存储过程 SHOP_PRC_01

删除 SHOP_PRC_01 存储过程，执行语句如下：

```
DROP PROCEDURE SHOP_PRC_01;
```

执行结果如图 14-18 所示，即可完成删除存储过程的操作。

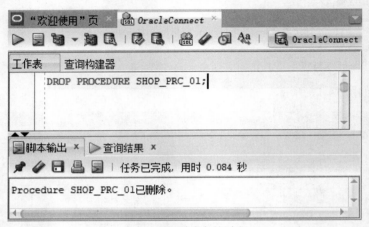

图 14-18　删除存储过程

检查删除是否成功，可以通过查看存储过程来确认。执行语句如下：

```
SELECT * FROM USER_SOURCE WHERE NAME='SHOP_PRC_01' ORDER BY LINE;
```

执行结果如图 14-19 所示，可以看到返回的结果为空，这说明 SHOP_PRC_01 存储过程已经被删除。

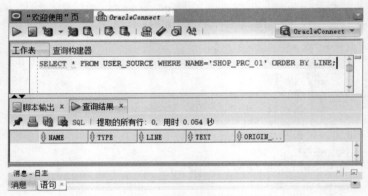

图 14-19　查询是否成功删除存储过程

14.7　疑难问题解析

▎疑问 1：存储过程中的代码可以改变吗？

答：目前，Oracle 还不能修改已存在的存储过程的代码，如果必须修改存储过程，那么可以使用 CREATE OR REPLACE PROCEDURE 语句覆盖同名的存储过程。

▎疑问 2：删除存储过程需要注意什么问题？

答：存储过程之间可以相互调用，如果删除被调用的存储过程，那么就会出现错误提示，所以在删除操作时，最好分清各个存储过程之间的关系。

14.8 实战训练营

实战 1：创建存储过程统计表的记录数

创建一个名称为 sch 的数据表，表结构如表 14-1 所示，将表 14-2 中的数据插入 sch 表中。

表 14-1　sch 表的结构

字段名	数据类型	主　键	外　键	非　空	唯　一	自　增
id	NUMBER	是	否	是	是	否
name	VARCHAR2(10)	否	否	是	否	否
class	VARCHAR2(10)	否	否	是	否	否

表 14-2　sch 表的内容

id	name	class
1	xiaoming	class 1
2	xiaojun	class 2

（1）创建一个 sch 表。

（2）向 sch 表中插入表 14-2 中的数据。

（3）通过命令 DESC 查看创建的表格。

（4）通过 SELECT * FROM sch 来查看插入的内容。

（5）创建一个存储过程用来统计表 sch 中的记录数，名称为 count_sch()。

（6）调用存储过程 count_sch() 统计表 sch 中的记录数。

实战 2：创建存储过程统计表的记录数与 id 值的和

创建一个存储过程 add_id，并同时使用前面创建的存储过程返回表 sch 中的记录数，最后计算出表中所有 id 的和。

第15章　游标的创建与使用

📖 本章导读

查询语句可能返回多条记录，如果数据量非常大，需要使用游标来逐条读取查询结果集中的记录。本章就来介绍游标的基本操作，包括游标的概念、游标的分类、显式游标、隐式游标、游标变量等。

📑 知识导图

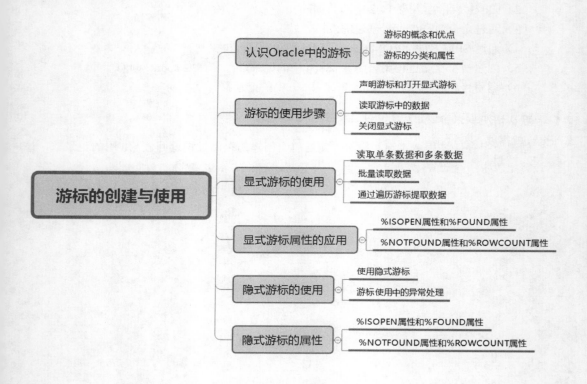

15.1　认识 Oracle 中的游标

概括来讲，游标是一种临时的数据库对象，既可以用来存放数据库表中的数据行副本，也可以指向存储在数据库中的数据行的指针。

15.1.1　游标的概念

在数据库中，游标是一个十分重要的概念。游标提供了一种对从表中检索出的数据进行操作的灵活手段，就本质而言，游标实际上是一种能从包括多条数据记录的结果集中每次提取一条记录的机制。

游标总是与一条 T_SQL 选择语句相关联，因为游标由结果集（可以是零条、一条或由相关的选择语句检索出的多条记录）和结果集中指向特定记录的游标位置组成。当决定对结果集进行处理时，必须声明一个指向该结果集的游标。

如果曾经用 C 语言写过处理文件的程序，那么游标就像用户打开文件所得到的文件句柄一样，只要文件打开成功，该文件句柄就可代表该文件。对于游标而言，其道理是相同的。可见游标能够实现按与传统程序读取平面文件类似的方式处理来自基础表的结果集，从而把表中数据以平面文件的形式呈现给程序。

另外，游标的一个常见用途就是保存查询结果，以便以后使用。游标的结果集由 SELECT 语句产生，如果处理过程需要重复使用一个记录集，那么创建一次游标而重复使用若干次，比重复查询数据库要快得多。

默认情况下，游标可以返回当前执行的行记录，只能返回一行记录。如果想要返回多行记录，就需要不断地滚动游标，把需要的数据查询一遍。用户可以操作游标所在位置行的记录。例如，把返回记录作为另一个查询的条件等。

15.1.2　游标的优点

游标提供了一种机制，能从包括多条数据记录的结果集中每次提取一条记录，从而解决了数据库中面向单条记录数据处理的难题。

使用游标处理数据记录的优点有以下几点：

（1）允许应用程序对查询语句 select 返回的行结果集中的每一行记录进行相同或不同的操作，而不是一次对整个结果集进行同一种操作。

（2）提供对基于游标位置而对表中数据进行删除或更新的能力。

（3）游标能够把作为面向集合的数据库管理系统和面向行的程序设计两者联系起来，使两个数据处理方式能够进行沟通。

15.1.3　游标的分类

游标是 SQL 的一个内存工作区，由系统或用户以变量的形式定义。游标的主要作用就是临时存储从数据库中提取的数据块。Oracle 数据库中的游标类型可以分为三种，分别是显式游标、隐式游标和 REF 游标。其中，显式游标和隐式游标也被称为静态游标。

（1）显式游标：在使用之前必须有明确的游标声明和定义，这样的游标定义会关联数据查询语句，通常会返回一行或多行记录。打开游标后，用户可以利用游标的位置对结果集进行检索，使之返回单一的行记录，用户可以操作此记录。关闭游标后，就不能再对结果集进行任何操作。显式游标需要用户自己写代码完成，一切由用户控制。

（2）隐式游标：隐式游标和显式游标不同，它被数据库自动管理，此游标用户无法控制，但能得到它的属性信息。

（3）REF 游标：是一种引用类型，类似于指针。REF 游标在运行的时候才能确定游标使用的查询。利用 REF 游标可以在程序间传递结果集（一个程序里打开游标变量，在另外的程序里处理数据）。

15.1.4　游标的属性

游标的作用就是对查询数据库所返回的记录进行遍历，以便进行相应的操作。游标有下面这些属性：

（1）游标是只读的，也就是不能更新它。

（2）游标是不能滚动的，也就是只能在一个方向上进行遍历，不能在记录之间随意进退，不能跳过某些记录。

（3）不能在已经打开游标的表上更新数据。

15.2　游标的使用步骤

使用游标需要遵循以下步骤：

（1）使用 DECLARE 语句声明一个游标。

（2）使用 OPEN 语句打开定义的游标。

（3）使用 FETCH 语句读取游标中的数据。

（4）使用 CLOSE 语句释放游标。

15.2.1　声明游标

使用游标之前，要声明游标。声明游标的语法如下：

```
CURSOR cursor_name
    [(parameter_name  datatype,…)]
      IS select_statement;
```

参数说明如下。

- CURSOR：表示声明游标。
- cursor_name：表示游标的名称。
- parameter_name：表示参数名称。
- datatype：表示参数类型。

- select_statement：表示游标关联的 SELECT 语句。

实例 1：声明名称为 cursor_fruits 的游标

声明名称为 cursor_fruits 的游标，该游标的作用是使用 SELECT 语句从 fruits 表中查询出 f_name 和 f_price 字段的值。

为演示游标的操作，下面创建水果信息表（fruits），执行语句如下：

```
CREATE TABLE fruits
(
f_id        varchar2(10)      NOT NULL,
s_id        number(6)         NOT NULL,
f_name      varchar2(10)      NOT NULL,
f_price     number (8,2)      NOT NULL
);
```

执行结果如图 15-1 所示，即可完成数据表的创建。

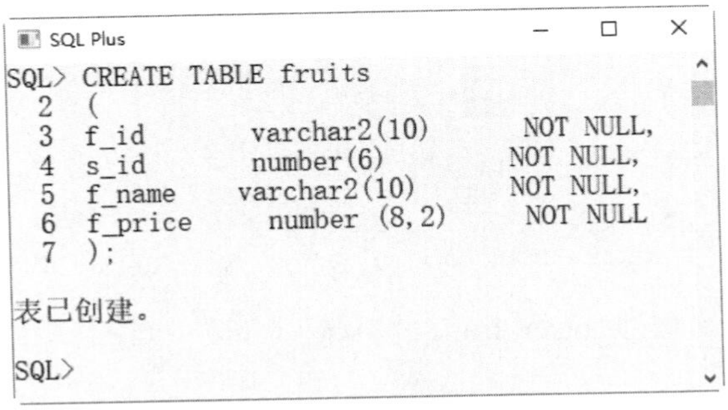

图 15-1　创建数据表 fruits

创建好数据表后，向 fruits 表中输入表数据，执行语句如下：

```
INSERT INTO fruits (f_id, s_id, f_name, f_price) VALUES  ('a1', 101,'苹果',5.2);
INSERT INTO fruits (f_id, s_id, f_name, f_price) VALUES  ('b1',101,'黑莓', 10.2);
INSERT INTO fruits (f_id, s_id, f_name, f_price) VALUES  ('bs1',102,'橘子', 11.2);
INSERT INTO fruits (f_id, s_id, f_name, f_price) VALUES  ('bs2',105,'甜瓜',8.2);
INSERT INTO fruits (f_id, s_id, f_name, f_price) VALUES  ('t1',102,'香蕉', 10.3);
INSERT INTO fruits (f_id, s_id, f_name, f_price) VALUES  ('t2',102,'葡萄', 5.3);
INSERT INTO fruits (f_id, s_id, f_name, f_price) VALUES  ('o2',103,'椰子', 9.2);
INSERT INTO fruits (f_id, s_id, f_name, f_price) VALUES  ('c0',101,'草莓', 3.2);
INSERT INTO fruits (f_id, s_id, f_name, f_price) VALUES  ('a2',103, '杏子',2.2);
INSERT INTO fruits (f_id, s_id, f_name, f_price) VALUES  ('l2',104,'柠檬', 6.4);
INSERT INTO fruits (f_id, s_id, f_name, f_price) VALUES  ('b2',104,'浆果', 7.6);
INSERT INTO fruits (f_id, s_id, f_name, f_price) VALUES  ('m1',106,'芒果', 15.6);
INSERT INTO fruits (f_id, s_id, f_name, f_price) VALUES  ('m2',105,'甘蔗', 2.6);
INSERT INTO fruits (f_id, s_id, f_name, f_price) VALUES  ('t4',107,'李子', 3.6);
INSERT INTO fruits (f_id, s_id, f_name, f_price) VALUES  ('m3',105,'山竹', 11.6);
INSERT INTO fruits (f_id, s_id, f_name, f_price) VALUES  ('b5',107,'火龙果', 3.6);
```

执行结果如图 15-2 所示。

```
SQL Plus                                                          —   □   ×

SQL> INSERT INTO fruits (f_id, s_id, f_name, f_price) VALUES  ('a1', 101,'苹果',5.2);
已创建 1 行。
SQL> INSERT INTO fruits (f_id, s_id, f_name, f_price) VALUES  ('b1',101,'黑莓', 10.2);
已创建 1 行。
SQL> INSERT INTO fruits (f_id, s_id, f_name, f_price) VALUES  ('bs1',102,'橘子', 11.2);
已创建 1 行。
SQL> INSERT INTO fruits (f_id, s_id, f_name, f_price) VALUES  ('bs2',105,'甜瓜',8.2);
已创建 1 行。
SQL> INSERT INTO fruits (f_id, s_id, f_name, f_price) VALUES  ('t1',102,'香蕉', 10.3);
已创建 1 行。
SQL> INSERT INTO fruits (f_id, s_id, f_name, f_price) VALUES  ('t2',102,'葡萄', 5.3);
已创建 1 行。
SQL> INSERT INTO fruits (f_id, s_id, f_name, f_price) VALUES  ('o2',103,'椰子', 9.2);
已创建 1 行。
```

图 15-2　fruits 表中的数据记录

接着声明游标 cursor_fruits，执行语句如下：

```
DECLARE
CURSOR cursor_fruits
IS SELECT f_name, f_price FROM fruits;
```

这样就声明了一个名称为 cursor_fruits 的游标。

15.2.2　打开显式游标

在使用游标之前，必须打开游标。打开游标的语法格式如下：

```
OPEN cursor_name ;
```

▌实例 2：打开名称为 cursor_fruits 的游标

打开上例中声明的名称为 cursor_fruits 的游标，输入语句如下：

```
OPEN cursor_fruits;
```

这样就打开了一个名称为 cursor_fruits 的游标。

15.2.3　读取游标中的数据

打开游标之后，就可以读取游标中的数据了，FETCH 命令可以读取游标中的某一行数据。FETCH 语句的语法格式如下：

```
FETCH cursor_name INTO Record_name;
```

读取的记录放到变量中。如果想读取多个记录，FETCH 就需要和循环语句一起使用，直到某个条件不符合要求而退出。使用 FETCH 时，游标属性 %ROWCOUNT 会不断累加。

实例 3：读取名称为 cursor_fruits 的游标

使用名称为 cursor_fruits 的游标，检索 fruits 表中的记录，输入语句如下：

```
FETCH cursor_fruits INTO Record_name;
```

这样就读取了名称为 cursor_fruits 的游标。

15.2.4　关闭显式游标

打开游标以后，服务器会专门为游标开辟一定的内存空间存放游标操作的数据结果集合，同时也会根据具体情况对某些数据进行封锁。所以在不使用游标的时候，可以将其关闭，以释放游标所占用的服务器资源。关闭游标使用 CLOSE 语句，语法格式如下：

```
CLOSE  cursor_name;
```

实例 4：关闭名称为 cursor_fruits 的游标

关闭名称为 cursor_fruits 的游标，输入语句如下：

```
CLOSE cursor_fruits;
```

这样就关闭了名称为 cursor_fruits 的游标。

15.3　显式游标的使用

介绍完游标的概念和分类等内容之后，下面将介绍如何操作显式游标。对于显式游标的操作主要有以下内容：声明游标、打开游标、读取游标中的数据和关闭游标。

15.3.1　读取单条数据

下面通过一个案例来学习显式游标的整个使用过程。

实例 5：使用游标读取单条数据

定义名称为 cursor_fruits 的游标，然后打开、读取和关闭游标 cursor_fruits。在 Oracle SQL Developer 中输入语句如下：

```
set serveroutput on;
DECLARE
CURSOR cursor_fruits

IS SELECT f_id,f_name FROM fruits;

cur_fruits  cursor_fruits%ROWTYPE;

BEGIN
   OPEN  cursor_fruits;
      FETCH cursor_fruits INTO cur_fruits;
```

```
      dbms_output.put_line(cur_fruits.f_id||'.'||cur_fruits.f_name);
CLOSE  cursor_fruits;
    END;
```

上述代码的具体含义如下。

- set serveroutput on：打开 Oracle 自带的输出方法 dbms_output。
- CURSOR cursor_fruits：声明一个名称为 cursor_fruits 的游标。
- IS SELECT f_id,f_name FROM fruits：表示游标关联的查询。
- cur_fruits cursor_fruits%ROWTYPE：定义一个游标变量，名称为 cur_fruits。
- OPEN cursor_fruits：打开游标。
- FETCH cursor_fruits INTO cur_fruits：利用 FETCH 语句从结果集中提取指针指向的当前行记录。
- dbms_output.put_line(cur_fruits.f_id||'.'||cur_fruits.f_name)：表示输出结果并换行，这里输出表 fruits 中的 f_id 和 f_name 两个字段的值。

在 Oracle SQL Developer 中运行上面的代码，执行结果如图 15-3 所示。

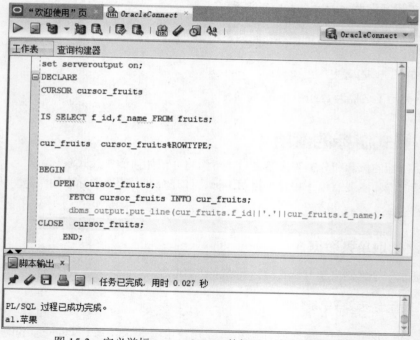

图 15-3　定义游标 cursor_fruits，并打开、读取和关闭游标

具体输出的内容如下：

a1.苹果

通过上面的案例，用户可以充分理解使用显式游标的 4 个基本步骤。

15.3.2　读取多条数据

默认情况下，使用显式游标只提取一条数据，如果用户想使用显式游标提取多条数据记录，就需要使用 LOOP 语句，这是一个遍历结果集的方法。

▌实例6：使用游标读取多条数据

通过 LOOP 语句遍历游标，从而提取多条数据，在 Oracle SQL Developer 中输入语句如下：

```
set serveroutput on;
DECLARE
CURSOR fruits_loop_cur
IS SELECT f_id,f_name,f_price FROM fruits
WHERE f_price>10;

cur_id   fruits.f_id%TYPE;
cur_name   fruits.f_name%TYPE;
cur_price   fruits.f_name%TYPE;

BEGIN
    OPEN   fruits_loop_cur;
        LOOP
            FETCH fruits_loop_cur INTO cur_id,cur_name,cur_price;
            EXIT WHEN fruits_loop_cur%NOTFOUND;
            dbms_output.put_line(cur_id||'.'||cur_name ||'.'||cur_price);
        END LOOP;
    CLOSE   fruits_loop_cur;
END;
```

上述代码的具体含义如下。

● cur_id fruits.f_id%TYPE：表示变量类型同表 fruits 的对应字段类型一致。

● EXIT WHEN fruits_loop_cur%NOTFOUND：表示利用游标的属性实现没有记录时退出循环。

在 Oracle SQL Developer 中运行上面的代码，执行结果如图 15-4 所示。

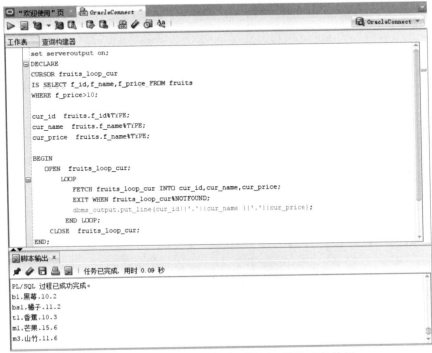

图 15-4　通过 LOOP 语句遍历游标，提取多条数据

输出的具体内容如下：

```
b1.黑莓.10.2
bs1.橘子.11.2
t1.香蕉.10.3
m1.芒果.15.6
m3.山竹.11.6
```

这个案例是通过使用 LOOP 语句，把所有符合条件的记录全部输出。

15.3.3 批量读取数据

使用 FETCH…INTO… 语句只能提取单条数据。如果数据量比较大，执行效率就比较低。为了解决这一问题，可以使用 FETCH…BULK COLLECT INTO… 和 FOR 语句批量读取数据。

▍**实例 7：使用游标批量读取多条数据**

通过 TETCH…BULK COLLECT INTO… 和 FOR 语句遍历游标，批量读取数据，在 Oracle SQL Developer 中输入语句如下：

```
set serveroutput on;
DECLARE
CURSOR fruits_collect_cur
IS SELECT * FROM fruits
WHERE f_price>10;
TYPE FRT_TAB IS TABLE OF FRUITS%ROWTYPE;
fruits_rd FRT_TAB;
BEGIN
   OPEN  fruits_collect_cur;
      LOOP
         FETCH fruits_collect_cur BULK COLLECT INTO fruits_rd LIMIT 2;
         FOR i in 1.. fruits_rd.count LOOP
         dbms_output.put_line(fruits_rd(i).f_id||'.'|| fruits_rd(i).f_name
                     ||'.'|| fruits_rd(i).f_price);
      END LOOP;
      EXIT WHEN fruits_collect_cur%NOTFOUND;
   END LOOP;
   CLOSE  fruits_collect_cur;
END;
```

其中，以下代码是定义和表 fruits 中的行对象一致的集合类型 fruits_rd，该变量用于存放批量得到的数据。

```
TYPE FRT_TAB IS TABLE OF FRUITS%ROWTYPE;
fruits_rd FRT_TAB;
```

LIMIT 2 表示每次提取两条。

在 Oracle SQL Developer 中运行上面的代码，执行结果如图 15-5 所示。

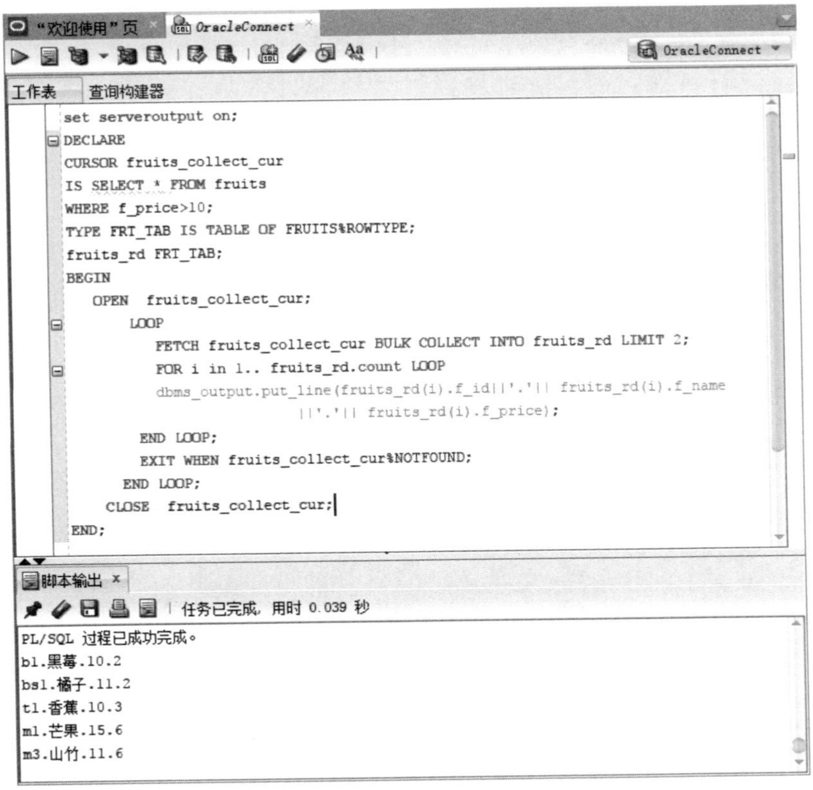

图 15-5 批量读取数据

输出的具体内容如下：

```
b1.黑莓.10.2
bs1.橘子.11.2
t1.香蕉.10.3
m1.芒果.15.6
m3.山竹.11.6
```

15.3.4 通过遍历游标提取数据

通过使用 CURSOR…FOR…LOOP 语句，可以在不声明变量的情况下提取数据，从而简化代码的长度。

▎ 实例 8：通过遍历游标读取多条数据

通过 CURSOR…FOR…LOOP 语句遍历游标，从而提取数据。在 Oracle SQL Developer 中输入语句如下：

```
set serveroutput on;
DECLARE
CURSOR fruit IS SELECT * FROM fruits
WHERE f_price>10;
BEGIN
    FOR curfruit IN fruit
```

```
LOOP
    dbms_output.put_line(curfruit.f_id||'.'|| curfruit.f_name
                         ||'.'|| curfruit.f_price);
END LOOP;
END;
```

在 Oracle SQL Developer 中运行上面的代码，执行结果如图 15-6 所示。

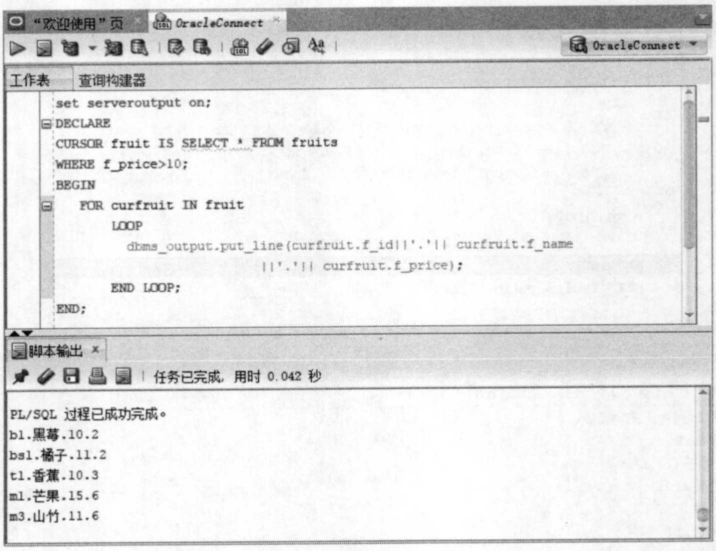

图 15-6　简单提取数据

输出的具体内容如下：

```
b1.黑莓.10.2
bs1.橘子.11.2
t1.香蕉.10.3
m1.芒果.15.6
m3.山竹.11.6
```

15.4　显式游标属性的应用

利用游标属性可以得到游标执行的相关信息，显式游标有 4 个属性，分别是 %ISOPEN 属性、%FOUND 属性、%NOTFOUND 属性和 %ROWCOUNT 属性，下面进行详细介绍。

15.4.1　%ISOPEN 属性

%ISOPEN 属性用于判断游标属性是否打开，如果打开就返回 TRUE，否则返回 FALSE。它的返回值为布尔型。

实例 9：通过 %ISOPEN 属性判断游标是否打开

在 Oracle SQL Developer 中输入语句如下：

```
set serveroutput on;
```

```
DECLARE
CURSOR cur_fruit1 IS SELECT * FROM fruits;
cur_fruits fruits%ROWTYPE;
BEGIN
    IF cur_fruit1%ISOPEN THEN
        FETCH cur_fruit1 INTO cur_fruits;
        dbms_output.put_line(cur_fruits.f_id||'.'|| cur_fruits.f_name
                            ||'.'|| cur_fruits.f_price);
 ELSE
dbms_output.put_line('游标cur_fruit1没有打开');
END IF;
END;
```

在 Oracle SQL Developer 中运行上面的代码，执行结果如图 15-7 所示。

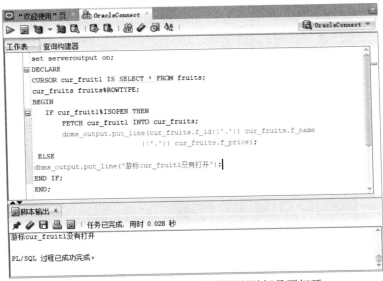

图 15-7　通过 %ISOPEN 属性判断游标是否打开

输出的具体内容如下：

游标cur_fruit1没有打开

15.4.2　%FOUND 属性

%FOUND 属性用于检查行数据是否有效，如果有效就返回 TRUE，否则返回 FALSE。它的返回值为布尔型。

▌实例 10：通过 %FOUND 属性判断数据的有效性

在 Oracle SQL Developer 中输入语句如下：

```
set serveroutput on;
DECLARE
CURSOR fruit_found_cur
IS SELECT * FROM fruits;
cur_prodrcd FRUITS%ROWTYPE;
BEGIN
```

```
        OPEN   fruit_found_cur;
           LOOP
              FETCH fruit_found_cur INTO cur_prodrcd;
              IF fruit_found_cur%FOUND THEN
              dbms_output.put_line(cur_prodrcd.f_id||'.'|| cur_prodrcd.f_name
                           ||'.'|| cur_prodrcd.f_price);
              ELSE
                 dbms_output.put_line('没有数据被提取');
                    EXIT;
        END IF;
           END LOOP;
        CLOSE   fruit_found_cur;
   END;
```

在 Oracle SQL Developer 中运行上面的代码，执行结果如图 15-8 所示。

图 15-8　通过 %FOUND 属性判断数据的有效性

输出的具体内容如下：

```
a1.苹果.5.2
b1.黑莓.10.2
bs1.橘子.11.2
bs2.甜瓜.8.2
t1.香蕉.10.3
t2.葡萄.5.3
o2.椰子.9.2
c0.草莓.3.2
a2.杏子.2.2
l2.柠檬.6.4
b2.浆果.7.6
m1.芒果.15.6
m2.甘蔗.2.6
t4.李子.3.6
m3.山竹.11.6
b5.火龙果.3.6
b7.木瓜.8.6
没有数据被提取
```

15.4.3 %NOTFOUND 属性

%NOTFOUND 属性的含义与 %FOUND 属性正好相反，表示如果没有提取出数据就返回 TRUE，否则返回 FALSE。它的返回值为布尔型。

▌实例 11：通过 %NOTFOUND 属性判断数据的有效性

在 Oracle SQL Developer 中输入语句如下：

```
set serveroutput on;
DECLARE
CURSOR fruit_found_cur
IS SELECT * FROM fruits;
cur_prodrcd FRUITS%ROWTYPE;
BEGIN
   OPEN  fruit_found_cur;
       LOOP
           FETCH fruit_found_cur INTO cur_prodrcd;
           IF fruit_found_cur%NOTFOUND THEN
           dbms_output.put_line(cur_prodrcd.f_id||'.'|| cur_prodrcd.f_name
                        ||'.'|| cur_prodrcd.f_price);
           ELSE
               dbms_output.put_line('没有数据被提取');
               EXIT;
           END IF;
       END LOOP;
    CLOSE  fruit_found_cur;
END;
```

在 Oracle SQL Developer 中运行上面的代码，执行结果如图 15-9 所示。

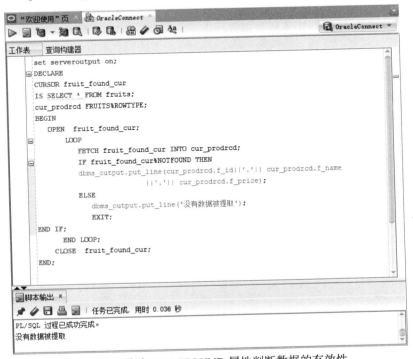

图 15-9　通过 %NOTFOUND 属性判断数据的有效性

输出的具体内容如下：

没有数据被提取

15.4.4 %ROWCOUNT 属性

%ROWCOUNT 属性表示累计到当前为止，使用 FETCH 提取数据的行数。它的返回值为整型。

▎实例 12：通过 %ROWCOUNT 属性查看已经返回了多少行记录

在 Oracle SQL Developer 中输入语句如下：

```
set serveroutput on;
DECLARE
CURSOR fruit_rowcount_cur
IS SELECT * FROM fruits
WHERE f_price>10;
TYPE FRT_TAB IS TABLE OF FRUITS%ROWTYPE;
fruit_count_rd FRT_TAB;

BEGIN
   OPEN  fruit_rowcount_cur;
      LOOP
          FETCH fruit_rowcount_cur BULK COLLECT INTO fruit_count_rd LIMIT 2;
          FOR i in fruit_count_rd.first.. fruit_count_rd.last LOOP
dbms_output.put_line(fruit_count_rd(i).f_id||'.'
|| fruit_count_rd(i).f_name||'.'|| fruit_count_rd(i).f_price);
          END LOOP;
          IF mod(fruit_rowcount_cur%ROWCOUNT,2)=0 THEN
dbms_output.put_line('读取到第'|| fruit_rowcount_cur%ROWCOUNT||'条记录');
             ELSE
dbms_output.put_line( '读取到单条记录为'|| fruit_rowcount_cur%ROWCOUNT||'条记
录');
          END IF;
        EXIT WHEN  fruit_rowcount_cur%NOTFOUND;
      END LOOP;
    CLOSE  fruit_rowcount_cur;
END;
```

在 Oracle SQL Developer 中运行上面的代码，执行结果如图 15-10 所示。
输出的具体内容如下：

```
b1.黑莓.10.2
bs1.橘子.11.2
读取到第2条记录
t1.香蕉.10.3
m1.芒果.15.6
读取到第4条记录
m3.山竹.11.6
读取到单条记录为5条记录
```

```
set serveroutput on;
DECLARE
CURSOR fruit_rowcount_cur
IS SELECT * FROM fruits
WHERE f_price>10;
TYPE FRT_TAB IS TABLE OF FRUITS%ROWTYPE;
fruit_count_rd FRT_TAB;

BEGIN
   OPEN  fruit_rowcount_cur;
       LOOP
           FETCH fruit_rowcount_cur BULK COLLECT INTO fruit_count_rd LIMIT 2;
           FOR i in fruit_count_rd.first.. fruit_count_rd.last LOOP
dbms_output.put_line(fruit_count_rd(i).f_id||'.'
|| fruit_count_rd(i).f_name||'.'|| fruit_count_rd(i).f_price);
           END LOOP;
           IF mod(fruit_rowcount_cur%ROWCOUNT,2)=0 THEN
dbms_output.put_line('读取到第'|| fruit_rowcount_cur%ROWCOUNT||'条记录');
           ELSE
        dbms_output.put_line( '读取到单条记录为'|| fruit_rowcount_cur%ROWCOUNT||'条记录');
           END IF;
         EXIT WHEN  fruit_rowcount_cur%NOTFOUND;
       END LOOP;
      CLOSE  fruit_rowcount_cur;
END;
```

脚本输出 ×

任务已完成，用时 0.034 秒

读取到单条记录为5条记录

图 15-10　通过 %ROWCOUNT 属性查看返回了多少行记录

15.5　隐式游标的使用

隐式游标是由数据库自动创建和管理的游标，默认名称为 SQL，也称为
SQL 游标。本节就来介绍隐式游标的使用、属性及其在使用中的异常处理。

15.5.1　使用隐式游标

每当运行 SELECT 语句时，系统就会自动打开一个隐式的游标，用户不能控制隐式游标，
但是可以使用隐式游标。下面介绍一个隐式游标的使用实例。

▎实例 13：通过隐式游标读取一条数据

在 Oracle SQL Developer 中输入语句如下：

```
set serveroutput on;
DECLARE
cur_id   fruits.f_id%TYPE;
cur_name   fruits.f_name%TYPE;
cur_price   fruits.f_name%TYPE;
BEGIN
SELECT f_id,f_name,f_price INTO cur_id,cur_name,cur_price
FROM fruits
WHERE f_price=10.2;
IF SQL%FOUND THEN
```

```
        dbms_output.put_line(cur_id||'.'||cur_name||'.'||cur_price);
END IF;
END;
```

在 Oracle SQL Developer 中运行上面的代码，执行结果如图 15-11 所示。

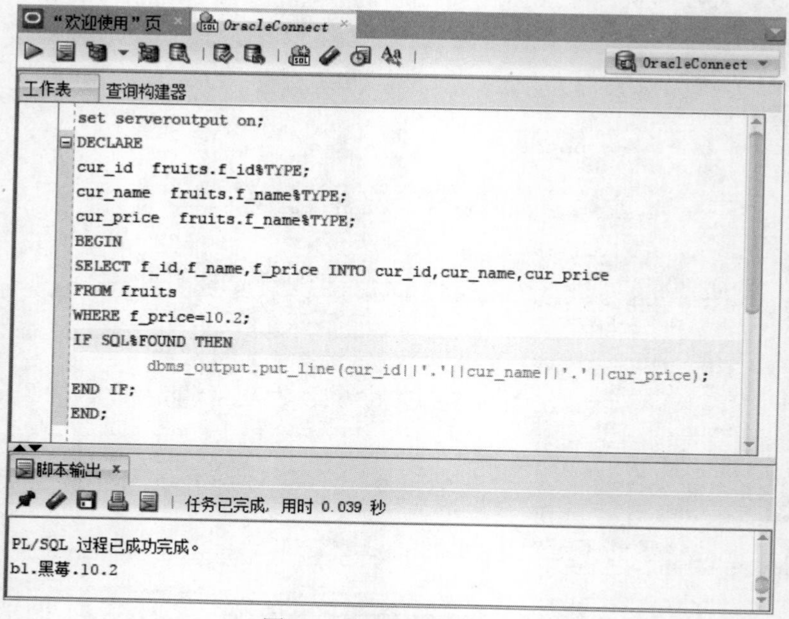

图 15-11　使用隐式游标

输出的具体内容如下：

```
b1.黑莓.10.2
```

上面代码中的判断条件如下：

```
WHERE f_price=10.2;
```

这个判断条件必须保证只有一条记录符合，因为 SELECT…INTO… 语句只能返回一条记录。

如果返回多条记录，在 Oracle SQL Developer 中运行时，就会提示：实际返回的行数超过请求的行数。

例如，使用隐式游标，返回多条记录，会出现出错提示。这里将判断条件修改如下：

```
WHERE f_price>10.2;
```

在 Oracle SQL Developer 中输入语句如下：

```
set serveroutput on;
DECLARE
cur_id  fruits.f_id%TYPE;
cur_name  fruits.f_name%TYPE;
cur_price  fruits.f_name%TYPE;
BEGIN
SELECT f_id,f_name,f_price INTO cur_id,cur_name,cur_price
```

```
FROM fruits
WHERE f_price>10.2;
IF SQL%FOUND THEN
         dbms_output.put_line(cur_id||'.'||cur_name||'.'||cur_price);
END IF;
END;
```

在 Oracle SQL Developer 中运行上面的代码，执行结果如图 15-12 所示。

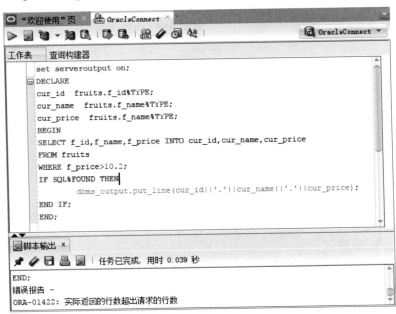

图 15-12　使用隐式游标返回多条记录

输出的具体内容如下：

```
错误报告：
ORA-01422: 实际返回的行数超出请求的行数
```

15.5.2　游标使用中的异常处理

在使用游标的过程中，当出现异常情况时，用户可以提前做好处理操作。如果不加处理，脚本就会中断操作，可见，合理地处理异常，可以维护脚本运行的稳定性。

| 实例 14：游标在使用中的异常处理

这里为了演示效果，可以先将 fruits 表中的数据删除，SQL 语句如下：

```
DELETE FROM fruits;
```

针对没有数据的异常处理，代码如下：

```
set serveroutput on;
DECLARE
     cur_id   fruits.f_id%TYPE;
cur_name  fruits.f_name%TYPE;
```

```
BEGIN
    SELECT f_id ,f_name INTO cur_id,cur_name
 FROM fruits;
    EXCEPTION
    WHEN NO_DATA_FOUND THEN
    dbms_output.put_line('没有数据');
END;
```

在 Oracle SQL Developer 中运行上面的代码，执行结果如图 15-13 所示。

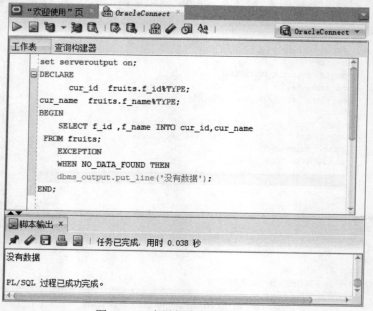

图 15-13　在游标中使用异常处理

输出的具体内容如下：

没有数据

通过结果可知，对于没有数据的异常情况，用户提前做好了处理。

15.6　隐式游标的属性

隐式游标的属性种类和显式游标是一样的，但是属性的含义有一定的区别，下面进行详细介绍。

15.6.1　%ISOPEN 属性

Oracle 数据库可以自行控制 %ISOPEN 属性，返回的值永远是 FALSE。

▍实例 15：使用 %ISOPEN 属性

验证隐式游标的 %ISOPEN 属性返回值为 FALSE 的特性，在 Oracle SQL Developer 中输入语句如下：

```
set serveroutput on;
DECLARE
BEGIN
    DELETE FROM fruits;
        IF SQL%ISOPEN THEN
          dbms_output.put_line('游标打开了');
        ELSE
          dbms_output.put_line('游标没有打开');
        END IF;
END;
```

在 Oracle SQL Developer 中运行上面的代码，执行结果如图 15-14 所示。

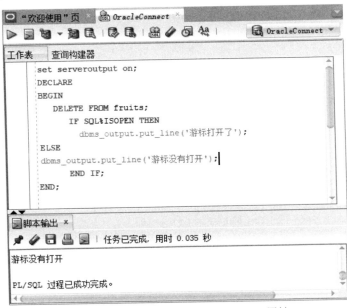

图 15-14　验证隐式游标的 %ISOPEN 属性

输出的具体内容如下：

游标没有打开

15.6.2　%FOUND 属性

%FOUND 属性反映了操作是否影响数据，如果影响了数据，就返回 TRUE，否则返回 FALSE。

▌实例 16：使用 %FOUND 属性

这里为了演示效果，需要再次将 fruits 表中的数据添加上，执行语句如下。

```
INSERT INTO fruits (f_id, s_id, f_name, f_price) VALUES  ('a1', 101,'苹果',5.2);
INSERT INTO fruits (f_id, s_id, f_name, f_price) VALUES  ('b1',101,'黑莓', 10.2);
INSERT INTO fruits (f_id, s_id, f_name, f_price) VALUES  ('bs1',102,'橘子', 11.2);
INSERT INTO fruits (f_id, s_id, f_name, f_price) VALUES  ('bs2',105,'甜瓜',8.2);
```

```
INSERT INTO fruits (f_id, s_id, f_name, f_price) VALUES  ('t1',102,'香蕉', 10.3);
INSERT INTO fruits (f_id, s_id, f_name, f_price) VALUES  ('t2',102,'葡萄', 5.3);
INSERT INTO fruits (f_id, s_id, f_name, f_price) VALUES  ('o2',103,'椰子', 9.2);
INSERT INTO fruits (f_id, s_id, f_name, f_price) VALUES  ('c0',101,'草莓', 3.2);
INSERT INTO fruits (f_id, s_id, f_name, f_price) VALUES  ('a2',103, '杏子',2.2);
INSERT INTO fruits (f_id, s_id, f_name, f_price) VALUES  ('l2',104,'柠檬', 6.4);
INSERT INTO fruits (f_id, s_id, f_name, f_price) VALUES  ('b2',104,'浆果', 7.6);
INSERT INTO fruits (f_id, s_id, f_name, f_price) VALUES  ('m1',106,'芒果', 15.6);
INSERT INTO fruits (f_id, s_id, f_name, f_price) VALUES  ('m2',105,'甘蔗', 2.6);
INSERT INTO fruits (f_id, s_id, f_name, f_price) VALUES  ('t4',107,'李子', 3.6);
INSERT INTO fruits (f_id, s_id, f_name, f_price) VALUES  ('m3',105,'山竹', 11.6);
INSERT INTO fruits (f_id, s_id, f_name, f_price) VALUES  ('b5',107,'火龙果', 3.6);
```

隐式游标属性 **%FOUND** 的应用，在 Oracle SQL Developer 中输入语句如下：

```
set serveroutput on;
DECLARE
     cur_id       fruits.f_id%TYPE;
     cur_name   fruits.f_name%TYPE;
     cur_price  fruits.f_price%TYPE;
BEGIN
   SELECT f_id ,f_name,f_price INTO cur_id,cur_name,cur_price
 FROM fruits;

   EXCEPTION
   WHEN TOO_MANY_ROWS THEN
IF SQL%FOUND THEN
        dbms_output.put_line('%FOUND为TRUE');
        DELETE FROM fruits WHERE f_price=10.2;
    IF SQL%FOUND THEN
        dbms_output.put_line('删除数据了');
END IF;
     END IF;
END;
```

以下代码的含义是当返回多条数据时，会出现 TOO_MANY_ROWS 异常，执行 THEN 后面的脚本，这是对可能引起的异常的处理。

```
EXCEPTION
    WHEN TOO_MANY_ROWS THEN
```

以下代码表示当 SQL%FOUND 为 TRUE 时，执行删除操作。

```
DELETE FROM fruits WHERE f_price=10.2;
```

以下代码表示继续判断 SQL%FOUND 是否为 TRUE，如果是 TRUE，就继续 THEN 后面的操作。

```
IF SQL%FOUND THEN
        dbms_output.put_line('删除数据了');
```

在 Oracle SQL Developer 中运行上面的代码，执行结果如图 15-15 所示。

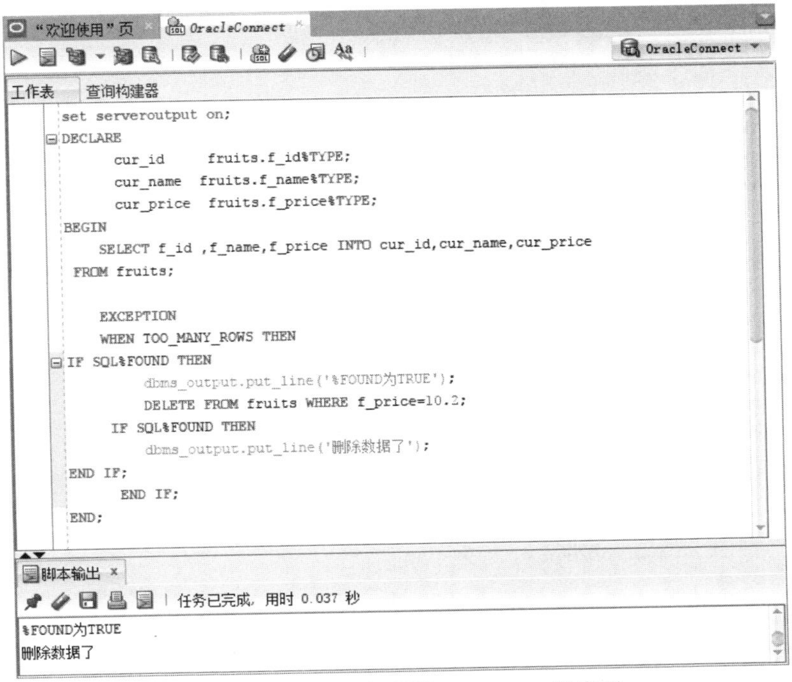

图 15-15　隐式游标属性 %FOUND 的应用

输出的具体内容如下:

```
%FOUND为TRUE
删除数据了
```

从结果可以看出该属性的使用方法和特征，由于在删除操作时在数据库中找到了符合 WHERE 条件的记录，所以执行删除操作，此时的 SQL%FOUND 为 TRUE，后面的删除提示被执行。

15.6.3　%NOTFOUND 属性

%NOTFOUND 属性的含义与 %FOUND 属性正好相反，如果操作没有影响数据就返回 TRUE，否则返回 FALSE。

┃ 实例 17：使用 %NOTFOUND 属性

为演示隐式游标属性 %NOTFOUND 的应用，在 Oracle SQL Developer 中输入语句如下:

```
set serveroutput on;
DECLARE
     cur_id      fruits.f_id%TYPE;
     cur_name   fruits.f_name%TYPE;
     cur_price   fruits.f_price%TYPE;
BEGIN
    SELECT f_id ,f_name,f_price INTO cur_id,cur_name,cur_price
 FROM fruits  WHERE f_price=105.2;
exception
   when others then
   IF SQL%NOTFOUND THEN
```

```
            dbms_output.put_line('%NOTFOUND为TRUE');
    END IF;
    END;
```

在 Oracle SQL Developer 中运行上面的代码，执行结果如图 15-16 所示。

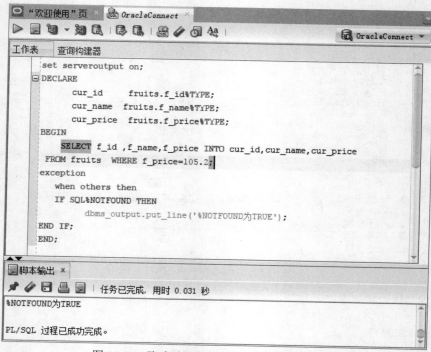

图 15-16　隐式游标属性 %NOTFOUND 的应用

输出的内容如下：

```
%NOTFOUND为TRUE
PL/SQL 过程已成功完成。
```

15.6.4　%ROWCOUNT 属性

%ROWCOUNT 属性反映了操作对数据影响的数量。

实例 18：使用 %ROWCOUNT 属性

通过 %ROWCOUNT 属性查看已经返回了多少行记录，输入语句如下：

```
set serveroutput on;
DECLARE
    cur_id  fruits.f_id%TYPE;
    cur_name  fruits.f_name%TYPE;
    cur_price  fruits.f_price%TYPE;
    cur_count  varchar2(8);
BEGIN
    SELECT f_id ,f_name,f_price INTO cur_id,cur_name,cur_price
FROM fruits;

    EXCEPTION
```

```
   WHEN NO_DATA_FOUND THEN
      dbms_output.put_line('SQL%ROWCOUNT');
  dbms_output.put_line('没有数据');

   WHEN TOO_MANY_ROWS THEN
      cur_count:= SQL%ROWCOUNT;
  dbms_output.put_line(' SQL%ROWCOUNT值为: '||cur_count);
END;
```

在 Oracle SQL Developer 中运行上面的代码，执行结果如图 15-17 所示。

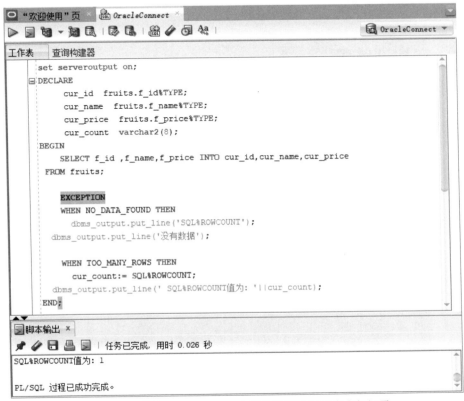

图 15-17 通过 %ROWCOUNT 属性查看返回了多少行记录

输出的具体内容如下：

```
SQL%ROWCOUNT值为: 1
```

通过结果可知，定义变量 cur_count 保存 SQL%ROWCOUNT 是成功的。

15.7 疑难问题解析

疑问 1：游标使用完后如何处理？

答：在使用完游标之后，一定要将其关闭，关闭游标的作用是释放游标和数据库的连接，然后将其从内存中删除，删除将释放系统资源。

疑问 2：执行游标后，为什么只显示"PL/SQL 过程已成功完成"，而没有输出内容？

答：在 Oracle SQL Developer 中运行游标内容，必须在开头部分添加如下代码：

```
set serveroutput on;
```

否则，运行完成只会显示以下信息：

```
PL/SQL 过程已成功完成。
```

15.8 实战训练营

实战 1：创建用于游标操作的数据表

（1）创建 fruit 表并插入数据。

（2）创建表 fruitage。表 fruitage 和表 fruit 的字段一致。

实战 2：创建用于转移数据记录的游标

（1）利用游标转换两张表的数据，要求把价格高于 10 的水果放到 fruitage 中。

（2）在 Oracle SQL Developer 中运行上面的代码。

第16章 事务与锁的应用

本章导读

Oracle 中提供了多种数据完整性的保证机制，如事务与锁管理。事务管理主要是为了保证一批相关数据库中数据的操作能够全部被完成，从而保证数据的完整性。锁机制主要是对多个活动事务执行并发控制。本章就来介绍事务与锁的应用，主要内容包括事务的原理与事务管理的常用语句、事务的类型和应用、锁的内涵与类型、锁的应用等。

知识导图

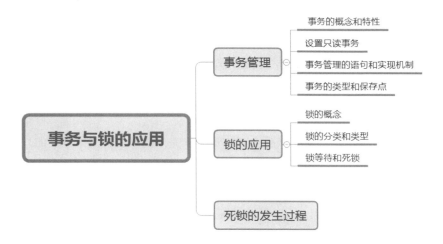

16.1 事务管理

事务是 Oracle 中的基本工作单元，是用户定义的一个数据库操作序列。

16.1.1 事务的概念

事务用于保证数据的一致性，它由一组相关的 DML（数据操作语言）语句组成，该组的 DML 语句要么全部成功，要么全部失败。

例如，网上转账就是一个用事务来处理的典型案例，它主要分为 3 步：第一步，在源账号中减少转账金额，例如减少 5 万元；第二步，在目标账号中增加转账金额，如增加 5 万元；第三步，在事务日志中记录该事务。这样，可以保证数据的一致性。

在上面的 3 步操作中，如果有一步失败，整个事务都会回滚，所有的操作都将撤销，目标账号和源账号上的金额都不会发生变化。

16.1.2 事务的特性

事务是作为单个逻辑工作单元执行的一系列操作，具有 4 个属性，分别是原子性（Atomicity）、一致性（Consistency）、隔离性（Isolation）和持久性（Durability），简称 ACID 属性。

（1）原子性（Atomicity）：事务是一个完整的操作。事务的各步操作是不可分的（原子的），要么都执行，要么都不执行。

（2）一致性（Consistency）：查询的结果必须与数据库在查询开始时的状态保持一致（读不等待写，写不等待读）。

（3）隔离性（Isolation）：对于其他会话来说，未完成的（也就是未提交的）事务必须不可见。

（4）持久性（Durability）：事务一旦提交完成，数据库就不可以丢失这个事务的结果，数据库通过日志能够保持事务的持久性。

下面通过一个实例来理解事务的特性。

为了演示效果，首先创建一个数据表 tablenumber。执行语句如下：

```
CREATE TABLE tablenumber
(
id      NUMBER(6),
name    VARCHAR2(10)
);
```

执行结果如图 16-1 所示。

```
SQL Plus                          —    □    ×
SQL> CREATE TABLE tablenumber
  2  (
  3  id        NUMBER(6),
  4  name      VARCHAR2(10)
  5  );

表已创建。

SQL>
```

图 16-1　创建数据表 tablenumber

向数据表中插入一行数据，命令如下：

```
INSERT INTO tablenumber VALUES (10, '小明');
```

执行结果如图 16-2 所示。

```
SQL Plus                          —    □    ×
SQL> INSERT INTO tablenumber VALUES (10, '小明');

已创建 1 行。

SQL>
```

图 16-2　向数据表中插入一行数据

实例 1：举例说明事务的一致性

登录 SQL Plus，执行更新操作，SQL 语句如下：

```
UPDATE tablenumber SET id=20;
```

执行结果如图 16-3 所示。

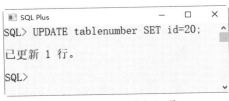

```
SQL Plus                          —    □    ×
SQL> UPDATE tablenumber SET id=20;

已更新 1 行。

SQL>
```

图 16-3　更新数据记录

执行成功后，查询表 tablenumber 中的内容是否变化，执行语句如下：

```
SELECT * FROM tablenumber;
```

执行结果如图 16-4 所示，数据表 tablenumber 中的内容发生了变化。

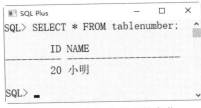

```
SQL Plus                          —    □    ×
SQL> SELECT * FROM tablenumber;

        ID NAME
---------- ----------
        20 小明

SQL>
```

图 16-4　查询数据表的变化

以同样的用户登录新的 SQL Plus，同样查询表 tablenumber 中的内容，执行语句如下：

```
SELECT * FROM tablenumber;
```

执行结果如图 16-5 所示。从结果可知，当会话 1 还没有提交时，会话 2 还不能看到修改的数据。

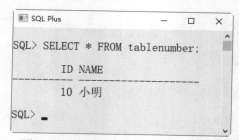

图 16-5　查询表 tablenumber 中的内容

在 SQL Plus1 窗口中提交事务，命令如下：

```
COMMIT;
```

执行结果如图 16-6 所示。

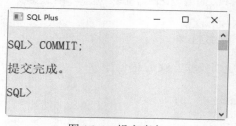

图 16-6　提交事务

再次在窗口 SQL Plus2 中查询表 tablenumber 中的内容，执行语句如下：

```
SELECT * FROM tablenumber;
```

执行结果如图 16-7 所示，可以看到查询的结果变成 20 了，说明事务具有一致性。

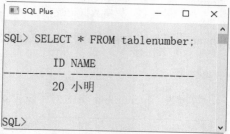

图 16-7　再次查询表 tablenumber 中的内容

16.1.3　设置只读事务

只读事务是指只允许执行查询的操作，而不允许执行任何其他 DML 操作的事务，使用只读事务可以确保用户只能取得某时间点的数据。例如，假定机票代售点每天 18 点开始统计当天的销售情况，这时可以使用只读事务。

在设置了只读事务后，尽管其他会话可能会提交新的事务，但是只读事务将不会取得最新数据的变化，从而可以保证取得特定时间点的数据信息。设置只读事务的语句如下：

```
set transaction read only;
```

在数据库中使用事务，具有如下优点：

（1）把逻辑相关的操作分成了一个组。

（2）在数据永久改变前，可以预览数据变化。

（3）能够保证数据的读一致性。

16.1.4　事务管理的语句

一个事务中可以包含一条语句或者多条语句，甚至一段程序，一段程序中也可以包含多个事务。可以根据需求把一段事务分成多个组，每个组可以理解为一个事务。

Oracle 中常用的事务管理语句包含如下几条。

（1）COMMIT 语句：提交事务语句，使用该语句可以把多个步骤对数据库的修改，一次性地永久写入数据库，代表数据库事务的成功执行。

（2）ROLLBACK 语句：事务失败时执行回滚操作语句，可以把对数据库所做的修改撤销，回退到修改前的状态。在操作过程中，一旦发生问题，如果还没有提交，则随时可以使用 ROLLBACK 撤销前面的操作。

（3）SAVEPOINT 语句：设置事务点语句，该语句用于在事务中建立一些保存点，可以使操作回退到这些点，而不必撤销全部的操作。

一旦 COMMIT 提交事务完成，就不能用 ROLLBACK 来取消已经提交的操作。一旦 ROLLBACK 完成，被撤销的操作就要重做，必须重新执行相关提交事务操作语句。

16.1.5　事务实现机制

几乎所有的数据库管理系统中，事务管理的机制都是通过使用日志文件来实现的。下面简单介绍日志的工作方式。

事务开始之后，事务中所有的操作都会写到事务日志中，写到日志中的事务，一般有两种：一是针对数据的操作，例如插入、修改和删除，这些操作的对象是大量的数据；另一种是针对任务的操作，例如创建索引。当取消这些事务操作时，系统自动执行这种操作的反操作，以保证系统的一致性。

系统自动生成一个检查点机制，这个检查点周期地检查事务日志。如果在事务日志中，事务全部完成，那么检查点事务日志中的事务提交到数据库中，并且在事务日志中做一个检查点提交标识。如果在事务日志中事务没有完成，那么检查点就不会把事务日志中的事务提交到数据库中，还会在事务日志中做一个检查点未提交的标识。

16.1.6　事务的类型

事务的类型分为两种，即显式事务和隐式事务。

1. 显式事务

显式事务是通过命令完成的，具体语法规则如下：

```
新事务开始
sql statement
….
COMMIT|ROLLBACK;
```

其中，COMMIT 表示提交事务，ROLLBACK 表示事务回滚。Oracle 中的事务不需要设置开始标记。通常有下列情况之一时，事务会开启：

（1）登录数据库后，第一次执行 DML 语句。

（2）当事务结束后，第一次执行 DML 语句。

2. 隐式事务

隐式事务没有非常明确的开始和结束点，Oracle 中的每一条数据操作语句，例如 SELECT、INSERT、UPDATE 和 DELETE 都是隐式事务的一部分。即使只有一条语句，系统也会把这条语句当作一个事务，要么执行所有语句，要么什么都不执行。

默认情况下，隐式事务 AUTOCOMMIT（自动提交）为打开状态，可以控制提交的状态：

```
SET AUTOCOMMIT ON/OFF
```

当有以下情况出现时，事务会结束：

（1）执行 DDL 语句，事务自动提交。比如使用 CREATE、GRANT 和 DROP 等命令。

（2）使用 COMMIT 提交事务，使用 ROLLBACK 回滚事务。

（3）正常退出 SQL Plus 时自动提交事务，非正常退出则用 ROLLBACK 事务回滚。

16.1.7 事务的保存点

事务的保存点可以设置在任何位置，当然也可以设置多个保存点，这样就可以把一个长的事务根据需要划分为多个小的段。这样操作的好处是当对数据的操作出现问题时不需要全部回滚，只需要回滚到保存点即可。

事务可以回滚保存点以后的操作，但是保存点会被保留，保存点以前的操作不会回滚。下面通过一个案例来理解保存点的应用。

▌实例 2：举例说明事务保存点的应用

向数据表 tablenumber 中插入数据，此时隐式事务已经自动打开，命令如下：

```
INSERT INTO tablenumber VALUES (30, '小林');
```

执行结果如图 16-8 所示。

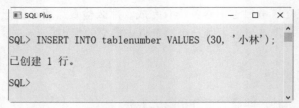

图 16-8　向表中插入数据

创建保存点，名称为 BST，命令如下：

```
SAVEPOINT BST;
```

执行结果如图 16-9 所示。保存点创建成功后，提示保存点已创建。

图 16-9　创建保存点

继续向数据表 tablenumber 中插入数据，命令如下：

```
INSERT INTO tablenumber VALUES (40, '小红');
```

执行结果如图 16-10 所示。

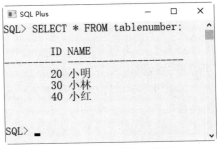

图 16-10　向数据表中插入数据

此时查看 tablenumber 表中的记录，执行语句如下：

```
SELECT * FROM tablenumber;
```

执行结果如图 16-11 所示。

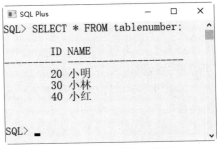

图 16-11　查看表中记录

回滚到保存点 BST，命令如下：

```
ROLLBACK TO BST;
```

执行结果如图 16-12 所示。

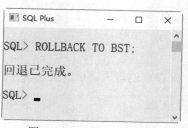

图 16-12　回滚到保存点

此时查看 tablenumber 表中的记录，执行语句如下：

```
SELECT * FROM tablenumber;
```

执行结果如图 16-13 所示。从结果可以看出，保存点以后的操作被回滚，保存点以前的操作被保留。

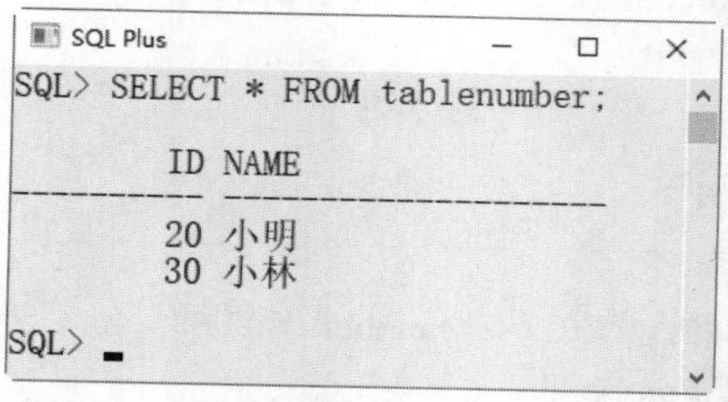

图 16-13　查看 tablenumber 表中的记录

16.2　锁的应用

数据库是一个多用户使用的共享资源，当多个用户并发地存取数据时，在数据库中就会产生多个事务同时存取同一数据的情况。若对并发操作不加控制就可能会读取和存储不正确的数据，破坏数据库的一致性。为解决这一问题，Oracle 数据库提出了锁机制。

16.2.1　锁的概念

Oracle 的锁机制主要是执行对多个活动事务的并发控制，它可以控制多个用户对同一数据进行的操作。使用锁机制，可以解决数据库的并发问题，从而保证数据库的完整性和一致性。

从事务的分离性可以看出，当前事务不能影响其他事务，所以当多个会话访问相同的资源时，数据库会利用锁确保它们像队列一样依次进行。Oracle 处理数据时用到的锁是自动获取的，但是 Oracle 也允许用户手动锁定数据。对于一般的用户，通过系统的自动锁管理机制基本可以满足使用要求，但如果对数据安全、数据库完整性和一致性有特殊要求，就需要手动控制数据库的锁和解锁，这就需要了解 Oracle 的锁机制，掌握锁的使用方法。

如果不使用锁机制，对数据的并发操作会带来下面一些问题：脏读、幻读、非重复性读取、丢失更新。

1. 脏读

当一个事务读取的记录是另一个事务的一部分时，如果第一个事务正常完成，就没有什么问题，但如果此时另一个事务未完成，就产生了脏读。例如，员工表中编号为 101 的员工工资为 2740，如果事务 1 将工资修改为 2900，但还没有提交确认，此时事务 2 读取员工的工资为 2900；而事务 1 中的操作因为某种原因执行了 ROLLBACK 回滚，取消了对员工工资的修改，但事务 2 已经读取了编号为 101 的员工的工资数据，此时就发生了脏读。如果此时用了行级锁，第一个事务修改记录时封锁该行，那么第二个事务就只能等待，这样就避免了脏数据的产生，从而保证了数据的完整性。

2. 幻读

当某一数据行执行 INSERT 或 DELETE 操作，而该数据行恰好属于某个事务正在读取的范围时，就会发生幻读现象。例如，现在要给员工涨工资，将所有低于 2800 的工资都涨到 2900，事务 1 使用 UPDATE 语句进行更新操作，事务 2 在数据表中插入几条工资小于 2900 的记录，此时事务 1 如果查看数据表中的数据，会发现自己 UPDATE 之后还有工资低于 2900 的记录！幻读事件是在某个凑巧的环境下发生的。简而言之，就是在运行 UPDATE 语句的同时有人执行了 INSERT 操作。

3. 非重复性读取

如果一个事务不止一次读取相同的记录，但在两次读取中间有另一个事务刚好修改了数据，则两次读取的数据将出现差异，此时就发生了非重复性读取。例如，事务 1 和事务 2 都读取一条工资为 4310 的数据行，如果事务 1 将记录中的工资修改为 4500 并提交，而事务 2 使用的员工的工资仍为 4310。

4. 丢失更新

一个事务更新了数据库之后，另一个事务再次对数据库更新，此时系统只能保留最后一次数据的修改。

例如对一个员工表进行修改，事务 1 将员工表中编号为 101 的员工工资修改为 2900，而之后事务 2 又把该员工的工资更改为 3900，那么最后员工的工资为 3900，导致事务 1 的修改丢失。

使用锁将可以实现并发控制，能够保证多个用户同时操作同一数据库中的数据而不发生上述数据不一致的现象。

16.2.2 锁的分类

在数据库中有两种基本的锁：排他锁（Exclusive Locks，即 X 锁）和共享锁（Share Locks，即 S 锁）。

（1）排他锁：当数据对象被加上排他锁时，其他事务不能对它读取和修改。

（2）共享锁：加了共享锁的数据对象可以被其他事务读取，但不能修改。

根据保护对象的不同，Oracle 数据库锁可分为如下几种。

（1）DML lock（data locks，数据锁）：用于保护数据的完整性。

（2）DDL lock（dictionary locks，字典锁）：用于保护数据库对象的结构（例如表、视图、索引的结构定义）。

（3）Internal locks 和 latches（内部锁与闩）：保护内部数据库结构。

（4）Distributed locks（分布式锁）：用于 OPS（并行服务器）中。

（5）PCM locks（并行高速缓存管理锁）：用于 OPS（并行服务器）中。

在 Oracle 中最主要的锁是 DML 锁，其目的在于保证并发情况下的数据完整性。在 Oracle 数据库中，DML 锁主要包括 TM 锁和 TX 锁，其中 TM 锁称为表级锁，TX 锁称为事务锁或行级锁。

锁出现在数据共享的场合，用来保证数据的一致性。当多个会话同时修改一个表时，需要对数据进行相应的锁定。

16.2.3 锁的类型

锁有"共享锁""排他锁""共享排他锁"等多种类型，而且每种类型又有"行级锁"（一次锁住一条记录）、"页级锁"（一次锁住一页，即数据库中存储记录的最小可分配单元）和"表级锁"（锁住整个表）。

（1）共享锁（S锁）：可通过LOCK TABLE IN SHARE MODE命令添加S锁。在该锁定模式下，不允许任何用户更新表。但是允许其他用户发出SELECT…FROM FOR UPDATE命令对表添加RS锁。

（2）排他锁（X锁）：可通过LOCK TABLE IN EXCLESIVE MODE命令添加X锁。在该锁定模式下，其他用户不能对表进行任何DML和DDL操作，该表只能进行查询。

（3）行级共享锁（RS锁）：通常是通过SELECT…FROM FOR UPDATE语句添加的，同时该方法也是用来手工锁定某些记录的主要方法。比如，在查询某些记录的过程中，如果不希望其他用户对查询的记录进行更新操作，就可以发出这样的语句。当数据使用完毕以后，直接发出ROLLBACK命令将锁定解除。当表上添加RS锁定以后，不允许其他事务对相同的表添加排他锁，但是允许其他事务通过DML语句或LOCK命令锁定相同表里的其他数据行。

（4）行级排他锁（RX锁）：当进行DML操作时会自动在被更新的表上添加RX锁，或者也可以通过执行LOCK命令显式地在表上添加RX锁。在该锁定模式下，允许其他事务通过DML语句修改相同表里的其他数据行，或通过LOCK命令对相同表添加RX锁定，但是不允许其他事务对相同的表添加排他锁（X锁）。

（5）共享行级排他锁（SRX锁）：通过LOCK TABLE IN SHARE ROW EXCLUSIVE MODE命令添加SRX锁。该锁定模式比行级排他锁和共享锁的级别都要高，这时不能对相同的表进行DML操作，也不能添加共享锁。

上述几种锁模式中，RS锁是限制最少的锁，X锁是限制最多的锁。另外，行级锁属于排他锁，也被称为事务锁。当修改表的记录时，需要对将要修改的记录添加行级锁，防止两个事务同时修改相同的记录，事务结束后，该锁也会释放。表级锁的主要作用是防止在修改表的数据时，表的结构发生变化。

在Oracle中除了执行DML时自动为表添加锁外，用户还可以手动添加锁。添加锁的语法规则如下：

```
LOCK TABLE [schema.] table IN
    [EXCLUSIVE]
    [SHARE]
    [ROW EXCLUSIVE]
    [SHARE ROW EXCLUSIVE]
    [ROW SHARE*| SHARE UPDATE*]
    MODE[NOWAIT]
```

如果要释放锁，只需要执行ROLLBACK命令即可。

16.2.4　锁等待和死锁

当程序对所做的修改进行提交或回滚后，锁住的资源便会得到释放，从而允许其他用户进行操作。如果两个事务分别锁定一部分数据，且都在等待对方释放锁才能完成事务操作，就会发生死锁。

1. 死锁的原因

在多用户环境下，死锁的发生是由于两个事务都锁定了不同的资源，但同时又都在申请对方锁定的资源，即一组进程中的各个进程均占有不会释放的资源，但因互相申请其他进程占用的不会释放的资源而处于一种永久等待的状态。形成死锁有 4 个必要条件：

（1）请求与保持条件——获取资源的进程可以同时申请新的资源。

（2）非剥夺条件——已经分配的资源不能从该进程中剥夺。

（3）循环等待条件——多个进程构成环路，并且其中每个进程都在等待相邻进程正占用的资源。

（4）互斥条件——资源只能被一个进程使用。

2. 可能会造成死锁的资源

每个用户会话可能有一个或多个代表它运行的任务，其中每个任务可能获取或等待获取各种资源。以下类型的资源可能会造成阻塞，并最终导致死锁。

（1）锁资源。等待获取资源（如对象、页、行、元数据和应用程序）的锁可能导致死锁。例如，事务 T1 在行 r1 上有共享锁（S 锁）并等待获取行 r2 的排他锁（X 锁）。事务 T2 在行 r2 上有共享锁（S 锁）并等待获取 r1 的排他锁（X 锁）。这将导致一个锁循环，其中，T1 和 T2 都在等待对方释放已锁定的资源。

（2）工作线程。排队等待可用工作线程的任务可能导致死锁。如果排队等待的任务拥有阻塞所有工作线程的资源，则将导致死锁。例如，会话 S1 启动事务并获取行 r1 的共享锁（S 锁）后，进入睡眠状态。在所有可用工作线程上运行的活动会话正尝试获取行 r1 的排他锁（X 锁）。因为会话 S1 无法获取工作线程，所以无法提交事务并释放行 r1 的锁。这将导致死锁。

（3）内存资源。当并发请求等待获得内存，而当前的可用内存无法满足其需要时，可能发生死锁。例如，两个并发查询（Q1 和 Q2）作为用户定义函数执行，分别获取 10MB 和 20MB 的内存。如果每个查询需要 30MB，而可用总内存为 20MB，则 Q1 和 Q2 必须等待对方释放内存，这将导致死锁。

（4）并行查询执行的相关资源。通常与交换端口关联的处理协调器、发生器或使用者线程至少包含一个不属于并行查询的进程时，可能会相互阻塞，从而导致死锁。此外，当并行查询启动执行时，Oracle 将根据当前的工作负荷确定并行度或工作线程数。如果系统工作负荷发生意外更改，例如，当新查询开始在服务器中运行或系统用完工作线程时，则可能发生死锁。

3. 减少死锁的策略

复杂的系统中不可能百分之百地避免死锁，为了减少死锁，可以采用以下策略：

（1）在所有事务中以相同的次序使用资源。

（2）使事务尽可能简短并且在一个批处理中。

（3）为死锁超时参数设置一个合理范围，如 3 ～ 30 分钟；超时，则自动放弃本次操作，避免进程挂起。

（4）避免在事务内和用户进行交互，减少资源的锁定时间。

16.3　死锁的发生过程

死锁是锁等待的一个特例，通常发生在两个或者多个会话之间。下面通过案例来理解死锁的发生过程。

▍实例 3：举例说明死锁的发生过程

打开第一个 SQL Plus 窗口，修改表 tablenumber 中 id 字段值为 20 的记录，命令如下：

```
UPDATE tablenumber SET id=60 WHERE id=20;
```

执行结果如图 16-14 所示。

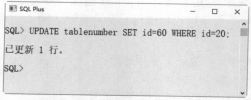

图 16-14　修改表中的字段信息

打开第二个 SQL Plus 窗口，修改表 tablenumber 中 id 字段值为 30 的记录，命令如下：

```
UPDATE tablenumber SET id=80 WHERE  id=30;
```

执行结果如图 16-15 所示。

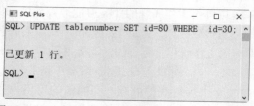

图 16-15　在第二个 SQL Plus 窗口中修改字段信息

目前，第一个会话锁定了 id 字段值为 20 的记录，第二个会话锁定了 id 字段值为 30 的记录。第一个会话修改第二个会话已经修改的记录，命令如下：

```
UPDATE tablenumber SET id=60 WHERE  id=30;
```

执行结果如图 16-16 所示。此时第一个会话出现了锁等待，因为它修改的记录被第二个会话锁定。

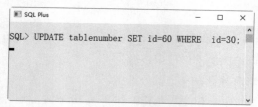

图 16-16　修改数据记录

此时会出现死锁的情况。Oracle 会自动检测死锁的情况，释放一个冲突锁，并把消息传给对方事务。此时第一个会话窗口中提示检测到死锁，信息如下：

错误报告：
SQL 错误：ORA-00068：等待资源时检测到死锁

此时 Oracle 自动做出处理，重新回到锁等待的情况。

16.4　疑难问题解析

▌疑问 1：事务保存点的名称与变量名可以相同吗？

答：可以，但是不建议设置成一样。因为如果在一个事务中设置相同的保存点，当事务进行回滚操作时，只能回滚到离当前语句最近的保存点处，这就会出现错误的操作结果。

▌疑问 2：事务和锁有什么关系？

答：Oracle 中可以使用多种机制来确保数据的完整性，例如约束、触发器以及本章介绍的事务和锁等。事务和锁的关系非常紧密。事务包含一系列的操作，这些操作要么全部成功，要么全部失败，通过事务机制管理多个事务，保证事务的一致性。事务中使用锁保护指定的资源，防止其他用户修改另外一个还没有完成的事务中的数据。

16.5　实战训练营

▌实战 1：在销售人员表中，启用一个事务 TRANS_01

TRANS_01 事务的作用向销售人员表中添加一条记录，人员编号为 7，姓名为"刘元"，如果有错误则输出错误信息，并撤销插入操作。

▌实战 2：在销售人员表中，创建名称为 transaction1 和 transaction2 的事务

具体要求为在 transaction1 事务上面添加共享锁，允许两个事务同时执行查询数据表的操作，如果第二个事务要执行更新操作，必须等待 10s。

第17章 Oracle表空间的管理

本章导读

在 Oracle 中，创建数据库时需要同时指定数据库建立的表空间，为此，Oracle 提出了表空间的概念。Oracle 将数据逻辑地存储在表空间中，而实际上是存储在数据文件中，可以说表空间是 Oracle 数据库的逻辑结构。本章就来介绍 Oracle 的表空间管理，主要内容包括什么是表空间、查看表空间、管理表空间等。

知识导图

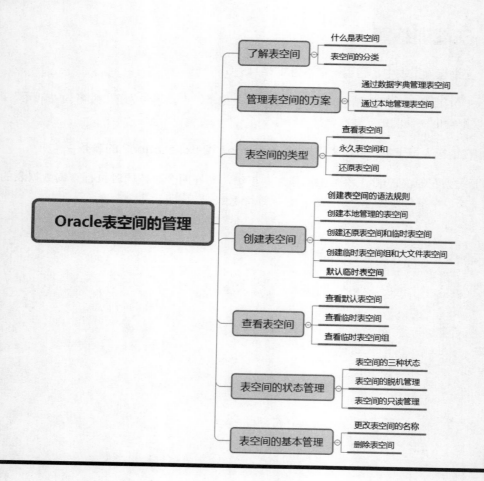

17.1　了解表空间

表空间是数据库的逻辑划分，Oracle 数据库被划分成多个表空间，这样就形成了 Oracle 数据库的逻辑结构。本节就来介绍 Oracle 数据库的表空间。

17.1.1　什么是表空间

Oracle 数据库中的数据逻辑地存储在表空间中，实际上是存储在物理的操作系统文件中，该文件是 Oracle 格式。一个表空间由一个或多个数据文件组成，数据文件不能跨表空间存储，即一个数据文件只能属于一个表空间。

一个表空间只能属于一个数据库，所有的数据库对象都存放在指定的表空间中。一个 Oracle 数据库能够有一个或多个表空间，而一个表空间则对应着一个或多个物理的数据库文件。表空间是 Oracle 数据库恢复的最小单位，容纳许多数据库实体，如表、视图、索引、聚簇、回退段和临时段等。

Oracle 数据库中至少存在一个表空间，即 SYSTEM 表空间。每个 Oracle 数据库均有 SYSTEM 表空间，这是创建数据库时自动生成的。SYSTEM 表空间必须一直保持联机，因为其包含着运行数据库所要求的基本信息，包括关于整个数据库的数据字典，联机求助机制，所有回退段、临时段和自举段，所有的用户数据库实体，其他 Oracle 软件产品要求的表。

一个小型应用的 Oracle 数据库通常仅包括 SYSTEM 表空间，然而一个稍大型应用的 Oracle 数据库采用多个表空间会对数据库的使用带来更大的方便。

Oracle 表空间能帮助 DBA 用户完成以下工作：

（1）决定数据库实体的空间分配。

（2）设置数据库用户的空间份额。

（3）控制数据库部分数据的可用性。

（4）分布数据于不同的设备之间以改善性能。

（5）备份和恢复数据。

17.1.2　表空间的分类

根据系统进行划分，Oracle 数据库把表空间分为两类，分别是系统表空间和非系统表空间。

1. 系统表空间

顾名思义，系统表空间是数据库系统创建时需要的表空间，这些表空间在数据库创建时自动创建，是每个数据库所必须存在的表空间。它们满足数据库系统运行的最低要求，如系统表空间中存放数据字典，或者存放还原段。在用户没有创建非系统表空间时，系统表空间可以存放用户数据或索引，但是这样做会增加系统表空间的 I/O 次数，从而影响系统的运行效率。

2. 非系统表空间

非系统表空间是用户根据业务需求自行创建的表空间，其可以按照数据的多少、使用频度、需求数量等灵活设置。这些表空间可以存储还原段或临时段，即创建还原表空间和临时表空间，这样一个表空间的功能就相对独立，在特定的数据库应用环境下可以很好地提高系统运行效率。通过创建用户自定义表空间，如还原表空间、临时表空间、数据表空间或者索引表空间，可以使数据库的管理更加灵活、方便。

17.2　管理表空间的方案

Oracle 数据库提供了两种管理表空间区段的方案，一种是数据字典管理，一种是本地管理。这两种管理方式由于对表空间区段的管理方式不同，造成系统的效率也有所不同。Oracle 推荐使用本地管理表空间的方式。

17.2.1　通过数据字典管理表空间

数据字典管理表空间是一种表空间管理模式，即通过数据字典管理表空间的空间使用。具体的管理过程是将每个数据字典管理的表空间的使用情况记录在数据字典的表中，当分配或撤销表空间区段的分配时，则隐含地使用 SQL 语句对表操作以记录当前表空间区段的使用情况，并且在还原段中记录了变换前的区段使用情况，就像操作普通表时 Oracle 的行为一样。

不过，通过数据字典管理表空间的方式增加了数据字典的频繁操作，对于一个有几百个甚至上千个表空间的大型数据库系统，可以想到这样的系统效率会很低。下面介绍两个数据字典，即 FET$ 和 UET$，用来记录数据字典管理的表空间区段分配情况。

▎实例 1：使用数据字典 FET$

使用数据字典 FET$ 查看表空间中的已用空间结果，执行语句如下：

```
DESC FET$;
```

执行结果如图 17-1 所示。

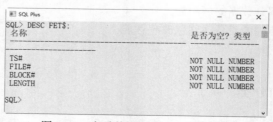

图 17-1　查看数据字典 FET$ 的结果

数据字典 FET$ 记录表空间中的已用空间，其中各属性的含义如下。
- TS#：表空间编号。
- FILE#：文件编号。
- BLOCK#：数据块编号。
- LENGTH：数据块的数量。

▎实例 2：使用数据字典 UET$

使用数据字典 UET$ 查看表空间中已经分配的空间，执行语句如下：

```
DESC UET$;
```

执行结果如图 17-2 所示。

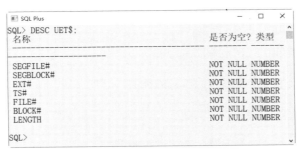

图 17-2　查看数据字典 UET$ 的结果

数据字典 UET$ 记录表空间中已经分配的空间，分配空间后，就相当于从数据字典 FET$ 中挖数据，释放空间后，相当于从数据字典 UET$ 中挖数据。在 extent 不断的分配和释放中，UET$ 和 FET$ 不断地变化。

从数据字典的结构可以看出，使用数据字典管理的表空间，所有的区段分配与回收要频繁地访问数据字典，这样容易造成访问的竞争。为了解决这个问题，Oracle 提出了本地管理表空间的方式，即使用位图记录表空间自身的区段分配情况。

17.2.2　通过本地管理表空间

本地管理表空间（Locally Managed Tablespace，LMT）是 Oracle 8i 以后出现的一种新的表空间管理模式，即通过本地位图来管理表空间的空间使用。使用本地管理表空间可以很好地解决数据字典管理表空间效率不高的问题。

所谓本地化管理，就是指 Oracle 不再利用数据字典表来记录 Oracle 表空间里面的区的使用状况，而是在每个表空间的数据文件的头部加入了一个位图区，在其中记录每个区的使用状况。每当一个区被使用，或者被释放以供重新使用时，Oracle 都会更新数据文件头部的这个记录，反映这个变化。

Oracle 之所以推出这种新的表空间管理方法，是因为这种表空间组织方法具有如下优点：

（1）本地化管理的表空间避免了递归的空间管理操作，而这种情况在数据字典管理的表空间中经常出现，当表空间里区的使用状况发生改变时，数据字典中表的信息也发生改变，从而同时使用了在系统表空间里的回滚段。

（2）本地化管理的表空间避免了在数据字典相应表里写入空闲空间、已使用空间的信息，从而减少了数据字典管理表的竞争，提高了空间管理的并发性。

（3）区的本地化管理自动跟踪表空间里的空闲块，减少了手工合并自由空间的需要。

（4）表空间里区的大小可以选择由 Oracle 系统来决定，或者由数据库管理员指定一个统一的大小，避免了数据字典管理表空间一直头疼的碎片问题。

（5）从由数据字典来管理空闲块改为由数据文件的头部记录来管理空闲块，这样避免产生回滚信息，不再使用系统表空间里的回滚段。因为由数据字典来管理的话，它会把相关信息记在数据字典的表里，从而产生回滚信息。

由于本地管理表空间具有以上特性，所以这种表空间支持在一个表空间里边进行更多的并发操作，从而减少了对数据字典的依赖，进而提高系统运行效率。

17.3 表空间的类型

根据表空间的内容进行划分，Oracle 数据库把表空间分为 3 种类型，分别是永久表空间、临时表空间和还原表空间。

17.3.1 查看表空间

用户可以通过数据字典查看表空间对应的类型。

实例 3：查看表空间类型

通过数据字典查看表空间的类型，执行语句如下：

```
select distinct(contents) from dba_tablespaces;
```

执行结果如图 17-3 所示。从输出可看到表空间的 3 种类型，即永久表空间（PERMANENT）、还原表空间（UNDO）、临时表空间（TEMPORARY）。

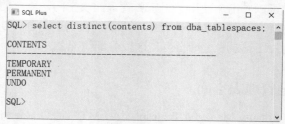

图 17-3　通过数据字典查询表空间的类型

17.3.2 永久表空间

永久表空间用来存储用户数据和数据库自己的数据，Oracle 数据库系统应该设置"默认永久表空间"，如果创建用户的时候没有指定默认表空间，那么就使用这个默认永久表空间作为默认表空间。

实例 4：查看数据库默认永久表空间

查询当前数据库的默认永久表空间，执行语句如下：

```
SELECT PROPERTY_VALUE FROM DATABASE_PROPERTIES WHERE PROPERTY_NAME='DEFAULT_PERMANENT_TABLESPACE';
```

执行结果如图 17-4 所示，从运行结果中可以看出当前数据库的默认永久表空间为 USERS。

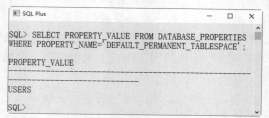

图 17-4　查询当前数据库的默认永久表空间

在使用 DBCA 创建数据库时，默认已经创建了 USERS 表空间，并且把这个表空间作为数据库默认表空间。在数据库创建之后，用户可以通过 SQL 指令修改默认永久表空间。

实例 5：修改数据库默认永久表空间

修改当前数据库的默认永久表空间，SQL 语句如下：

```
ALTER DATABASE DEFAULT TABLESPACE USERS;
```

执行结果如图 17-5 所示，从运行结果中可以看出当前数据库已更改。

```
SQL Plus                                    —    □    ×

SQL> ALTER DATABASE DEFAULT TABLESPACE USERS;
数据库已更改。

SQL>
```

图 17-5　修改当前数据库的默认永久表空间

> **提示**：如果数据库中没有默认表空间，在创建用户的时候最好指定一个表空间。如果创建用户时也没有指定默认的表空间，那么该用户就使用 system 作为默认表空间，但这不是一个好的选择。

17.3.3　临时表空间

临时表空间在排序时用作排序空间，是数据库级别的默认临时表空间。在创建数据库时，用户若没有指定默认表空间，就可以将临时表空间 TEMP 作为自己的默认临时表空间，用户所有的排序操作都在这个临时表空间中进行。

实例 6：查看数据库默认临时表空间

查询当前数据库的默认临时表空间，执行语句如下：

```
SELECT PROPERTY_VALUE FROM DATABASE_PROPERTIES WHERE PROPERTY_NAME='DEFAULT_
TEMP_TABLESPACE';
```

执行结果如图 17-6 所示，从运行结果中可以看出当前数据库的默认临时表空间为 TEMP。

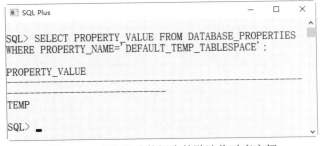

```
SQL Plus                                    —    □    ×

SQL> SELECT PROPERTY_VALUE FROM DATABASE_PROPERTIES
WHERE PROPERTY_NAME='DEFAULT_TEMP_TABLESPACE';

PROPERTY_VALUE
----------------------------------------------------
TEMP

SQL>
```

图 17-6　查询当前数据库的默认临时表空间

17.3.4　还原表空间

数据库的还原表空间只能存放数据的还原段，不能存放其他任何对象。一般情况下，还原表空间需要在创建数据库后创建，至于如何创建和维护还原表空间，会在下面的小节中具体讲解，这里不再赘述。

17.4　创建表空间

在一个数据库中，存在大量的表空间，根据业务需要将用户表或其他对象保存在表空间中，从而根据硬件环境来减少数据库的 I/O 次数，也方便数据空间的维护。本节就来介绍如何创建表空间。

17.4.1　创建表空间的语法规则

使用 CREATE TABLESPACE 语句可以创建表空间，语法规则如下：

```
CREATE TABLESPACE tablespace_name
DATAFILE filename SINE size
[AUTOEXTENO[ON/OFF]]NEXT size
[MAXSIZE size]
[PERMANENT|TEMPORARY]
[EXTENT MANAGEMENT
[DICTIONARY|LOCAL
[AUTOALLOCATE|UNIFORM.[SIZE integer[K|M]]]]]
```

参数介绍如下。

- tablespace_name：表空间的名称。
- DATAFILE filename SINE size：指定在表空间中存放数据文件的名称和数据库文件的大小。
- [AUTOEXTENO[ON/OFF]]NEXT size：指定数据文件的扩展方式，ON 代表自动扩展，OFF 代表非自动扩展，NEXT 后指定自动扩展的大小。
- [MAXSIZE size]：指定数据文件为自动扩展方式时的最大值。
- [PERMANENT|TEMPORARY]：指定表空间的类型，PERMANENT 表示永久性表空间，TEMPORARY 表示临时性表空间。如果不指定表空间的类型，就默认为永久性表空间。
- EXTENT MANAGEMENT DICTIONARY|LOCAL：指定表空间的管理方式，DICTIONARY 是指字典管理方式，LOCAL 是指本地管理方式。默认情况下的管理方式为本地管理方式。

▎实例 7：创建只指定大小的表空间

创建一个表空间，名称为 MYSPACE，大小为 30MB，执行语句如下：

```
CREATE TABLESPACE MYSPACE DATAFILE 'MYSPACE.DBF' SIZE 30M;
```

执行结果如图 17-7 所示。从运算结果中可以看出表空间已经创建，其中，MYSPACE.DBF 为表空间的数据文件。

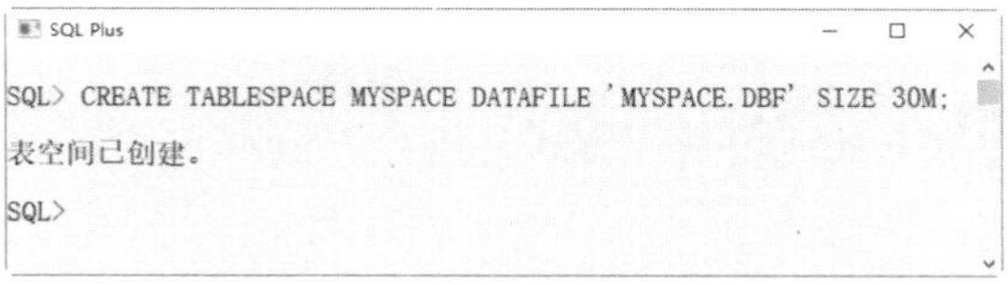

图 17-7　创建表空间 MYSPACE

实例 8：创建指定多个参数的表空间

创建一个表空间，名称为 MYSPACES，大小为 20MB，可以自动扩展，最大值为 2048MB，执行语句如下：

```
CREATE TABLESPACE MYSPACES
DATAFILE 'MYSPACES.DBF' SIZE 20M
AUTOEXTEND  ON NEXT 256M
MAXSIZE 2048M;
```

执行结果如图 17-8 所示。

图 17-8　创建表空间 MYSPACES

17.4.2　创建本地管理的表空间

本地管理的表空间不能随意更改存储参数，因此，创建过程比较简单。

实例 9：创建一个本地管理表空间

创建一个本地管理的表空间，具体参数为：表空间的名字为 MY_SPACE，该表空间只有一个大小为 200MB 的数据文件，区段（EXTENT）管理方式为本地管理（LOCAL），区段尺寸统一为 2MB。执行语句如下：

```
CREATE TABLESPACE MY_SPACE
  datafile 'd:\userdata\MY_SPACE01.dbf' size 200M,
  extent management local
  uniform size 2M;
```

执行结果如图 17-9 所示，提示用户表空间已经创建。

图 17-9　创建本地管理的表空间 MY_SPACE

实例 10：查看本地管理表空间的区段管理方式

查看表空间 MY_SPACE 的区段管理方式，执行语句如下：

```
Select tablespace_name,block_size,extent_management,status
  from dba_tablespaces
  where tablespace_name like 'MY_SPACE%';
```

执行结果如图 17-10 所示。从输出结果中可以看出，表空间 MY_SPACE 为本地管理，因为其 EXTENT_MANAGEMENT 为 LOCAL，且默认该表空间一旦创建就是联机状态，因为 STATUS 为 ONLINE。

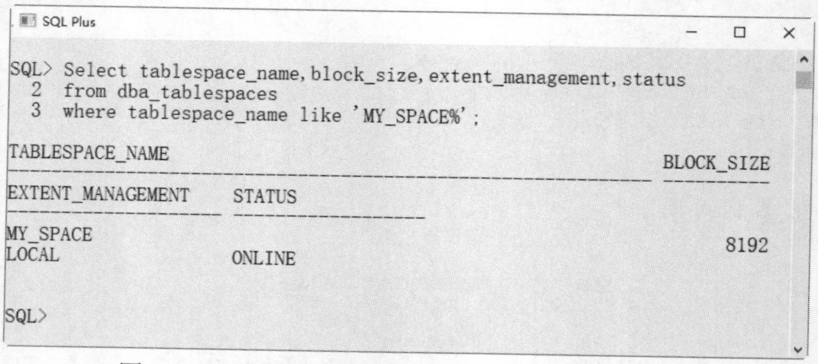

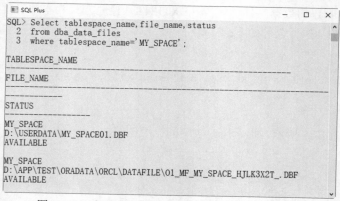

图 17-10　查看表空间 MY_SPACE 的区段管理方式

实例 11：查看本地管理表空间的数据文件信息

查看表空间 MY_SPACE 的数据文件信息，执行语句如下：

```
Select tablespace_name,file_name,status
  from dba_data_files
  where tablespace_name='MY_SPACE';
```

执行结果如图 17-11 所示。从输出结果中可以看出，表空间 MY_SPACE 中只有一个数据文件，该文件存储在 D:\USERDATA 目录下，文件名为 MY_SPACE01.DBF。

图 17-11　查看表空间 MY_SPACE 的数据文件信息

在创建本地管理的表空间时，并没有使用默认存储参数，只是使用了一个 UNIFORM SIZE 参数，设置统一的区段尺寸。下面来查看一下本地管理表空间的存储参数信息。

实例 12：查看本地管理表空间的存储参数信息

查看本地管理表空间 MY_SPACE 的存储参数信息，执行语句如下：

```
Select  tablespace_name,  block_size,initial_extent,next_extent,max_extents,pct_
increase
    from dba_tablespaces
    where tablespace_name='MY_SPACE';
```

执行结果如图 17-12 所示。从输出结果中可以看出，表空间 MY_SPACE 的初始区段大小为 2MB，再次分配区段时，区段大小也为 2MB。

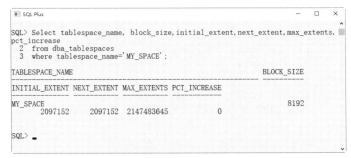

图 17-12　查看本地管理表空间的存储参数信息

17.4.3　创建还原表空间

还原表空间用于存放还原段，不能存放其他任何对象。在创建还原表空间时，只能使用 DATAFILE 子句和 EXTENT MANAGEMENT 子句。

实例 13：创建还原表空间 UNDO_SPACE

创建还原表空间 UNDO_SPACE，执行语句如下：

```
CREATE UNDO TABLESPACE UNDO_SPACE
  datafile 'd:\userdata\UNDO_SPACE.dbf'
  size 30M;
```

执行结果如图 17-13 所示。

图 17-13　创建还原表空间 UNDO_SPACE

实例 14：查看是否成功创建还原表空间 UNDO_SPACE

查看是否成功创建还原表空间 UNDO_SPACE，执行语句如下：

```
Select tablespace_name,status,contents,logging,extent_management
  from dba_tablespaces;
```

执行结果如图 17-14 所示。从输出结果可以看出，UNDO_SPACE 表空间的状态为联机状态，CONTENTS 为 UNDO 说明它是还原表空间，LOGGING 说明该表空间的变化受重做日志的保护，区段的管理方式为本地管理。

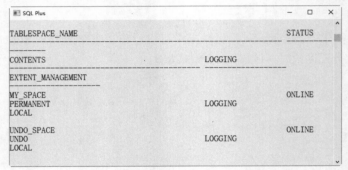

图 17-14　查看是否成功创建还原表空间

实例 15：查看还原表空间 UNDO_SPACE 的存储参数

查看还原表空间 UNDO_SPACE 的存储参数，执行语句如下：

```
Select tablespace_name, block_size,initial_extent,next_extent,max_extents
  from dba_tablespaces
  where contents='UNDO';
```

执行结果如图 17-15 所示。从输出结果可以看出，当前数据库中有两个还原表空间，其中 UNDOTBS 是系统创建的，UNDO_SPACE 是用户刚刚创建的，它的默认数据库块尺寸为8192 字节，初始区段大小为 65536 字节。

```
SQL Plus                                                          —  □  ×
SQL> Select tablespace_name, block_size,initial_extent,next_extent,max_extents
  2  from dba_tablespaces
  3  where contents='UNDO';

TABLESPACE_NAME                                                  BLOCK_SIZE
------------------------------------------------------------    ----------
INITIAL_EXTENT NEXT_EXTENT MAX_EXTENTS
-------------- ----------- -----------
UNDOTBS1                                                               8192
       65536              2147483645

UNDO_SPACE                                                            8192
       65536              2147483645

SQL> _
```

图 17-15　查看还原表空间的存储参数

实例 16：查看还原表空间 UNDO_SPACE 的数据文件

查看还原表空间 UNDO_SPACE 的数据文件，执行语句如下：

```
Select tablespace_name,file_id,file_name,status
  from dba_data_files
```

```
where tablespace_name='UNDO_SPACE';
```

执行结果如图 17-16 所示。从输出结果中可以看出，还原表空间 UNDO_SPACE 中的数据文件为 D:\USERDATA\UNDO_SPACE.DBF，该文件当前可以使用，因为 STATUS 为 AVAILABLE。

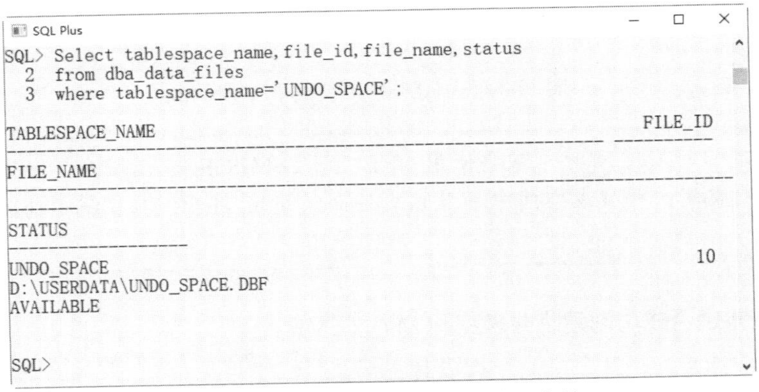

图 17-16　查看还原表空间的数据文件

> **注意**：在用户创建了还原表空间后，如果需要，可以把当前数据库正在使用的还原表空间切换到新建立的还原表空间上。

17.4.4　创建临时表空间

在 Oracle 数据库中，临时表空间用于保存用户的会话活动，如用户会话中的排序操作，排序的中间结果需要存储在某个区域，这个区域就是临时表空间。临时表空间的排序段在实例启动后的第一个排序操作时创建。

如果在创建数据库时没有创建临时表空间，则数据库服务器默认使用 SYSTEM 表空间，显然这样会影响数据库系统，因为 SYSTEM 表空间中存储了数据字典等数据库系统的一些重要信息。

创建临时表空间的语法格式如下：

```
CREATE TEMPORARY TABLESPACE tablespace_name
TEMPFILE filename SINE size
```

▎实例 17：创建临时表空间 MY_Temp

创建一个临时表空间，名称为 MY_Temp，大小为 30MB，区段管理方式为本地管理，区段的统一扩展尺寸为 1MB，执行语句如下：

```
CREATE TEMPORARY TABLESPACE MY_Temp
  tempfile 'd:\userdata\MY_Temp01.dbf' SIZE 30M
  extent management local
  uniform size 1M;
```

执行结果如图 17-17 所示，提示用户表空间已创建。

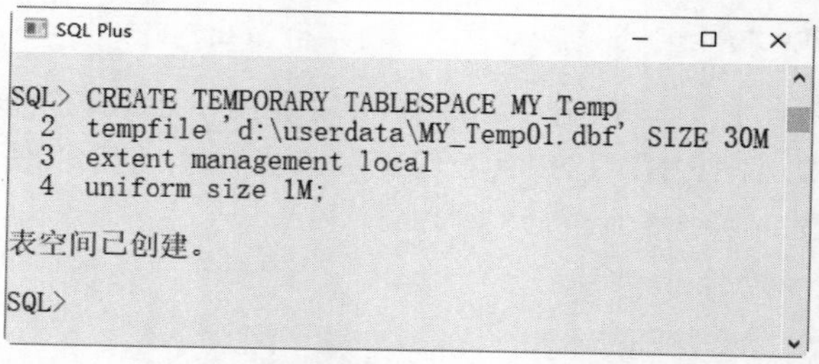

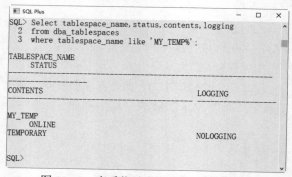

图 17-17　创建临时表空间 MY_Temp

提示：在创建临时表空间时，需要使用 CREATE TEMPORARY 告诉数据库服务器该表空间是临时表空间，并且表空间中的数据文件必须使用 TEMPFILE 标识为临时表空间的数据文件。

实例 18：查看是否成功创建临时表空间 MY_TEMP

查看是否成功创建临时表空间 MY_TEMP，执行语句如下：

```
Select tablespace_name,status,contents,logging
  from dba_tablespaces
  where tablespace_name like 'MY_TEMP%';
```

执行结果如图 17-18 所示。从输出结果可以看到，MY_TEMP 为临时表空间，因为 CONTENTS 为 TEMPORARY，该表空间处于联机状态。

图 17-18　查看临时表空间是否创建成功

注意：该表空间为 NOLOGGING，这说明不需要将临时表空间的变化记录到重做日志文件中。

实例 19：查看临时表空间 MY_TEMP 中的数据文件信息

通过数据字典视图来查看数据文件信息，执行语句如下：

```
Col name for a30
Select file#, status,enabled,bytes,block_size,name
  from v$tempfile;
```

执行结果如图 17-19 所示。从输出结果中可以看出，临时表空间 MY_TEMP 中的数据文件为 D:\USERDATA\MY_TEMP01.DBF，该文件为可读可写文件，当前处于联机状态，大小为 30MB。

```
SQL Plus                                              —   □   ×
SQL> Col name for a30
SQL> Select file#, status,enabled,bytes,block_size,name
  2  from v$tempfile;

       FILE# STATUS        ENABLED        BYTES BLOCK_SIZE

NAME
---------------------------------------------------------------
           1 ONLINE        READ WRITE    33554432
8192
D:\APP\TEST\ORADATA\ORCL\DATAF
ILE\O1_MF_TEMP_HHOLM5SW_.TMP

           2 ONLINE        READ WRITE    31457280
8192
D:\USERDATA\MY_TEMP01.DBF

SQL>
```

图 17-19　通过数据字典视图来查看数据文件信息

17.4.5　创建临时表空间组

临时表空间组是 Oracle 为了解决临时表空间压力、增加系统性能而设计的。临时表空间组由多个临时表空间组成，每一个临时表空间组至少要包含一个临时表空间，而且临时表空间组的名称不能和其他表空间重名。

默认临时表空间组的出现，主要是为了分散用户对默认临时表空间的集中使用，通过将临时表空间的使用分散到多个临时表空间上，这样就提高了数据库的性能。

创建临时表空间组的语法格式如下：

```
CREATE TEMPORARY TABLESPACE tablespace_name
TEMPFILE filename SIZE size TABLESPACE GROUP group_name;
```

▍实例 20：创建临时表空间组 testgroup

创建一个临时表空间组，名称为 testgroup，大小为 20MB，执行语句如下：

```
CREATE TEMPORARY TABLESPACE MYTTN
TEMPFILE 'test.dbf' SIZE 20M TABLESPACE GROUP testgroup;
```

执行结果如图 17-20 所示。

```
SQL Plus                                          —   □   ×
SQL> CREATE TEMPORARY TABLESPACE MYTTN
  2  TEMPFILE 'test.dbf' SIZE 20M TABLESPACE
GROUP testgroup;

表空间已创建。

SQL>
```

图 17-20　创建临时表空间组 testgroup

▍实例 21：将临时表空间转移到临时表空间组

对于已经存在的临时表空间，可以将其移动到指定的临时表空间组中。例如，将临时表空间 MY_TEMP 放置到临时表空间组 testgroup 中，执行语句如下：

```
ALTER TABLESPACE MY_TEMP TABLESPACE GROUP testgroup;
```

执行结果如图 17-21 所示。

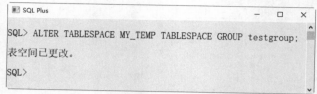

图 17-21　将临时表空间放置到临时表空间组

实例 22：创建一个临时表空间 MY_Temp_01

创建一个临时表空间，名称为 MY_Temp_01，大小为 20MB，执行语句如下：

```
CREATE TEMPORARY TABLESPACE MY_Temp_01
tempfile 'd:\userdata\MY_Temp02.dbf' SIZE 30M;
```

执行结果如图 17-22 所示。

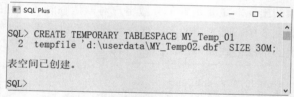

图 17-22　创建临时表空间 MY_Temp_01

实例 23：将临时表空间 MY_Temp_01 转移到表空间组

将临时表空间 MY_Temp_01 放置到临时表空间组 testgroup 中，执行语句如下：

```
ALTER TABLESPACE MY_TEMP_01 TABLESPACE GROUP testgroup;
```

执行结果如图 17-23 所示。这样临时表空间组中就有两个临时表空间了。

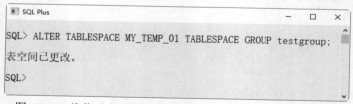

图 17-23　将临时表空间 MY_Temp_01 放置到临时表空间组中

实例 24：将默认表空间设置为临时表空间组

将默认表空间设置为临时表空间组，执行语句如下：

```
ALTER DATABASE DEFAULT TEMPORARY TABLESPACE testgroup;
```

执行结果如图 17-24 所示，提示用户数据库已更改，这样就将默认表空间设置为临时表空间组了，因此就有两个临时表空间可供数据库使用了。

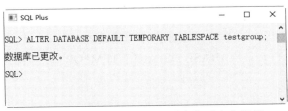

图 17-24 将默认表空间设置为临时表空间组

实例 25：查看临时表空间及相关的数据文件

查看当前数据库中的临时表空间及相关的数据文件，执行语句如下：

```
Select file#,ts#,status,name from v$tempfile;
```

执行结果如图 17-25 所示。

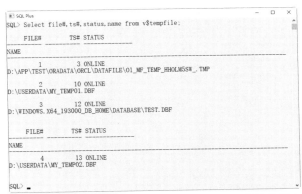

图 17-25 查看当前数据库中的临时表空间及相关的数据文件

实例 26：查看当前的默认临时表空间信息

查看当前的默认临时表空间信息，确认是否修改成功，执行语句如下：

```
Select property_value from database_properties where
Property_name='DEFAULT_TEMP_TABLESPACE';
```

执行结果如图 17-26 所示。从输出结果中可以看出，此时的数据库默认临时表空间已经是 TESTGROUP 了。

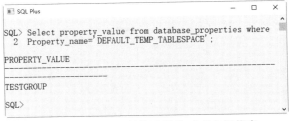

图 17-26 查看当前的默认临时表空间信息

17.4.6　默认临时表空间

默认临时表空间是指一旦数据库启动，就默认将该表空间作为临时表空间，用于存放用户会话数据，如排序操作。默认临时表空间可以在创建数据库时创建，此时使用 DEFAULT TEMPORARY TABLESPACE；也可以在数据库创建成功后创建，此时需要事先建立一个临时表空间，再使用 ALTER DATABASE DEFAULT TEMPORARY TABLESPACE 指令更改临时表空间。

▌实例 27：查看当前数据库的默认临时表空间

查看当前数据库的默认临时表空间，执行语句如下：

```
select *from database_properties where property_name like 'DEFAULT%';
```

执行结果如图 17-27 所示。从输出结果中可以看出，当前数据库的默认临时表空间是 TESTGROUP，默认永久表空间为 USERS。用户创建的表或索引如果没有指定表空间，则默认存储在 USERS 表空间中，而且默认的表空间类型为 SMALLFILE（小文件类型）。

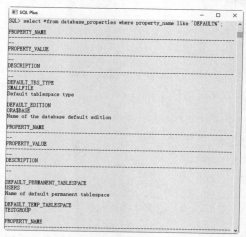

图 17-27　查看当前数据库的默认临时表空间

在数据库中，可能会出现当前的临时表空间不能满足应用需求的情况，这时 DBA 可以创建相应的临时表空间，而后切换为当前使用的临时表空间。

▌实例 28：切换数据库的临时表空间

切换临时表空间，执行语句如下：

```
Alter database default temporary tablespace my_temp;
```

执行结果如图 17-28 所示，提示用户数据库已更改。

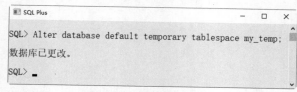

图 17-28　切换临时表空间

验证是否成功更改默认临时表空间，执行语句如下：

```
select *from database_properties where property_name like 'DEFAULT%';
```

执行结果如图 17-29 所示，此时当前数据库的默认临时表空间为 **my_temp**。在用户需要时，默认临时表空间可以随时使用指令进行更改，一旦更改，则所有的用户将自动使用更改后的临时表空间作为默认临时表空间。

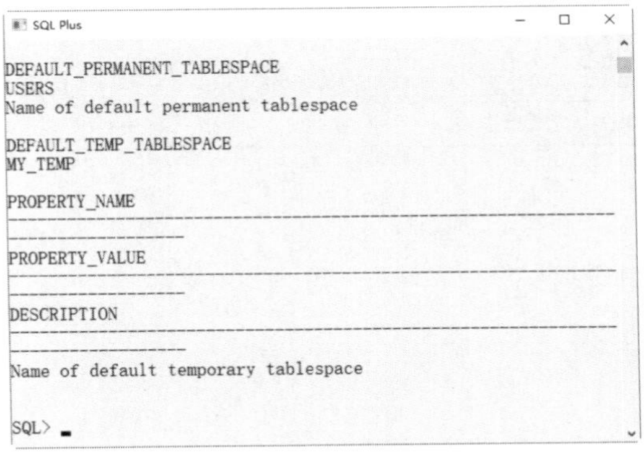

图 17-29　验证是否成功更改默认临时表空间

> **注意**：在管理默认临时表空间时，用户需要注意以下事项：
> - 不能删除当前使用的默认临时表空间。
> - 不能把默认临时表空间的空间类型更改为 PERMANENT，即不能把默认临时表空间更改为一个永久性表空间。
> - 不能把默认临时表空间设置为脱机状态。

17.4.7　创建大文件表空间

创建大文件表空间和普通表空间的语法格式非常类似，定义大文件表空间的语法格式如下：

```
CREATE BIGFILE TABLESPACE tablespace_name
DATAFILE filename SIZE size
```

实例 29：创建一个大文件表空间

创建大文件表空间，名称为 **MY_BIG**，执行语句如下：

```
CREATE BIGFILE TABLESPACE MY_BIG DATAFILE 'mybg.dbf' SIZE 3G;
```

执行结果如图 17-30 所示，提示用户表空间已经创建。

图 17-30　建立大文件表空间 MY_BIG

实例 30：查询大文件表空间的数据文件属性信息

查询大文件表空间的数据文件属性信息，执行语句如下：

```
Select tablespace_name,file_name,bytes/(1024*1024*1024) G
  from dba_data_files;
```

执行结果如图 17-31 所示，从输出结果中可以看到 MY_BIG 的大小为 3GB。

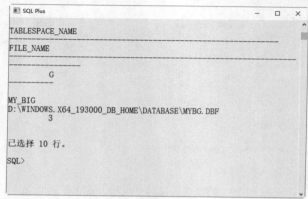

图 17-31　查询大文件表空间的数据文件属性信息

17.5　查看表空间

在对表空间进行管理之前，首先要做的就是查看当前数据库中的表空间。
下面介绍查看表空间的方法。

17.5.1　查看默认表空间

在 Oracle 19c 中，默认的表空间有 5 个，分别为 SYSTEM、SYSAUX、UNDOTBS1、
TEMP 和 USERS。

实例 31：查询当前登录用户默认表空间的名称

查询当前登录用户默认的表空间的名称，执行语句如下：

```
SELECT TABLESPACE_NAME FROM DBA_TABLESPACES;
```

执行结果如图 17-32 所示。

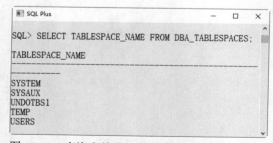

图 17-32　查询当前登录用户默认的表空间的名称

从结果可以看出，默认情况下有 5 个表空间，各个表空间的含义如下。

（1）SYSTEM 表空间：用来存储 SYS 用户的表、视图和存储过程等数据库对象。

（2）SYSAUX 表空间：用于安装 Oracle 12c 数据库使用的实例数据库。

（3）UNDOTBS1 表空间：用于存储撤销信息。

（4）TEMP 表空间：用于存储 SQL 语句处理的表和索引的信息。

（5）USERS 表空间：存储数据库用户创建的数据库对象。

如果要查看某个用户的默认表空间，可以通过 DBA_USERS 数据字典进行查询。例如：查询 SYS、SYSDG、SYSBACKUP、SYSTEM 和 SYSKM 用户的默认表空间，执行语句如下：

```
SELECT DEFAULT_TABLESPACE,USERNAME FROM DBA_USERS WHERE USERNAME LIKE 'SYS%';
```

执行结果如图 17-33 所示。从结果可以看出，SYSDG、SYSRAC、SYSBACKUP 和 SYSKM 用户的默认表空间是 USERS，SYS、SYSTEM 和 SYS$UMF 用户的默认表空间是 SYSTEM。

```
SQL Plus
SQL> SELECT DEFAULT_TABLESPACE,USERNAME FROM DBA_USERS WHERE USERNAME LIKE
'SYS%';

DEFAULT_TABLESPACE                                          USERNAME
----------------------------------------------------------  ----------
SYSTEM                                                      SYS
SYSTEM                                                      SYSTEM
USERS                                                       SYSBACKUP
USERS                                                       SYSRAC
USERS                                                       SYSKM
SYSTEM                                                      SYS$UMF
USERS                                                       SYSDG

已选择 7 行。

SQL>
```

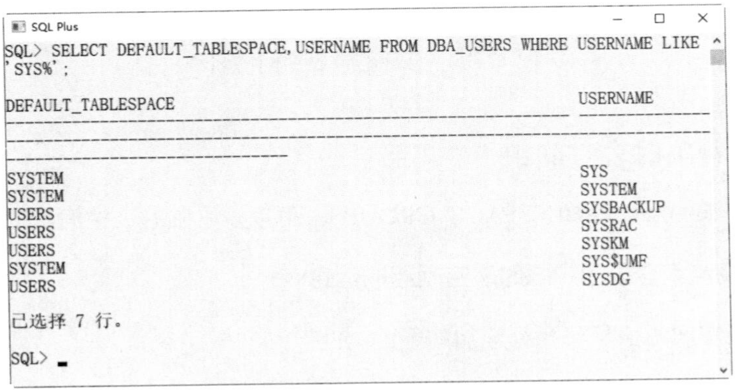

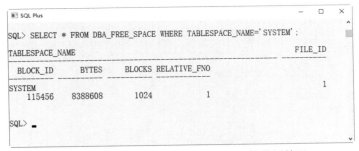

图 17-33　查询用户的默认表空间

如果想要查看表空间的使用情况，可以使用数据字典 DBA_FREE_SPACE。例如，查询默认表空间 SYSTEM 的使用情况，执行语句如下：

```
SELECT * FROM DBA_FREE_SPACE WHERE TABLESPACE_NAME='SYSTEM';
```

执行结果如图 17-34 所示。

```
SQL Plus
SQL> SELECT * FROM DBA_FREE_SPACE WHERE TABLESPACE_NAME='SYSTEM';

TABLESPACE_NAME                                   FILE_ID
------------------------------------------------  ---------
  BLOCK_ID      BYTES     BLOCKS RELATIVE_FNO
---------- ---------- ---------- ------------
SYSTEM                                                    1
    115456    8388608       1024            1

SQL>
```

图 17-34　查询默认表空间 SYSTEM 的使用情况

17.5.2　查看临时表空间

使用数据字典 DBA_TEMP_FILES 可以查看临时表空间。

实例 32：查询当前登录用户临时表空间的名称

查询临时表空间的名称，执行语句如下：

```
SELECT TABLESPACE_NAME FROM DBA_TEMP_FILES;
```

执行结果如图 17-35 所示。

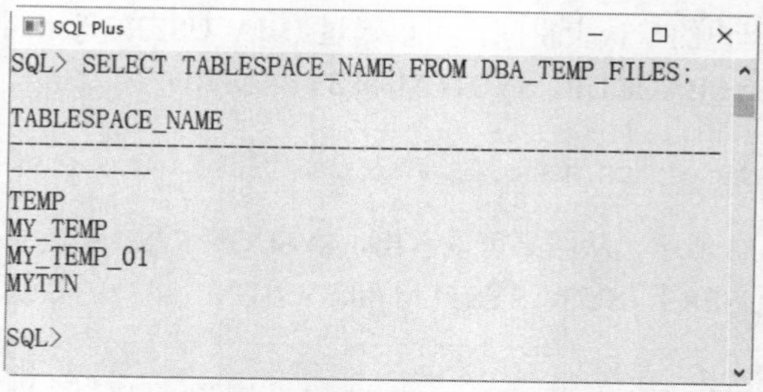

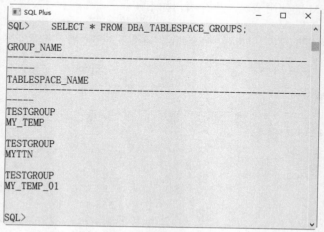

图 17-35　查询临时表空间的名称

17.5.3　查看临时表空间组

通过数据字典 DBA_TABLESPACE_GROUPS，可以查看临时表空间组信息。

实例 33：查询当前登录用户临时表空间组的信息

查看临时表空间组信息，执行语句如下：

```
SELECT * FROM DBA_TABLESPACE_GROUPS;
```

执行结果如图 17-36 所示。

图 17-36　查看临时表空间组信息

17.6　表空间的状态管理

脱机和只读是表空间的两种状态。在脱机状态下，用户或应用程序无法访问这些表空间，此时可以完成一些如脱机备份等操作；处于只读状态的表空间，用户或应用程序可以访问这些表空间，但是无法更改表空间中的数据。

17.6.1　表空间的三种状态

表空间始终处于三种状态，即读写、只读和离线。

（1）读写：处于读写状态的表空间，可以正常地访问和写入数据。

（2）只读：处于只读状态的表空间不能写入，并且不是所有的表空间都可以被设置为只读表空间，如系统表空间、默认临时表空间、undo 表空间都不能设置为只读。只读表空间中的数据不能够被修改，但是表可以删除，因为删除表只是在数据字典里面将相应的信息删除。

（3）离线：处于离线状态的表空间不能读写，并不是所有的表空间都可以设置为离线状态，如系统表空间、默认临时表空间等，都不能设置为离线状态。

17.6.2　表空间的脱机管理

表空间的可用状态为两种：联机状态和脱机状态。如果是联机状态，用户可以操作表空间；如果是脱机状态，表空间是不可用的。

设置表空间的可用状态的语法格式如下：

```
ALTER TABLESPACE tablespace {ONLINE|OFFLINE[NORMAL|TEMPORARY|IMMEDIATE]}
```

其中，ONLINE 表示设置表空间为联机状态；OFFLINE 表示脱机状态，包括 NORMAL（正常状态）、TEMPORARY（临时状态）、IMMEDIATE（立即状态）。

▍实例 34：设置表空间 MY_SPACE 为脱机状态

把表空间 MY_SPACE 设置为脱机状态，执行语句如下：

```
ALTER TABLESPACE MY_SPACE OFFLINE;
```

执行结果如图 17-37 所示。

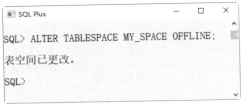

图 17-37　把表空间 MY_SPACE 设置为脱机状态

查看表空间 MY_SPACE 设置的状态，执行语句如下：

```
Select tablespace_name,status,contents,logging
    from dba_tablespaces
    where tablespace_name='MY_SPACE';
```

执行结果如图 17-38 所示，目前表空间 MY_SPACE 为脱机状态。

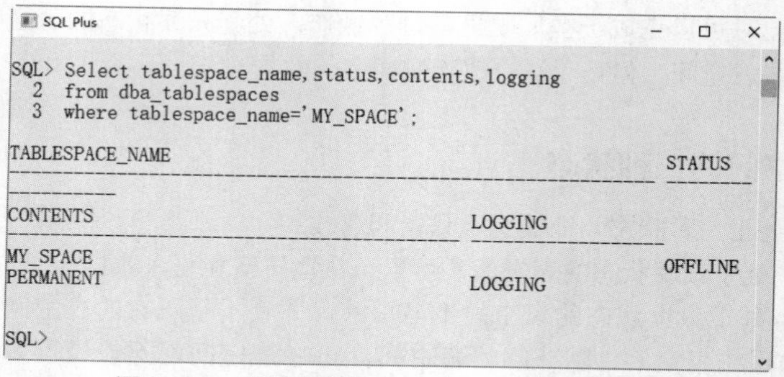

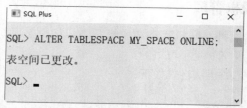

图 17-38　查看表空间 MY_SPACE 设置的状态

如果想恢复表空间 MY_SPACE 为联机状态，可用以下语句：

```
ALTER TABLESPACE MY_SPACE ONLINE;
```

执行结果如图 17-39 所示。

```
SQL Plus                          —  □  ×

SQL> ALTER TABLESPACE MY_SPACE ONLINE;

表空间已更改。

SQL> _
```

图 17-39　恢复表空间 MY_SPACE 为联机状态

再次查看表空间 MY_SPACE 设置的状态，执行语句如下：

```
Select tablespace_name,status,contents,logging
  from dba_tablespaces
  where tablespace_name='MY_SPACE';
```

执行结果如图 17-40 所示，可以看到表空间的状态又变成了 ONLINE。

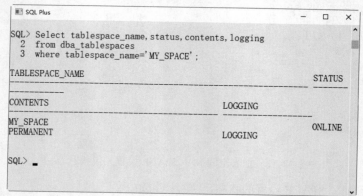

图 17-40　再次查看表空间 MY_SPACE 设置的状态

17.6.3　表空间的只读管理

如果一个表中的数据不会变化，属于静态数据，就可以把相应的表空间更改为只读状态。

根据需要，用户可以把表空间设置成只读或者可读写状态。具体的语法格式如下：

```
ALTER TABLESPACE tablespace READ{ONLY|WRITE};
```

其中，ONLY 为只读状态；WRITE 为可读写状态。

▍实例 35：设置表空间 MY_SPACE 为只读状态

把表空间 MY_SPACE 设置为只读状态，执行语句如下：

```
ALTER TABLESPACE MY_SPACE READ ONLY;
```

执行结果如图 17-41 所示。

把表空间 MY_SPACE 设置为可读写状态，执行语句如下：

```
ALTER TABLESPACE MY_SPACE READ WRITE;
```

执行结果如图 17-42 所示。

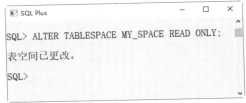

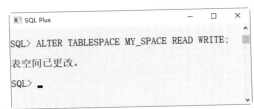

图 17-41　把表空间设置为只读状态　　　　图 17-42　把表空间设置为可读写状态

> **注意**：在设置表空间为只读状态之前，需要保证表空间为联机状态。

17.7　表空间的基本管理

　　表空间的基本管理涉及更改表空间的名称、删除表空间等，下面进行详细
介绍。

17.7.1　更改表空间的名称

　　对于已经存在的表空间，可以根据需要更改名称。语法格式如下：

```
ALTER TABLESPACE oldname RENAME TO newname;
```

▍实例 36：修改表空间 MY_SPACE 的名称

把表空间 MY_SPACE 的名称更改为 MY_TABLESPACE，执行语句如下：

```
ALTER TABLESPACE MY_SPACE RENAME TO MY_TABLESPACE;
```

执行结果如图 17-43 所示。

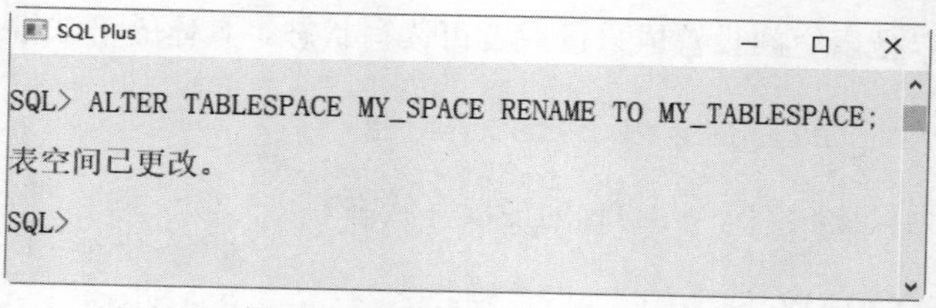

图 17-43　更改表空间的名称

验证表空间的名称是否更改成功，执行语句如下：

```
Select tablespace_name from dba_tablespaces where tablespace_name like 'MY_
TABLE%';
```

执行结果如图 17-44 所示。从输入结果可以看出，当前表空间的名称为 MY_TABLESPACE。

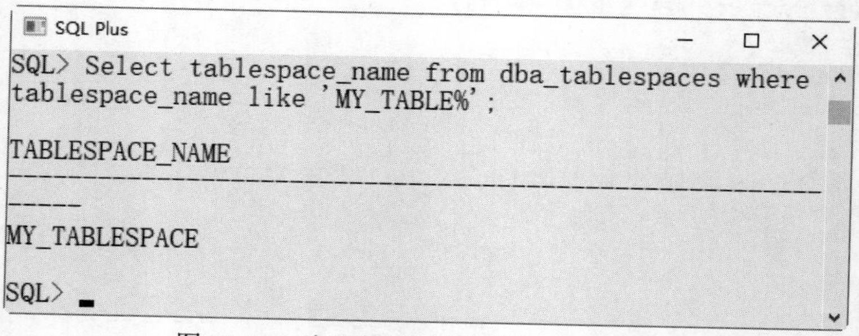

图 17-44　验证表空间的名称是否更改成功

> **注意**：并不是所有的表空间都可以更改名称，系统自动创建的不可更名，如 SYSTEM 和 SYSAUX 等。另外，表空间必须是联机状态才可以重命名。

17.7.2　删除表空间

删除表空间的方式有两种，包括本地管理方式和使用数据字典的方式。相比而言，使用本地方式删除表空间的速度更快，所以在删除表空间前，可以先把表空间的管理方式修改为本地管理，然后再删除表空间。

删除表空间的语法格式如下：

```
DROP TABLESPACE tablespace_name [INCLUDING CONTENTS] [CASCADE CONSTRAINTS];
```

其中，[INCLUDING CONTENTS] 表示在删除表空间时把表空间文件也删除；[CASCADE CONSTRAINTS] 表示在删除表空间时把表空间中的完整性也删除。

实例 37：删除表空间 MY_TABLESPACE

删除表空间 MY_TABLESPACE，执行语句如下：

```
DROP TABLESPACE MY_TABLESPACE INCLUDING CONTENTS;
```

执行结果如图 17-45 所示，提示用户表空间已经删除。

图 17-45　删除表空间

17.8　疑难问题解析

▌疑问 1：临时表空间组删除后能恢复吗？

答：临时表空间组删除后不能恢复，所以在执行删除操作时必须慎重。删除临时表空间组后，临时表空间组中的文件并没有删除，因此，如果要彻底删除临时表空间组，需要先把临时表空间组中的临时表空间移除。

▌疑问 2：创建表空间时用什么方式？

答：使用本地表空间管理的方式可以减少数据字典表的竞争现象，并且也不需要对空间进行回收，因此，在 Oracle 中最好使用本地表空间管理的方式创建表空间。

17.9　实战训练营

▌实战 1：管理表空间

（1）创建一个表空间，名称为 MYTEM，表空间数据文件为 MYTEM.DBF，大小为 100MB。

（2）把表空间 MYTEMM 设置为脱机状态，脱机状态为临时状态。

（3）把表空间 MYTEMM 设置为联机状态。

（4）把表空间 MYTEMM 设置为只读状态。

（5）把表空间 MYTEMM 设置为可读写状态。

（6）把表空间 MYTEMM 的名称更改为 MYTEMNEW。

（7）删除表空间 MYTEM。

（8）建立大文件空间，名称为 MYBG，数据文件为 mybg.dbf 且大小为 3GB。

▌实战 2：管理临时表空间

（1）创建一个临时表空间，名称为 MYTT，大小为 30MB。

（2）把表空间 MYTEM 修改为临时表空间。

（3）查询临时表空间的名称。

（4）创建一个临时表空间组，名称为 testgroup，大小为 20MB。

（5）将临时表空间 MYTT 移到临时表空间组 testgroup 中。

（6）查看临时表空间组信息。

（7）删除临时表空间组 TESTGROUP。

第18章　管理控制文件和日志文件

本章导读

　　Oracle 的控制文件主要用来存放数据库的名字、数据库的位置等信息，日志主要记录 Oracle 数据库的日常操作，控制文件和日志文件都存储了 Oracle 数据库中的重要信息。本章就来介绍 Oracle 控制文件和日志的管理，主要内容包括控制文件的管理、日志文件的管理等。

知识导图

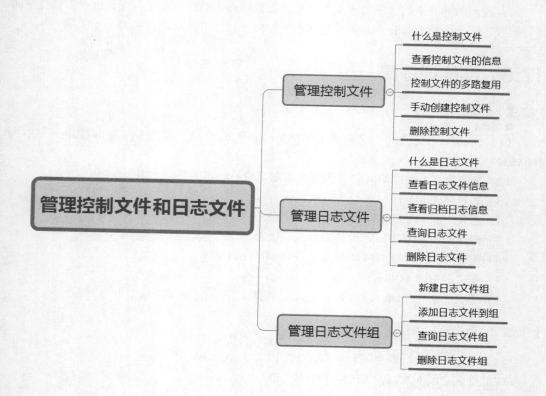

18.1 管理控制文件

控制文件包含很多重要信息，需要保护并及时备份，以便它被损坏或者磁盘介质损坏时，能够及时恢复。本节就来介绍管理控制文件的方法。

18.1.1 什么是控制文件

在创建数据库时，控制文件被自动创建。如果数据库的信息发生变化，控制文件也会随之改变。控制文件不能手动修改，只能由 Oracle 数据库本身来修改。控制文件在数据库启动和关闭时都要使用，如果没有控制文件，数据库将无法工作。

控制文件是一个很小的二进制文件（10MB 左右），含有数据库结构信息，包括数据文件和日志文件信息。控制文件在数据库创建时被自动创建，并在数据库发生物理变化时更新。在任何时候都要保证控制文件可用，否则数据库将无法启动或者使用。

控制文件在每个数据库中都存在，但是一个控制文件只能属于一个数据库，这就像员工的工作证，每位员工都有工作证，但是一个工作证只能属于一位员工。

控制文件中主要包含以下信息：

● 数据库名称和数据库唯一标识符（DBID）。
● 创建数据库的时间戳。
● 有关数据库文件、联机重做日志、归档日志的信息。
● 表空间信息。
● RMAN 备份信息。

18.1.2 查看控制文件的信息

查看目前系统的控制文件信息，主要是查看相关的数据字典视图。Oracle 数据库中用于查看控制文件信息的数据字典视图如表 18-1 所示。

表 18-1 包含控制文件信息的数据字典视图

视图名称	说　明
v$controlfile	包含所有控制文件的名称和状态信息
v$controlfile_record_section	包含控制文件中各个记录文档段的信息
v$parameter	包含系统所有初始化参数，可以查询到 control_files 的信息

▌ 实例 1：查看控制文件的结构信息

在数据字典中查看控制文件的结构信息，执行语句如下：

```
desc v$controlfile
```

执行结果如图 18-1 所示。从结果可以看出，控制文件的数据字典就是一组表和视图结构，用于存放数据库所用的有关信息，对用户来说是一组只读的表。

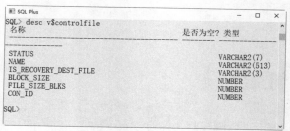

图 18-1　查看控制文件的结构信息

实例 2：查看控制文件的存放位置和状态

通过数据字典 v$controlfile，可以查看控制文件的存放位置和状态，执行语句如下：

```
SELECT name,status FROM v$controlfile;
```

执行结果如图 18-2 所示。

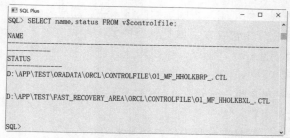

图 18-2　查看控制文件的存放位置和状态

实例 3：查看控制文件中各个记录文档段的信息

查看控制文件中各个记录文档段的信息，执行语句如下：

```
SELECT *FROM v$controlfile_record_section;
```

执行结果如图 18-3 所示。

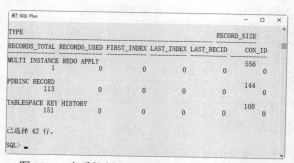

图 18-3　查看控制文件中各个记录文档段的信息

18.1.3　控制文件的多路复用

为了提高数据库的安全性，至少要为数据库建立两个控制文件，而且这两个文件最好分別放在不同的磁盘中，这样可以避免由于一个磁盘故障而无法启动数据库的危险，该管理策略称为多路复用控制文件。

当多路复用控制文件因某个磁盘发生故障导致其包含的控制文件损坏，数据库将被关闭或者发生异常时，可以用另一磁盘中保存的控制文件来恢复被损坏的控制文件，然后再重启数据库，从而达到保护控制文件的目的。

1. 使用 init.ora 多路复用控制文件

控制文件虽然由数据库直接创建，但是在数据库初始化之前，用户可以修改这个初始化文件 init.ora。要修改 init.ora，需要先找到它的存放位置，这个文件的位置在安装目录 admin\orcl\pfile 下，如图 18-4 所示。

图 18-4　init.ora 的位置

在修改 init.ora 文件之前，最好把控制文件复制到不同的位置，然后用记事本打开 init.ora 文件，找到 control_files 参数后进行修改，如图 18-5 所示。修改时需要注意，控制文件之间是通过逗号分隔的，并且每一个控制文件都是用双引号引起来的。在修改控制文件的路径之前，需要把控制文件复制一份进行保存，以免数据库无法启动。

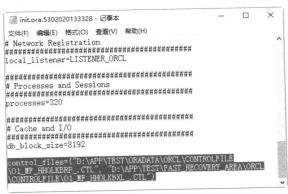

图 18-5　修改 init.ora 文件

2. 使用 SPFILE 多路复用控制文件

除了可以通过修改 init.ora 初始化参数的方式实现多路复用控制文件外，还可以通过 SPFILE 方式实现多路复用，其原理和修改参数一样。

▌实例 4：使用 SPFILE 多路复用控制文件

首先，修改 control_files 参数，在确保数据库处于打开状态时，使用以下命令修改 control_files 参数，SQL 语句如下：

```
    alter system set control_files = ' D:\app\test\oradata\orcl\CONTROLFILE\
CONTROL01.CTL ',' D:\app\test\oradata\orcl\ CONTROLFILE\CONTROL02.CTL ',' D:\
app\test\oradata\orcl\ CONTROLFILE\CONTROL03.CTL ',' D:\app\test\oradata\orcl\
CONTROLFILE\CONTROL04.CTL '
    scope=spfile;
```

执行结果如图 18-6 所示。上面的代码中，前 3 个控制文件已经创建好，第 4 个文件是用户将要手动添加的，但是目前还没有创建该文件，创建该文件前需要关闭数据库。

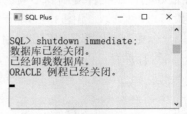

图 18-6　修改 control_files 参数

下面关闭数据库，因为在数据库打开时，数据库中的文件是无法操作的。关闭数据库的 SQL 命令如下：

```
shutdown immediate;
```

执行结果如图 18-7 所示，提示用户数据库已关闭。

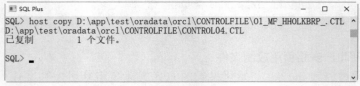

图 18-7　关闭数据库

使用 host copy 复制命令在指定位置增加一个控制文件，具体命令如下：

```
host copy D:\app\test\oradata\orcl\CONTROLFILE\O1_MF_HHOLKBRP_.CTL D:\app\test\
oradata\orcl\CONTROLFILE\CONTROL04.CTL
```

执行结果如图 18-8 所示，提示已复制 1 个控制文件。

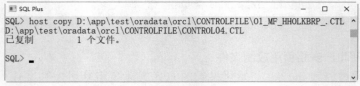

图 18-8　使用复制命令增加一个控制文件

控制文件复制完成后，使用 startup 命令重新启动数据库。

```
startup
```

执行结果如图18-9所示，提示用户Oracle例程已经启动。

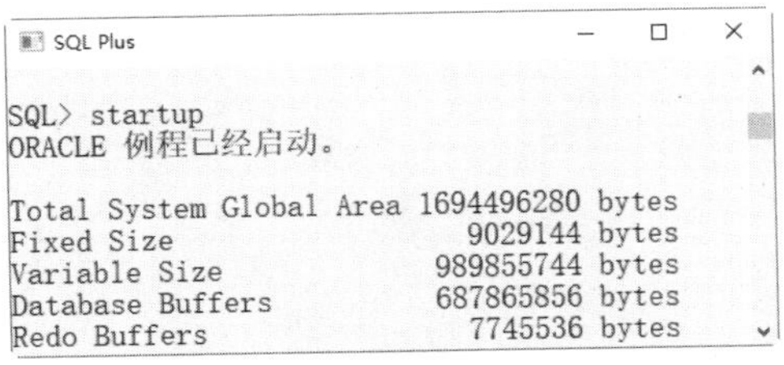

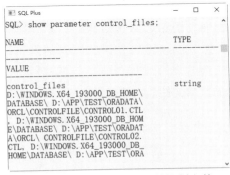

图18-9 重新启动数据库

最后查询现存的控制文件，执行语句如下：

```
show parameter control_files;
```

执行结果如图18-10所示。

图18-10 重新查询现存的控制文件

> **提示**：为了解决控制文件的一致性问题，可以在关闭数据库后，再复制控制文件。这样在 startup nomout 修改控制文件并重启数据库时，就可以在数据库中看到增加的控制文件了。

18.1.4 手动创建控制文件

虽然有多种保护控制文件的方法，但是仍然不能完全保证控制文件不出现丢失和损坏的情况。特别是以下两种情况出现时：

（1）需要永久地修改数据库的参数设置。

（2）当控制文件全部损坏，无法修复时。

当数据库所有的控制文件都丢失或者损坏时，唯一的补救方法就是手动创建一个新的控制文件。创建的语法如下：

```
create controlfile
reuse database db_name
logfile
group 1 redofiles_list1
group 2 redofiles_list2
group 3 redofiles_list3
...
datafile
```

```
datafile1
datafile2
datafile3
...
maxlogfiles max_value1
maxlogmembers max_value2
maxinstances max_value3
maxdatafiles max_value4
noresetlogs|resetlogs
archivelog|noarchivelog;
```

主要参数介绍如下。

● db_name：数据名称，通常是 orcl。

● redofiles_list1：重做日志组中的重做日志文件列表。

● datafile1：数据文件路径。

● max_value1：最大的重做日志文件数，这是一个永久性参数，一旦设置就不能修改，如果想要修改只有重建控制文件。

下面介绍手动创建控制文件的方法。

实例 5：手动创建数据库的控制文件

首先，查询当前数据库的数据文件，执行语句如下。

```
SELECT name FROM v$datafile;
```

执行结果如图 18-11 所示。

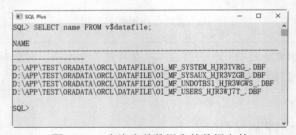

图 18-11 查询当前数据库的数据文件

接着查询当前数据库的日志文件，执行语句如下：

```
SELECT member FROM v$logfile;
```

执行结果如图 18-12 所示。

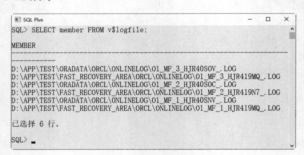

图 18-12 查询当前数据库的日志文件

在创建控制文件之前，需要先关闭数据库，执行语句如下：

```
shutdown immediate;
```

执行结果如图 18-7 所示。

> 提示：为了保证数据库的安全，关闭数据库后，应该把数据库的日志文件、数据库文件、参数文件等备份到其他硬盘上。

备份原来的控制文件，还需要启动一个数据库实例。启动实例的语句如下：

```
startup nomount;
```

执行结果如图 18-13 所示，参数 nomount 表示只启动实例。

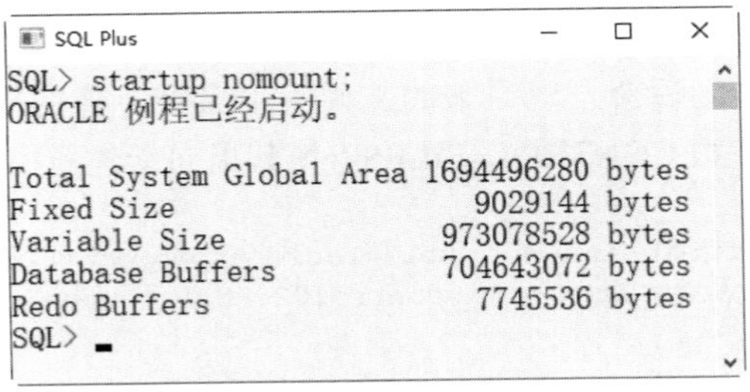

图 18-13　启动数据库实例

最后，创建新的控制文件，SQL 语句如下：

```
create controlfile
reuse database "orcl"
logfile
group 1 '/usr/oracle/app/oradata/orcl/redo01.log',
group 2 '/usr/oracle/app/oradata/orcl/redo02.log',
group 3 '/usr/oracle/app/oradata/orcl/redo03.log'
datafile
'/usr/oracle/app/oradata/orcl/system01.dbf',
'/usr/oracle/app/oradata/orcl/sysaux01.dbf',
'/usr/oracle/app/oradata/orcl/undotbs01.dbf',
'/usr/oracle/app/oradata/orcl/users01.dbf',
'/usr/oracle/app/oradata/orcl/CTRR_DATA.dbf'
maxlogfiles 50
maxlogmembers 4
maxinstances 6
maxdatafiles 200
noresetlogs
noarchivelog;
```

执行结果如图 18-14 所示。参数 noresetlogs 表示在创建控制文件时不需要重做日志文件和重命名数据库，否则可以使用 resetlogs 参数。

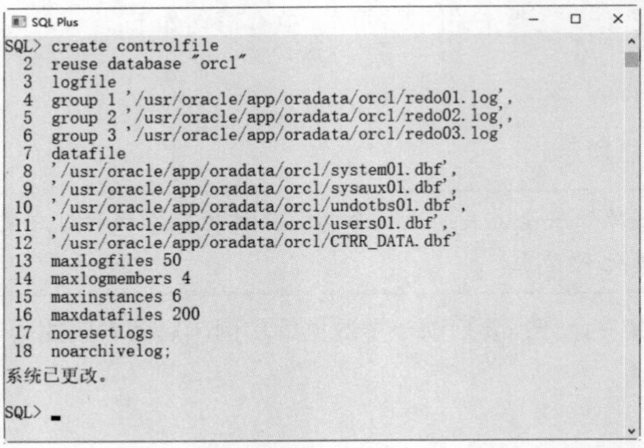

图 18-14 创建新的控制文件

执行创建命令之后，新的控制文件还是被存放在原来的文件夹下，可以尝试备份然后将之前的控制文件删掉，之后会发现原来的文件夹下名字一样的控制文件又出现了。编辑 SPFILE 文件中的初始化参数 CONTROL_FILES，使其指向新建的控制文件，SQL 命令如下：

```
alter system set control_files = '/usr/oracle/app/oradata/orcl/control01.ctl','/
usr/oracle/app/flash_recovery_area/orcl/control02.ctl'
scope=spfile;
```

执行结果如图 18-15 所示。

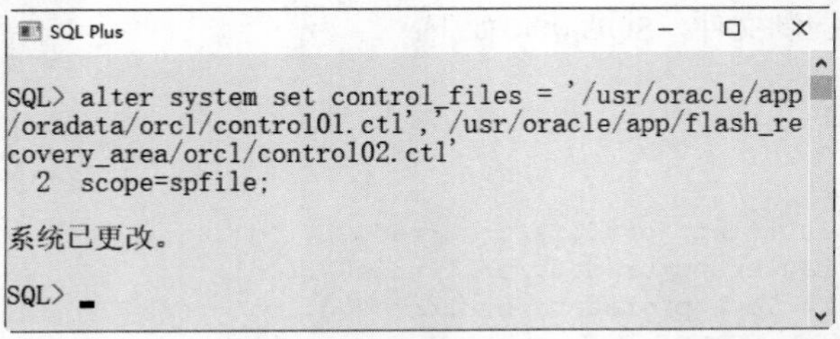

图 18-15 编辑 SPFILE 文件中的初始化参数

重启数据库后，查询 v$controlfile 数据字典，检查控制文件是否全部正确加载，执行语句如下：

```
SELECT name FROM v$controlfile;
```

至此，控制文件创建成功。

> 注意：如果数据库加载不了，可以重新启动数据库服务。

18.1.5 删除控制文件

删除控制文件的方法是：首先修改数据库参数文件中的 control_files 参数，把 control_files 中要删除的控制文件去掉，然后关闭数据库，把要删除的控制文件删除，再启动数据库就可以了。

18.2 管理日志文件

在 Oracle 数据库中，日志文件相当于数据库的日记，记录着每一次对数据库的更改。当发生数据库记忆丢失的情况时，只要按照日志文件记载一步一步地把曾经执行过的操作再重做一遍，数据库就可以回到原来的状态。

18.2.1 什么是日志文件

日志文件在 Oracle 数据库中分为重做日志文件和归档日志文件两种。重做日志文件是 Oracle 数据库正常运行不可缺少的文件。重做日志文件主要记录了数据库的操作过程，用于备份和还原数据库。

虽然归档日志文件可以保存重做日志文件中即将被覆盖的记录，但它并不是总起作用，还要看 Oracle 数据库所设置的日志模式。通常 Oracle 有如下两种日志模式：

- 第一种是非归档日志模式（NOARCHIVELOG）。在非归档日志模式下，原日志文件的内容会被新的日志内容所覆盖。
- 第二种是归档日志模式（ARCHIVELOG）。在归档日志模式下，Oracle 会首先对原日志文件进行归档存储，且在归档未完成之前不允许覆盖原有日志。

Oracle 数据库具体应用归档模式还是非归档模式，由数据库对应的应用系统来决定。如果任何由于磁盘物理损坏而造成的数据丢失都是不允许的，那么就只能使用归档模式；如果只是强调应用系统的运行效率，而将数据的丢失考虑次之，那么可以采取非归档模式，但数据库管理员必须经常定时地对数据库进行完整的备份。

在归档模式下，Oracle 的性能会受到一定的影响，所以 Oracle 默认采用非归档模式。当前 Oracle 的归档模式可以从 v$database 数据字典中查看。

▎实例 6：查看 v$database 数据字典中的描述内容

查看 v$database 数据字典中的描述内容。执行语句如下：

```
desc v$database;
```

执行结果如图 18-16 所示。

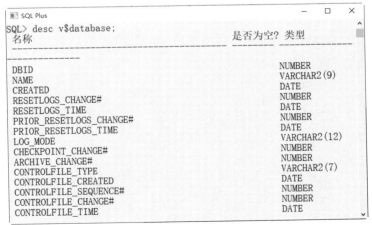

图 18-16 查看数据字典中的描述内容

如果需要查看当前数据库的模式，那么只要查看当前数据库的 **log_mode** 的值即可。

查看当前数据库的模式，执行语句如下：

```
SELECT NAME,LOG_MODE FROM V$DATABASE;
```

执行结果如图 18-17 所示。从结果可以看出，当前模式为非归档模式。如果结果为 ARCHIVELOG，则表示当前模式为归档模式。

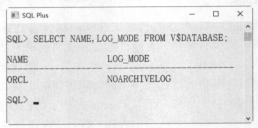

图 18-17　查看当前数据库的模式

18.2.2　查看日志文件信息

对于数据库管理员而言，经常查看日志文件是一项必要的工作，可以了解数据库的运行情况。要了解 Oracle 数据库的日志文件信息，可以查询如表 18-2 所示的三个常用数据字典视图。

表 18-2　包含日志信息的数据字典视图

视图名称	说　　明
V$LOG	显示控制文件中的日志文件信息
V$LOGFILE	日志组合日志成员信息
V$LOG_HISTORY	日志历史信息

▎实例 7：查看 V$LOG 数据字典视图的结构

在 SQL Plus 环境中，使用 DESC 命令显示 V$LOG 数据字典视图的结构，执行语句如下：

```
DESC V$LOG;
```

执行结果如图 18-18 所示。

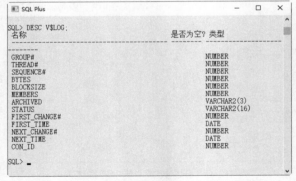

图 18-18　显示 V$LOG 数据字典视图的结构

在上面的运行结果中，用户需要对以下内容进行了解。

● GROUP#：日志文件组编号。

● SEQUENCE#：日志序列号。

● STATUS：日志组的状态，有 CURRENT、INACTIVE、ACTIVE 三种。

● FIRST_CHANGE#：重做日志组上一次写入时的系统变更码（SCN），也称作检查点号。在使用日志文件对数据库进行恢复时，将会用到 SCN。

18.2.3 查看归档日志信息

查看归档日志信息主要有两种方法：一种是使用包含归档信息的数据字典和动态性能视图；另一种是使用 ARCHIVE LOG LIST 命令。

1. 使用包含归档信息的数据字典和动态性能视图

常用的各种包含归档信息的数据字典和动态性能视图，如表 18-3 所示。

表 18-3　包含归档信息的数据字典和动态性能视图

视图名称	说　明
V$DATABASE	用于查询数据库是否处于归档模式
V$ARCHIVED_LOG	包含控制文件中所有已经归档的日志信息
V$ARCHIVE_DEST	包含所有归档目标信息
V$ARCHIVE_PROCESSES	包含已启动的 ARCN 进行状态信息
V$BACKUP_REDOLOG	包含所有已经备份的归档日志信息

下面通过查询 V$ARCHIVE_DEST 动态性能视图来显示归档目标信息。

实例 8：使用 V$ARCHIVE_DEST 查看归档目标信息

使用 V$ARCHIVE_DEST 动态性能视图查看归档目标信息，执行语句如下：

```
SELECT DEST_NAME FROM V$ARCHIVE_DEST;
```

执行结果如图 18-19 所示。

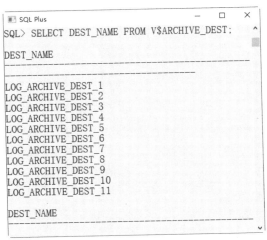

图 18-19　查看归档目标信息

2. 使用 ARCHIVE LOG LIST 命令

▌ 实例 9：使用 ARCHIVE LOG LIST 命令查看归档目标信息

在 SQL Plus 环境中，使用 ARCHIVE LOG LIST 命令也可以显示当前数据库的归档信息，执行语句如下：

```
archive log list;
```

执行结果如图 18-20 所示。

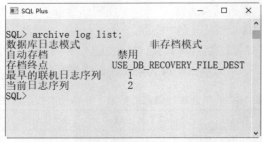

图 18-20　显示当前数据库的归档信息

18.2.4　查询日志文件

通过 V$LOGFILE 可以查询日志文件，下面通过案例来讲解具体的方法。

▌ 实例 10：查看日志文件的组号、成员信息

查询 V$LOGFILE 中的组号（GROUP#）、成员（MEMBER）信息，执行语句如下：

```
SELECT GROUP#, MEMBER FROM V$LOGFILE;
```

执行结果如图 18-21 所示。

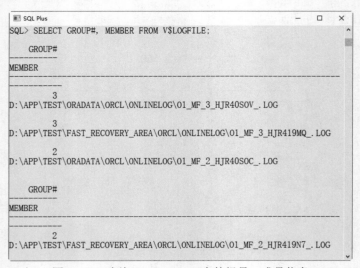

图 18-21　查询 V$LOGFILE 中的组号、成员信息

输出的内容如下：

```
GROUP#      MEMBER
----------  ----------
3           D:\APP\TEST\ORADATA\ORCL\ONLINELOG\O1_MF_3_HJR40SOV_.LOG
3           D:\APP\TEST\FAST_RECOVERY_AREA\ORCL\ONLINELOG\O1_MF_3_HJR419MQ_.LOG
2           D:\APP\TEST\ORADATA\ORCL\ONLINELOG\O1_MF_2_HJR40SOC_.LOG
2           D:\APP\TEST\FAST_RECOVERY_AREA\ORCL\ONLINELOG\O1_MF_2_HJR419N7_.LOG
1           D:\APP\TEST\ORADATA\ORCL\ONLINELOG\O1_MF_1_HJR40SNV_.LOG
1           D:\APP\TEST\FAST_RECOVERY_AREA\ORCL\ONLINELOG\O1_MF_1_HJR419MQ_.LOG
```

18.2.5 删除日志文件

删除日志文件的方法与删除文件组的方法类似，语法格式如下：

```
ALTER DATABASE [database_name]
DROP LOGFILE MEMBER
filename;
```

其中，参数 filename 表示日志文件的名称，当然也包括日志文件的路径。

实例 11：删除指定的日志文件

删除日志文件 O1_MF_3_HJR40SOV_.LOG，执行语句如下：

```
ALTER DATABASE
DROP LOGFILE MEMBER
'D:\APP\TEST\ORADATA\ORCL\ONLINELOG\O1_MF_3_HJR40SOV_.LOG';
```

执行结果如图 18-22 所示，此时日志文件 O1_MF_3_HJR40SOV_.LOG 被成功删除。

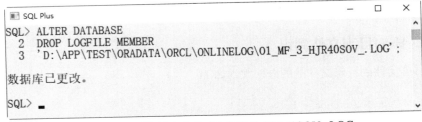

图 18-22　删除日志文件 O1_MF_3_HJR40SOV_.LOG

18.3　管理日志文件组

通过日志文件组，数据库管理员可以轻松地管理日志文件。本节就来介绍管理日志文件组的相关内容。

18.3.1 新建日志文件组

创建日志文件组的语法如下：

```
ALTER DATABASE [database_name]
```

363

```
ADD LOGFILE GROUP n
filename SIZE m;
```

参数介绍如下。

- database_name：要修改的数据库名，如果省略，就表示当前数据库。
- n：创建日志工作组的组号，组号在日志组中必须是唯一的。
- filename：表示日志文件组的存在位置。
- m：表示日志文件组的大小，默认情况下大小为 50MB。

▎实例 12：新建日志文件组 GROUP 4

新建日志文件组 GROUP 4，执行语句如下：

```
ALTER DATABASE
ADD LOGFILE GROUP 4
('D:\app\test\oradata\orcl\mylogn.log') SIZE 20M;
```

执行结果如图 18-23 所示，提示用户数据库已更改，可见数据库中已经创建了新的日志文件组。

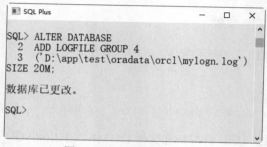

图 18-23　新建日志文件组

18.3.2　添加日志文件到组

添加日志文件到日志文件组的语法规则如下：

```
ALTER DATABASE [database_name]
ADD LOGFILE MEMMER
filename TO GROUP n;
```

其中，参数 database_name 为要修改的数据库名，如果省略，就表示为当前数据库；参数 filename 表示日志文件的存在位置；参数 n 为日志文件的组号。

▎实例 13：添加日志文件到文件组 GROUP 4

添加日志文件到日志文件组。执行语句如下：

```
ALTER DATABASE
ADD LOGFILE MEMBER
'D:\app\test\oradata\orcl\mylog_01.log'
TO GROUP 4;
```

执行结果如图 18-24 所示,提示用户数据库已更改,此时创建的日志文件添加到日志文件组 4 中,添加的日志文件名称为 mylog_01.log。

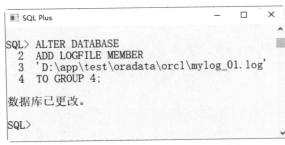

图 18-24　添加日志文件到日志文件组

18.3.3　查询日志文件组

日志文件组主要是通过 V$LOG 来查询,下面通过案例来讲解具体的方法。

▌实例 14:查询日志文件组的组号、成员数与状态

查询 V$LOG 中的组号(GROUP#)、成员数(MEMBERS)和状态(STATUS)信息,SQL 代码如下:

```
SELECT GROUP#, MEMBERS,STATUS FROM V$LOG;
```

执行结果如图 18-25 所示。

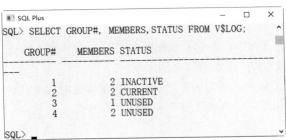

图 18-25　查询 V$LOG 中的组号、成员数和状态信息

18.3.4　删除日志文件组

使用 ALTER DATABASE 语句可以删除日志文件组,具体的语法规则如下:

```
ALTER DATABASE [database_name]
DROP LOGFILE
GROUP n;
```

其中,参数 n 为日志文件组的组号。

▌实例 15:删除日志文件组 GROUP 4

删除日志文件组 GROUP 4,执行语句如下:

```
ALTER DATABASE
DROP LOGFILE
GROUP 4;
```

执行结果如图 18-26 所示。此时日志文件组 4 被成功删除。

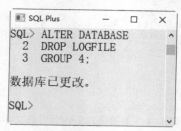

```
SQL Plus                    —    □    ×
SQL> ALTER DATABASE
  2  DROP LOGFILE
  3  GROUP 4;

数据库已更改。

SQL>
```

图 18-26　删除日志文件组 4

18.4　疑难问题解析

▌疑问 1：如何提高日志的切换频率？

答：通过参数 ARCHIVE_LAG_TARGET 可以控制日志切换的时间间隔，以秒为单位。通过减少时间间隔，从而实现提高日志的切换频率。例如以下代码：

```
SQL> ALTER SYSTEM SET ARCHIVE_LAG_TARGET=50 SCOPE=both;
```

通过上面的命令，可以实现日志每 50 秒切换一次。

▌疑问 2：联机日志文件的状态有哪些？

答：在 Oracle 日志文件中，最容易模糊的就是日志文件的 3 种状态，它们的含义如下。
- current：表示 LGWR 正在写的日志文件。
- active：表示 LGWR 正在写的日志文件，实例恢复时需要这种文件。
- inactive：表示 LGWR 正在写的日志文件，实例恢复时也不会用到这种文件。

18.5　实战训练营

▌实战 1：管理数据库中的控制文件

（1）通过数据字典 v$controlfile，查看控制文件的存放位置和状态。
（2）在数据库打开状态下，修改 control_files 参数。
（3）关闭数据库。在数据库打开时，数据库中的文件是无法操作的。
（4）在 DOS 下复制文件到指定位置。
（5）文件复制完成后，使用 startup 命令重新启动数据库。
（6）在数据库字典 controlfile 中重新查询现存的控制文件。
（7）获取数据库系统中的数据文件。
（8）获取数据库系统中的日志文件。
（9）关闭数据库，创建控制文件。

（10）启动数据库实例。

（11）创建控制文件。

（12）使用 SPFILE 方法修改 init.ora 中的 controlfiles 参数。

（13）重启数据库后，查询 v$controlfile 数据字典，检查控制文件是否全部正确加载。

实战 2：管理数据库中的日志文件

（1）在数据字典中查看日志文件的信息。

（2）查看 v$database 数据字典中的描述内容。

（3）查看当前数据库的模式。

（4）新建日志文件组。

（5）添加日志文件到日志文件组。

（6）删除日志文件组和日志文件。

（7）删除日志文件 mylog.log。

（8）查询日志文件组。查询 V$LOG 中的组号（GROUP#）、成员数（MEMBERS）和状态（STATUS）信息。

（9）查询 V$LOGFILE 中的组号（GROUP#）、成员（MEMBER）信息。

第19章 Oracle数据的备份与还原

本章导读

　　Oracle 数据库提供了完备的数据库备份恢复方法及工具，数据库备份是数据库管理员的一项十分重要的任务，使用备份的数据库文件可以在数据库出现人为或设备故障时迅速地恢复数据，保证数据库系统对外提供持续、一致的数据库服务。本章就来介绍 Oracle 数据的备份与还原，主要内容包括数据的冷备份、数据的热备份、数据的还原、数据表的导入与导出等。

知识导图

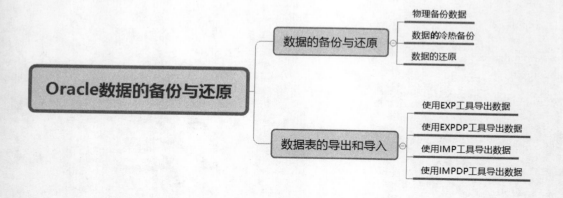

19.1 数据的备份与还原

备份是数据库的一个副本，具体内容包括数据文件、控制文件等。通过备份，数据库可以有效防止不可预测的数据丢失和应用程序错误造成的数据丢失，以及有效还原数据。

19.1.1 物理备份数据

物理备份是指将数据库文件，如数据文件、控制文件及日志文件等，复制到指定目录作为数据文件备份的方式。采用物理备份时，无论数据库文件中是否有数据，都会复制整个数据文件。显然物理备份会占用备份的存储空间，需要数据库管理员事先查看数据库文件的大小，再使用合理的存储空间来备份数据。

实现物理备份的方式为：使用操作系统中的备份与还原工具来管理数据文件，如图 19-1 所示为 Windows 10 操作系统的备份工作界面，在这里选择需要备份的 test 数据库及数据文件，按照备份步骤备份数据库文件即可。到需要还原数据库文件时，选择备份文件即可还原数据库。

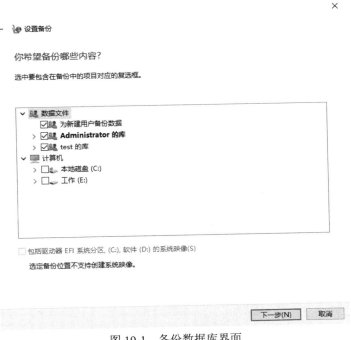

图 19-1 备份数据库界面

19.1.2 数据的冷热备份

冷与热是对数据库运行状态的形象描述，下面介绍 Oracle 数据库的冷备份与热备份。

1. 数据库的冷备份

冷备份发生在数据库已经正常关闭的情况下，当正常关闭时会提供给用户一个完整的数据库。这样就可以把数据库复制到另外一个位置，这是一个物理备份的方法。对 Oracle 数据库而言，冷备份是最快和最安全的方法。

冷备份具有如下优点：

● 是非常快速的备份方法（只需复制文件）。
● 容易归档（简单复制即可）。
● 容易恢复到某个时间点上（只需将文件再复制回去）。
● 能与归档方法相结合，做数据库"最佳状态"的恢复。
● 低度维护，高度安全。

但是，冷备份也有如下不足之处：

● 单独使用时，只能提供到"某一时间点上"的恢复。
● 在实施备份的全过程中，数据库必须是关闭状态。
● 若磁盘空间有限，只能复制到磁带等其他外部存储设备上，速度会很慢。
● 不能按表或按用户恢复。

冷备份中必须复制的文件包括以下几个：

● 所有数据文件。
● 所有控制文件。
● 所有联机 REDO LOG 文件。
● init.ora 文件（可选）。

> **注意**：使用冷备份必须在数据库关闭的情况下进行，当数据库处于打开状态时，执行数据库文件系统备份是无效的。

实例 1：冷备份当前数据库

首先正常关闭数据库，使用以下 3 行命令之一即可：

```
shutdown immediate;
shutdown transactional
shutdown normal
```

语句执行结果如图 18-7 所示，提示用户数据库已关闭。

接着通过操作系统命令或者手动复制文件到指定位置，此时需要较大的介质存储空间。最后重启 Oracle 数据库，执行命令如下：

```
startup;
```

执行结果如图 19-2 所示。

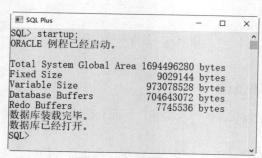

图 19-2　启动数据库

2. 数据库的热备份

热备份是在数据库运行的情况下，采用 archivelog 方式备份数据库的方法。热备份要求数据库在 archivelog 方式下操作，并需要大量的档案空间。一旦数据库运行在 archivelog 状态下，就可以做备份了。热备份的命令文件由三个部分组成。

（1）数据文件一个表空间一个表空间地备份，包括以下内容：

● 设置表空间为备份状态。

● 备份表空间的数据文件。

● 恢复表空间为正常状态。

（2）备份归档 log 文件，包括以下内容：

● 临时停止归档进程。

● 在 archive rede log 目标目录中的文件。

● 重新启动 archive 进程。

● 备份归档的 redo log 文件。

（3）用 alter database bachup controlfile 命令备份控制文件。

热备份具有如下优点：

● 可在表空间或数据库文件级备份，备份的时间短。

● 备份时数据库仍可使用。

● 可达到秒级恢复（恢复到某一时间点上）。

● 可对几乎所有数据库实体做恢复。

● 恢复是快速的。

热备份具有如下不足之处：

● 不能出错，否则后果严重。

● 若热备份不成功，所得结果不可用于时间点的恢复。

● 困难在于维护，所以要特别仔细小心，不允许"以失败告终"。

热备份也称为联机备份，需要在数据库的归档模式下进行备份。

实例 2：查看数据库中日志的状态

查看数据库中日志的状态，执行语句如下：

```
archive log list;
```

语句执行结果如图 19-3 所示。从结果可以看出，目前数据库的日志模式是不归档模式，同时自动模式也是禁用的。

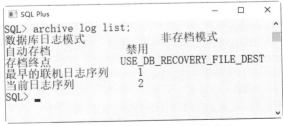

图 19-3　查看数据库中日志的状态

实例 3：设置数据库日志模式为归档模式

要设置数据库日志模式为归档模式，首先应修改系统的日志模式为归档模式，执行语句如下：

```
alter system set log_archive_start=true scope=spfile;
```

语句执行结果如图 19-4 所示，提示用户系统已更改。

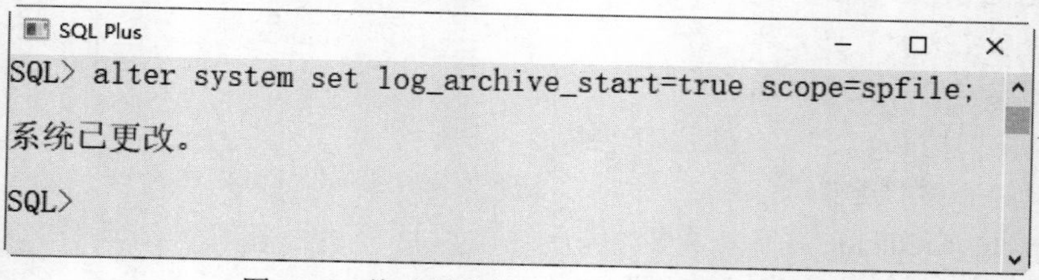

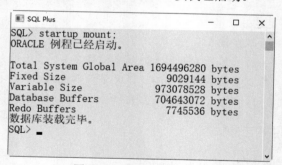

图 19-4　修改系统的日志模式为归档模式

接着关闭数据库，执行语句如下：

```
shutdown immediate;
```

下面启动 mount 实例，但是不启动数据库，执行语句如下：

```
startup mount;
```

语句执行结果如图 19-5 所示，提示用户 Oracle 实例已启动。

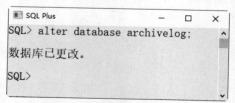

图 19-5　启动 mount 实例

最后更改数据库为归档模式，执行语句如下：

```
alter database archivelog;
```

语句执行结果如图 19-6 所示，提示用户数据库已更改。

图 19-6　更改数据库为归档模式

设置完成后，再次查询当前数据库的归档模式，执行语句如下：

```
archive log list;
```

语句执行结果如图 19-7 所示。从结果可以看出，当前日志模式已经修改为归档模式，并且自动存档已经启动。

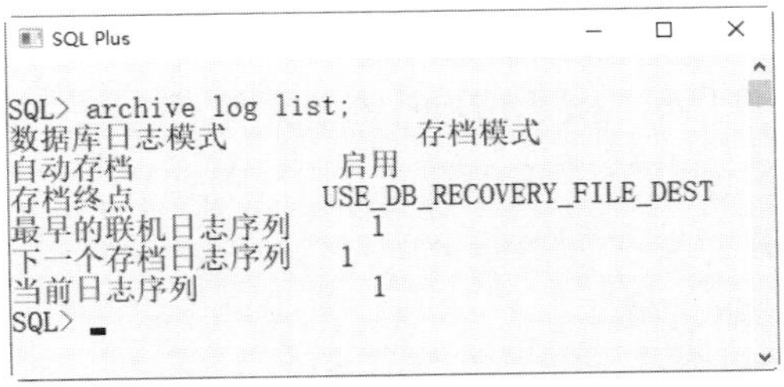

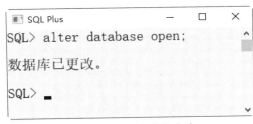

图 19-7　查询当前数据库的归档模式

把数据库设置成归档模式后，就可以进行数据库的备份与恢复操作了。

实例 4：热备份表空间 TEMP

热备份表空间 TEMP，首先需要将数据库的状态设置为打开，即改变数据库的状态为 open，执行语句如下：

```
alter database open;
```

语句执行结果如图 19-8 所示。

图 19-8　改变数据库的状态为 open

接着备份表空间 TEMP，开始备份的命令如下：

```
alter tablespace TEMP begin backup;
```

下面打开数据库中的 oradata 文件夹，把文件复制到磁盘中的另外一个文件夹或其他磁盘上。

最后，结束备份命令如下：

```
alter tablespace TEMP end backup;
```

至此，就完成了数据的热备份。

19.1.3　数据的还原

当数据丢失或意外破坏时，可以通过还原已经备份的数据尽量减少数据的丢失。下面介绍数据还原的方法。

▍实例 5：恢复表空间 TEMP 中的数据文件

恢复表空间 TEMP 中的数据文件。

首先，对当前的日志进行归档，执行语句如下：

```
alter system archive log current;
```

语句执行结果如图 19-9 所示，提示用户系统已更改。

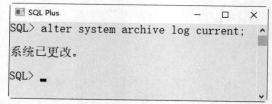

图 19-9　对当前的日志进行归档

接着，切换日志文件。一般情况下，一个数据库中包含 3 个日志文件，所以需要使用 3 次下面的语句来切换日志文件，执行语句如下：

```
alter system switch logfile;
```

语句执行结果如图 19-10 所示，提示用户系统已更改。

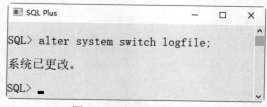

图 19-10　切换日志文件

下面把数据库设置成 open 状态，执行语句如下：

```
alter database open;
```

语句执行结果如图 19-8 所示。

最后，恢复表空间 TEMP 的数据文件，执行语句如下：

```
recover datafile 2;
```

这里的编号 2 是数据文件的编号。

数据恢复完成后，设置数据文件为联机状态，SQL 命令如下：

```
alter database datafile 2 online;
```

至此，数据文件的恢复完成。

> **注意**：在恢复数据库中的数据时，把数据库文件设置成脱机状态后，需要把之前备份的数据复制到原来数据文件存放的位置，否则会提示错误。

19.2　数据表的导出和导入

将数据表导出也是保护数据安全的一种方法，Oracle 数据库中的数据表可以导出，同样这些导出文件也可以导入 Oracle 数据库中。

19.2.1　使用 EXP 工具导出数据

使用 EXP 工具可以导出数据。在 DOS 窗口下，输入以下语句，然后根据提示即可导出数据。

```
C:\> EXP username/password
```

其中，username 为登录数据库的用户名；password 为用户密码。注意这里的用户不能为 SYS。

▌**实例 6：导出数据表 fruits**

导出数据表 fruits，执行代码如下：

```
C:\> EXP scott/ Pass2020 file=f: \mytest.dmp tables=fruits;
```

这里指出了导出文件的名称和路径，然后指出导出表的名称。如果要导出多个表，需要将各个表之间用逗号隔开。

导出表空间和导出表不同，导出表空间的用户必须是数据库的管理员角色。导出表空间的命令如下：

```
C:\> EXP username/password   FILE=filename.dmp   TABLESPACES=tablespaces_name
```

其中，参数 username/password 表示具有数据库管理员权限的用户名和密码；filename.dmp 表示存放备份的表空间的数据文件；tablespaces_name 表示要备份的表空间名称。

▌**实例 7：导出表空间 TEMP**

导出表空间 TEMP，执行代码如下：

```
C:\> EXP scott/ Pass2020 file=f: \mytest01.dmp   TABLESPACES=TEMP
```

19.2.2　使用 EXPDP 工具导出数据

EXPDP 是从 Oracle 10g 开始提供的导入 / 导出工具，使用该工具可以实现数据库之间或者数据库与操作系统之间的数据传输。下面介绍使用 EXPDP 工具导出数据的过程。

1. 创建目录对象

使用 EXPDP 工具之前，必须创建目录对象，具体的语法规则如下：

```
SQL> CREATE DIRECTORY directory_name AS 'file_name';
```

其中，参数 directory_name 为创建目录的名称，file_name 表示存放数据的文件夹名。

▌实例 8：创建目录对象 MYDIR

创建目录对象 MYDIR，执行语句如下：

```
CREATE DIRECTORY MYDIR AS 'DIRMP';
```

语句执行结果如图 19-11 所示，提示用户目录已创建。

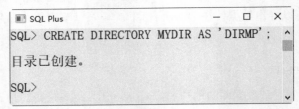

图 19-11　创建目录对象 MYDIR

2. 给使用目录的用户赋权限

新创建的目录对象不是所有用户都可以使用，只有拥有该目录权限的用户才可以使用。假设备份数据库的用户是 SCOTT，那么赋予权限的具体语法如下：

```
SQL> GRANT READ,WRITE ON DIRECTORY directory_name TO SCOTT;
```

其中，参数 directory_name 表示目录的名称。

▌实例 9：将目录对象 MYDIR 权限赋予 SCOTT

将目录对象 MYDIR 权限赋予 SCOTT 用户，执行代码如下：

```
SQL> GRANT READ,WRITE ON DIRECTORY MYDIR TO SCOTT;
```

语句执行结果如图 19-12 所示，提示用户授权成功。

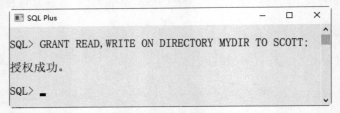

图 19-12　将目录对象 MYDIR 权限赋予 SCOTT

3. 导出指定的表

创建完目录后，即可使用 EXPDP 工具导出数据，操作也是在 DOS 的命令窗口中完成。导出指定备份表的语法格式如下：

```
C:\> EXP username/password DIRECTORY= directory_name DUMPFILE= file_name
TABLE=table_name;
```

其中，参数 directory_name 表示存放导出数据的目录名称；file_name 表示导出数据存放的文件名；table_name 表示准备导出的表名，如果导出多个表，要用逗号隔开。

实例 10：导出数据表 fruits

导出数据表 fruits，执行代码如下：

```
C:\> EXP scott / Pass2020  DIRECTORY= MYDIR DUMPFILE=mytemp.dmp TABLE=fruits;
```

19.2.3 使用 IMP 工具导入数据

逻辑导入数据和导出数据是逆过程，使用 EMP 工具导出数据，使用 IMP 工具导入数据。

实例 11：使用 EXP 工具导出数据表 fruits

使用 EXP 工具导出 fruits 表，执行语句如下：

```
C:\> EXP scott/Pass2020 file=f: \mytest2.dmp tables=fruits;
```

实例 12：使用 IMP 工具导入数据表 fruits

使用 IMP 工具导入 fruits 表，执行语句如下：

```
C:\> IMP scott/Pass2020 file= mytest2.dmp tables=fruits;
```

19.2.4 使用 IMPDP 工具导入数据

使用 EXPDP 工具导出数据后，可以使用 IMPDP 工具将数据导入。

实例 13：使用 IMPDP 工具导入数据表 fruits

使用 IMPDP 工具导入 fruits 表，执行命令如下：

```
C:\>IMPDP scott/Pass2020  DIRECTORY= MYDIR DUMPFILE=mytemp.dmp TABLE=fruits;
```

如果数据库中存在 fruits 表，此时会报错，解决方式是在上面代码后加上：ignore=y。

19.3 疑难问题解析

疑问 1：如何把数据导出到磁盘上？

答：Oracle 的导出工具 EXP 支持把数据直接备份到磁盘上，这样可以减少把数据备份到本地磁盘，然后再备份到磁盘上的中间环节。命令如下：

```
EXP scott/Pass2020 file=/dev/rmt0 tables= fruits;
```

其中，参数 file 指定的就是磁盘的设备名。

疑问 2：如何判断数据导出是否成功？

答：在做导出操作时，无论是否成功，都会有提示信息。常见信息的含义如下。

（1）导出成功，没有任何错误，将会提示如下信息。

```
Export terminated successfully without warnings
```

（2）导出完成，但是某些对象有问题，将会提示如下信息。

```
Export terminated successfully with warnings
```

（3）导出失败，将会提示如下信息。

```
Export terminated unsuccessfully
```

19.4　实战训练营

▌实战 1：备份数据库中的数据表或其他数据

（1）使用 EXP 工具导出数据表 suppliers。
（2）使用 EXP 工具导出表空间 TEMP。
（3）使用 EXPDP 工具导出数据表 fruits。

▌实战 2：还原数据库中的数据表或其他数据

（1）使用 IMP 导入数据表 suppliers。
（2）使用 IMPDP 导入数据表 fruits。
（3）恢复表空间 TEMP 中的数据文件。

第20章　用户与角色的安全管理

📖 **本章导读**

　　Oracle 是一个多用户管理数据库，可以为不同用户指定允许的权限，从而提高数据库的安全性。本章就来介绍 Oracle 用户与角色的管理，主要内容包括用户的基本管理、用户权限管理、数据库角色管理和概要文件的管理等。

📖 **知识导图**

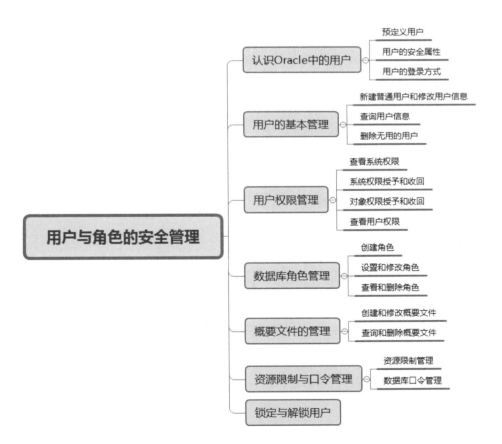

20.1　认识 Oracle 中的用户

Oracle 提供许多语句用来管理用户账号，包括创建用户、删除用户、密码管理和权限管理等内容。Oracle 数据库的安全性，需要通过账户管理来保证。

20.1.1　预定义用户

在 Oracle 数据库创建时创建的用户，称为预定义用户，根据作用不同，预定义用户分为3类。

1. 管理员用户

管理员用户包括 SYS、SYSTEM、SYSMAN、DBSNMP 等，这些用户都不能删除。

（1）SYS：数据库中拥有最高权限的管理员，可以启动、关闭、修改数据库，拥有数据字典。

（2）SYSTEM：一个辅助的数据库管理员，不能启动和关闭数据库，但是可以进行一些管理工作，如创建和删除用户。

（3）SYSMAN：OEM 的管理员，可以对 OEM 进行配置和管理。

（4）DBSNMP：OEM 代理，用来监视数据库。

2. 示例方案用户

在安装 Oracle 或使用 odbc 创建数据库时，如果选择了"示例方案"，就会创建一些用户，在这些用户对应的 schema 中，又产生一些数据库应用案例，这些用户包括 BI、HR、OE、PM、IX、SH 等。默认情况下，这些用户均为锁定状态，口令过期。

3. 内置用户

有一些 Oracle 特性或 Oracle 组件需要自己单独的模式，因此为它们创建了一些内置用户，如 APEX_PUBLIC_USER、DIP 等。默认情况下，这些用户均为锁定状态，口令过期。

此外，还有 SCOTT 和 PUBLIC 两个特殊的用户，SCOTT 是一个用于测试网络连接的用户，PUBLIC 实际上是一个用户组，数据库中的任何用户都属于该用户组，如果要为数据库中的全部用户授予某种权限，只需要对 PUBLIC 授权即可。

20.1.2　用户的安全属性

在创建用户时，必须使用安全属性对用户进行限制，用户的安全属性主要包括用户名、用户身份认证、默认表空间、临时表空间、表空间配额、概要文件等，具体介绍如下。

（1）用户名：在同一个数据库中，用户名是唯一的，并且不能与角色名相同。

（2）用户身份认证：Oracle 采用多种方式进行身份认证，如数据库认证、操作系统认证、网络认证等。

（3）默认表空间：用户创建数据库对象时，如果没有显式指明存储在哪个表空间，系统会自动将该数据库对象存储在当前用户的默认表空间。在 Oracle 11g 中，如果没有为用户指定默认表空间，则系统将数据库的默认表空间作为用户的默认表空间。

（4）临时表空间：临时表空间的分配与默认表空间相似，如果不显式指定，系统会将数据库的临时表空间作为用户的临时表空间。

（5）表空间配额：表空间配额限制用户在永久表空间中可使用的存储空间的大小。默认新建用户在表空间没有配额，可以为每个用户在表空间上指定配额，也可授予用户 UMLIMITED TABLESPACE 系统权限，使用户在表空间的配额上不受限制。临时表空间的配额不需要分配。

（6）概要文件：每个用户必须具有一个概要文件，从会话级和调用级两个层次限制用户对数据库系统资源的使用，同时设置用户的口令管理策略。如果没有为用户指定概要文件，Oracle 将自动为用户指定 DEFAULT 概要文件。

（7）设置用户的默认角色：为创建的用户设置默认角色。

（8）账户状态：创建用户时，可以设定用户的初始状态，包括口令是否过期和账户是否锁定等。

20.1.3　用户的登录方式

在 Oracle 中，用户登录数据库的方式主要有 3 种。

（1）密码验证方式：把验证密码放在 Oracle 数据库中，这是最常用的验证方式，同时安全性也比较高。

（2）外部验证方式：这种验证的密码通常与数据库所在的操作系统的密码一致。

（3）全局验证方式：这种验证方式不会把验证密码放在 Oracle 数据库中，也是不常用的验证方式。

20.2　用户的基本管理

用户是数据库的使用者和管理者，Oracle 通过设置用户及安全属性来控制用户对数据库的访问。Oracle 的用户分两类：一类是创建数据库时系统预定义的用户，一类是根据应用由 DBA 创建的用户。

20.2.1　新建普通用户

在 Oracle 数据库中，创建用户时需要特别注意的是：用户的密码必须以字母开头。可以使用 CREATE USER 语句创建用户。语法规则如下：

```
CREATE USER username IDENTIFIED BY password
OR EXTERNALLY AS certificate_DN
OR GLOBALLY AS directory_DN
[DEFAULT TABLESPACE tablespace]
[TEMPORARY TABLESPACE tablespace| tablespace_group_name]
[QUOTA size|UNLIMITED ON tablespace]
[PROFILE profile]
[PASSWORD EXPIRE]
[ACCOUNT LOCK|UNLOCK]
```

参数介绍如下。

（1）username：表示创建的用户的名称。

（2）IDENTIFIED BY password：表示以口令作为验证方式。

（3）EXTERNALLY AS certificate_DN：表示外部验证方式。

（4）GLOBALLY AS directory_DN：表示全局验证方式。

（5）DEFAULT TABLESPACE：表示设置默认表空间。如果忽略该语句，创建的用户就放在数据库的默认表空间中；如果数据库没有设置默认表空间，创建的用户就放在 SYSTEM 表空间中。

（6）TEMPORARY TABLESPACE：设置临时表空间或者临时表空间组，可以把临时表空间存放在临时表空间组中。如果忽略该语句，就会把临时的文件存放到当前数据库中默认的临时表空间中；如果没有默认的临时表空间，就会把临时文件放到 SYSTEM 的临时表空间中。

（7）QUOTA：表示设置当前用户使用表空间的最大值。在创建用户时可以用多个 QUOTA 来设置用户在不同表空间中能够使用的表空间大小。如果设置成 UNLIMITED，表示对表空间的使用没有限制。

（8）PROFILE：设置当前用户使用的概要文件的名称。如果忽略该子句，该用户就使用当前数据库中默认的概要文件。

（9）PASSWORD EXPIRE：用于设置当前用户密码立即处于过期状态，用户如果想再登录数据库就必须更改密码；

（10）ACCOUNT：用于设置锁定状态。如果设置成 LOCK，用户就不能访问数据库；如果设置成 UNLOCK，那么用户可以访问数据库。

▌实例 1：以口令验证的方式创建普通用户

以口令验证的方式，使用 CREATE USER 创建一个用户，用户名是 USER01，密码是 mypass，并且设置成密码立即过期的方式，执行语句如下：

```
CREATE USER USER01
IDENTIFIED BY mypass
PASSWORD EXPIRE;
```

执行结果如图 20-1 所示，提示用户已经创建。

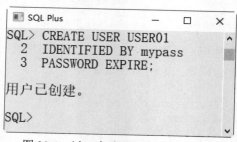

图 20-1　以口令验证的方式创建用户

▌实例 2：以外部验证的方式创建普通用户

以外部验证的方式，使用 CREATE USER 创建一个用户，用户名是 USER02，执行语句如下：

```
CREATE USER USER02
IDENTIFIED EXTERNALLY;
```

语句执行结果如图 20-2 所示，提示用户已经创建。

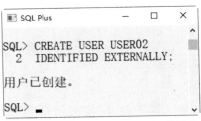

图 20-2　以外部验证的方式创建用户

20.2.2　修改用户信息

在 Oracle 数据库中，可以使用 ALTER USER 语句修改用户信息。具体使用的语法规则如下：

```
ALTER USER username IDENTIFIED
{BY password[REPLACE old_password]
|   EXTERNALLY [AS certificate_DN]
|   GLOBALLY [AS directory_DN]}
[DEFAULT TABLESPACE tablespace]
[TEMPORARY TABLESPACE tablespace| tablespace_group_name]
[QUOTA size|UNLIMITED ON tablespace]
[PROFILE profile]
[PASSWORD EXPIRE]
[ACCOUNT LOCK|UNLOCK]
```

上面各个参数的含义和创建用户的参数含义一样，这里不再重复讲述。

实例 3：修改创建普通用户的密码

修改 USER01 的密码为 newpassword，执行语句如下：

```
ALTER USER USER01 IDENTIFIED BY newpassword;
```

执行结果如图 20-3 所示，提示用户已更改。

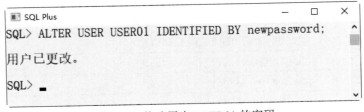

图 20-3　修改用户 USER01 的密码

实例 4：修改普通用户的临时表空间

修改 USER01 的临时表空间为 temp，执行语句如下：

```
ALTER USER USER01
TEMPORARY TABLESPACE temp;
```

语句执行结果如图 20-4 所示，提示用户已更改。

图 20-4　修改用户 USER01 的临时表空间

实例 5：修改普通用户的密码为立即过期

设置 USER01 的密码为立即过期，实现代码如下：

```
ALTER USER USER01
PASSWORD EXPIRE;
```

执行结果如图 20-5 所示，提示用户已更改。

图 20-5　设置用户 USER01 的密码为立即过期

20.2.3　查询用户信息

在 Oracle 中，包含用户信息的数据字典如表 20-1 所示。

表 20-1　包含用户信息的数据字典

视图名称	说　明
dba_users	包含数据库中所有用户的详细信息（15 项）
all_users	包含数据库中所有用户的用户名、用户 ID 和用户创建时间（3 项）
user_users	包含当前用户的详细信息（10 项）
dba_ts_quotas	包含所有用户的表空间配额信息
user_ts_quotas	包含当前用户的表空间配额信息
v$session	包含用户会话信息
v$sesstat	包含用户会话统计信息

要想查看当前数据库中各个用户的属性，可以通过数据字典 dba_users 来查询。

实例 6：查看当前数据库中各个用户的属性

通过数据字典 dba_users 查询当前数据库中各个用户的属性，执行语句如下：

```
select * from ALL_USERS;
```

执行结果如图 20-6 所示，在其中可以查看用户的相关信息。

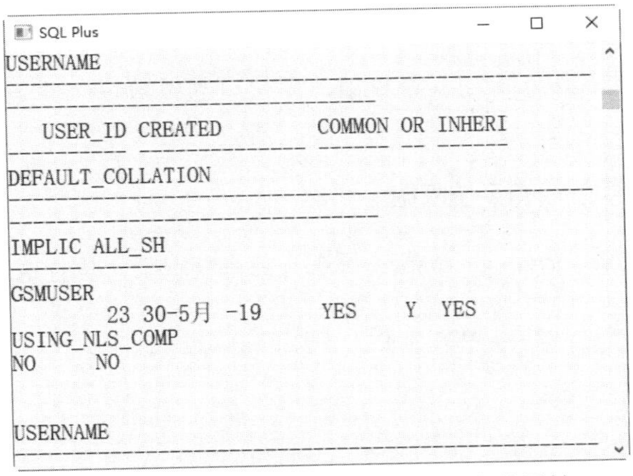

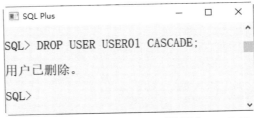

图 20-6 查询当前数据库中各个用户的属性

20.2.4 删除无用的用户

在 Oracle 数据库中，可以使用 DROP USER 语句删除用户。具体的语法规则如下：

```
DROP USER username [CASCADE];
```

参数介绍如下。

- username：用户的名称。
- CASCADE：关键字，是可选参数。如果要删除的用户中没有任何数据库对象，那么可以省略 CASCADE 关键字。

实例 7：删除用户 USER01

使用 DROP USER 删除用户 USER01，执行语句如下：

```
DROP USER USER01 CASCADE;
```

执行结果如图 20-7 所示，提示用户已删除。

图 20-7 使用 DROP USER 删除用户 USER01

20.3 用户权限管理

在 Oracle 数据库中，用户权限主要分为系统权限与对象权限两类。系统权限是指在数据库执行某些操作的权限，或针对某一类对象进行操作的权限。对象权限主要是针对数据库对象执行某些操作的权限，如对表的增删（删除数据）查改等。

20.3.1　查看系统权限

在 Oracle 中，一共有 200 多项系统权限，用户可通过数据字典 system_privilege_map 获得所有的系统权限。

▌实例 8：获得数据库中的所有系统权限

通过数据字典 system_privilege_map 获得所有的系统权限，执行语句如下：

```
select * from system_privilege_map;
```

执行结果如图 20-8 所示。

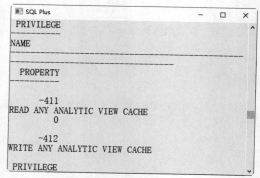

图 20-8　获得所有系统权限

输入的部分代码如下：

```
PRIVILEGE    NAME                                              PROPERTY
---------    ------------------------                          ----------
       -3    ALTER SYSTEM                                               0
       -4    AUDIT SYSTEM                                               0
       -5    CREATE SESSION                                             0
       -6    ALTER SESSION                                              0
       -7    RESTRICTED SESSION                                         0
      -10    CREATE TABLESPACE                                          0
      -11    ALTER TABLESPACE                                           0
      -12    MANAGE TABLESPACE                                          0
      -13    DROP TABLESPACE                                            0
      -15    UNLIMITED TABLESPACE                                       0
      -20    CREATE USER                                                0
......
......
     -392    EXEMPT DDL REDACTION POLICY                                0
     -393    SELECT ANY MEASURE FOLDER                                  0
     -394    ALTER ANY MEASURE FOLDER                                   0
......
......
     -414    TEXT DATASTORE ACCESS                                      0
已选择257行。
```

20.3.2　系统权限授予

在 Oracle 中，必须是拥有 GRANT 权限的用户才可以执行 GRANT 语句。授予系统权限的语法如下：

```
GRANT system_privilege
|ALL PRIVILEGES TO {user IDENTIFIED BY password|role|}
[WITH ADMIN OPTION]
```

参数介绍如下。

（1）system_privilege：表示创建的系统权限名称。

（2）ALL PRIVILEGES：表示可以设置除 SELECT ANY DICTIONARY 权限以外的所有系统权限。

（3）{user IDENTIFIED BY password|role|}：表示设置权限的对象，role 代表的是设置角色的权限。

（4）WITH ADMIN OPTION：表示当前用户还可以给其他用户进行系统权限的赋予操作。

▌实例 9：为用户 scott 赋予系统权限 create session

使用 GRANT 语句为用户 scott 赋予系统权限 create session。

下面创建一个用户 scott，并为该用户授权。创建用户 scott 的执行语句如下：

```
CREATE USER scott
IDENTIFIED BY Pass2020
PASSWORD EXPIRE;
```

执行结果如图 20-9 所示。

图 20-9　创建用户 scott

下面使用 GRANT 语句为用户 scott 赋予一个系统权限 create session，执行语句如下：

```
GRANT create session to scott;
```

执行结果如图 20-10 所示，提示用户授权成功。

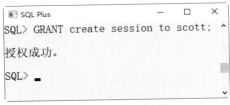

图 20-10　为用户授权

在授予用户系统权限时，需要注意：

- 只有 DBA 用户才有 alter database 权限。
- 应用开发者一般需要拥有 create table、create view、create index 等系统权限。
- 普通用户一般只需具有 create session 权限。
- 在授权用户时若带有 with admin option 子句，则用户可以将获得的权限再授予其他用户。

20.3.3　系统权限收回

收回权限就是取消已经赋予用户的某些权限，收回用户不必要的权限可以在一定程度上保证系统的安全性。Oracle 中使用 REVOKE 语句取消用户的某些权限。

只有数据库管理员才能收回系统权限，而且撤销系统权限的前提是当前的用户存在要撤销的系统权限。收回系统权限的语法规则如下：

```
REVOKE system_privilege
FROM user|role
```

▌实例 10：收回用户 scott 的系统权限 session

使用 REVOKE 语句收回用户 scott 的系统权限 session，执行语句如下：

```
REVOKE create session FROM scott;
```

执行结果如图 20-11 所示，提示撤销成功。

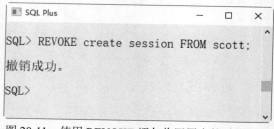

图 20-11　使用 REVOKE 语句收回用户的系统权限

收回用户系统权限需要注意以下 3 点：

- 若有多个管理员授予同一个用户相同的权限，则只要其中一个管理员收回其授予用户的系统权限，该用户就不再具有该系统权限。
- 要收回用户系统权限的传递性（授权时使用了 with admin option），须先收回该系统权限，再重新授予用户该权限。
- 如果一个用户的权限具有传递性，并且已给其他用户授权，那么该用户的系统权限被收回后，其他用户的系统权限并不会受影响。

20.3.4　对象权限授予

对象权限是指对某个特定模式对象的操作权限。在 Oracle 数据库中，不同类型的对象具有不同的对象权限，而有的对象并没有对象权限，只能通过系统权限进行管理，如簇、索引、触发器、数据库链接等。

在 Oracle 数据库中，用户可以直接访问同名 schema 下的数据库对象，如果需要访问其他 schema 下的数据库对象，就需要具有相应的对象权限。授予对象权限的语法规则如下：

```
GRANT object_privilege|ALL
ON schema.object
TO user|role
[WITH ADMIN OPTION]
[WITH THE GRANT ANY OBJECT]
```

参数介绍如下。

（1）object_privilege：表示创建的对象权限名称；如果选择 ALL，则代表授予用户所有的对象权限，这个权限在使用的时候一定要注意。

（2）schema.object：表示为用户授予的对象权限使用的对象。

（3）user|role：user 代表用户，role 代表角色。

（4）WITH ADMIN OPTION：表示当前被授权的用户还可以给其他用户进行系统授权。

（5）WITH THE GRANT ANY OBJECT：表示当前被授权的用户还可以给其他用户进行对象授权。

▍实例 11：为用户 scott 赋予表对象 FRUITS 更新的权限

使用 GRANT 语句为用户 scott 赋予表对象 FRUITS 更新的权限，执行语句如下：

```
GRANT UPDATE ON FRUITS TO scott;
```

执行结果如图 20-12 所示，提示授权成功。

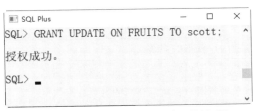

图 20-12　为用户赋予表对象更新权限

20.3.5　对象权限收回

使用 REVOKE 语句不仅可以收回系统权限，还可以收回对象权限。具体的语法规则如下：

```
REVOKE object_privilege|ALL
ON schema.object
FROM user|role
[CASCADE CONTRAINTS]
```

CASCADE CONTRAINTS 选项表示该用户授予其他用户的权限也一并收回。

▍实例 12：收回用户 scott 在 FRUITS 对象上的更新权限

使用 REVOKE 语句收回用户 scott 在 FRUITS 对象上的更新权限，执行语句如下：

```
REVOKE UPDATE ON FRUITS FROM scott;
```

执行结果如图 20-13 所示，提示撤销成功。

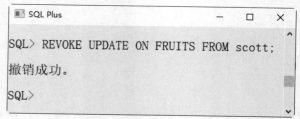

图 20-13　撤销用户更新权限

> **提示**：收回系统权限和收回对象权限有不同的地方。如果撤销用户的系统权限，那么该用户授予其他用户的系统权限仍然存在；如果撤销用户的对象权限，那么该用户授予其他用户的对象权限也被撤销。

20.3.6　查看用户权限

在 Oracle 中，用户的权限存放在数据库的数据字典中。如表 20-2 所示为包含用户权限信息的数据字典。

表 20-2　包含用户权限信息的数据字典

视图名称	说　　明
DBA_SYS_PRIVS	包含所有用户和角色获得的系统权限信息
ALL_SYS_PRIVS	包含当前用户和角色获得的系统权限信息
USER_SYS_PRIVS	当前用户获得的系统权限信息
DBA_TAB_PRIVS	包含所有用户和角色获得的对象权限信息
ALL_TAB_PRIVS	包含当前用户和角色获得的对象权限信息
USER_TAB_PRIVS	当前用户获得的对象权限信息
DBA_COL_PRIVS	包含数据库中所有列对象的权限信息
ALL_COL_PRIVS	包含当前用户可见的所有列对象的权限信息
USER_COL_PRIVS	当前用户拥有的或授予其他用户的所有列对象的权限信息
SESSION_PRIVS	当前会话可以使用的所有权限信息

用户的系统权限存放在数据字典 DBA_SYS_PRIVS 中，用户的对象权限存放在数据字典 DBA_TAB_PRIVS 中。数据库管理员可以通过用户名查看用户的权限。

▎实例 13：查看 ANONYMOUS 用户的系统权限

查看 ANONYMOUS 用户的系统权限，执行语句如下：

```
SELECT * FROM DBA_SYS_PRIVS WHERE GRANTEE='ANONYMOUS';
```

执行结果如图 20-14 所示，从中可以查看 ANONYMOUS 用户的系统权限。

```
■ SQL Plus                                          —   □   ×

SQL> SELECT * FROM DBA_SYS_PRIVS WHERE GRANTEE='ANONYMOUS';

GRANTEE
——————————————————————
PRIVILEGE
——————————————————————————————————————————————————
ADMIN_  COMMON INHERI
——————————————————————
ANONYMOUS
CREATE SESSION
NO      YES    YES


SQL>
```

图 20-14　查看 ANONYMOUS 用户的系统权限

如果想查看系统中所有用户的名称等信息，可以使用下列命令之一进行查看：

```
SELECT * FROM DBA_USERS;
SELECT * FROM ALL_USERS;
SELECT * FROM USER_USERS;
```

20.4　数据库角色管理

角色相当于 Windows 操作系统中的用户组，可以集中管理数据库或服务器的权限。用户和角色是不同的，用户是数据库的使用者，角色是权限的授予对象，给用户授予角色，相当于给用户授予一组权限。数据库中的角色可以授予多个用户，一个用户也可以被授予多个角色。

20.4.1　创建角色

实际的数据库管理过程中，通过创建角色，可以分组管理用户的权限。创建角色的具体语法如下：

```
CREATE ROLE role
[NOT IDENTIDIED| IDENTIFIED BY[password]| IDENTIFIED BY
EXETERNALLY| IDENTIFIED BY GLOBALLY]
```

参数介绍如下。

（1）**NOT IDENTIDIED**：表示创建角色的验证方式为不需要验证。

（2）**IDENTIFIED BY[password]**：表示创建角色的验证方式为口令验证。

（3）**IDENTIFIED BY EXETERNALLY**：表示创建角色的验证方式为外部验证。

（4）**IDENTIFIED BY GLOBALLY]**：表示创建角色的验证方式为全局验证。

▌实例 14：创建角色 MYROLE

创建角色 MYROLE，执行语句如下：

```
CREATE ROLE MYROLE;
```

执行结果如图 20-15 所示，提示用户角色已创建。

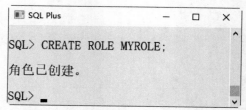

图 20-15　创建角色 MYROLE

角色创建完成后，即可为角色赋予权限，具体语法格式如下：

```
GRANT system_privilege
|ALL PRIVILEGES TO role
[WITH ADMIN OPTION]
```

实例 15：赋予 MYROLE 角色系统权限

赋予 MYROLE 角色 CREATE SESSION 权限，执行语句如下：

```
GRANT CREATE SESSION TO MYROLE;
```

执行结果如图 20-16 所示，提示授权成功。

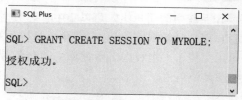

图 20-16　给角色授予权限

> **注意**：数据库管理员必须拥有 GRANT_ANY_ PRIVILEGES 权限才可以给角色赋予任何权限。

20.4.2　设置角色

角色创建完成后不能直接使用，还需要把角色赋予用户才能使角色生效。将角色赋予用户的具体语法如下：

```
GRANT role TO user
```

实例 16：将角色 MYROLE 赋予用户

将角色 MYROLE 赋予 scott，执行代码如下：

```
GRANT MYROLE TO scott;
```

执行结果如图 20-17 所示，提示授权成功。

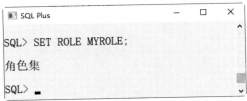

图 20-17 将角色 MYROLE 赋予 scott

一个用户可以同时被赋予多个角色，被赋予的多个角色是否生效可以自行设置，设置的方法如下：

```
SET ROLE role
SET ROLE ALL
SET ROLE ALL EXCEPT role
SET ROLE NONE
```

代码介绍如下。

（1）SET ROLE role：表示指定的角色生效。

（2）SET ROLE ALL：表示设置用户的所有角色都生效。

（3）SET ROLE ALL EXCEPT role：表示设置 EXCEPT 后的角色不失效。

（4）SET ROLE NONE：表示设置用户的角色都失效。

▌实例 17：设置角色 MYROLE 在当前用户上生效

设置角色 MYROLE 在当前用户上生效，执行语句如下：

```
SET ROLE MYROLE;
```

语句执行结果如图 20-18 所示。

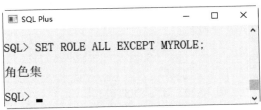

图 20-18 设置角色 MYROLE 在当前用户上生效

也可以通过以下代码实现：

```
SET ROLE ALL EXCEPT MYROLE;
```

执行结果如图 20-19 所示。

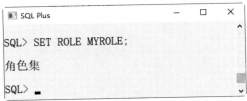

图 20-19 设置角色在当前用户上生效

20.4.3　修改角色

角色创建完成后，还可以修改其内容。具体的语法规则如下：

```
ALTER ROLE role
[NOT IDENTIDIED| IDENTIFIED BY[password]| IDENTIFIED BY
EXETERNALLY| IDENTIFIED BY GLOBALLY]
```

上面的代码只能修改角色本身，如果想修改已经赋予角色的权限或者角色，则要使用 GRANT 或者 REVOKE 来完成。

20.4.4　查看角色

用户可以查询数据库中已经存在的角色，也可以查询指定用户的角色的相关信息。在 Oracle 中，包含角色信息的数据字典如表 20-3 所示。

表 20-3　包含角色信息的数据字典

视图名称	说　明
DBA_ROLE_PRIVS	包含数据库中所有用户拥有的角色信息
USER_ROLE_PRIVS	包含当前用户拥有的角色信息
ROLE_ROLE_PRIVS	角色拥有的角色信息
ROLE_SYS_PRIVS	角色拥有的系统权限信息
ROLE_TAB_PRIVS	角色拥有的对象权限信息
DBA_ROLES	当前数据库中所有角色及其描述信息
SESSION_ROLES	当前会话所具有的角色信息

实例 18：查询 SYSTEM 用户的角色

查询 SYSTEM 用户的角色，执行语句如下：

```
SELECT GRANTED_ROLE,DEFAULT_ROLE FROM DBA_ROLE_PRIVS
WHERE GRANTEE='SYSTEM';
```

执行结果如图 20-20 所示。

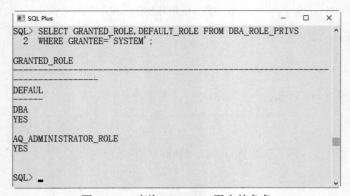

图 20-20　查询 SYSTEM 用户的角色

输出结果如下：

```
GRANTED_ROLE                     DEF
---------------------            -----------
DBA                                  YES
AQ_ADMINISTRATOR_ROLE        YES
```

20.4.5 删除角色

对于不再需要的角色，可以删除。在删除角色的同时，所有拥有该角色的用户也将自动撤销该角色所授予的权限。删除角色的语法格式如下：

```
DROP ROLE rolename
```

实例 19：删除无用的角色

使用 DROP ROLE 删除角色 MYROLE，执行语句如下：

```
DROP ROLE MYROLE;
```

执行结果如图 20-21 所示。

图 20-21　删除角色 MYROLE

20.5　概要文件的管理

Oracle 数据库中的概要文件（PROFILE）为数据库的管理带来了极大的便利，本节将讲述概要文件的相关操作。

20.5.1　创建概要文件

概要文件是 Oracle 数据库中的重要文件，主要用于存放数据库中的系统资源或者数据库使用限制的内容。默认情况下，如果用户没有创建概要文件，则使用系统的默认概要文件，名称为 DEFAULT。

创建概要文件的语法格式如下：

```
CREATE PROFILE profile
LIMIT
{resource_parameters|password_parameters}
```

resource_parameters 表示资源参数，主要包括如下几个。

（1）CPU_PER_SESSION：表示一个会话占用 CPU 的总量。

（2）CPU_PER_CALL：表示允许一个调用占用 CPU 的最大值。

（3）CONNECT_TIME：代表运行一个持续的会话的时间最大值。

password_parameters 表示口令参数，主要包括如下几个。

（1）PASSWORD_LIFE_TIME：指多少天后口令失效。

（2）PASSWORD_REUSE_TIME：指密码保留的时间。

（3）PASSWORD_GRACE_TIME：指设置密码失效后锁定。

▎实例 20：创建概要文件 MYPROFILE

创建一个概要文件 MYPROFILE，设置密码保留天数为 80 天，执行语句如下：

```
CREATE PROFILE MYPROFILE
LIMIT
PASSWORD_REUSE_TIME 80;
```

执行结果如图 20-22 所示，提示用户文件已创建。

图 20-22　创建概要文件 MYPROFILE

20.5.2　修改概要文件

使用 ALTER PROFILE 语句可以修改已经存在的概要文件，语法格式如下：

```
ALTER PROFILE profile
LIMIT
{resource_parameters|password_parameters}
```

▎实例 21：修改概要文件 MYPROFILE

修改概要文件 MYPROFILE，设置 CONNECT_TIME 为 2000，执行语句如下：

```
ALTER PROFILE MYPROFILE
LIMIT
CONNECT_TIME 2000;
```

执行结果如图 20-23 所示，提示用户文件已更改。

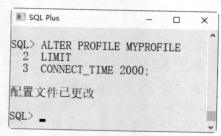

图 20-23　修改概要文件

20.5.3　查询概要文件

使用数据字典可以查询概要文件信息。在 Oracle 中，包含概要信息的数据字典如表 20-4 所示。

表 20-4　包含概要信息的数据字典

视图名称	说　明
DBA_USERS	包含数据库中所有用户的属性信息，包括使用的概要文件（PROFILE）
DBA_PROFILES	包含数据库中所有的概要文件及其资源设置、口令管理设置等信息
USER_PASSWORD_LIMITS	包含当前用户的概要文件的口令限制参数设置信息
USER_RESOURCE_LIMITS	包含当前用户的概要文件的资源限制参数设置信息
RESOURCE_COST	每个会话使用资源的统计信息

▌实例 22：查看当前数据库中的概要文件

查看当前数据库中的概要文件及其资源设置、口令管理设置等信息，执行语句如下：

```
SELECT * FROM DBA_PROFILES;
```

执行结果如图 20-24 所示，从中可以查看当前数据库中的概要文件及其资源设置、口令管理设置等信息。

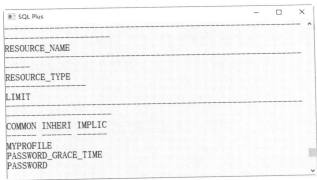

图 20-24　查看当前数据库中的概要文件

输出的部分内容如下：

```
PROFILE       RESOURCE_NAME        RESOURCE      LIMIT          COM
-------       -------------        ----------    ----------     -------
DEFAULT       COMPOSITE_LIMIT      KERNEL        UNLIMITED      NO
DEFAULT       SESSIONS_PER_USER    KERNEL        UNLIMITED      NO
DEFAULT       CPU_PER_SESSION      KERNEL        UNLIMITED      NO
......
......
MYPROFILE     PASSWORD_GRACE_TIME  PASSWORD      DEFAULT        NO
已选择48行。
```

20.5.4　删除概要文件

对于不需要的概要文件，可以做删除操作。具体的语法格式如下：

```
DROP PROFILE profile [CASCADE]
```

　　如果要删除的概要文件已经被用户使用过，那么删除概要文件时要加上 CASCADE 关键词，这样用户所使用的概要文件也会被撤销；如果概要文件没有被使用过，可以省略该关键词。

▌ **实例 23：删除无用的概要文件**

　　使用 **DROP PROFILE** 删除概要文件，语句如下：

```
DROP PROFILE MYPROFILE CASCADE;
```

　　执行结果如图 20-25 所示，提示用户文件已删除。

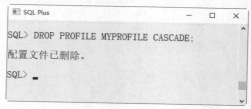

图 20-25　删除概要文件

> **注意：** 在 Oracle 中，默认的概要文件 PROFILE 是不能被删除的。

20.6　资源限制与口令管理

　　在数据库中，对用户的资源限制与用户口令管理是通过数据库概要文件（PROFILE）实现的，每个数据库用户必须具有一个概要文件。通常 DBA 将用户分为几种类型，为每种类型的用户单独创建一个概要文件。概要文件不是一个具体的文件，而是存储在 SYS 模式下的几个表中的信息的集合。

20.6.1　资源限制管理

　　概要文件通过一系列资源管理参数，从会话级和调用级两个级别对用户使用资源进行限制。会话资源限制是对用户在一个会话过程中所能使用的资源进行限制，调用资源限制是对一条 SQL 语句在执行过程中所能使用的资源总量进行限制。

　　资源限制的参数如下。

　　（1）CPU 使用时间：在一个会话或调用过程中使用 CPU 的总量。

　　（2）逻辑读：在一个会话或一个调用过程中读取物理磁盘和逻辑内存数据块的总量。

　　（3）每个用户的并发会话数。

　　（4）用户连接数据库的最长时间。

　　下面是 scott 用户的资源限制信息，这里以 scott 用户登录数据库，然后查询 scott 用户的资源限制信息。

▌ **实例 24：查询 scott 用户的资源限制信息**

　　查询 scott 用户的资源限制信息，执行语句如下：

```
SELECT * FROM user_resource_limits;
```

执行结果如图 20-26 所示，在其中可以查看 scott 用户的资源限制信息。

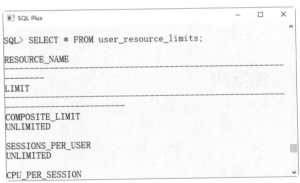

图 20-26 查询 scott 用户的资源限制信息

20.6.2 数据库口令管理

Oracle 概要文件用于数据库口令管理的主要参数如下。

（1）FAILED_LOGIN_ATTEMPTS：限制用户失败次数，一旦达到失败次数，账户锁定。

（2）PASSWORD_LOCK_TIME：用户登录失败后，账户锁定的时间长度。

（3）PASSWORD_LIFE_TIME：用户口令的有效天数，达到设定天数后，口令过期，需要重新设置新的口令。

这里以 scott 用户登录数据库，然后查询 scott 用户的口令管理参数设置信息。

▌**实例 25：查询 scott 用户的口令管理参数设置信息**

查询 scott 用户的口令管理参数设置信息，执行语句如下：

```
SELECT * FROM user_password_limits;
```

执行结果如图 20-27 所示，在其中可以查看 scott 用户的口令管理参数设置信息。

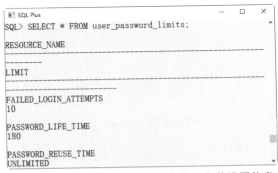

图 20-27 查询 scott 用户的口令管理参数设置信息

输出的具体内容如下：

```
RESOURCE_NAME                        LIMIT
------------------------------       --------------------
FAILED_LOGIN_ATTEMPTS                10
```

```
PASSWORD_LIFE_TIME                    180
PASSWORD_REUSE_TIME                   UNLIMITED
PASSWORD_REUSE_MAX                    UNLIMITED
PASSWORD_VERIFY_FUNCTION              NULL
PASSWORD_LOCK_TIME                    1
PASSWORD_GRACE_TIME                   7
```

20.7 锁定与解锁用户

当用户被锁定后，就不能登录数据库了，但是用户的所有数据库对象仍然可以继续使用。当解锁后，用户就可以正常连接到数据库。在 Oracle 中，当账户不再使用时，就可以将其锁定。通常，对于不用的账户，可以进行锁定，而不是删除。

▎实例 26：锁定并解锁 scott 用户

下面介绍一个具体示例，使用 SYS 账户锁定与解锁 scott 用户。首先显示当前用户，SQL 语句如下：

```
SQL> show user;
```

执行结果如图 20-28 所示，当前用户为 SYS，说明是管理员用户，可以执行锁定与解锁操作。

执行锁定账户操作，SQL 语句如下：

```
SQL> ALTER USER SCOTT ACCOUNT LOCK;
```

执行结果如图 20-29 所示，提示用户已更改。

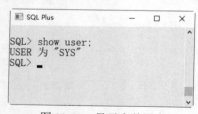

图 20-28　显示当前用户

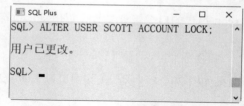

图 20-29　锁定账户

验证是否锁定成功，SQL 语句如下：

```
请输入用户名：scott
输入口令：
```

执行结果如图 20-30 所示，给出错误警告，这就说明当前用户已经被锁定。

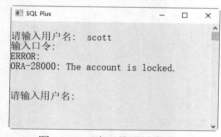

图 20-30　验证是否锁定成功

解锁被锁定的 scott 账户, 首先使用 sys 账户登录数据库, SQL 语句如下:

```
SQL> conn sys as sysdba
输入口令:
已连接。
```

执行结果如图 20-31 所示。

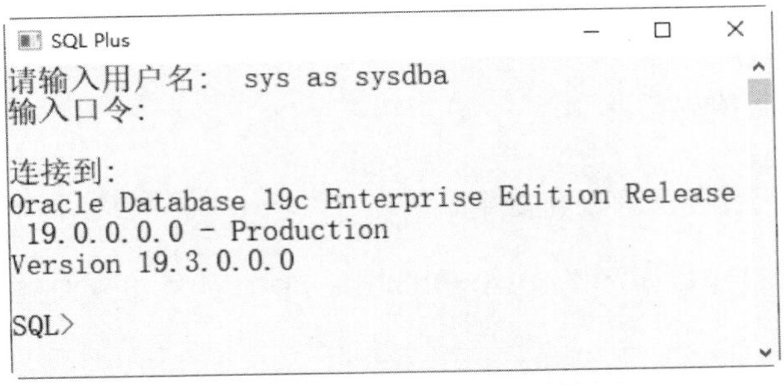

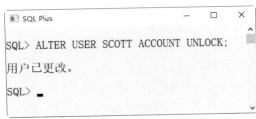

图 20-31　使用 sys 账户登录数据库

接着输入用于解锁 scott 账户的语句, SQL 语句如下:

```
ALTER USER SCOTT ACCOUNT UNLOCK;
```

执行结果如图 20-32 所示, 提示用户已更改。

图 20-32　解锁被锁定的 scott 账户

最后可以使用解锁后的 scott 账户登录数据库, SQL 语句如下:

```
conn scott/Pass2020;
```

执行结果如图 20-33 所示, 提示用户修改用户口令, 修改完毕后, 就可以连接数据库了, 说明账户解锁成功。

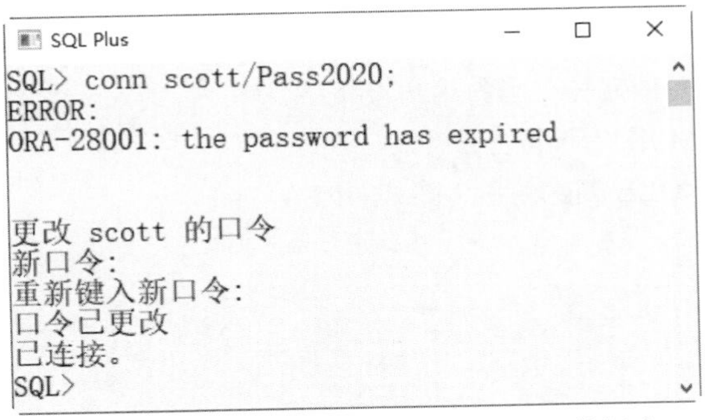

图 20-33　使用解锁后的 scott 账户登录数据库

20.8　疑难问题解析

▌疑问 1：角色如何继承？

答：一个角色可以继承其他角色的权限集合。例如，角色 MYROLE 具备对表 fruits 的增加、删除权限。此时创建一个新的角色 MYROLE01，该角色要继承角色 MYROLE 的权限，实现的语句如下：

```
GRANT MYROLE TO MYROLE01;
```

▌疑问 2：如何查询已经存在的概要文件？

答：概要文件保存在数据字典 DBA_PROFILES 中，如果想查询概要文件，可以使用如下语句：

```
SELECT * FROM DBA_PROFILES;
```

20.9　实战训练营

▌实战 1：创建用户并对该用户进行管理

（1）创建数据库 Team，定义数据表 player。
（2）创建一个新账户，用户名为 account1，密码为 oldpwd1。
（3）授权该用户具有系统权限。
（4）授权该用户对 player 表具有 UPDATE 权限。
（5）更改 account1 用户的密码为 newpwd2。
（6）查看授权给 account1 用户的权限。
（7）收回 account1 用户的权限。
（8）将 account1 用户从系统中删除。

▌实战 2：创建角色并对该角色进行管理

（1）在数据库 Team 中，创建角色 MY_ROLE。
（2）赋予 MY_ROLE 角色 CREATE SESSION 权限。
（3）将角色 MY_ROLE 赋予用户 account1。
（4）设置角色 MY_ROLE 在当前用户上生效。
（5）查询 SYSTEM 用户的角色。
（6）使用 DROP ROLE 删除角色 MY_ROLE。

第21章　Oracle的性能优化

📖 **本章导读**

　　Oracle 的性能优化就是通过合理安排资源，调整系统参数，使 Oracle 运行得更快、更节省资源。Oracle 的性能优化包括查询速度优化、更新速度优化、Oracle 服务器优化等。本章将讲解以下几个内容：性能优化的原则、优化 Oracle 内存、优化查询、优化数据库结构、优化 Oracle 服务器。

📘 **知识导图**

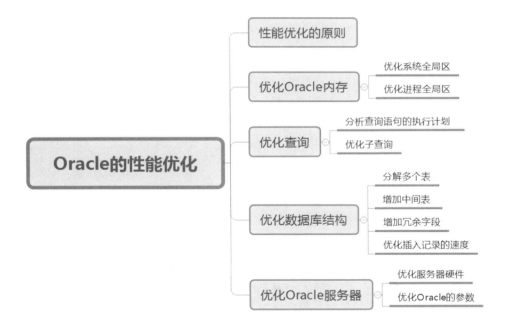

21.1　性能优化的原则

优化 Oracle 数据库是数据库管理员和数据库开发人员的必备技能。优化 Oracle，一方面是找出系统的瓶颈，提高 Oracle 数据库整体的性能；另一方面需要进行合理的结构设计和参数调整，以提高用户操作响应的速度，同时还要尽可能节省系统资源，以便系统可以提供更大负荷的服务。

Oracle 数据库优化是多方面的，优化的原则是：减少系统的瓶颈，减少资源的占用，提高系统的反应速度。例如，通过优化文件系统，提高磁盘 I/O 的读写速度；通过优化操作系统调度策略，提高 Oracle 在高负荷情况下的负载能力；优化表结构、索引、查询语句等，使查询响应更快。

21.2　优化 Oracle 内存

从内存中直接读取数据的速度远远大于从磁盘中读取数据，影响内存读取速度的因素有两个，包括内存的大小和内存的分配、使用和管理方法。由于 Oracle 提供了自动内存管理机制，所以用户只需要手动分配内存即可。Oracle 中的内存主要包括两部分：系统全局区和进程全局区，它们既可以在数据库启动时进行加载，也可以在数据库使用中进行设置。

21.2.1　优化系统全局区

系统全局区，简称为 SGA，是 System Global Area 的缩写。SGA 是共享的内存机构，主要存储数据库的公用信息，因此 SGA 也被称为共享全局区。SGA 主要包括共享池、缓冲区、大型池、Java 池和日志缓冲区等。

▌实例 1：查看当前数据库的 SGA 状态

查看当前数据库的 SGA 状态，执行语句如下：

```
show parameter sga;
```

语句执行结果如图 21-1 所示。

其中需要注意的结果有两个：sga_max_size 和 sga_target。其中，sga_max_size 是为 SGA 分配的最大内存，sga_target 指定的是数据库可管理的最大内存。如果 sga_target 值为 0，表示关闭共享内存区。

在 Oracle 中，管理员还可以通过视图 v$sgastat 来查看 SGA 的具体分配情况。执行语句如下：

```
SELECT * FROM v$sgastat;
```

语句执行结果如图 21-2 所示。

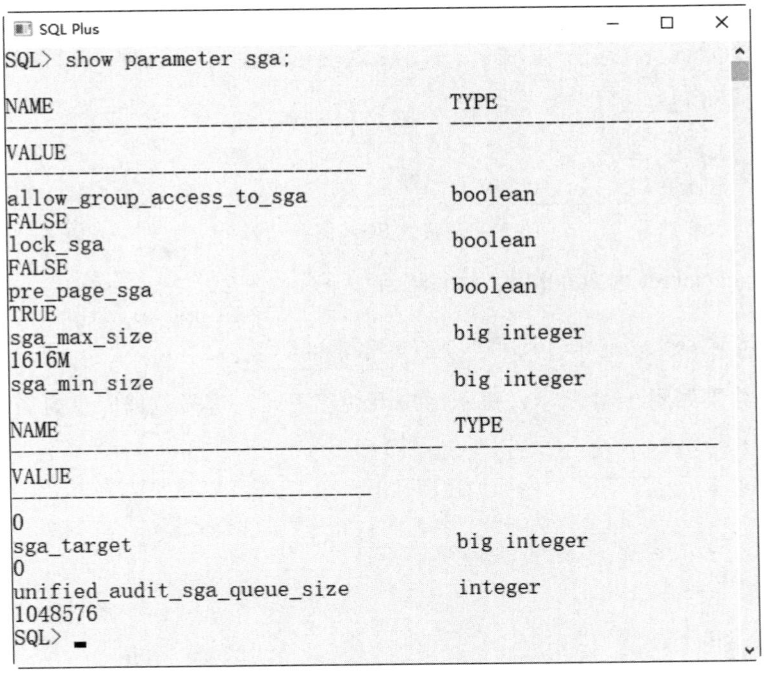

图 21-1　查看当前数据库的 SGA 状态

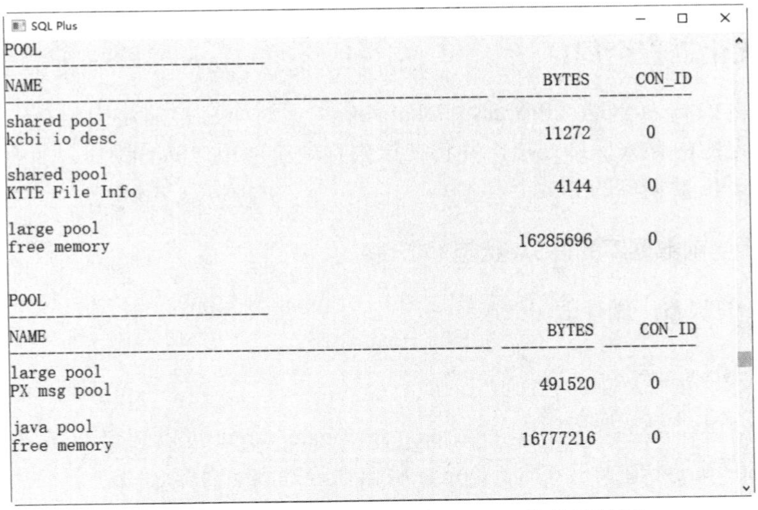

图 21-2　通过视图 v$sgastat 查看 SGA 的分配情况

如果用户对 SGA 内存的大小不满意，可以通过命令来修改 SGA 内存的大小。

实例 2：修改当前数据库 SGA 的大小

修改 SGA 内存的大小，执行语句如下：

```
alter system set sga_max_size=2000m scope=spfile;
```

语句执行结果如图 21-3 所示，提示用户系统已更改。

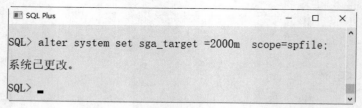

图 21-3   修改 SGA 内存的大小

修改参数 sga_target 为 2000MB，执行语句如下：

```
alter system set sga_target =2000m  scope=spfile;
```

语句执行结果如图 21-4 所示，提示用户系统已更改，这样数据库重启后，SGA 的大小就被成功修改了。

```
SQL Plus                                          —    □    ×
SQL> alter system set sga_target =2000m  scope=spfile;
系统已更改。
SQL>
```

图 21-4   修改参数 sga_target 的大小

21.2.2   优化进程全局区

进程全局区简称为 PGA（Process Global Area）。每个客户端连接到 Oracle 服务器都由服务器分配一定的内存来保持连接，并将在该内存中实现用户私有操作。所有用户连接的内存集合就是 Oracle 数据库的 PGA。

▌实例 3：查看当前数据库的 PGA 状态

查看 PGA 的状态，执行语句如下：

```
show parameter pga;
```

语句执行结果如图 21-5 所示。参数 pga_aggregate_target 可以制定 PGA 内存的最大值。当 pga_aggregate_target 值大于 0 时，Oracle 将自动管理 pga 内存。

```
SQL Plus                                          —    □    ×
SQL> show parameter pga;

NAME                                        TYPE
------------------------------------------- ----------------
VALUE
-------------------------------
pga_aggregate_limit                         big integer
2G
pga_aggregate_target                        big integer
0
SQL>
```

图 21-5   查看 PGA 的状态

实例 4：查看当前数据库 PGA 的大小

修改 PGA 的大小，执行语句如下：

```
alter system set pga_aggregate_target=500M scope=both;
```

语句执行结果如图 21-6 所示，提示用户系统已更改。代码中的 scope=both 表示同时修改当前环境与启动文件 spfile。

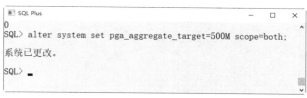

图 21-6　修改 PGA 的大小

21.3　优化查询

查询是数据库中最频繁的操作，提高查询速度可以有效地提高 Oracle 数据库的性能。本节将介绍优化查询的方法。

21.3.1　分析查询语句的执行计划

如果想要分析 SQL 语句的性能，可以查看该语句的执行计划，从而分析每一步执行是否存在问题。

查看执行计划的方法有以下两种。

1. 通过设置 AUTOTRACE 查看执行计划

设置 AUTOTRACE 的具体含义如下。

（1）SET AUTOTRACE OFF：此为默认值，即关闭 AUTOTRACE。

（2）SET AUTOTRACE ON EXPLAIN：只显示执行计划。

（3）SET AUTOTRACE ON STATISTICS：只显示执行的统计信息。

（4）SET AUTOTRACE ON：包含（2）（3）两项的内容。

（5）SET AUTOTRACE TRACEONLY：与（4）相似，但不显示语句的执行结果。

实例 5：通过设置 AUTOTRACE 查看执行计划

通过设置 AUTOTRACE 查看执行计划，执行语句如下：

```
set autotrace on;
```

执行结果如图 21-7 所示。

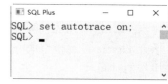

图 21-7　通过设置 AUTOTRACE 查看执行计划

执行查询语句，执行语句如下：

```
SQL> select * from fruits;
```

结果如下：

```
F_ID                          S_ID F_NAME          F_PRICE
----------------         ---------- --------     ----------
a1                            101 苹果               5.2
b1                            101 黑莓              10.2
bs1                           102 橘子              11.2
bs2                           105 甜瓜               8.2
t1                            102 香蕉              10.3
t2                            102 葡萄               5.3
o2                            103 椰子               9.2
c0                            101 草莓               3.2
a2                            103 杏子               2.2
l2                            104 柠檬               6.4
b2                            104 浆果               7.6
m1                            106 芒果              15.6
m2                            105 甘蔗               2.6
t4                            107 李子               3.6
m3                            105 山竹              11.6
b5                            107 火龙果             3.6
已选择 16 行。
执行计划
---------------------------------------------------------------
Plan hash value: 1063410116
---------------------------------------------------------------
```

Id	Operation	Name	Rows	Bytes	Cost (%CPU)	Time
0	SELECT STATEMENT		16	640	2 (0)	00:00:01
1	TABLE ACCESS FULL	FRUITS	16	640	2 (0)	00:00:01

```
Note
-----
   - dynamic statistics used: dynamic sampling (level=2)
统计信息
---------------------------------------------------------------
        21  recursive calls
         0  db block gets
        46  consistent gets
         0  physical reads
         0  redo size
      1344  bytes sent via SQL*Net to client
       393  bytes received via SQL*Net from client
         3  SQL*Net roundtrips to/from client
         3  sorts (memory)
         0  sorts (disk)
        16  rows processed
SQL>
```

在查询结果中，Id 表示一个序号，并不是执行的先后顺序，执行的先后顺序根据缩进来判断；Operation 表示当前操作的内容；Rows 表示当前操作的行数，即 Oracle 估计的当前操作的返回结果集；Cost（%CPU）表示 Oracle 计算出来的一个数值，用于说明 SQL 执行的代价；Time 表示 Oracle 估计的当前操作的时间。

2. 使用 EXPLAIN PLAN FOR 语句查看执行计划

使用 EXPLAIN PLAN FOR 语句可以查看执行计划，语法格式如下：

```
EXPLAIN PLAN FOR SQL语句;
```

▌实例 6：通过设置 EXPLAIN PLAN FOR 语句查看执行计划

通过设置 EXPLAIN PLAN FOR 语句查看执行计划，执行语句如下：

```
EXPLAIN PLAN FOR SELECT * FROM fruits;
```

执行结果如图 21-8 所示。

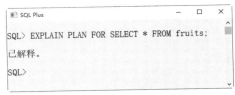

图 21-8　查看执行计划

21.3.2　优化子查询

Oracle 支持子查询，使用子查询可以进行 SELECT 语句的嵌套查询，即将一个 SELECT 语句查询的结果作为另一个 SELECT 语句的条件。子查询可以一次性完成很多逻辑上需要多个步骤才能完成的 SQL 操作。子查询虽然可以使查询语句很灵活，但执行效率不高。执行子查询时，Oracle 需要为内层查询语句的查询结果建立一个临时表。然后外层查询语句从临时表中查询记录。查询完毕后，再撤销这些临时表。因此，子查询的速度会受到一定的影响。如果查询的数据量比较大，这种影响就会随之增大。

在 Oracle 中，可以使用连接（JOIN）查询来替代子查询。连接查询不需要建立临时表，其速度比子查询快，如果查询中使用索引，那么性能会更好。连接之所以更有效率，是因为 Oracle 不需要在内存中创建临时表来完成查询工作。

21.4　优化数据库结构

一个好的数据库设计方案对于数据库的性能常常会起到事半功倍的效果。合理的数据库结构不仅可以使数据库占用更小的磁盘空间，而且能够使查询速度更快。数据库结构的设计，需要考虑数据冗余、查询和更新的速度、字段的数据类型是否合理等多方面的内容。

21.4.1　分解多个表

如果一个表中的字段很多，并且其中有些字段的使用频率很低，则可以将这些字段分离出来形成新表。因为当一个表的数据量很大时，会由于存在使用频率低的字段而变慢。

▌实例 7：通过分解多个表优化数据库

假设会员信息表中存储会员的登录认证信息，该表中有很多字段，如 id、姓名、密码、地址、电话、个人描述等。地址、电话、个人描述等字段并不常用，可以将这些不常用字段分解为另外一个表，将这个表取名叫 members_detail，表中有 member_id、address、telephone、description 等字段。其中，member_id 字段存储会员编号，address 字段存储地址信息，telephone 字段存储电话信息，description 字段存储会员个人描述信息。这样就把会员表分成了两个表，分别为 members 表和 members_detail 表。

创建 members 表的语句如下：

```
CREATE TABLE members (
  Id  number(11) NOT NULL,
  username varchar2(255) DEFAULT NULL ,
  password varchar2(255) DEFAULT NULL ,
  last_login_time date DEFAULT NULL ,
  last_login_ip varchar2(255) DEFAULT NULL ,
  PRIMARY KEY (id)
) ;
```

语句执行结果如图 21-9 所示。

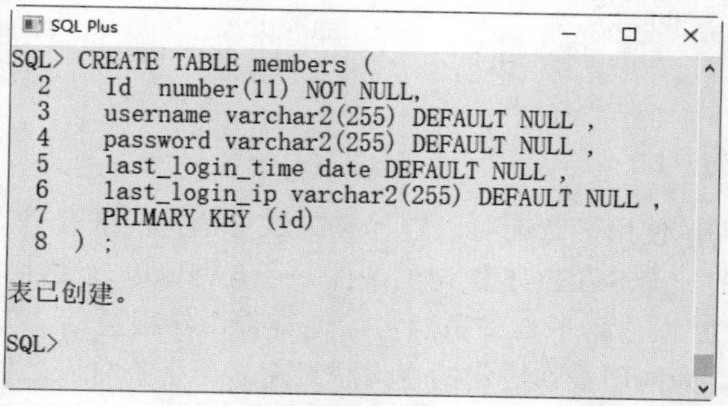

图 21-9　创建数据表 members

创建 members_detail 表的语句如下：

```
CREATE TABLE members_detail (
  member_id number (11) DEFAULT 0,
  address varchar2(255) DEFAULT NULL ,
  telephone varchar2(16) DEFAULT NULL ,
  description  varchar2(255)
) ;
```

语句执行结果如图 21-10 所示。

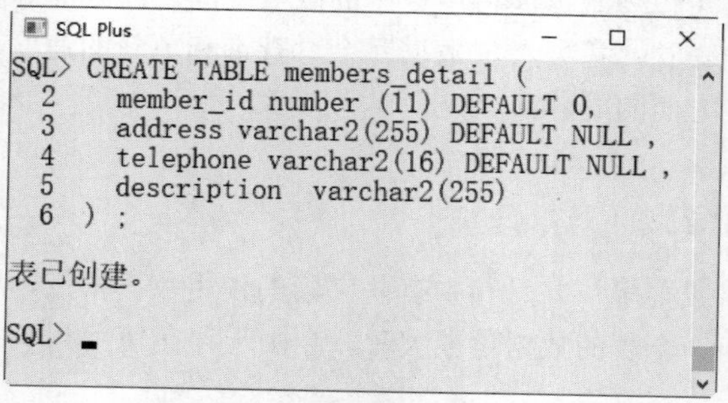

图 21-10　创建数据表 members_detail

查询表 members 的结构，执行语句如下：

```
desc members;
```

语句执行结果如图 21-11 所示。

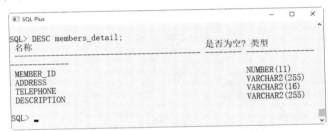

图 21-11 查询表 members 的结构

查询表 members_detail 的结构，执行语句如下：

```
DESC members_detail;
```

语句执行结果如图 21-12 所示。

图 21-12 查询表 members_detail 的结构

如果需要查询会员的详细信息，可以用会员的 id 来查询，如果需要同时显示会员的基本信息和详细信息，可以将 members 表和 members_detail 表进行联合查询，查询语句如下：

```
SELECT * FROM members LEFT JOIN members_detail ON members.id=members_detail.
member_id;
```

通过这种分解，可以提高表的查询效率，对于字段很多且有些字段使用不频繁的表，可以通过这种分解的方式来优化数据库的性能。

21.4.2　增加中间表

对于需要经常联合查询的表，可以建立中间表以提高查询效率。通过建立中间表，把需要经常联合查询的数据插入中间表中，然后将原来的联合查询改为对中间表的查询，可以提高查询效率。

首先，分析经常联合查询的表中的字段；然后，使用这些字段建立一个中间表，并将原来联合查询的表的数据插入中间表中；最后，就可以使用中间表来进行查询了。

▍实例 8：通过增加中间表优化数据库

创建会员信息表和会员组信息表，并增加中间表，执行语句如下：

```
CREATE TABLE vip(
  id number(11) NOT NULL,
  username varchar2(255) DEFAULT NULL,
  password varchar2(255) DEFAULT NULL,
  groupId number (11) DEFAULT 0,
  PRIMARY KEY (Id)
) ;
```

语句执行结果如图 21-13 所示。

```
CREATE TABLE vip_group (
  Id   number(11) NOT NULL,
  name varchar2(255) DEFAULT NULL,
  remark varchar2(255) DEFAULT NULL,
  PRIMARY KEY (Id)
) ;
```

语句执行结果如图 21-14 所示。

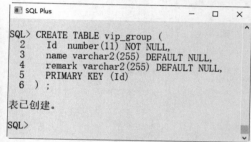

图 21-13 创建会员信息表   图 21-14 创建会员组信息表

查询会员信息表的表结构，执行语句如下：

```
DESC vip;
```

语句执行结果如图 21-15 所示。

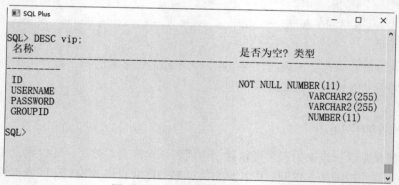

图 21-15 查询会员信息表的结构

查询会员组信息表的结构，执行语句如下：

```
DESC vip_group;
```

语句执行结果如图 21-16 所示。

```
SQL> DESC vip_group;
 名称                                          是否为空? 类型
 --------------------------------------------- -------- ----------------
 ID                                            NOT NULL NUMBER(11)
 NAME                                                   VARCHAR2(255)
 REMARK                                                 VARCHAR2(255)

SQL>
```

图 21-16　查询会员组信息表的结构

已知现在有一个模块需要经常查询带有会员组名称、会员组备注（remark）、会员用户名的会员信息，根据这种情况可以创建一个 temp_vip 表。temp_vip 表中存储用户名（user_name）、会员组名称（group_name）和会员组备注（group_remark）信息。创建表 temp_vip 的语句如下：

```
CREATE TABLE temp_vip (
  id number (11) NOT NULL,
  user_name varchar2(255) DEFAULT NULL,
  group_name varchar2(255) DEFAULT NULL,
  group_remark varchar2(255) DEFAULT NULL,
  PRIMARY KEY (Id)
);
```

语句执行结果如图 21-17 所示。

```
SQL> CREATE TABLE temp_vip (
  2    id number (11) NOT NULL,
  3    user_name varchar2(255) DEFAULT NULL,
  4    group_name varchar2(255) DEFAULT NULL,
  5    group_remark varchar2(255) DEFAULT NULL,
  6    PRIMARY KEY (Id)
  7  );

表已创建。

SQL>
```

图 21-17　创建 temp_vip 表

接下来，从会员信息表和会员组表中查询相关信息存储到临时表中，执行语句如下：

```
SQL> INSERT INTO temp_vip(user_name, group_name, group_remark)
     SELECT v.username,g.name,g.remark
     FROM vip  v ,vip_group  g
     WHERE v.groupId =g.Id;
```

执行结果如图 21-18 所示。以后，可以直接从 temp_vip 表中查询会员名、会员组名称和会员组备注，而不用每次都进行联合查询，这样可以提高数据库的查询速度。

```
SQL> INSERT INTO temp_vip(user_name, group_name,
group_remark)
  2         SELECT v.username,g.name,g.remark
  3         FROM vip  v ,vip_group  g
  4         WHERE v.groupId =g.Id;

已创建 0 行。

SQL> _
```

图 21-18　将查询结果存储到临时表中

21.4.3 增加冗余字段

设计数据库表时应尽量遵循范式理论的规约，尽可能减少冗余字段，让数据库设计看起来精致、优雅。但是，合理地加入冗余字段可以提高查询速度。

表的规范化程度越高，表与表之间的关系就越多，需要连接查询的情况也就越多。例如，员工的信息存储在 staff 表中，部门信息存储在 department 表中。通过 staff 表中的department_id 字段与 department 表建立关联关系。如果要查询一个员工所在部门的名称，必须从 staff 表中查找员工所在部门的编号（department_id），然后根据这个编号去 department表查找部门的名称。如果经常需要进行这个操作，连接查询就会浪费很多时间。可以在 staff表中增加一个冗余字段 department_name，该字段用来存储员工所在部门的名称，这样就不用每次都进行连接操作了。

不过，冗余字段会导致一些问题。比如，冗余字段的值在一个表中被修改了，就要想办法在其他表中更新该字段，否则就会使原本一致的数据变得不一致。

总之，分解表、增加中间表和增加冗余字段都会浪费一定的磁盘空间，从数据库性能来看，为了提高查询速度而增加少量的冗余大部分时候是可以接受的，是否通过增加冗余来提高数据库性能，这要根据实际需求综合分析。

21.4.4 优化插入记录的速度

插入记录时，影响插入速度的主要是索引、唯一性校验、一次插入的记录条数等，根据这些情况，可以分别进行优化。常见的优化方法如下。

1. 禁用索引

对于非空表，插入记录时，Oracle 会根据表的索引对插入的记录建立索引。如果插入大量数据，建立索引会降低插入记录的速度。为了解决这种情况，可以在插入记录之前禁用索引，数据插入完毕后再开启索引。禁用索引的语句如下：

```
ALTER index index_name  unusable;
```

其中，index _name 是禁用索引的名称。
重新开启索引的语句如下：

```
ALTER index index_name  usable;
```

2. 禁用唯一性检查

插入数据时，Oracle 会对插入的记录进行唯一性校验，这种唯一性校验也会降低插入记录的速度。为了降低这种情况对查询速度的影响，可以在插入记录之前禁用唯一性检查，等到记录插入完毕后再开启。禁用唯一性检查的语句如下：

```
ALTER TABLE table_name
DISABLE CONSTRAINT constraint_name;
```

其中，table_name 是表的名称，constraint_name 是唯一性约束的名称。
开启唯一性检查的语句如下：

```
ALTER TABLE table_name
```

```
ENABLE CONSTRAINT constraint_name;
```

3. 使用批量插入

插入多条记录时，可以使用一条 INSERT 语句插入一条记录；也可以使用一条 INSERT 语句插入多条记录。插入一条记录的 INSERT 语句情形如下：

```
INSERT INTO fruits VALUES('x1', '101 ', 'mongo2 ', '5.6');
INSERT INTO fruits VALUES('x2', '101 ', 'mongo3 ', '5.6')
INSERT INTO fruits VALUES('x3', '101 ', 'mongo4 ', '5.6')
```

使用一条 INSERT 语句插入多条记录的情形如下：

```
INSERT INTO fruits VALUES
SELECT 'x1', '101 ', 'mongo2 ', '5.6' from dual
Union all
SELECT 'x2', '101 ', 'mongo3 ', '5.6' from dual
Union all
SELECT 'x3', '101 ', 'mongo4 ', '5.6' from dual;
```

第 2 种情形的插入速度要比第 1 种情形快。

21.5　优化 Oracle 服务器

Oracle 服务器主要从两个方面来优化：一方面是对硬件进行优化；另一方面是对 Oracle 服务的参数进行优化。

21.5.1　优化服务器硬件

服务器的硬件性能直接决定着 Oracle 数据库的性能。硬件的性能瓶颈，直接决定 Oracle 数据库的运行速度和效率。针对性能瓶颈，提高硬件配置可以提高 Oracle 数据库的查询、更新速度。优化服务器硬件的方法有以下几种。

（1）配置较大的内存。足够大的内存，是提高 Oracle 数据库性能的方法之一。内存的速度比磁盘 I/O 快得多，可以通过增加系统的缓冲区容量，使数据在内存中停留的时间更长，以减少磁盘 I/O。

（2）配置高速磁盘系统。这样可以减少读盘的等待时间，提高响应速度。

（3）合理分布磁盘 I/O。把磁盘 I/O 分散在多个设备上，以减少资源竞争，提高并行操作能力。

（4）配置多处理器。Oracle 是多线程的数据库，多处理器可同时执行多个线程。

21.5.2　优化 Oracle 的参数

通过优化 Oracle 的参数可以提高资源利用率，从而达到提高 Oracle 服务器性能的目的。通常需要设置的参数如下。

1. db_block_buffers

该参数决定了数据库缓冲区的大小，这部分内存的作用主要是缓存从数据库中读取的数据块。数据库缓冲区越大，为用户内存里的共享数据提供的内存就越大，这样可以减少所需要的磁盘物理读写次数。

2. shared_pool_size

参数 shared_pool_size 的作用是缓存已经被解析过的 SQL 语句，使其能被重复使用，而不用再解析。SQL 语句的解析非常消耗 CPU 的资源，如果一条 SQL 语句已经存在，则进行的仅是软解析，这将大大提高数据库的运行效率。当然，这部分内存也并非越大越好，如果分配的内存太大，Oracle 数据库为了维护共享结构，将付出更大的管理开销。

这个参数的设置建议为 150 ~ 500MB。如果系统内存为 1GB，该值可设为 150 ~ 200MB；如果系统内存为 2GB，该值可设置为 250 ~ 300MB；每增加 1GB 内存，该值增加 100MB；但该值最大不应超过 500MB。

3. sort_area_size

当查询需要排序的时候，Oracle 将使用这部分内存做排序，当内存不足时，使用临时表空间做排序。这个参数是针对会话（session）设置的，不是针对整个数据库。即如果应用有170 个数据库连接，假设这些连接都做排序操作，那么 Oracle 会分配 1360MB（8MB×170）内存做排序，而这些内存是在 Oracle 的 SGA 区之外分配的，即如果 SGA 区分配了 1.6GB 内存，那么 Oracle 还需要额外的 1.3GB 内存做排序。

建议该值设置不超过 3MB，当物理内存为 1GB 时，该值宜设置为 1MB 或更低（如512KB）；当物理内存为 2GB 时可设置为 2MB；但不论物理内存多大，该值也不应超过 3MB。

4. sort_area_retained_size

这个参数的含义是当排序完成后为 session 继续保留用于排序内存的最小值，该值最大可等于 sort_area_size。这样设置的好处是可以提高系统性能，因为下次再做排序操作时不需要再临时申请内存，缺点是如果 Sort_ara_size 设得过大并且 session 数很多时，将导致系统内存不足。建议该值设为 Sort_area_size 的 10% ~ 20%，或者不设置（默认为 0）。

5. log_buffer

log_buffer 是重做日志缓冲区，对数据库的任何修改都按顺序被记录在该缓冲区，然后由进程将它写入磁盘。当用户提交后，有 1/3 重做日志缓冲区未被写入磁盘，有大于 1MB重做日志缓冲区未被写入磁盘。建议不论物理内存多大，该值统一设为 1MB。

6. session_cached_cursor

该参数指定要高速缓存的会话游标的数量。对同一 SQL 语句进行多次语法分析后，它的会话游标将被移到该会话的游标高速缓存中。这样可以缩短语法分析的时间，因为游标被高速缓存，无须被重新打开。设置该参数有助于提高系统的运行效率，建议无论在任何平台都应被设为 50MB。

7. re_page_sga

该参数表示将把所有 SGA 装载到内存中，以便使该实例迅速达到最佳性能状态。这将增加例程启动和用户登录的时间，但在内存充足的系统上能减少缺页故障的出现。建议在2GB 以上（含 2GB）内存的系统都将该值设置为 true。

8. ml_locks

该参数表示所有用户获取的表锁的最大数量。对每个表执行 DML 操作均需要一个 DML锁。例如，如果 3 个用户修改 2 个表，就要求该值为 6 个。该值过小可能会引起死锁问题。建议该参数不应该低于 600 个。

9. db_file_multiblock_read_ count

该参数主要同全表扫描有关。当 Oracle 在请求大量连续数据块的时候，该参数控制块的读入速率。该参数能对系统性能产生较大的影响，建议设置为 8KB。

10. open_cursors

该参数指定一个会话一次可以打开的游标的最大数量，并且限制游标高速缓存的大小，以避免用户再次执行语句时重新进行语法分析。请将该值设置得足够高，这样才能防止应用程序耗尽打开的游标。此值建议设置为 250 ～ 300。

合理地配置这些参数可以提高 Oracle 服务器的性能。配置完参数以后，需要重新启动 Oracle 服务才会生效。

21.6　疑难问题解析

▎**疑问 1：为什么查询语句中的索引没有起作用？**

答：在一些情况下，查询语句中使用了带有索引的字段，但索引并没有起作用。例如，在 WHERE 条件中的 LIKE 关键字匹配的字符串以 "%" 开头，这种情况下索引不会起作用。又如，在 WHERE 条件中使用 OR 关键字连接查询条件，如果有 1 个字段没有使用索引，那么其他索引也不会起作用。如果使用多列索引，但没有使用多列索引中的第 1 个字段，那么多列索引也不会起作用。

▎**疑问 2：是不是索引建立得越多越好？**

答：合理的索引可以提高查询的速度，但不是索引越多越好。在执行插入语句的时候，Oracle 要为新插入的记录建立索引，所以过多的索引会导致插入操作变慢。原则上是只有查询用的字段才建立索引。

21.7　实战训练营

▎**实战 1：优化系统全局区域进程全局区**

（1）查看当前数据库系统全局区的状态。
（2）通过视图 v$sgastat 查看系统全局区的具体分配情况。
（3）修改系统全局区的内存大小。
（4）修改系统全局区参数 sga_target 为 2000MB。
（5）查看当前数据库进程全局区的状态。
（6）修改当前数据库进程全局区的大小。

▎**实战 2：通过其他方式优化 Oracle 数据库性能**

（1）分析查询语句执行计划进而优化查询。
（2）将很大的表分解成多个表，并观察分解表对数据库性能的影响。
（3）使用中间表优化数据库。
（4）优化 Oracle 服务器的配置参数。

第22章 Java操作Oracle数据库

📖 **本章导读**

　　Java是一门跨平台的、面向对象的高级程序设计语言，Java程序能够不区分计算机、不区分操作系统运行，甚至在支持Java的硬件上也能正常顺利运行。而且Java与关系数据库也是无缝衔接，可以通过Oracle提供的接口操作Oracle数据库。本章就来介绍Java操作Oracle数据库的方法。

📘 **知识导图**

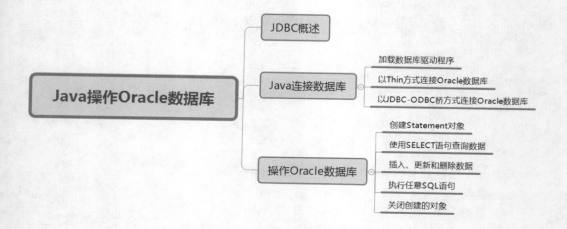

22.1　JDBC 概述

在 Java 程序中，对数据库的操作都通过 JDBC 组件完成。JDBC 在 Java 程序和数据库之间充当桥梁的作用，以完成数据库的连接。Java 程序可以通过 JDBC 向数据库发出命令，完成数据库及数据表的操作，数据库管理系统获得命令后，执行请求，并将请求结果通过 JDBC 返回给 Java 程序。

JDBC 是 SUN 提供的一套数据库编程接口 API 函数，由 Java 语言编写的类、界面组成，可以为多种关系数据库提供统一访问接口。使用 JDBC 可以构建更高级的工具和接口，使数据库开发人员能够使用纯 Java 语言编写完整的数据库应用程序。

JDBC 在使用中常见的有以下 3 类。

1. JDBC-ODBC 桥连接（JDBC-ODBC Bridge）

本套连接是 SUN 在 JDK 的开发包中提供的最标准的一套 JDBC 操作类库。要使 JDBC 与数据库之间进行有效的连接访问，中间要经过一个 ODBC 的连接，这就意味着整体的性能将会降低。当数据库的项目很大或者用户很多时，维护 ODBC 所需要的工作量就会庞大而繁杂，这就需要在 JDBC 与 ODBC 之间传递与转换数据，这样容易造成性能的丢失或遗漏，所以在实际应用中不会使用 JDBC-ODBC 桥连接方式。但是，ODBC 连接简单易学，所以初学者学习 JDBC 时可以从 ODBC 开始。

2. JDBC 连接

使用各个数据库提供商给定的数据库驱动程序完成 JDBC 的开发时，需要在 classpath 中配置数据库的驱动程序。此种数据连接方式在性能上比 JDBC-ODBC 桥连接好很多。但是，在进行数据库连接时，用户必须掌握有 JDBC 的驱动程序以及数据库驱动程序的函数库，而且不同的数据库拥有多个不同的驱动程序。在进行数据维护时，工作量是很大的。

有了 JDBC，向各种关系数据库发送 SQL 语句就是一件很容易的事。只要数据库厂商支持 JDBC，并为数据库预留 JDBC 接口驱动程序，那么就不必为访问某个数据库（如 Oracle 数据库）专门写一个程序。

3. JDBC 网络连接

此种连接方式主要使用网络连接数据库，这就要求驱动程序必须有一个中间层服务器（middleware server）。用户与数据库沟通时会通过此中间层服务器与数据库连接。而且这种连接方式只需要同中间层服务器做出有效连接，便可以连接上数据库，所以在更新维护时会大大地减少工作量。

22.2　Java 连接数据库

连接数据库之前，需要加载数据库驱动程序，然后通过 Connection 接口和 Driver Manager 类连接数据库和控制数据源。

22.2.1　加载数据库驱动程序

不同的数据库供应商拥有不同数据库的驱动程序。对于 Oracle 这种大型的数据库软件，提供 Java 环境下的数据库驱动程序。首先打开 Oracle 数据库的安装文件，可以看到提供给 Java 的驱动程序包 jdbc，打开 jdbc 中的 lib 文件夹，其中的 ojdbc8.jar 就是我们需要的驱动程序，如图 22-1 所示。

图 22-1   Oracle 提供的驱动程序

如果要使用命令行的方式开发，需要在属性中增加 Classpath，具体操作步骤如下。

01 在桌面上右击【此电脑】图标，在弹出的快捷菜单中选择【属性】命令，如图 22-2 所示。

02 打开【系统】窗口，并单击【高级系统设置】链接，如图 22-3 所示。

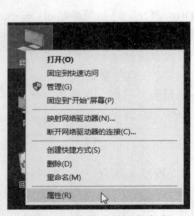

图 22-2   选择【属性】命令

图 22-3   【系统】窗口

03 打开【系统属性】对话框，并切换到【高级】选项卡，如图 22-4 所示。

04 单击【环境变量】按钮，打开【环境变量】对话框，在【Administrator 的用户变量】选项组中单击【新建】按钮，如图 22-5 所示。

05 打开【新建用户变量】对话框，在【变量名】中输入"Classpath"，在【变量值】中输入驱动的路径（D:\WINDOWS.X64_193000_db_home\jdbc\lib\ojdbc8.jar），单击【确定】按钮，如图 22-6 所示。

06 添加完成之后，单击【确定】按钮，这样就完成了配置 Classpath 变量的操作，如图 22-7 所示。

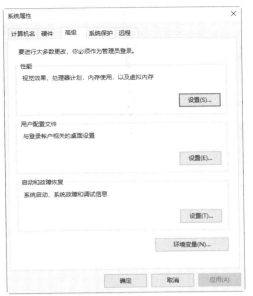

图 22-4 【系统属性】对话框

图 22-5 【环境变量】对话框

图 22-6 【新建用户变量】对话框

图 22-7 完成 Classpath 变量配置

如果使用 Eclipse 开发工具，可以直接在项目的属性中增加需要的类库文件，如图 22-8 所示。

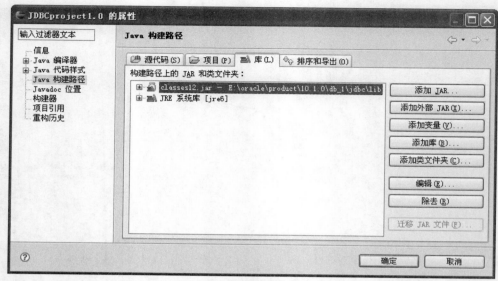

图 22-8　添加数据库驱动程序

如果没有把 ojdbc8.jar 文件加载到工程中，会提示数据库驱动有问题。上面的方法是临时的，用户可以把 ojdbc8.jar 文件直接复制到工程下，然后加载即可。

22.2.2　以 Thin 方式连接 Oracle 数据库

企业中 Java 连接 Oracle 最常用的就是第 4 类驱动，也叫 JDBC Thin 类型。该方式主要是通过包含在 Java API 包下的 Class 类中的方法实现。进行数据库连接的主要步骤如下。

（1）通过 Class.forName() 加载数据库的驱动程序。首先需要利用 Class 类中的静态方法 forName()，加载需要使用的 Driver 类。

（2）通过 DriverManager 类进行数据库的连接。成功加载 Driver 类以后，可通过 DriverManager 中的静态方法 getConnection 进行数据库的创建连接。同时，连接的时候需要输入数据库的连接地址、用户名、密码。

（3）通过 Connection 接口接收连接。成功进行数据库的连接之后，getConnection 方法会返回一个 Connection 对象，而 JDBC 主要就是利用这个 Connection 对象与数据库进行沟通。

（4）用户名和密码输入成功后，会显示当前数据库的版本信息，zu 表示数据库已经连接上了。

例如，连接本地计算机 Oracle 数据库，Oracle 使用端口号 1521，连接的数据库为 orcl，使用用户 sys 连接，密码为"fei123456"。连接 Oracle 的语句如下：

```
import java.sql.Connection;
import java.sql.DriverManager;
import java.sql.SQLException;

public class ConnectJDBC {
```

```
// 连接驱动程序，该驱动程序放置在jdbc驱动程序的jar包中
public static final String DBDRIVER = "oracle.jdbc.driver.OracleDriver";
// 连接地址是由各个数据库生产商单独提供的，所以需要单独记住
public static final String DBURL = "jdbc:oracle:thin:@localhost:1521:orcl";
// 连接数据库的用户名
public static final String DBUSER = "sys";
// 连接数据库的密码
public static final String DBPASS = "fei123456";
public static void main(String[] args) throws Exception {
    Connection conn = null;           // 表示数据库的连接对象
    // 1. 使用Class类加载驱动程序
    Class.forName(DBDRIVER);
    // 2. 连接数据库
    conn = DriverManager.getConnection(DBURL, DBUSER, DBPASS);
    System.out.println(conn);
    // 3. 关闭数据库
    conn.close();
    }
}
```

22.2.3　以 JDBC-ODBC 桥方式连接 Oracle 数据库

如果客户计算机上有 ODBC 驱动程序，并且已经安装了 Oracle 客户端程序，就可以使用 JDBC-ODBC 桥方式连接 Oracle 数据库。具体操作步骤如下。

01 单击【开始】按钮，在弹出的菜单中选择【控制面板】选项，打开控制面板窗口，如图 22-9 所示。

02 选择【管理工具】选项，打开【管理工具】窗口，如图 22-10 所示。

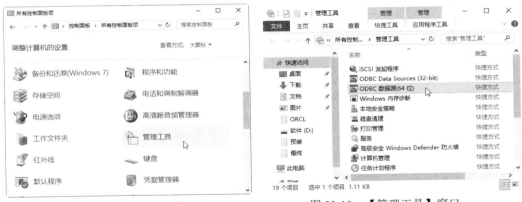

图 22-9　控制面板窗口　　　　图 22-10　【管理工具】窗口

03 双击【ODBC 数据源】选项，打开【ODBC 数据源管理程序】对话框，切换到【系统 DSN】选项卡，如图 22-11 所示。

04 单击【添加】按钮，打开【创建新数据源】对话框，选择 Oracle in OraDB19Home1 选项，如图 22-12 所示。

05 单击【完成】按钮，打开 Oracle ODBC Driver Configuration 对话框，输入相关的信息后，单击 OK 按钮，如图 22-13 所示。

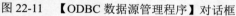

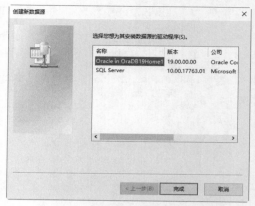

图 22-11 【ODBC 数据源管理程序】对话框　　　图 22-12 【创建新数据源】对话框

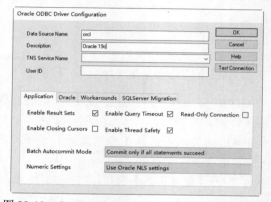

图 22-13 Oracle ODBC Driver Configuration 对话框

Oracle ODBC Driver Configuration 对话框中的主要参数介绍如下。

- Data Source Name 文本框：输入数据源的名称，可以根据实际情况输入。
- Description 文本框：输入对数据源的描述。
- TNS Service Name 文本框：输入服务器名称，如果 Oracle 服务器和 ODBC 数据源在一台计算机上，此处输入名称就是 SID。
- User ID：输入用户名。

06 ODBC 数据源配置完成后，只需要修改数据库连接属性文件，修改代码如下：

```
#Oracle,jdbc-odbc
drivers=sun.jdbc.odbc.JdbcOdbcDriver
url=jdbc:odbc:Oracle
user=用户名
pwd=用户密码
```

其中，url 对应的值是配置数据源的名称。

22.3　操作 Oracle 数据库

连接 Oracle 数据库以后，可以对 Oracle 数据库中的数据进行查询、插入、更新和删除等操作。Statement 接口主要用来执行 SQL 语句。SQL 语句执行后返回的结果由 ResultSet 接口管理。Java 主要通过这两个接口来操作数据库。

22.3.1　创建 Statement 对象

Connection 对象调用 createStatement() 方法来创建 Statement 对象，其语法格式如下：

```
Statement mystatement=connection.createStatement();
```

其中，mystatement 是 Statement 对象；connection 是 Connection 对象；createStatement()
方法返回 Statement 对象。通过这个 Java 语句就可以创建 Statement 对象。Statement 对象创
建成功后，可以调用其中的方法来执行 SQL 语句。

22.3.2　使用 SELECT 语句查询数据

Statement 对象创建完成后，可以调用 executeQuery() 方法执行 SELECT 语句，查询结果
会返回给 ResultSet 对象。调用 executeQuery() 方法的语法格式如下：

```
ResultSet rs = statement.executeQuery("SELECT语句");
```

通过该语句可以将查询结果存储到 rs 中。如果查询包括多条记录，可以使用循环语句来
读取所有的记录。其代码如下：

```
while(rs.next()){
        String ss=rs.getString("字段名");
        System.out.print(ss);
    }
```

其中，"字段名"参数表示查询出来的记录的字段名称。使用 getString() 函数可以将指
定字段的值取出来。

例如，从 fruits 表中查询水果的名称和价格，部分代码如下：

```
Statement mystatement=connection.createStatement();          //创建Statement对象
//执行SELECT语句，并且将查询结果传递到Statement对象中
ResultSet rs = statement.executeQuery('SELECT f_name,f_price FROM fruits');
while(rs.next()){                                    //判断是否还有记录
        String fn=rs.getString('f_name');            //获取f_name字段的值
        String fp=rs.getString('f_price');           //获取f_price字段的值
        System.out.print(fn+" "+ fp);                //输出字段的值
}
```

22.3.3　插入、更新和删除数据

如果需要插入、更新和删除数据，则需要 Statement 对象调用 executeUpdate() 方法来实现，
该方法执行后，返回影响表的行数。

使用 executeUpdate() 方法的语法格式如下：

```
int result=statement.executeUpdate(sql);
```

其中，sql 参数可以是 INSERT 语句，也可以是 UPDATE 语句或者 DELECT 语句。该语
句的执行结果为数字。

例如，向 fruits 表中插入一条新记录，部分代码如下：

```
Statement mystatement=connection.createStatement();                    //创建Statement对象
String sql="INSERT INTO fruits VALUES ('h1',166,'blackberry',20.2)";   //获取INSERT语句
int result=statement.executeUpdate(sql);                    //执行INSERT语句，返回插入的记录数
System.out.print(result);                                           //输出插入的记录数
```

上述代码执行后，新记录将插入到 fruits 表中，同时返回数字 1。

例如，更新 fruits 表中 f_id 值为 h1 的记录，将该记录的 f_price 值改为 33.5。部分代码如下：

```
Statement mystatement=connection.createStatement();                     //创建Statement对象
String sql="UPDATE fruits SET f_price=33.5 WHERE f_id='h1'";  //获取UPDATE语句
int result=statement.executeUpdate(sql);                     //执行UPDATE语句，返回更新的记录数
System.out.print(result);                                            //输出更新的记录数
```

上述代码执行后，f_id 值为 h1 的记录被更新，同时返回数字 1。

例如，删除 fruits 表中 f_id 值为 h1 的记录，部分代码如下：

```
Statement mystatement=connection.createStatement();                   //创建Statement对象
String sql="DELECT FROM fruits WHERE f_id='h1'";              //获取DELECT语句
int result=statement.executeUpdate(sql);                   //执行DELECT语句，返回删除的记录数
System.out.print(result);                                          //输出删除的记录数
```

上述代码执行后，f_id 值为 h1 的记录被删除，同时返回数字 1。

22.3.4 执行任意 SQL 语句

当无法确定 SQL 语句是查询还是更新时，可以使用 execute() 函数。该函数的返回结果是 boolean 类型的值，返回值为 true 表示执行查询语句，返回值为 false 表示执行更新语句。下面是调用 execute() 方法的代码：

```
boolean result=statement.execute(sql);
```

如果要获取 SELECT 语句的查询结果，需要调用 getResultSet() 方法。要获取 INSERT 语句、UPDATE 语句或者 DELECT 语句影响表的行数，需要调用 getUpdate() 方法。这两个方法的调用语句如下：

```
ResultSet result01=statement.getResultSet();
int result02= statement.getUpdate();
```

例如，使用 execute() 函数执行 SQL 语句，部分代码如下：

```
Statement mystatement=connection.createStatement();                      //创建Statement对象
sql=("SELECT f_name,f_price FROM fruits");                   //定义sql变量，获取SELECT语句
boolean rst=statement.execute(sql);                               //执行SELECT语句
//如果执行SELECT语句，则execute()方法返回TRUE
if(rst==true){
        ResultSet result = statement. getResultSet();  //将查询结果传递给result
while(result.next()){                                    //判断是否还有记录
        String fn=rs.getString("f_name");                      //获取f_name字段的值
        String fp=rs.getString("f_price");                     //获取f_price字段的值
        System.out.print(fn+" "+ fp);                          //输出字段的值
}
}
//如果执行UPDATE语句、INSERT语句或者DELECT语句，则execute()方法返回FALSE
```

```
else {
    int ss=stat.getUpdateCount();                    //获取发生变化的记录数
    System.out.println(ss);                          //输出记录数
}
```

　　如果执行的是 SELECT 语句，则 rst 的值为 true，将执行 if 语句中的代码；如果执行的
是 INSERT 语句、UPDATE 语句或者 DELECT 语句，将执行 else 语句中的代码。

22.3.5　关闭创建的对象

　　当所有的语句执行完毕后，需要关闭创建的对象，包括 Connection 对象、Statement 对
象和 ResultSet 对象。关闭对象的顺序是先关闭 ResultSet 对象，然后关闭 Statement 对象，最
后关闭 ResultSet 对象，这个和创建对象的顺序相反。关闭对象使用的是 close() 方法，将对
象的值设置为空。关闭对象的部分代码如下：

```
if(result!=null) {
    result.close();                   //判断ResultSet对象是否为空
    result=null;                      //调用close()方法关闭ResultSet对象
}
if(statement!=null) {
    statement.close();                //判断Statement对象是否为空
    statement=null;                   //调用close()方法关闭Statement对象
}
if(connection!=null) {
    connection.close();               //判断Connection对象是否为空
    connection =null;                 //调用close()方法关闭Connection对象
}
```

22.4　疑难问题解析

▌疑问 1：执行查询语句后，如何获取查询的记录数？

　　答：在 executeQuery() 方法执行 SELECT 语句后，查询结果会返回给 ResultSet 对象，而
该对象没有定义获取结果集记录数的方法。如果需要知道记录数，则需要使用循环读取的方
法来计算记录数。假如 ResultSet 对象为 rst，可以使用下面的方法来计算记录数：

```
int a=0;
while(rst.next())
i++;
```

▌疑问 2：Java 如何备份与还原 Oracle 数据库？

　　答：Java 语言中的 Runtime 类中的 exec() 方法可以运行外部的命令。调用 exec() 方法的
代码如下：

```
Runtime rr=Runtime.getRuntime();
rr.exec("外部命令语句");
```

　　其中，外部命令语句为备份与还原 Oracle 数据库的命令。

第23章　设计人事管理系统数据库

本章导读

　　在信息化高度发达的今天，提高人事部门的管理效率非常重要，一个好的人事管理系统，能够为企业节省大量的人力、物力和财力。本章将以 Oracle 19c 数据库技术来设计一个人事管理系统。

知识导图

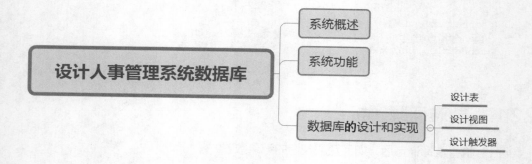

23.1　系统概述

本章介绍一个人事管理系统的创建，管理员可以通过该系统添加员工的信息，管理员工的薪资、考勤和职务变更等。

人事管理系统所要实现的功能具体包括：添加员工信息、修改员工信息、删除员工信息、显示全部员工信息、按类别显示员工信息、按关键字查询员工信息、按关键字进行站内查询。

一个简单的员工信息发布系统具有以下特点：实用，系统实现了一个完整的信息查询过程；简单易用，为使员工尽快掌握和使用整个系统，系统结构简单但功能齐全，简洁的页面设计使操作非常简便；代码规范，作为一个实例，文中的代码规范简洁、清晰易懂。

本系统主要具有管理员工、管理部门、管理加班、管理请假、管理薪资等功能。这些信息的录入、查询、修改和删除等操作都是该系统重点解决的问题。

23.2　系统功能

人事管理系统分为 5 个管理部分，即员工管理、业绩管理、考勤管理、薪资管理和请假管理。本系统的功能模块如图 23-1 所示。

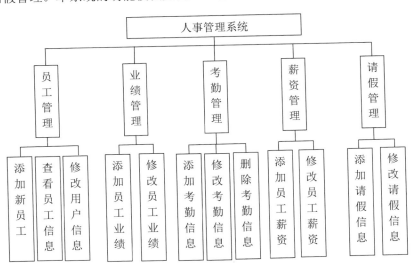

图 23-1　系统功能模块

图 23-1 中的模块详细介绍如下。

（1）员工管理模块：实现新增员工，查看和修改员工信息功能。

（2）业绩管理模块：实现新增员工业绩，查看、修改和删除员工业绩信息功能。

（3）考勤管理模块：实现对员工的考勤情况进行新增、查看、修改和删除操作。

（4）薪资管理模块：实现对员工的薪资情况进行新增、查看、修改和删除操作。

（5）请假管理模块：实现对员工的请假情况进行新增、查看、修改和删除操作。

通过本节的介绍，读者会对人事管理系统的主要功能有一定的了解，下一节介绍本系统所需要的数据库和表。

23.3　数据库的设计和实现

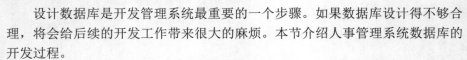

设计数据库是开发管理系统最重要的一个步骤。如果数据库设计得不够合理，将会给后续的开发工作带来很大的麻烦。本节介绍人事管理系统数据库的开发过程。

设计数据库时要确定设计哪些表、表中包含哪些字段、字段的数据类型和长度。本节介绍人事管理系统的数据库开发过程。通过本章的学习，读者可以对 Oracle 数据库的知识有个全面的了解。

23.3.1　设计表

数据库下总共存放 9 张表，分别是 department、employees、admin、emType、leave、result、overwork、checkwork 和 salary。

1. department 表

department 表中存储部门 ID、部门名称，所以 department 表设计了两个字段。department 表中每个字段的信息如表 23-1 所示。

表 23-1　department 表的内容

列　名	数据类型	允许 NULL 值	说　明
ID	NUMBER(9)	否	部门编号
depName	VARCHAR2(20)	否	部门名称

根据表 23-1 的内容创建 department 表。创建 department 表的 SQL 语句如下：

```
CREATE TABLE department (
    ID NUMBER ( 9 ) PRIMARY KEY NOT NULL,
    depName VARCHAR2(20) NOT NULL
    );
```

创建完成后，可以使用 DESC 语句查看 department 表的基本结构。

2. employees 表

employees 表中存储员工 ID、员工姓名、员工邮件、员工性别、员工电话、员工职位、员工部门，所以 employees 表设计了 7 个字段。employees 表中每个字段的信息如表 23-2 所示。

表 23-2　employees 表的内容

列　名	数据类型	允许 NULL 值	说　明
emID	NUMBER(9)	否	员工编号
emName	VARCHAR2(20)	否	员工姓名
emSex	NUMBER(1)	否	员工性别
emEmail	VARCHAR2(20)	否	员工邮件
emPhone	VARCHAR2(20)	否	员工电话
emPost	VARCHAR2(8)	否	员工职位
depID	NUMBER(9)	否	员工部门

根据表 23-2 的内容创建 employees 表。创建 employees 表的 SQL 语句如下：

```
CREATE TABLE employees (
    emID  NUMBER(9) PRIMARY KEY,
    emName  VARCHAR2(20) NOT NULL,
    emSex  NUMBER(1) NOT NULL,
    emEmail  VARCHAR2(20) NOT NULL,
    emPhone  VARCHAR2(20) NOT NULL,
    emPost  VARCHAR2(8) NOT NULL,
    deptID  NUMBER(9) NOT NULL,
    CONSTRAINT fk_emp_dept1 FOREIGN KEY(deptId) REFERENCES department (ID)
    );
```

创建完成后，可以使用 DESC 语句查看 employees 表的基本结构。

3. admin 表

管理员信息表（admin）主要用来存储员工账号信息，如表 23-3 所示。

表 23-3　admin 表的内容

列　名	数据类型	允许 NULL 值	说　明
adminID	NUMBER(9)	否	管理员编号
adminName	VARCHAR2(20)	否	管理员名称
adminPassword	VARCHAR2(20)	否	管理员密码

根据表 23-3 的内容创建 admin 表。创建 admin 表的 SQL 语句如下：

```
CREATE TABLE admin(
    adminID NUMBER(9) PRIMARY KEY NOT NULL,
    adminName VARCHAR2(20) NOT NULL,
    adminPassword VARCHAR2(20) NOT NULL
    );
```

创建完成后，可以使用 DESC 语句查看 admin 表的基本结构。

4. emType 表

员工类型信息表（emType）主要用来存储员工类型的信息，如表 23-4 所示。

表 23-4　emType 员工类型信息表的内容

列　名	数据类型	允许 NULL 值	说　明
typeID	NUMBER(9)	否	员工类型编号
type	NUMBER(9)	否	员工类型
typeName	VARCHAR2(20)	否	员工类型名称

根据表 23-4 的内容创建 emType 表。创建 emType 表的 SQL 语句如下：

```
CREATE TABLE emType (
    typeID  NUMBER(9) PRIMARY KEY NOT NULL,
    type  NUMBER(9) NOT NULL,
    typeName VARCHAR2(20) NOT NULL
    );
```

创建完成后，可以使用 DESC 语句查看 emType 表的基本结构。

5. leave 表

请假信息表（leave）主要用来存储员工的请假信息，如表 23-5 所示。

表 23-5 leave 请假信息表的内容

列　名	数据类型	允许 NULL 值	说　明
leaveID	NUMBER(9)	否	请假编号
emID	NUMBER(9)	否	员工编号
leavetime	DATE	否	请假时间
backtime	DATE	是	返回时间
reason	VARCHAR2(50)	否	请假原因

根据表 23-5 的内容创建 leave 表。创建 leave 表的 SQL 语句如下：

```
CREATE TABLE leave (
    leaveID  NUMBER(9) PRIMARY KEY NOT NULL,
    emID  NUMBER(9)  NOT NULL,
    leavetime  VARCHAR2(500) NOT NULL,
    backtime DATE,
    reason VARCHAR2(50) NOT NULL,
    CONSTRAINT fk_emp_dept2 FOREIGN KEY(emID) REFERENCES employees (emID)
    );
```

创建完成后，可以使用 DESC 语句查看 leave 表的基本结构。

6. result 表

业绩信息表（result）主要用来存储员工的业绩信息，如表 23-6 所示。

表 23-6 result 业绩信息表的内容

列　名	数据类型	允许 NULL 值	说　明
resultID	NUMBER(9)	否	业绩编号
emID	NUMBER(9)	否	员工编号
resultScore	NUMBER(3)	否	业绩分数
startTime	DATE	否	业绩开始时间
overTime	DATE	是	业绩结束时间

根据表 23-6 的内容创建 result 表。创建 result 表的 SQL 语句如下：

```
CREATE TABLE result (
    resultID NUMBER(9) PRIMARY KEY NOT NULL,
    emID NUMBER(9) NOT NULL,
    resultScore NUMBER(3) NOT NULL,
    startTime  DATE NOT NULL,
    overTime  DATE NOT NULL,
    CONSTRAINT fk_emp_dept3 FOREIGN KEY(emID) REFERENCES employees (emID)
    );
```

创建完成后，可以使用 DESC 语句查看 result 表的基本结构。

7. overwork 表

加班信息表（overwork）主要用来存储员工加班的信息，如表 23-7 所示。

表 23-7　overwork 加班信息表的内容

列　名	数据类型	允许 NULL 值	说　明
overworkID	NUMBER(9)	否	加班编号
emID	NUMBER(9)	否	员工编号
startworkTime	DATE	否	加班开始时间
overworkTime	DATE	是	加班结束时间
overworkReason	VARCHAR2(50)	否	加班理由

根据表 23-7 的内容创建 overwork 表。创建 overwork 表的 SQL 语句如下：

```
CREATE TABLE overwork (
    overworkID NUMBER（9）PRIMARY KEY NOT NULL,
    emID NUMBER（9）NOT NULL,
    startworkTime  DATE NOT NULL,
    overworkTime  DATE NOT NULL,
    overworkReasonVARCHAR2(50) ,
    CONSTRAINT fk_emp_dept4 FOREIGN KEY(emID) REFERENCES employees (emID)
    );
```

创建完成后，可以使用 DESC 语句查看 overwork 表的基本结构。

8. checkwork 表

考勤信息表（checkwork）主要用来存储员工考勤的信息，如表 23-8 所示。

表 23-8　checkwork 考勤信息表的内容

列　名	数据类型	允许 NULL 值	说　明
checkworkID	NUMBER(9)	否	考勤编号
emID	NUMBER(9)	否	员工编号
checkstartTime	DATE	否	考勤开始时间
checkoverTime	DATE	否	考勤结束时间
checkTime	DATE	否	考勤日期
checktype	VARCHAR2(20)	否	考勤类型

根据表 23-8 的内容创建 checkwork 表。创建 checkwork 表的 SQL 语句如下：

```
CREATE TABLE checkwork (
    checkworkID NUMBER（9）PRIMARY KEY NOT NULL,
    emID NUMBER（9）NOT NULL,
    checkstartTime  DATE NOT NULL,
    checkoverTime  DATE NOT NULL,
    checkTime  DATE NOT NULL,
    checktype VARCHAR2(20) ,
    CONSTRAINT fk_emp_dept5 FOREIGN KEY(emID) REFERENCES employees (emID)
    );
```

创建完成后，可以使用 DESC 语句查看 checkwork 表的基本结构。

9. salary 表

薪资信息表（salary）主要用来存储员工的薪资待遇信息，如表 23-9 所示。

表 23-9 salary 薪资信息表的内容

列 名	数据类型	允许 NULL 值	说 明
salary ID	NUMBER(9)	否	薪资编号
emID	NUMBER(9)	否	员工编号
basicSalary	NUMBER(5)	否	基本工资
overworkSalary	NUMBER(5)	否	加班工资
lateSalary	NUMBER(5)	否	迟到扣薪
checkSalary	NUMBER(5)	否	缺勤扣薪
salarystartTime	DATE	否	工资开始时间
salaryoverTime	DATE	否	工资结束时间
sumTime	DATE	否	统计日期

根据表 23-9 的内容创建 salary 表。创建 salary 表的 SQL 语句如下：

```
CREATE TABLE salary (
    salaryID NUMBER(9) PRIMARY KEY NOT NULL,
    emID NUMBER(9) NOT NULL,
    basicSalary NUMBER(9) NOT NULL,
    overworkSalary NUMBER(5) NOT NULL,
    lateSalary  NUMBER(5) NOT NULL,
    checkSalary NUMBER(5) NOT NULL,
    salarystartTime  DATE NOT NULL,
    salaryoverTime  DATE NOT NULL,
    sumTime  DATE NOT NULL,
    CONSTRAINT fk_emp_dept6 FOREIGN KEY(emID) REFERENCES employees (emID)
    );
```

创建完成后，可以使用 DESC 语句查看 salary 表的基本结构。

23.3.2 设计视图

视图是由数据库中的一个表或者多个表导出的虚拟表，其作用是方便员工对数据的操作。在这个人事管理系统中，也设计了一个视图改善查询操作。

在人事管理系统中，如果直接查询 employees 表，会得到员工的相关信息，但是没有员工薪资情况，为了以后查询方便，可以建立一个视图 employees_view。这个视图显示员工编号、员工姓名、员工基本工资、加班工资、迟到扣薪、缺勤扣薪。创建视图 employees_view 的 SQL 代码如下：

```
CREATE VIEW employees_view
AS SELECT e.emID, e.emName, s.basicSalary, s.overworkSalary, s.lateSalary,
s.checkSalary
FROM employees e, salary s
WHERE employees.emID = salary.emID;
```

上面 SQL 语句中给每个表都取了别名，employees 表的别名为 e，salary 表的别名为 s，这个视图从这两个表中取出相应的字段。视图创建完成后，可以使用 SHOW CREATE VIEW 语句查看 employees_view 视图的详细信息。

下面创建一个视图 department_view，通过该视图，可以查询某个部门下员工的信息，包括员工姓名、员工性别、员工邮件、员工电话、员工职位。

创建视图 department_view 的 SQL 代码如下：

```
CREATE VIEW department_view
AS SELECT d.ID,d.depName,
e.emName,e.emSex, e.emEmail, e.emPhone, e.emPost
FROM department d, employees e
WHERE department.ID = employees.depID;
```

上面的 SQL 语句给每个表都取了别名，department 表的别名为 d，employees 表的别名为 e。department-view 视图从这两个表中取出相应的字段。视图创建完成后，可以使用 SHOW CREATE VIEW 语句查看 department_view 视图的详细信息。

23.3.3　设计触发器

触发器是指由 INSERT、UPDATE 和 DELETE 等事件来触发某种特定的操作。满足触发器的触发条件时，数据库系统就会执行触发器中定义的程序语句。这样做可以保证某些操作之间的一致性。为了使人事管理系统的数据更新更加快速和合理，可以在数据库中设计几个触发器。

1. 设计 UPDATE 触发器

在设计表时，employees 表和 result 表中的 emID 字段的值是一样的。如果 employees 表中的 emID 字段的值更新了，那么 result 表中的 emID 字段的值也必须同时更新。这可以通过一个 UPDATE 触发器来实现。创建 UPDATE 触发器 UPDATE_EMID 的 SQL 代码如下：

```
CREATE TRIGGER UPDATE_EMID
AFTER UPDATE
ON employees
FOR EACH ROW
  BEGIN
     UPDATE result  SET emID = NEW.emID;
    END
```

其中，NEW. emID 表示 employees 表中更新的记录的 emID 值。

2. 设计 DELETE 触发器

如果从 employees 表中删除一个员工的信息，那么这个员工在 salary 表中的信息也必须同时删除。这也可以通过触发器来实现。在 employees 表上创建 DELETE_EMPLOYEES 触发器，只要执行 DELETE 操作，那么就删除 salary 表中相应的记录。创建 DELETE_ EMPLOYEES 触发器的 SQL 语句如下：

```
CREATE TRIGGER DELETE_EMPLOYEES
AFTER DELETE
ON employees
FOR EACH ROW
  BEGIN
     DELETE FROM salary WHERE emID = OLD.emID;
    END
```

其中，OLD. emID 表示新删除的记录的 emID 值。

第24章 设计学生信息管理系统数据库

本章导读

随着学校规模的不断扩大，学生数量急剧增加，有关学生的各种信息也成倍增长。面对庞大的信息量，需要有学生管理系统来提高学生管理工作的效率。本章将以 Oracle 19c 数据库技术设计一个学生信息管理系统，通过这样的系统可以做到信息的规范管理、科学统计，以及快速查询、修改、增加、删除等，从而减少管理方面的工作量。

知识导图

设计学生信息管理系统数据库
- 系统概述
- 系统功能
- 数据库的设计和实现
  - 设计表
  - 设计视图
  - 设计触发器

24.1 系统概述

学生信息管理系统是一个教育单位不可缺少的部分。一个功能齐全、简单易用的信息管理系统不但能有效地减轻学校相关工作人员的工作负担，而且它的内容对于学校的决策者和管理者来说都至关重要。所以学生信息管理系统应该能够为用户提供充足的信息和快捷的查询手段。

本系统主要用于学校学生信息管理，总体任务是实现学生信息关系的系统化、规范化和自动化，其主要任务是用计算机对学生的各种信息进行日常管理，如查询、修改、增加、删除。另外，还要考虑到学生选课。

本系统主要包括学生信息查询、学生成绩管理和课程信息管理三部分。其功能主要有：

（1）有关学籍等信息的输入，包括输入学生基本信息、所在班级、所学课程和成绩等。

（2）学生信息的查询，包括查询学生基本信息、所在班级、已学课程和成绩等。

（3）学生信息的修改。

（4）班级管理信息的输入，包括输入班级设置、年级信息等。

（5）班级管理信息的查询。

（6）班级管理信息的修改。

（7）学生课程的设置和修改。

24.2 系统功能

学生信息管理系统分为 3 个管理部分，即学生信息管理、学生成绩管理、课程信息管理。本系统的功能模块如图 24-1 所示。

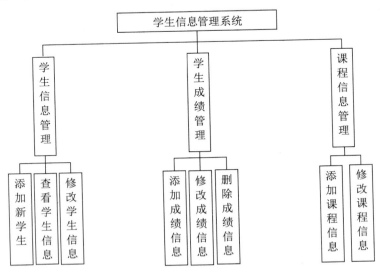

图 24-1 系统功能模块

图 24-1 中模块的详细介绍如下。

（1）学生信息管理模块：实现班级管理。提供给班主任进行本班学生的信息更新、删除。添加学生，以班级为单位，进行学生入库。其中分为单个添加和成批添加。单个添加供数量较少的学生信息入库；成批添加可以从现存的学生信息 Excel 文件中成批录入数据库中。当学生毕业后，学生信息转移到备份数据库中，系统的基本数据库中需要删除学生信息。主要是成批地删除学生信息，如删除连续学号区段的多位学生信息，删除整个班级，删除所有学生信息。新生管理部分的功能主要有新生导入、分班及设置学号。新生导入实现从现存的 Excel 新生名单中录入学生信息。分班功能实现按新生的报考专业、成绩及性别进行分班。设置学号实现自动为各班学生编发学号。在删除学生信息前，将其以班级为单位保存到备份数据库。

（2）学生成绩管理模块：实现分数录入。以班级为单位，录入各科目的期中、期末、总评成绩。计算指定班级学生的总分及名次。补考成绩录入。修改总评成绩，以决定最终补考人数。将指定班级及指定学期数的学生成绩保存到备份数据库中。

（3）课程信息管理模块：实现课程管理。可以录入、修改、删除本学期各年级各专业所开课程。它是学生成绩管理的基础。

24.3　数据库的设计和实现

设计数据库是开发管理系统最重要的一个步骤。如果数据库设计得不够合理，将会为后续的开发工作带来很大的麻烦。本节介绍学生信息管理系统数据库的开发过程。

24.3.1　设计表

数据库下总共存放 7 张表，分别是 students、admin、class、profession、courses、score 和 sumscore。

1. students 表

students 表中存储学生的编号、学生姓名、学生性别、出生日期、电话、班级编号、是否住宿、政治面貌、入学总分、专业编号、课程编号，所以 students 表设计了 11 个字段。students 表中每个字段的信息如表 24-1 所示。

表 24-1　students 表的内容

列　名	数据类型	允许 NULL 值	说　明
stuID	NUMBER(9)	否	学生编号
stuName	VARCHAR2(10)	否	学生姓名
stuSex	NUMBER(1)	否	学生性别
stuTime	DATE	否	出生日期
stuPhone	VARCHAR2(20)	否	电话
classID	NUMBER(9)	否	班级编号
stustay	VARCHAR2(4)	否	是否住宿
stuPolitical	VARCHAR2(40)	否	政治面貌
stuScore	NUMBER(5)	否	入学总分
professionID	NUMBER(9)	否	专业编号
coursesID	NUMBER(90)	否	课程编号

根据表 24-1 的内容创建 students 表。创建 students 表的 SQL 语句如下：

```
CREATE TABLE students (
    stuID NUMBER(9) PRIMARY KEY NOT NULL,
    stuName VARCHAR2(20) NOT NULL,
    stuSex  NUMBER(1)NOT NULL,
    stuTime  DATE NOT NULL,
    stuPhone  VARCHAR2(20)  NOT NULL,
    classID    NUMBER(9) NOT NULL,
    stustay  VARCHAR2(4) NOT NULL,
    stuPolitical  VARCHAR2(4) NOT NULL,
    stuScore  NUMBER(5)  NOT NULL,
    professionID  NUMBER(9)NOT NULL,
    coursesID NUMBER(9)NOT NULL
    );
```

创建完成后，可以使用 DESC 语句查看 students 表的基本结构。

2. admin 表

管理员信息表（admin）主要用来存储员工账号信息，如表 24-2 所示。

表 24-2 admin 表的内容

列　名	数据类型	允许 NULL 值	说　明
adminID	NUMBER(9)	否	管理员编号
adminName	VARCHAR2(20)	否	管理员名称
adminPassword	VARCHAR2(20)	否	管理员密码

根据表 24-2 的内容创建 admin 表。创建 admin 表的 SQL 语句如下：

```
CREATE TABLE admin(
    adminID NUMBER(9) PRIMARY KEY NOT NULL,
    adminName VARCHAR2(20) NOT NULL,
    adminPassword VARCHAR2(20) NOT NULL
    );
```

创建完成后，可以使用 DESC 语句查看 admin 表的基本结构。

3. class 表

班级信息表（class）主要用于存储班级的相关信息，如表 24-3 所示。

表 24-3 class 表的内容

	数据类型	允许 NULL 值	说　明
classID	NUMBER(9)	否	班级编号
className	VARCHAR2(20)	否	班级名称
professionID	NUMBER(9)	否	专业编号
stuID	NUMBER(9)	否	学生编号

根据表 24-3 的内容创建 class 表。创建 class 表的 SQL 语句如下：

```
CREATE TABLE class (
    classID NUMBER(9) PRIMARY KEY NOT NULL,
    class Name VARCHAR2(20) NOT NULL,
    professionID  NUMBER(9) NOT NULL,
    stuID  NUMBER(9) NOT NULL
    );
```

创建完成后，可以使用 DESC 语句查看 class 表的基本结构。

4. profession 表

专业信息表（profession）主要用于存储专业的相关信息，如表 24-4 所示。

表 24-4　profession 表的内容

列　　名	数据类型	允许 NULL 值	说　　明
professionID	NUMBER(9)	否	专业编号
professionName	VARCHAR2(20)	否	专业名称

根据表 24-4 的内容创建 profession 表。创建 profession 表的 SQL 语句如下：

```
CREATE TABLE profession (
    professionID  NUMBER(9) PRIMARY KEY NOT NULL,
    professionName VARCHAR2(20) NOT NULL
    );
```

创建完成后，可以使用 DESC 语句查看 profession 表的基本结构。

5. courses 表

课程信息表（courses）主要用于存储课程的相关信息，如表 24-5 所示。

表 24-5　courses 表的内容

列　　名	数据类型	允许 NULL 值	说　　明
coursesID	NUMBER(9)	否	课程编号
coursesName	VARCHAR2(20)	否	课程名称
classID	NUMBER(9)	否	班级编号
professionID	NUMBER(9)	否	专业编号

根据表 24-5 的内容创建 courses 表。创建 courses 表的 SQL 语句如下：

```
CREATE TABLE courses (
    coursesID  NUMBER(9) PRIMARY KEY NOT NULL,
    coursesName VARCHAR2(20) NOT NULL,
    classID    NUMBER(9) NOT NULL,
    professionID  NUMBER(9) NOT NULL
    );
```

创建完成后，可以使用 DESC 语句查看 courses 表的基本结构。

6. score 表

score 表中存储学生考试成绩的信息。score 表中每个字段的信息如表 24-6 所示。

表 24-6　score 表的内容

列　名	数据类型	允许 NULL 值	说　明
scoreID	NUMBER(9)	否	成绩编号
stuID	NUMBER(9)	否	学生编号
coursesName	VARCHAR2(20)	否	课程名称
classID	NUMBER(9)	否	班级编号
professionID	NUMBER(9)	否	专业编号
ssScore	NUMBER(5)	否	考试成绩

根据表 24-6 的内容创建 score 表。创建 score 表的 SQL 语句如下：

```
CREATE TABLE score (
    scoreID  NUMBER(9) PRIMARY KEY NOT NULL,
    stuID  NUMBER(9)NOT NULL,
    coursesName  VARCHAR2(20) NOT NULL,
    classID  NUMBER(9)NOT NULL,
    professionID  NUMBER(9)NOT NULL,
    ssScore  NUMBER(5)NOT NULL
    );
```

创建完成后，可以使用 DESC 语句查看 score 表的基本结构。

7. sumscore 表

sumscore 表中存储学生考试总分成绩的信息。sumscore 表中每个字段的信息如表 24-7 所示。

表 24-7　sumscore 表的内容

列　名	数据类型	允许 NULL 值	说　明
sumscoreID	NUMBER(9)	否	总分成绩编号
stuID	NUMBER(9)	否	学生编号
sumScore	NUMBER(5)	否	考试总分成绩
sumRanking	NUMBER(5)	否	考试总分名次

根据表 24-7 的内容创建 sumscore 表。创建 sumscore 表的 SQL 语句如下：

```
CREATE TABLE sumscorer(
    sumscoreID  NUMBER(9) PRIMARY KEY NOT NULL,
    stuID  NUMBER(9)NOT NULL,
    sumScore  NUMBER(5)NOT NULL,
    sumRanking  NUMBER(5) NOT NULL
    );
```

创建完成后，可以使用 DESC 语句查看 sumscore 表的基本结构。

24.3.2　设计视图

视图是由数据库中的一个表或者多个表导出的虚拟表，其作用是方便员工对数据的操作。在这个学生信息管理系统中，也设计了一个视图改善查询操作。

在学生信息管理系统中，如果直接查询 class 表，会得到班级的相关信息，但是没有班级中学生的相关信息，为了以后查询方便，可以建立一个视图 class_view，以显示班级名称、学生编号、学生性别、学生姓名、学生电话、政治面貌。创建视图 class_view 的 SQL 代码如下：

```
CREATE VIEW class_view
AS SELECT c.className, c.stuID, s.stuName, s.stuSex, s.stuPhone, s.
stuPolitical
FROM class c, student s
WHERE c.stuID = s.stuID;
```

上面 SQL 语句中给每个表都取了别名，class 表的别名为 c，student 表的别名为 s，这个视图从这两个表中取出相应的字段。视图创建完成后，可以使用 SHOW CREATE VIEW 语句查看 class_view 视图的详细信息。

下面创建一个视图 students_view，通过该视图，可以查询学生成绩的信息，包括学生姓名、班级编号、课程名称、考试成绩。

创建视图 students_view 的 SQL 代码如下：

```
CREATE VIEW students_view
AS SELECT s.stuName,sc.classID, sc.coursesName, sc.ssScore
FROM students s, score sc
WHERE s.stuID = sc.stuID;
```

上面 SQL 语句中给每个表都取了别名，students 表的别名为 s，score 表的别名为 sc，这个视图从这两个表中取出相应的字段。视图创建完成后，可以使用 SHOW CREATE VIEW 语句查看 students_view 视图的详细信息。

24.3.3　设计触发器

触发器由 INSERT、UPDATE 和 DELETE 等事件来触发某种特定的操作。满足触发器的触发条件时，数据库系统就会执行触发器中定义的程序语句。这样做可以保证某些操作之间的一致性。为了使学生信息管理系统的数据更新更加快速和合理，可以在数据库中设计几个触发器。

1. 设计 UPDATE 触发器

在设计表时，class 表和 students 表的 stuID 字段的值是一样的。如果 students 表中的 stuID 字段的值更新了，那么 class 表中的 stuID 字段的值也必须同时更新。这可以通过一个 UPDATE 触发器来实现。创建 UPDATE 触发器 UPDATE_stuID 的 SQL 代码如下：

```
CREATE TRIGGER UPDATE_stuID
AFTER UPDATE
ON students
FOR EACH ROW
  BEGIN
     UPDATE class  SET stuID = NEW.stuID;
  END
```

其中，NEW. stuID 表示 students 表中更新的记录的 stuID 值。

2. 设计 DELETE 触发器

如果从 students 表中删除一个员工的信息，那么这个员工在 score 表中的信息也必须同时删除。这也可以通过触发器来实现。在 students 表上创建 DELETE_STUDENTS 触发器，只要执行 DELETE 操作，那么就删除 score 表中相应的记录。创建 DELETE_STUDENTS 触发器的 SQL 语句如下：

```
CREATE TRIGGER DELETE_STUDENTS
AFTER DELETE
ON students
FOR EACH ROW
  BEGIN
      DELETE FROM score WHERE stuID = OLD.stuID;
  END
```

其中，OLD. stuID 表示新删除的记录的 stuID 值。

第25章 综合项目——开发网上购物商城

本章导读

网络购物如今已经不再是新鲜事物，无论是企业还是个人，都可以很方便地开发网上交易商城用于商品交易。本章通过开发网上购物商城，进一步学习 Oracle 在互联网开发中的应用技能。

知识导图

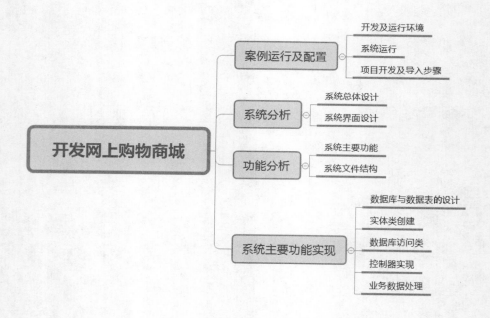

25.1 案例运行及配置

25.1.1 开发及运行环境

本系统的软件开发环境如下：

（1）编程语言：Java。

（2）操作系统：Windows 7、Windows 8、Windows 10。

（3）JDK 版本：Java SE Development KIT(JDK) Version 7.0。

（4）开发工具：MyEclipse。

（5）数据库：Oracle。

（6）Web 服务器：tomcat 7.0。

25.1.2 系统运行

下面简述案例运行的具体步骤。

第 1 步：安装 tomcat 7.0 或更高版本（本例安装 tomcat 8.0），假定安装在 E:\Program Files\Apache Software Foundation\Tomcat 8.0 下，该目录记为 Tomcat 8.0。

第 2 步：部署程序文件。

01 把素材中的 ch25/shop 文件夹复制到 TOMCAT_HOME\webapps\ 下，如图 25-1 所示。

图 25-1 复制输出文件到本地硬盘

02 运行 tomcat，进入目录 TOMCAT_HOME\bin, 运行 startup.bat 文件，终端输出"Info: Server startup in xxx ms"，表明 tomcat 启动成功。

03 安装 Oracle 数据库，版本为 Oracle Database 11g 第 2 版（11.2.0.1.0）（也可安装其他版本，

本项目以本版本为例）。

04 安装 Oracle 数据库管理工具 PLSQL Developer 软件。

05 运行 PLSQL Developer 软件，双击桌面上的 PLSQL Developer 快捷方式图标，如图 25-2 所示。

06 在 Oracle Logon 对话框中的 Username 文本框中选择 System 选项，在 Password 文本框中输入"orcl"，在 Database 下拉列表框中选择 ORCL 选项（密码和数据库名在安装数据库时设置），在 Connect as 下拉列表框中选择 SYSDBA 选项，完成设置后单击 OK 按钮登录数据库，如图 25-3 所示。

图 25-2　启动 PLSQL Developer 软件

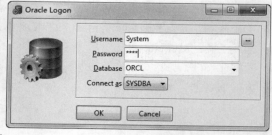
图 25-3　登录数据库

07 数据库登录成功后，右键单击 Object 选项卡下的 Users 选项，在弹出的快捷菜单中选择 New 选项，如图 25-4 所示。

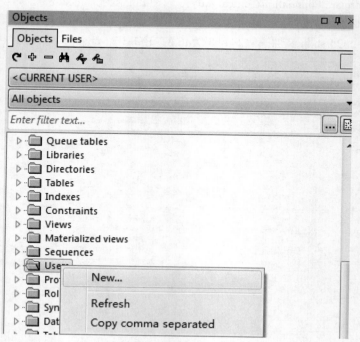
图 25-4　选择 New 选项

08 在打开的 Create User 对话框的 Name 文本框中输入用户名"shop"，在 Password 文本框中输入密码"1254"，其他选项设置如图 25-5 所示，单击 Apply 按钮，应用设置。

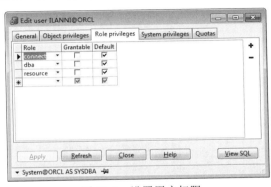

图 25-5　新建用户

09 在 Role privileges 选项卡中进行如图 25-6 所示设置，赋予其角色权限：connect、resource、dba，这样用户才能登录操作数据库。

10 使用新建用户登录 PLSqplus 数据库管理工具后，单击此工具项并在展开的菜单中选择 SQL Window 菜单项，如图 25-7 所示。

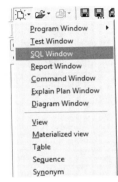

图 25-6　设置用户权限　　　　　　　　图 25-7　选择 SQL Window 菜单项

11 在 SQL Window 窗口的 SQL 选项卡中把本例创建数据表与数据的 SQL 语句（素材 ch25/dbsql 下）粘贴进来，如图 25-8 所示。

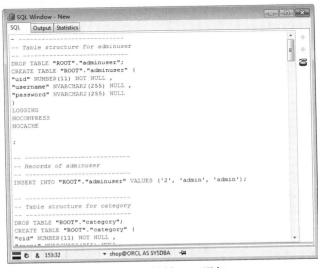

图 25-8　复制 SQL 语句

⓬单击【执行】按钮，完成数据表与数据的创建，如图 25-9 所示。

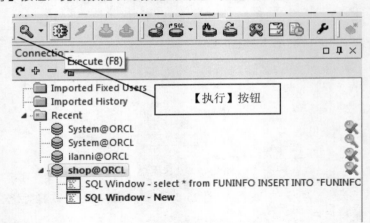

图 25-9　创建数据表与数据

　　第 3 步：打开浏览器，访问 http://localhost:8080/shop 网址，登录进入主界面，如图 25-10 所示。

图 25-10　在线购物系统主界面

25.1.3　项目开发及导入步骤

　　项目开发及导入的步骤如下。

⓵把素材中的"ch25"目录复制到硬盘中，本例使用"D:\ts\"路径。

⓶单击 Windows 窗口中的【开始】按钮，在展开的【所有程序】菜单项中，依次展开并选择 MyEclipse Professional 2014 程序名称，如图 25-11 所示。

⓷双击 MyEclipse Professional 2014 程序名称，启动 MyEclipse 开发工具，如图 25-12 所示。

DAEMON Tools Lite
DbVisualizer
Dolby
epolestar
IB Gateway 960
IETester
Indigo Rose Corporation
InstallShield
Intel
Java
Java Development Kit
Lenovo
Microsoft Expression
Microsoft Office
Microsoft Silverlight
Microsoft SQL Server 2008
Microsoft SQL Server 2008 R2
Microsoft SQL Server vNext CTP1
Microsoft Visual Studio 2008
MyEclipse
    MyEclipse 2014
    MyEclipse Professional 2014
Oracle - OraDb11g_home1
PLSQL Developer
RealNetworks
Red Gate
SharePoint

图 25-11　启动 MyEclipse 程序

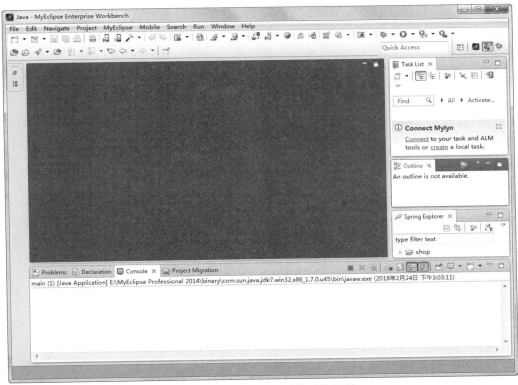

图 25-12　MyEclipse 开发工具界面

04 在菜单栏中执行 File|Import 菜单命令，如图 25-13 所示。

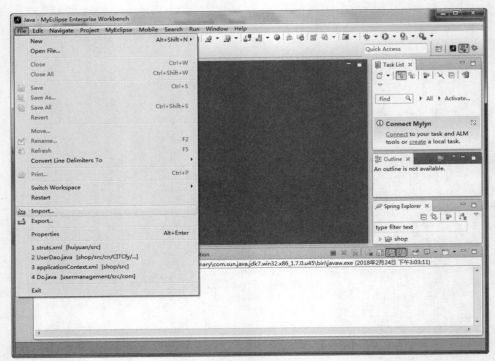

图 25-13　执行 Import 菜单命令

05 在打开的 Import 对话框中，选择 Existing Projects into Workspace 选项，并单击 Next 按钮，执行下一步操作，如图 25-14 所示。

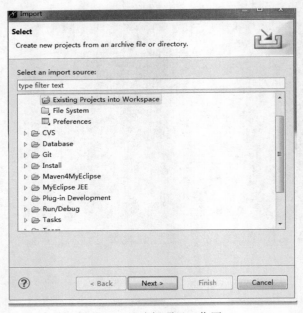

图 25-14　选择项目工作区

06 在 Import Projects 选项组中，单击 Select root directory 单选项右边的 Browse 按钮，在打开的【浏览文件夹】对话框中依次选择项目源码根目录，本例选择 D:\ts\ ch25\shop 目录，单击【确定】按钮，确认选择，如图 25-15 所示。

07 完成项目源码根目录的选择后，单击 Finish 按钮，完成项目导入操作，如图 25-16 所示。

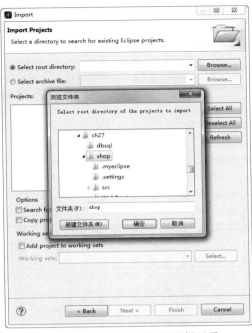

图 25-15 选择项目源码根目录

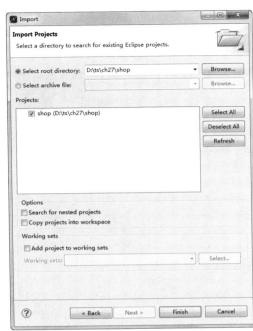

图 25-16 完成项目导入

08 在 MyEclipse 项目现有包资源管理器中，可发现和展开 shop 项目包资源管理器，如图 25-17 所示。

09 加载项目到 Web 服务器。在 MyEclipse 主界面中，单击 Manage Deployments 按钮，打开 Manage Deployments 界面，如图 25-18 所示。

图 25-17 项目包资源管理器

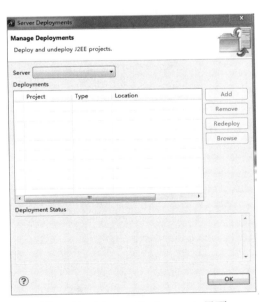

图 25-18 Manage Deployments 界面

10 单击 Manage Deployments 界面中 Server 右边的下三角按钮，并在弹出的下拉列表中选择 MyEclipse Tomcat 7 选项。单击 Add 按钮，打开 New Deployment 对话框，如图 25-19 所示。

11 在 New Deployment 对话框中的 Project 下拉列表中选择 shop，单击 Finish 按钮，再单击 OK 按钮，如图 25-20 所示。

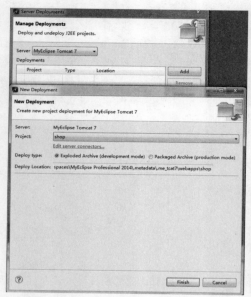

图 25-19　New Deployment 对话框

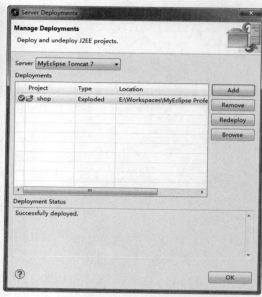

图 25-20　完成项目加载

12 在 MyEclipse 主界面中，单击 Run/Stop/Restart MyEclipse Servers 图标，在展开的菜单中执行 MyEclipse Tomcat7|Start 菜单命令，启动 Tomcat，如图 25-21 所示。

图 25-21　启动 Tomcat

13 Tomcat 启动成功，如图 25-22 所示。

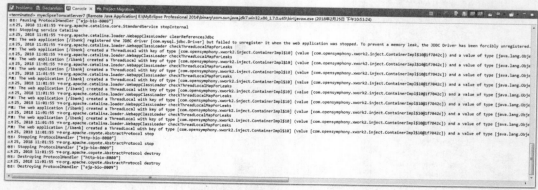

图 25-22　Tomcat 启动成功

25.2 系统分析

本案例介绍一个在线商城系统，是一个基于 Javaweb-ssh 的 B/S 系统，包括前台的分级搜索商品功能。游客可以浏览商品，普通顾客可以进入前台购买界面购买商品，系统管理人员可以进入后台管理界面进行管理操作。

25.2.1 系统总体设计

在线购物系统在移动互联时代案例层出不穷，是应用广泛的一个项目，本例从买家的角度去实现相关管理功能（本例仅实现基础需要部分）。如图 25-23 所示是在线购物系统设计功能图。

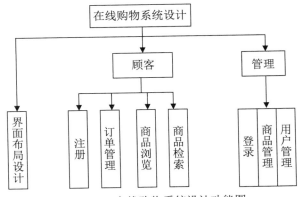

图 25-23　在线购物系统设计功能图

25.2.2 系统界面设计

在业务操作类型系统界面设计过程中，一般使用单色调。在线购物系统设计界面如图 25-10 所示。

25.3 功能分析

本节将对在线购物系统的功能进行简单的分析和探讨。

25.3.1 系统主要功能

本系统可以在线交易，其主要功能应包括商品管理、用户管理、商品检索、订单管理、购物车管理等，具体描述如下。

（1）商品管理：商品分类的管理，包括商品种类的添加、删除、类别名称更改等功能。

（2）用户管理：用户注册，如果用户注册为会员，就可以使用在线购物的功能；用户信息管理：用户可以更改个人私有信息，如密码等。

（3）商品查询：根据查询条件，快速查询用户所需商品；商品分类浏览，按照商品的类别列出商品目录。

（4）订单管理：订单信息，浏览订单结算，进行订单维护。

（5）购物车管理：增删购物车中的商品，改变采购数量，生成采购订单。

（6）后台管理：商品分类管理、商品基本信息管理、订单处理、会员信息管理。

25.3.2 系统文件结构

本项目对文件进行了分组，这样做的好处是方便管理和团队合作。在编写代码前，规划好系统文件组织结构，把窗体、公共类、数据模型、工具类或者图片资源放到不同的文件包中。本项目文件包如图 25-24 所示。

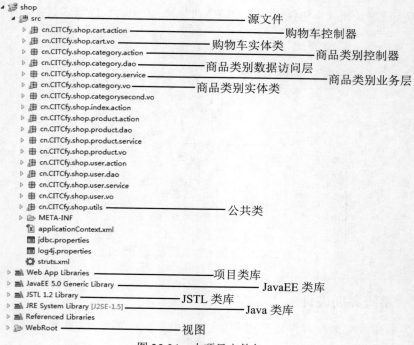

图 25-24　本项目文件包

25.4　系统主要功能实现

本节将对在线购物系统功能的实现方法进行分析和探讨，引领大家学习如何使用 Java 进行电子商务项目开发。

25.4.1 数据库与数据表的设计

在线购物系统是购物信息系统，数据库是其基础组成部分，系统的数据库是根据基本功能需求制定的。

1. 数据库分析

根据本购物管理系统的实际情况，本系统采用一个数据库，命名为 orcl。整个数据库包含系统几大模块的所有数据信息。orcl 数据库总共分 6 张表，如表 25-1 所示，使用 Oracle 数据库进行数据存储管理。

表 25-1　数据库中包含的数据表

表名称	说　明
adminuser	管理员表
category	商品类别表
categorysecond	二级分类表
orderitem	订单表
product	商品表
user	用户表

2. 创建数据表

在已创建的数据库 orcl 中创建 6 个数据表，管理员表的创建过程如下：

```
CREATE TABLE  adminuser (
uid NUMBER(11) NOT NULL ,
username NVARCHAR2(255) NULL ,
password NVARCHAR2(255) NULL
)
```

这里我们创建了也属需求相关的 3 个字段，并创建一个自增的标识索引字段 UID。

由于篇幅所限，其他数据表可查看创建 sql 语句，这里只给出数据表的结构。

1）管理员表

管理员表用于存储后台管理用户信息，表名为 adminuser，结构如表 25-2 所示。

表 25-2　adminuser 表

字段名称	字段类型	说　明	备　注
uid	NUMBER(11)	唯一标识符	NOT NULL
username	NVARCHAR2(255)	用户名	NULL
password	NVARCHAR2(255)	用户密码	NULL

2）一级商品分类表

一级商品分类表用于存储商品大类信息，表名为 category，结构如表 25-3 所示。

表 25-3　category 表

字段名称	字段类型	说　明	备　注
cid	NUMBER(11)	一级商品目录唯一标识符	NOT NULL
cname	NVARCHAR2(255)	一级商品目录名称	NULL

3）二级商品分类表

二级商品分类表用来存储商品大类下的小类信息，表名为 categorysecond，结构如表 25-4 所示。

表 25-4　categorysecond 表

字段名称	字段类型	说　明	备　注
csid	NUMBER(11)	二级商品目录唯一标识符	NOT NULL
csname	NVARCHAR2(255)	二级商品目录名称	NULL
cid	NUMBER(11)	一级商品目录唯一标识符	NULL

4）订单表

订单表用来存储用户订单信息，表名为 orderitem，结构如表 25-5 所示。

表 25-5　orderitem 表

字段名称	字段类型	说　明	备　注
itemid	NUMBER(11)	唯一标识符	NOT NULL
count	NUMBER(11)	商品数量	NULL
subtotal	NUMBER	商品总计	NULL
pid	NUMBER(11)	商品 id	NULL
oid	NUMBER(11)	订单 id	NULL

5）商品明细表

商品明细表用于存储出售的商品信息，表名为 product，结构如表 25-6 所示。

表 25-6　product 表

字段名称	字段类型	说　明	备　注
pid	NUMBER(11)	商品 id	NOT NULL
pname	NVARCHAR2(255)	商品名称	NULL
market_price	NUMBER	商品单价	NULL
shop_price	NUMBER	商品售价	NULL
image	NVARCHAR2(255)	订单 id	NULL
pdesc	NVARCHAR2(255)	商品描述	NULL
is_hot	NUMBER(11)	是否为热卖商品	NULL
pdate	DATE	商品生产日期	NULL
csid	NUMBER(11)	一级商品分类目录	NULL

6）用户表

用户表存储买家个人信息，表名为 User，结构如表 25-7 所示。

表 25-7　User 表

字段名称	字段类型	说　明	备　注
uid	NUMBER(11)	唯一标识符	NOT NULL
username	NVARCHAR2(255)	用户名	NULL
password	NVARCHAR2(255)	用户密码	NULL
name	NVARCHAR2(255)	用户姓名	NULL
email	NVARCHAR2(255)	用户邮箱	NULL
phone	NVARCHAR2(255)	用户电话	NULL
addr	NVARCHAR2(255)	用户地址	NULL
state	DATE	注册日期	NULL
code	NVARCHAR2(64)	用户身份标识码	NULL

25.4.2 实体类创建

实体类是用于对必须存储的信息和相关行为建模的类。实体对象（实体类的实例）用于保存和更新一些现象的有关信息，在本项目中实体类放在 cn.CITCfy.shop.vo 类包中，cn.CITCfy.shop.vo 类包中含有 cart.java 购物篮实体、category.java 一级目录实体、categorysecond.java 二级目录实体、product.java 商品实体、user.java 用户实体。如用户实体 user.java 代码如下：

```java
public class User {
    private Integer uid;
    private String username;
    private String password;
    private String name;
    private String email;
    private String phone;
    private String addr;
    private Integer state;
    private String code;
    public Integer getUid() {
        return uid;
    }
    public void setUid(Integer uid) {
        this.uid = uid;
    }
    public String getUsername() {
        return username;
    }
    public void setUsername(String username) {
        this.username = username;
    }
    public String getPassword() {
        return password;
    }
    public void setPassword(String password) {
        this.password = password;
    }
    public String getName() {
        return name;
    }
    public void setName(String name) {
        this.name = name;
    }
    public String getEmail() {
        return email;
    }
    public void setEmail(String email) {
        this.email = email;
    }
    public String getPhone() {
        return phone;
    }
    public void setPhone(String phone) {
        this.phone = phone;
    }
    public String getAddr() {
        return addr;
    }
    public void setAddr(String addr) {
```

```
        this.addr = addr;
    }
    public Integer getState() {
        return state;
    }
    public void setState(Integer state) {
        this.state = state;
    }
    public String getCode() {
        return code;
    }
    public void setCode(String code) {
        this.code = code;
    }

}
```

25.4.3 数据库访问类

本例使用 Hibernate 框架操作数据库，在数据访问层需要继承 HibernateDaoSupport，其中 UserDao.java 的实现代码如下：

```java
public class UserDao extends HibernateDaoSupport{

    // 按名次查询是否有该用户
    public User findByUsername(String username){
        String hql = "from User where username = ?";
        List<User> list = this.getHibernateTemplate().find(hql, username);
        if(list != null && list.size() > 0){
            return list.get(0);
        }
        return null;
    }

    // 注册用户存入数据库代码实现
    public void save(User user) {
        this.getHibernateTemplate().save(user);
    }

    // 根据激活码查询用户
    public User findByCode(String code) {
        String hql = "from User where code = ?";
        List<User> list = this.getHibernateTemplate().find(hql,code);
        if(list != null && list.size() > 0){
            return list.get(0);
        }
        return null;
    }

    // 修改用户状态的方法
    public void update(User existUser) {
        this.getHibernateTemplate().update(existUser);
    }

    // 用户登录的方法
    public User login(User user) {
```

```
        String hql = "from User where username = ? and password = ? and state = ?";
        List<User> list = this.getHibernateTemplate().find(hql, user.
getUsername(),user.getPassword(),1);
        if(list != null && list.size() > 0){
            return list.get(0);
        }
        return null;
    }
}
```

25.4.4 控制器实现

控制器使用 Action 包，存放在 cn.CITCfy.shop.action 类包中，用于设置各个类的响应类。user.java 实体的响应类实现代码如下：

```
public class UserAction extends ActionSupport implements ModelDriven<User> {
    // 模型驱动使用的对象
    private User user = new User();

    public User getModel() {
        return user;
    }
    // 接收验证码:
    private String checkcode;

    public void setCheckcode(String checkcode) {
        this.checkcode = checkcode;
    }
    // 注入UserService
    private UserService userService;

    public void setUserService(UserService userService) {
        this.userService = userService;
    }

    /**
     * 跳转到注册页面的执行方法
     */
    public String registPage() {
        return "registPage";
    }

    /**
     * AJAX进行异步校验用户名的执行方法
     *
     * @throws IOException
     */
    public String findByName() throws IOException {
        // 调用Service进行查询
        User existUser = userService.findByUsername(user.getUsername());
        // 获得response对象，向页面输出
        HttpServletResponse response = ServletActionContext.getResponse();
        response.setContentType("text/html;charset=UTF-8");
        // 判断
        if (existUser != null) {
            // 查询到该用户:用户名已经存在
```

```
                    response.getWriter().println("<font  color="red'>用户名已经存在
</font>");
            } else {
                    // 没查询到该用户:用户名可以使用
                    response.getWriter().println("<font color='green'>用户名可以使用
</font>");
            }
            return NONE;
        }

    /**
     * 用户注册的方法:
     */
    public String regist() {
        // 判断验证码程序
        // 从session中获得验证码的随机值
        String checkcode1 = (String) ServletActionContext.getRequest()
                .getSession().getAttribute("checkcode");
        if(!checkcode.equalsIgnoreCase(checkcode1)){
                this.addActionError("验证码输入错误!");
                return "checkcodeFail";
        }
        userService.save(user);
        this.addActionMessage("注册成功!请去邮箱激活!");
        return "msg";
    }


    /**
     * 用户激活的方法
     */
    public String active() {
        // 根据激活码查询用户
        User existUser = userService.findByCode(user.getCode());
        // 判断
        if (existUser == null) {
                // 激活码错误的
                this.addActionMessage("激活失败:激活码错误!");
        } else {
                // 激活成功
                // 修改用户的状态
                existUser.setState(1);
                existUser.setCode(null);
                userService.update(existUser);
                this.addActionMessage("激活成功:请去登录!");
        }
        return "msg";
    }


    /**
     * 跳转到登录页面
     */
    public String loginPage() {
        return "loginPage";
    }


    /**
     * 登录的方法
     */
    public String login() {
```

```
        User existUser = userService.login(user);
        // 判断
        if (existUser == null) {
                // 登录失败
                this.addActionError("登录失败:用户名或密码错误或用户未激活!");
                return LOGIN;
        } else {
                // 登录成功
                // 将用户的信息存入session中
                ServletActionContext.getRequest().getSession()
                        .setAttribute("existUser", existUser);
                // 页面跳转
                return "loginSuccess";
        }

    }

    /**
     * 用户退出的方法
     */
    public String quit(){
        // 销毁session
        ServletActionContext.getRequest().getSession().invalidate();
        return "quit";
    }

}
```

25.4.5 业务数据处理

业务逻辑使用 Service 包，存放在 cn.CITCfy.shop.service 类包中，如 UserService.java 定义了用户实体所有数据访问操作，并实现对 UserDao 的调用，实现代码如下:

```
/**
 *
 * @项目名称:UserService.java
 * @java类名:UserService
 * @描述:
 * @时间:2017-10-20下午6:44:39
 * @version:
 */
@Transactional
public class UserService {
    // 注入UserDao
    private UserDao userDao;

    public void setUserDao(UserDao userDao) {
        this.userDao = userDao;
    }


    // 按用户名查询用户的方法:
    public User findByUsername(String username){
        return userDao.findByUsername(username);
    }
```

```
// 业务层完成用户注册代码:
public void save(User user) {
    // 将数据存入到数据库
    user.setState(0); // 0:代表用户未激活;   1:代表用户已经激活
    String code = UUIDUtils.getUUID()+UUIDUtils.getUUID();
    user.setCode(code);
    userDao.save(user);
    // 发送激活邮件;
    MailUitls.sendMail(user.getEmail(), code);
}

// 业务层根据激活码查询用户
public User findByCode(String code) {
    return userDao.findByCode(code);
}

// 修改用户的状态的方法
public void update(User existUser) {
    userDao.update(existUser);
}

// 用户登录的方法
public User login(User user) {
    return userDao.login(user);
}
}
```